Ouvrage sous la direction de Gaëlle Giroulet

Couverture © Zariel
Maquette : Zariel, Audrey Gineux

45, chemin du Peney, 73000 Chambéry

ISBN : 978-2-37686-349-6
www.editions-actusf.fr

Loi n° 49-956 du 16 juillet 1949
sur les publications destinées à la jeunesse.

Anne-Sophie DEVRIESE

BIOTANISTES

NAOS

À Cris Bruneel, sorcière du feu, impératrice de l'intuition.

À Didier
Toujours

« La fin de ce monde, et plus encore les mondes dont elle accouchera, dépendront étroitement des liens que nous parviendrons à tisser et de l'imaginaire que nous réussirons à inventer dans le futur le plus proche[1]. »

1– Dominique Bourg *in* : *Une autre fin du monde est possible – Vivre l'effondrement (et pas seulement y survivre)*, Pablo Servigne, Raphaël Stevens, Gauthier Chapelle ; Éditions du Seuil, 2018.

PROLOGUE

QUELQUE PART SOUS LE VENT, une ferme achevait de brûler. L'odeur agressa Ulysse qui grimaça sous le foulard destiné à le protéger des rafales de sable. Du haut de l'attelage, le paysage aride vacillait. Le colporteur mit une main en visière pour scruter le reg. La terre craquelée s'étendait à perte de vue sous les ondulations de chaleur, damier de crevasses à peine dérangé par des buissons étiques dispersés au hasard. Une nouvelle bourrasque charria des pelotes d'herbe et des effluves de l'incendie. Le fléau avait encore frappé.

Ulysse ajusta l'ample capuche qui le gardait du cagnard et claqua la langue.

— En route, mon vieux Merlin. Si j'en crois mon nez, on n'est plus très loin.

L'âne souffla tandis que le chariot s'ébranlait dans un tintement de ferraille, droit sur les vestiges de l'incendie.

Les sœurs avaient-elles déjà envoyé les secours ? Comme toujours lorsqu'il s'interrogeait, Ulysse porta la main à sa moustache cachée sous le foulard et passa un bout de langue sur ses lèvres desséchées. Il avait soif, mais la réserve était trop basse pour qu'il s'accorde plus d'une gorgée. Son âne d'abord. Impossible, donc, de faire l'impasse sur la ferme. *Pourvu que je trouve de quoi me ravitailler... Si la tour à vent a brûlé, la citerne risque d'être à sec.*

— Je me suis vraiment loupé sur ce coup-là.

Au moins, l'incendie prouvait que les maîtresses des fermes voisines étaient déjà venues brûler les murs et les morts.

Un crépuscule grisâtre voilait les contours des ruines lorsqu'il atteignit enfin les bâtiments. L'âpre odeur de fumée le prit à la gorge malgré le tissu. Aux aguets, il fit le tour des décombres. Si certains foyers couvaient encore, le site semblait désert. Les charognards n'arriveraient qu'à la nuit tombée. Quant aux voisines, elles étaient bel et bien reparties. Il soupira de frustration. Encore fallait-il qu'elles aient relayé les signaux pour que la matriarche du convent envoie ses chasseresses au secours d'éventuelles survivantes.

À quel moment le fléau s'était-il déclaré ici ?

En raison de leur incompréhensible mais réelle chance de survie, on enseignait dès le plus jeune âge aux fillettes à déclencher un signal. Aux premiers symptômes, elles alertaient les fermes voisines en allumant une torche dont la fumée dense et colorée se voyait à des kilomètres. Mais aux confins du territoire administré par Tidiane, les voisines avaient-elles fait suivre le message ? Trop souvent, elles le retardaient pour piller sans vergogne.

Sans tout à fait se détendre, Ulysse dételа puis grattouilla son âne derrière les oreilles. Aussitôt, Merlin fourra le nez sous la bâche du chariot : le message était limpide. Ulysse tira de son fatras une petite bassine qu'il remplit avec le reste d'eau, se réservant par prudence une minuscule ration pour le soir.

— Tu grinces horriblement, mon vieux ! Je m'occupe de ta rotule puis je vais sonder la citerne.

Profitant de ce que Merlin buvait à longs traits, il lui cura les pieds. À l'aide d'une burette, il graissa ensuite le genou droit puis actionna l'antérieur pour bien lubrifier la rotule mécanique.

— Te voilà comme neuf, mon gros pépère !

Merlin souffla dans la bassine et la retourna du sabot.

— Ça va, j'y vais !

La tour à vent se dressait à l'opposé de son campement, encerclée de murs effondrés. À peine endommagée par le feu, la structure aussi haute que légère soutenait un tissage serré destiné à capter la moindre parcelle d'humidité. La perspective du précieux goutte-à-goutte entraîné vers la citerne par la gravité poussa à Ulysse accélérer.

Pour rejoindre le puits, il escalada avec prudence un éboulis d'où saillait le pied barbouillé de suie d'un squelette. Le fléau tuait en vingt-quatre heures, mais Ulysse ne risquait plus rien : la contagion se faisait avant l'apparition des premiers symptômes. Après tant de générations décimées par la maladie, on savait qu'il était inutile de construire les fermes aussi éloignées les unes des autres mais la coutume était restée. Le colporteur y voyait une superstition, une sorte de cordon, plus psychologique que sanitaire.

Au sommet, il contempla ses mains charbonneuses et attaqua en soupirant la descente du tas de gravats. La citerne n'était plus qu'à un jet de pierre.

Dans l'obscurité grandissante, on distinguait à peine la silhouette aérienne de la tour. Ulysse s'accroupit au milieu des décombres pour allumer sa lampe. Le silence était si pur qu'il entendait la flamme ronronner dans sa prison de verre. Le froid qui accompagnait toujours le crépuscule s'accentuait. Heureusement qu'il avait mis une couverture sur le dos de Merlin.

Enfin, le jeune homme s'agenouilla devant la citerne, inquiet de la trouver ouverte.

Alors qu'il levait la lumière pour estimer le niveau d'eau, un hurlement monta du trou.

Strident.

Désespéré.

Si glaçant qu'il faillit lâcher prise.

Souffle court, cœur battant, il risqua un œil effaré vers le fond. Par-dessus les clapots furieux sifflait une respiration hachée caractéristique de la fièvre qui accompagnait la maladie.

— Qui est là ? hasarda-t-il d'une voix qu'il aurait aimée plus ferme.

L'oreille tendue, il ne capta qu'un souffle difficile, entrecoupé de plaintes animales. Prenant une profonde inspiration, il éclaira franchement l'intérieur du puits.

Le spectacle lui fendit le cœur. Une minuscule fillette se cramponnait à un radeau de fortune. Le visage ravagé par la fièvre et la terreur, elle grelottait, délirante, incapable de s'extraire de ce qui avait été un refuge contre les voisines et les flammes.

— Par tous les rouages des biotanistes ! Accroche-toi, petite, j'arrive !

Leste et précis, Ulysse revint rapidement. Il ôta son manteau, noua une longe autour de sa taille, arrima l'autre extrémité à l'encolure de l'âne en prenant soin de la passer entre les antérieurs. Merlin ne broncha pas. Sûr de son nœud, il se laissa glisser dans l'obscurité du puits.

Il grogna quand la corde lui brûla les mains.

La lanterne posée à l'extrême bord de la margelle parait la citerne d'ombres énormes et creusait de cernes le visage exsangue de la fillette. Moulée dans un vêtement imbibé d'eau, elle était maigre à faire peur. Pourtant, quand il la hissa évanouie sur son épaule, il lui sembla qu'elle pesait une tonne.

Il n'eut pas le temps d'ajuster sa prise qu'une violente secousse assortie de grognements teigneux agita la ligne de vie. L'enfant glissa. L'âne se mit à braire de panique tandis qu'il se cramponnait de toutes ses forces à la corde tendue à rompre. *C'est quoi ce bordel ?* Seconde secousse, plus violente encore. Traîné contre le mur, Ulysse lâcha prise et le vide aspira la fillette tandis qu'il remontait, tracté par Merlin. Il agrippa une main floue par réflexe, se rabota le flanc sur la paroi. Son coude émit une plainte de mauvais augure.

Les doigts enfoncés dans le tissu pour empêcher la petite de les précipiter par le fond, il atteignit la margelle hors d'haleine, mains en feu et bras détruit, pour tomber sur le couple de chacals qui harcelait Merlin. L'âne ruait à qui mieux mieux.

— Lâchez-le, charognes !

Aiguillonné par la peur d'être privé de Merlin, Ulysse distribua plusieurs coups de canne bien ajustés en hurlant.

— Cassez-vous ! Cassez-vous ou je vous pète les dents !

Dès que les prédateurs eurent battu en retraite, il déshabilla la petite, l'enveloppa dans la couverture encore gorgée de la chaleur de l'âne puis la ramena au campement, si abasourdi que son corps réalisa pour lui des gestes façonnés par l'habitude : attacher Merlin, retourner remplir le jerrican, allumer le réchaud, couvrir la casserole, attendre que l'eau bouille. Indifférent, l'animal savourait sa ration, produisant un bruit de meule familier.

Ulysse écarta du front de l'enfant les mèches poissées de sueur et porta à ses lèvres un gobelet de tisane bien chaude.

— Pauvre petiote ! Si jeune, pour devenir sorcière.

PREMIER VOYAGE

I - ULYSSE

LE GROS HORLOGE SONNAIT ONZE HEURES lorsque Rim déboula en courant dans l'atelier, faisant sursauter la vieille Iseult. Enfin, elle pouvait délivrer le message qui lui gonflait le cœur.

— Il arrive ! Je l'ai vu du haut de la vigie. Ulysse arrive !

Anthoïna releva le nez de l'araignée qu'elle réparait, mais son sourire se figea à la vue de la tunique qui tombait en plis mous sur les cuisses de Rim.

— File remettre les arceaux de ton vêtement avant de le tuer ! Et plus vite que ça ! tonna la biotaniste.

Rim grimaça. Dans son ardeur à les prévenir de l'arrivée du colporteur, elle avait oublié les baleines de sa jupe. Malgré ce jour un peu spécial, elle ne couperait pas à un sermon carabiné. Irritée par sa négligence, Anthoïna brandissait déjà une pince menaçante :

— La prochaine fois que je dois soigner ta tenue, je te préviens que tu te promèneras avec de l'indigo sur le dos. Et tant pis si tu as trop chaud ou que tu te déshydrates ! Compris ?

— As-tu oublié les températures qui règnent hors de ce convent, Rim ? Posséder un tel vêtement est un privilège, bon sang ! renchérit Iseult.

La fillette ravala la répartie qui lui brûlait la langue. Elle avait survécu au fléau par miracle, point ! Elle n'avait jamais demandé à devenir sorcière ni à vivre comme une privilégiée parce qu'Ulysse l'avait secourue.

Agacée par l'interruption d'Iseult, Anthoïna poursuivit sur sa lancée :

— Les enfants du Barrio crèvent de chaud pendant que mademoiselle ôte ses baleines pour courir. Je ne fais pas pousser ces tenues pour qu'on les laisse mourir par négligence.

Iseult en remit une couche.

— Comment feras-tu lors de tes voyages, si tu ne sais pas prendre soin du seul vêtement qui te permet de sauter au passé sans finir nue ?

— Mais je n'ai pas encore seize ans. Il me reste du temps avant mon prime saut, se défendit Rim... Et ces baleines sont horriblement rigides, Antho !

Iseult dressa un doigt tordu par l'âge.

— La patience est une vertu, exprima-t-elle sentencieusement. Les armatures guident la pousse de la matière.

— Il n'y en a plus que pour trois semaines, temporisa Anthoïna, que les interventions intempestives de la sœur exaspéraient.

Qui connaissait mieux qu'elle le fonctionnement des tenues qui avaient évité le bûcher à nombre d'entre elles ? Elle les avait inventées !

Anthoïna expira à fond.

— Et puisque tu as certainement caché tes armatures dans la serre, va donc y remettre cette araignée. J'aurai terminé de la réparer dans trois minutes.

Rim grimaça. À ce rythme, elle allait rater l'arrivée d'Ulysse !

— Pose-la sur un arbre à fil, cria Antho alors que la fillette détalait vers le cloître au milieu duquel les sœurs avaient installé les serres.

Cet espace cultivé au centre du convent était leur plus grand trésor, l'assurance de leur pouvoir et de la survie de toutes.

Le cœur de Rim tambourinait au rythme de sa galopade. Les pans inachevés de sa tunique lui battaient les cuisses mais ses mains serrées autour de l'araignée mécanique l'empêchaient de les retenir. Pour la centième fois au moins, elle s'interrogea sur la surprise qu'Ulysse ne manquait jamais de lui rapporter. *Qu'est-ce que ce sera cette fois ?*

Elle pénétra dans les serres par l'arche opposée au réfectoire. Le tissage biomimétique du dôme formait une protection splendide au-dessus des cultures. Il y régnait un calme de cathédrale, à peine troublé par le bruissement des araignées travaillant sans relâche à son entretien. Rim se faufila au milieu des plantes trop fragiles pour pousser à l'extérieur, jusqu'à un arbre à fil. Elle relâcha l'araignée sur le tronc pelucheux et s'assura que la bestiole entamait sa provision de fibre. Antho avait réussi la réparation.

Le mécanisme de l'automate était admirable de finesse et elle ne put s'empêcher de s'attarder sur les cellules photovoltaïques qui irisaient l'abdomen de l'arachnide. La biotaniste à l'origine de la créature avait consacré beaucoup d'attention à son esthétique et le résultat était aussi efficace qu'époustouflant. Rim la regarda cliqueter vers la voûte dont Antho lui avait expliqué le fonctionnement à maintes reprises. Calquées sur la structure microscopique des élytres d'un coléoptère, les aspérités du dôme ajouré piégeaient la moindre particule d'humidité pour conduire la rosée ainsi accumulée vers la citerne. Avantage non négligeable, le motif du tissage atténuait la brûlure du soleil.

L'horloge sonna le quart. Aussi vite que le lui permettait la densité des plantes, Rim longea les rames de haricots agrippées aux plants d'amarante, caressa le feuillage odorant des tomates, se glissa sous le figuier. Des courges multicolores couraient dans la ramure qu'elle contourna pour gagner la cachette des pénibles armatures. Mais impossible de les glisser dans les replis de sa jupe inachevée, la seconde peau manquait de souplesse. Furieuse contre sa propre négligence, elle redoubla d'efforts et parvint à faire coulisser les baleines rétives. Avec prudence, elle gagna la citerne, massa les pans desséchés de sa tunique et reprit sa course vers l'esplanade où son parrain se trouvait peut-être déjà.

Dans l'atelier, Anthoïna maugréait encore contre Rim. Elle détestait qu'on abîme son travail. La vieille Iseult ne tarda pas à donner son avis.

— Arrête de te plaindre, ma sœur.

La loupe de chirurgie l'affublait d'yeux grotesques.

— Reconnais plutôt que tu voudrais bien faire comme elle !

Anthoïna piqua du nez. La biotaniste n'avait pas tort. Elle aussi guettait le retour d'Ulysse avec impatience.

— Cette gamine me rend dingue ! J'ai beau lui répéter qu'à force, son vêtement va pousser de travers ou mourir, ça lui passe au-dessus de la tête.

Iseult siffla de désapprobation, mais Anthoïna réalisa qu'elle s'était méprise sur la condamnation quand la vieille sœur lâcha :

— Je t'ai connue plus conciliante ! L'atelier bourdonne comme une ruche depuis que vous attendez ce moustachu. À vous deux, vous faites encore plus de bruit que tes abeilles mécaniques !

Sachant que cette fébrilité amusait la vieille sœur plus qu'elle ne l'agaçait, Anthoïna ne lui tint pas rigueur de sa franchise. Iseult agita la main comme une balayette.

— Vas-y, tu en meurs d'envie !

Cette fois, elle ne se fit pas prier. De toute façon, elle n'était plus capable de se concentrer. Pour préserver sa dignité, la jeune femme se contraignit néanmoins à marcher d'un pas égal jusqu'à la sortie de l'atelier, où elle accéléra. Le ricanement qui la poursuivit dans le cloître confirma qu'Iseult n'était pas dupe, mais elle s'en fichait.

Le cœur battant, elle repiqua les longues aiguilles d'horloge qui tenaient son chignon et se força à respirer. Ulysse était de retour !

En voyant Rim se précipiter vers lui, Ulysse fondit. Chaque fois qu'il revenait au convent, sa petite protégée trouvait un moyen de l'accueillir, en douce s'il le fallait. Campé sur le sol aride de l'esplanade, il lui ouvrit grand les bras.

Elle se jeta contre son parrain qui la fit tournoyer en riant de bonheur.

— Salut, ma gazelle !

Radieuse, elle lui planta un baiser sur la joue.

— Je t'ai guetté du haut de la vigie. Pile à l'heure, comme promis.

— Toujours ! C'est ma marque de fabrique !

C'était leur rituel. LA réponse à la promesse qu'il lui avait faite six ans plus tôt, lorsqu'il était reparti sur les routes.

Les convents recueillaient toutes les survivantes et les éduquaient à voyager dans le passé. Contraint par cette loi, le colporteur l'avait abandonnée aux sœurs la mort dans l'âme, et les supplications de la fillette n'y avaient rien changé.

Sous l'habit qui la désignait aujourd'hui comme sorcière, Ulysse la revit, fiévreuse, traumatisée par le décès de sa famille et persuadée d'en être la cause. Mais le passé se dissipa et il retrouva le sourire en regardant sa filleule offrir une rondelle de carotte à Merlin.

— Quelle générosité !

— Ce n'est qu'un tout petit morceau de carotte !

— La plupart des habitants de cette oasis sont moins gâtés que cet âne, tu sais ?

Merlin encensa pour remercier.

— En route, jeune sorcière. Allons mettre ce vieux monsieur au frais.

Comme d'habitude, Rim ne put attendre trois pas avant de l'assaillir de questions sur sa tournée, le recul du désert, les pièges des nornes.

— Le premier arrivé a gagné ! répondit-il pour couper court à cette insatiable curiosité.

Ils détalèrent tandis que Merlin suivait à son rythme.

La ménagerie n'allait pas s'envoler.

Anthoïna longea le cloître au pas de course, passa sous l'horloge semi-vivante du réfectoire. L'édifice séculaire avait protégé des générations de sœurs qui, en retour, l'avaient restauré sans en trahir l'âme. Enfin, elle parvint au coche : la porte d'entrée de l'ancienne citadelle surmontée par la vigie. Seul le dôme bleu azur dépassait la tour, surplombant cette minuscule oasis que les sœurs s'appliquaient, vaille que vaille, à faire prospérer pour repousser le désert et nourrir la population en sursis agglutinée à son pied.

— J'ai gagnéééé !

Rim étira la fin du mot jusqu'à manquer de souffle tandis qu'Anthoïna observait Ulysse à l'affût d'un changement sur le visage de celui qu'elles avaient attendu avec tant d'impatience.

Les yeux brillants plantés dans ceux de la biotaniste, Ulysse n'écoutait plus. Leur examen terminé, ils s'embrassèrent sur les deux joues.

— Bonjour, *ma sœur*, murmura-t-il.

— Tu vas froisser tes belles moustaches ! se moqua-t-elle.

L'intonation d'Ulysse intriguait Rim. Avec Antho, il mettait toujours dans ces deux mots une inflexion teintée de tendresse et d'une vague ironie dont la cause lui échappait. L'arrivée de la mère supérieure l'empêcha toutefois de poser l'une de ses sempiternelles questions.

— Tidiane !

La matriarche ne put masquer l'agacement d'être saluée par son prénom. Outre le respect qu'Ulysse lui devait, elle avait au moins deux fois l'âge de cet impertinent.

Comme chaque fois qu'il la voyait, Ulysse se demanda à quelle époque Tidiane sautait et si elle voyageait toujours, mais ce n'étaient pas des questions à poser. Par dépit autant que pour la narguer, il tortilla un croc de sa moustache.

— Le pigeon de ce matin disait que vous souhaitiez négocier « quelque chose » en priorité ? attaqua-t-elle.

— Tout à fait. Je suis désolé mais le format des messages ne laisse pas le loisir de s'étendre. Sans vouloir vous commander, je pense qu'il faut envoyer d'urgence Magda ou Imogène à la ménagerie.

— Rim, n'as-tu rien de plus utile à faire ? grinça la matriarche.

— Va me chercher celles qui voudraient assister à la révision de cette prothèse, demanda Anthoïna, que le grincement de la rotule mécanique hérissait.

— Anthoïna, aurais-tu l'obligeance de prévenir Magda, s'il te plaît ?

La biotaniste acquiesça puis guida Merlin vers la ménagerie tandis qu'Ulysse et Tidiane s'en allaient poursuivre leurs négociations à l'ombre.

Lorsque Rim revint à la ménagerie, un tas de novices était déjà agglutiné autour de Merlin. Quelque part sous le ventre de l'âne, la voix d'Antho détaillait l'anatomie et la révision de la prothèse. Peu désireuse d'écouter un chapitre qu'elle maîtrisait sur le bout des doigts, Rim décida d'attendre Ulysse à l'écart. Elle reculait donc, lorsqu'un choc lui ébranla les dents, suivi d'un grognement de mauvais augure.

Magda !

Tout chez la chasseresse lui fichait la trouille. Ses vêtements sombres, ses armes, son mutisme et, surtout, la prothèse qui la défigurait. Ni ses talents de cavalière ni son dévouement envers la sauvegarde des animaux ne pouvaient détourner Rim de l'aversion que lui inspirait celle qui vivait et respirait dans l'ombre de leur mère supérieure. L'aura qui pulsait autour de la chasseresse la glaçait sans qu'elle ait jamais pu s'en expliquer la cause.

— Pardon ! bredouilla-t-elle.

La chasseresse pointa la volière, et la fillette y courut sans demander son reste.

— Ferme les yeux, ordonna son parrain dès qu'elle passa l'arche.

Elle se laissa guider sur quelques pas, les sens aux aguets. L'odeur de la volière était forte, mais elle n'y prêtait plus attention depuis longtemps. Ulysse lui lâcha les épaules.

— Tu peux regarder, ma gazelle.

Devant la cage de bambou, la bouche de Rim forma un « O » silencieux et elle s'accroupit à la hauteur du faucon qui la fusillait du regard.

— La regarde jamais dans les yeux, prévint Imogène.

— Elle prendrait cela comme une agression, compléta Magda dans leur dos.

Rim était subjuguée.

— Elle ?

Ulysse devança la borgne qui le toisait de son œil valide.

— C'est une jeune femelle. Je l'ai trouvée au bout du raccourci de Samara, dans un piège qui ne lui était certainement pas destiné.

— Maudites nornes ! gronda Magda.

Ulysse darda sur la chasseresse un étrange regard et reprit :

— Les mâchoires lui ont déchiqueté l'aile mais je suis arrivé à temps.

Quand Anthoïna entra à son tour, l'oiseau poussa un cri de défi.

— Trop de monde autour de cette cage, lâcha Imogène.

— Plus vite elle dormira, plus vite je pourrai la réparer. Peux-tu la forcer à avaler cette viande ?

La longue femme opina.

— Tu veux bien me l'apporter quand elle sera endormie ?

Magda acquiesça.

Rim attendit qu'ils soient sur l'esplanade pour lâcher une salve de questions.

— Comment va-t-on faire pour réparer son aile ? On n'a plus de vieux plastique.

— Si ! proclama Ulysse. J'en ai trouvé un peu. Du coup, j'ai négocié avec Tidiane pour que l'oiseau t'appartienne.

— Mais c'est interdit !?

— Tu négliges la magie du vieux plastique, ma gazelle !

Rim était aussi effrayée qu'heureuse de l'audace de son parrain. Son embarras manifeste le fit s'esclaffer.

— Toi, tu te demandes si c'est un cadeau empoisonné, n'est-ce pas ?

Il ébouriffa la tignasse de sa filleule qui tapa du pied.

— C'est pas marrant !

— Tu en as surtout déduit qu'il faudrait apprendre l'affaitage avec Magda, pas vrai ? renchérit Antho.

La complicité de ces deux-là n'était jamais plus forte que lorsqu'il s'agissait de la faire tourner en bourrique. Vaincue, elle se résigna à rire avec eux.

L'idée de travailler du vieux plastique les excitait tous. L'occasion était rare. Après l'effondrement, le matériau quasi indestructible était devenu précieux puisque plus personne n'était capable d'en produire. Rim peinait à imaginer qu'un jour il ait envahi le monde au point de précipiter ce désastre dont les sœurs tentaient de les sortir. Antho coupa court à ces sombres réflexions.

— Ne t'en fais pas, l'experte en matière de rapaces, c'est Imogène.

En attendant que Magda apporte l'oiseau endormi, Rim et Anthoïna dégagèrent un plan de travail pour la confection de l'aile artificielle. Ulysse, lui, fouilla l'atelier d'un regard circonspect jusqu'à ce que, soulagé par l'absence d'Iseult, il se consacre au plaisir de contempler le décor.

Chacune de ses visites ravivait le charme fou de cet imbroglio de spirales et d'alambics semi-vivants dont les gargouillis avaient bercé la croissance de sa protégée. Quelle saveur possédait une enfance patinée aux mosaïques des colonnes du cloître ? Rim n'avait pas conscience du luxe dans lequel elle évoluait ni de sa chance d'étudier ce que bon lui semblait. Quelle direction prendrait l'avenir de cette enfant qu'il avait fini par considérer comme sa fille ?

Ce n'était pas la première fois qu'Antho réparait un oiseau, mais Ulysse n'avait jamais assisté à l'opération. Sur les ordres de la sœur, il broya les reliques de plastique tandis que Rim nettoyait et agençait les moules pour se familiariser avec la morphologie de l'aile.

— Si on n'avait pas eu de plastique, tu aurais employé la biomatière ?

— Bien sûr. Je n'aurais jamais laissé ce faucon mourir, mais elle se dégrade vite et je déteste travailler pour rien... Un peu comme pour ta tunique, vois-tu ?

Rim piqua du nez et elles regardèrent les pastilles fondre en silence.

— Cette fauconne en vaut la peine. Elle est jeune, facile à dresser. Elle sera bien utile pour réguler la prolifération de rongeurs qui menacent nos arbres.

Depuis le coin où on l'avait oublié, Ulysse ne manquait rien du spectacle auquel peu d'étrangers avaient la chance d'assister.

Les novices entraient dans l'atelier au compte-gouttes, attirées par la rumeur d'une réparation. Il était si rare qu'Anthoïna donne cours que les jeunes sorcières s'y pressaient en grand nombre, surmontant vaille que vaille la peur que leur inspirait la réputation de la biotaniste.

— J'espère que vous vous êtes désinfecté les mains à l'entrée. Placez-vous comme vous pouvez et sans bruit, merci ! Je détaillerai l'opération à voix haute et vous proposerai de vous approcher au fur et à mesure des étapes.

Anthoïna passa un tablier sur sa tenue magique.

— Je vous ai invitées, car nous avons aujourd'hui le privilège de travailler du vieux plastique. Je vais couler les éléments de l'aile. Vous pourrez ensuite étudier la disposition du squelette pendant que les os refroidissent. Contrairement à la biomatière, le processus est rapide. Circé, Rim et Jihane, vous les démouleArez. Quand ce sera fait, Maulde, Minerva et Saskia les agenceront. Faites en sorte que les plus petites puissent voir et comprendre.

En dépit d'une grande disparité d'âge, les novices travaillaient ensemble. Les grandes expliquaient aux plus jeunes les points qui leur échappaient, et la prise de note et de croquis se partageait dans une véritable dynamique d'entraide.

— Tu as inversé le coracoïde et la scapula, Saskia. Regarde.

Anthoïna corrigea la disposition des os tandis que la novice ronchonnait :

— Je suis nulle en morphologie, faut toujours que je me trompe.

— Je vous rappelle que j'ai fabriqué des puzzles à l'échelle. Ils sont rangés au scriptorium par niveau de difficulté. Excellence rime avec persévérance, jeunes filles.

L'entrée de Magda figea l'atelier dans un silence curieux. La chasseresse déposa le rapace endormi sur la table d'opération et Anthoïna libéra la colère qui l'habitait depuis qu'elle l'avait découvert dans la volière.

— Maudites nornes ! Comme si on n'avait pas suffisamment de mal à entretenir ce qu'il reste de nature, il faut encore qu'elles posent leurs pièges barbares ! Je ne comprends pas. Rien ne peut légitimer *ça* !

Pour remplir l'écho stupéfait qui suivit sa sortie, Anthoïna lâcha :

— Rappelez-moi de vous indiquer la composition et le dosage du somnifère. Avis aux curieuses : si nous progressons dans l'apprentissage de l'acuponcture – une technique rapportée récemment –, peut-être pourrons-nous combiner les deux.

De nouveau, Anthoïna se désinfecta les mains et adopta ce ton chirurgical dont elle usait pour les opérations délicates. Rim, qui savait l'honneur de l'assister, se tenait prête. Dès qu'elle avait posé l'œil sur l'amas hirsute de chairs et d'os lacérés, le magma de plumes broyées lui avait fait oublier l'ombre qui avait traversé le visage de son parrain à la mention des nornes.

— Rim. Scie.

Anthoïna empoigna l'outil et attaqua la base de l'os. La jeune fille grimaça de dégoût. Le bruit était si ignoble qu'il précipita une petite hors de la pièce.

— Pour celles qui envisageraient cette spécialisation, rappelez-vous que la biotanique n'est pas une discipline propre et requiert un estomac bien accroché.

Anthoïna tendit une main ensanglantée :

— Scalpel.

Rim piocha l'outil sur le plateau d'instruments rutilants.

Plusieurs autres filles quittèrent la pièce à mesure que l'amputation déroulait ses épisodes sanguinolents, mais la novice serra les dents jusqu'au bout pour ne pas vomir. Finalement, son intérêt lui fit oublier la dégoûtante première étape.

— Je vais maintenant greffer la racine de l'aile. Quand l'oiseau aura accepté la prothèse, nous y fixerons l'aile complète. Pas avant. Pourquoi ?

Jihane leva la main.

— Parce que le poids de la prothèse pourrait ralentir la cicatrisation et compromettre la prise.

— Excellent !

Elle se rinça les mains et défit son tablier.

— Vous pouvez y aller. Je vous rappelle que les puzzles d'anatomie se trouvent au scriptorium. Faites-en bon usage.

À peine avait-elle reposé le faucon dans sa cage que l'atelier se vida comme par enchantement.

Magda posa les jets sur les pattes de l'oiseau endormi, après quoi elle énonça d'une voix éraillée faute de servir :

— Visite tous les jours.

Elle torpilla Ulysse de son œil valide avant de toiser Rim :

— Si tu veux l'apprivoiser, tu devras la nourrir toi-même aussi longtemps que durera sa convalescence. Première becquée, cinq heures du matin.

Rim ouvrit des yeux comme des soucoupes mais se tut. Visiblement, la chasseresse n'avait pas digéré l'accord passé par son parrain.

Ulysse décocha un sourire fielleux à celle qui se vengeait sur sa protégée.

— Tu vas devoir lui trouver un nom, ma gazelle.

— Craco !

L'atmosphère s'allégea dès que Magda eut quitté l'atelier.

— Prends-en de la graine. Antho est la meilleure !

Le compliment mit l'intéressée mal à l'aise.

— Ne sois pas si humble, renchérit-il. C'est elle qui a inventé les abeilles, tu sais, Rim ?

— Vraiment ?!

— Tu exagères !

— Si peu. Tu les as *seulement* adaptées à la photovoltaïque organique. Tu es trop modeste, *ma sœur* !

Encore ce sous-entendu dont le sens lui échappait.

— Mais alors comment elles fonctionnaient avant ?

Anthoïna mit un temps à répondre.

— Il fallait remonter l'horlogerie à la main. Toutes celles qui tombaient sur une abeille en panne devaient la relancer.

Ulysse roula une plume ratée entre ses doigts.

— Avant, il y avait de vraies abeilles. On ne te l'a pas appris ?

— Bien sûr que si ! s'insurgea Antho.

Interdite, Rim affichait un air parfaitement idiot.

— Je n'avais pas vraiment réalisé, je crois.

Jamais elle n'avait imaginé la version vivante des insectes mécaniques qui bourdonnaient dans son univers depuis toujours.

Anthoïna dévisageait sa jeune élève, sourcils froncés.

— Parfois, je me demande dans quel monde tu vis !

— Mais alors, comment se faisait la pollinisation, avant ?

— À la main, mademoiselle Pourquoi !

Ulysse s'assombrit.

— D'où l'étendue du désert.

Rim se plia de bonne grâce aux exigences de Magda et veilla plusieurs semaines au rétablissement de Craco, jusqu'à ce qu'Anthoïna puisse adjoindre le reste de la prothèse.

L'aile était parfaite. Le plastique luisait sur le plumage marbré. À bien y regarder, on y décelait la même esthétique que celle qui l'avait tant impressionnée sur les araignées. Prise d'un doute, Rim attendit qu'Iseult quitte l'atelier avant de poser sa centième question de la journée.

— Vas-y, dit gentiment Anthoïna, qui avait vu naître l'interrogation sur son visage.

— C'est toi qui as créé les araignées, n'est-ce pas ?

Elle reçut un sourire en guise de réponse.

— Si je ne deviens pas arpenteuse, je serai biotaniste !

— Tu dois patienter jusqu'au prime saut, c'est la règle, rappela Anthoïna. Avant seize ans, impossible de savoir si tu peux voyager. Mais en attendant, rien n'interdit de cultiver ton intérêt pour la biotanique. Je te le recommande, même.

Ulysse renchérit :

— Si tu veux filer, tu dois être plus assidue aux cours de yoga et de pleine conscience. Je me suis laissé dire par Pélagie que vous chahutiez, Circé et toi. Genre… s'amuser à faire sursauter les profs.

Les guidons de sa moustache frémissaient d'amusement contenu. Rim grimaça.

— C'était mon gage à action ou vérité !

— Je suis sérieux, petite gazelle. Pas de contrôle, pas de voyage dans le temps !

L'arrivée de Circé interrompit le sermon.

La meilleure amie de Rim salua Anthoïna mais Ulysse ne récolta qu'une œillade dédaigneuse. Le conteur ne se laissa pas démonter :

— Bonjour, Circé.

Sous la contrainte, la gamine souffla sur sa frange et salua du bout des lèvres.

— Je t'ai cherchée partout !

Elle agrippa Rim et la remorqua d'autorité hors de l'atelier.

— On est en retard pour le cours de sœur Pélagie.

— À plus tard ! cria Rim.

Antho tirait une tête de dix pieds de long. Ulysse s'esclaffa.

— T'inquiète. Je suis habitué. Sous ses airs de peste, elle est juste bien formatée.

La jeune femme s'insurgea.

— C'est tout de même ridicule !

— Mais ce n'est pas une raison pour passer tes nerfs sur ce pauvre tiroir !

La sœur brandit une petite boîte, sourire aux lèvres.

— Tiens. Cette impertinente me rappelle que j'ai refait du baume pour ce poil si *importun*.

— Une moustache aussi soignée ne saurait être malvenue. Tu sais que la bienséance n'a jamais eu de prise sur mon auguste personne.

Ils éclatèrent de rire. Ulysse caressa affectueusement la joue d'Antho.

— Tu m'as manqué. Sois prudent. On dit que les semeuses sont de retour en ville.

— Un colporteur négocie des choses précieuses, rares et convoitées, s'exclama-t-il. Il est interdit de m'attaquer. J'incarne la neutralité !

Conscient que sa grandiloquence ne bernait pas Antho, il fit tournoyer le bâton qui le quittait rarement et conclut :

— Et grâce à toi, je peux parfaitement me défendre !

— Tu sais très bien que ce n'est pas ce dont je parlais !

Pour éluder, il lissa sa moustache d'un geste théâtral et sortit de l'atelier en sifflotant une antique chanson parlant de coquelicots.

Les deux filles arrivèrent hors d'haleine au cours de méditation et, dès que la sœur Pélagie eut le dos tourné, Circé s'indigna :

— Ne me dis pas que tu vas encore aller écouter ses contes à dormir debout !

Sa meilleure amie possédait un talent inégalable pour la réprimande chuchotée. Ses yeux lançaient des éclairs, mais Rim n'en avait cure. Les paroles d'Ulysse avaient fait mouche. Elle *voulait* voyager. Elle rêvait de rapporter des graines du passé ou, à défaut, des techniques nouvelles comme l'acuponcture mentionnée par Antho.

Elle se concentra de toutes ses forces. Il fallait que la méditation devienne une seconde nature. Déterminée, elle inspira à fond le cocktail d'herbes calmantes qui saturait la pièce et se focalisa sur l'exercice de respiration. Le cœur toujours affolé par leur course autour du cloître, elle s'appliqua à sentir le moelleux du tapis sous ses fesses, contracta puis relâcha chaque muscle en commençant par ses orteils. Le regard de Circé pesait encore sur ses paupières closes.

— Circé, lança Pélagie sans élever le ton, laisse tes sœurs se concentrer.

D'un soupir, la concernée envoya voler sa frange de travers. La jeune fille à la peau cuivrée préférait mille fois les enchaînements du cirque, mais elle ne fit plus aucune remarque.

Dans sa tête, Rim dérivait déjà, traçant l'itinéraire qui lui permettrait de rejoindre la place du marché sans se faire pincer.

— Concentre-toi, Rim, murmura Pélagie.

En dépit de ses efforts, deux minutes plus tard, elle s'évadait de nouveau. *Pour les progrès, c'est pas gagné!* Mais, à sa décharge, les ondes de réprobation qui émanaient de Circé étaient si puissantes qu'elles auraient pollué la plus concentrée des sœurs.

L'ado s'égara sur la réaction outrée de son amie qui méprisait les récits d'Ulysse alors qu'elle-même n'en avait jamais raté un seul. Se rendait-elle compte qu'en le diffamant, elle ne faisait que reproduire un discours dont plus personne ne connaissait l'origine ? Elles avaient déjà eu cette conversation, pourtant aucune des deux ne désespérait de convertir l'autre à son point de vue. Rim pensait de son amie qu'elle était trop conformiste. Circé méprisait les revendications pour l'égalité et ne ratait jamais une occasion de dénigrer le colporteur dont elle trouvait la moustache aussi provocatrice qu'indécente. Mais Rim lui pardonnait. Selon un adage d'Ulysse, « les amies sont celles qu'on aime quand même » et elle était sa meilleure amie, celle qui l'avait prise sous son aile à son arrivée ; adoptée en pleine guerre des dortoirs, quand la petite nouvelle terrifiée qu'elle était alors avait assommé l'adversaire par hasard, permettant à Circé de récupérer son doudou kidnappé. Depuis, elles partageaient tout : hamac, corvées et tours de garde.

Cette fois, pourtant, Rim était si furieuse qu'après le cours, elle regagna leur dortoir toute seule. La dispute et la chaleur étouffante lui avaient coupé l'appétit. Pas un souffle n'agitait les moustiquaires qui coiffaient les hamacs doubles.

Le paquet qui l'attendait sur sa couche suspendue libéra Rim d'une partie de sa contrariété. Tout excitée, elle déplia le tissu bleu et son sourire s'élargit.

— Merci, parrain ! chuchota-t-elle.

Rim ôta le vêtement qui la désignait comme novice, l'arrosa selon les prescriptions d'Anthoïna puis le disposa dans une cuve où il restait assez de place pour ne pas courber les baleines. Enfin, elle s'enroula dans la tunique indigo. Tout le monde s'habillait de bleu dans la cité et Ulysse était prudent.

Il n'y avait aucun risque à circuler dans les quartiers les plus proches du convent. Les ruelles tortueuses qui tressaient un écrin autour de la coupole azurée abritaient les guildes et les plus vieux arbres. Mais dans les quartiers éloignés, l'humeur oscillait davantage, et plus on se rapprochait du Barrio, moins elle était prévisible. Inutile, donc, d'y exhiber sa qualité de sorcière. Le vêtement était juste assez délavé pour garantir un anonymat parfait et, dès qu'elle fut hors de vue, l'adolescente libéra ses boucles brunes et détala.

L'esplanade du marché grouillait d'animation, le soir. Tout le monde profitait de la fraîcheur du crépuscule et, comme les autres, Ulysse effectuait les derniers trocs de la journée, délivrait les messages, les objets confiés à ses soins dans des fermes éloignées ou d'autres cités, négociait des accords. La tradition orale n'était pas particulièrement bien vue des convents et, s'il vivait de son activité de colporteur, la véritable passion d'Ulysse allait aux antiques histoires qu'il racontait dans les quartiers aux portes du désert, loin des rondes des chasseresses et des oreilles des sœurs.

L'air embaumait la tisane à la menthe. Les hommes venus écouter le conteur s'installaient progressivement, une tasse à la main en attendant qu'il commence.

Enfin, le svelte métis déroula sa grande natte. L'arbre à palabres était mort depuis des dizaines d'années, mais, nostalgie ou superstition, personne n'osait y toucher bien que le bois vaille plus que l'or.

Rim transpirait à grosses gouttes, peu habituée à subir la température réelle. Elle s'essuya le front de la manche, rajusta sa capuche et s'assit en tailleur. Ulysse lui adressa un fugace sourire de connivence. En attendant que tout le monde s'installe, l'adolescente posa sur son environnement un regard aiguisé par son insatiable curiosité. L'air bruissait d'impatience et elle scrutait l'auditoire. S'il y avait des garçons au convent, elle n'avait que rarement l'occasion de côtoyer des hommes adultes. Pour la circonstance, nombre d'entre eux avaient accentué l'éclat de leurs yeux d'un trait de khôl, et ragots et conciliabules volaient de bouche en bouche tandis que des grappes d'enfants hilares et insensibles à la chaleur se poursuivaient dans les feux du couchant.

À côté de Rim, une fillette en larmes pressait à deux mains son genou écorché.

— Ne gâche pas ton eau ! encouragea son père.

Menton tremblant, elle sécha ses joues puis retourna à ses jeux turbulents.

Le petit frère colla sous le nez de Rim une poupée abîmée.

— Tu veux zouer ?

— Je suis un peu grande pour ça, mais tu peux t'asseoir à côté de moi si tu veux.

Le silence se déploya avec la tombée de la nuit et des lumignons de champi fleurirent un peu partout. Au halo blême des bocaux phosphorescents, Ulysse commença à conter.

Il était une fois une femme prénommée Barbe. Elle possédait beaucoup de tours à vent et une immense plantation d'indigo. Pour cette raison, tout le monde la connaissait sous le nom de Barbe Bleue. Barbe dirigeait sa plantation d'une main de fer. Tous la craignaient. Sa réputation était si terrible qu'il n'était ni homme ni garçon qui ne s'enfuît de devant elle.

L'adolescente sourit. Ulysse racontait aussi des histoires plus récentes, mais sa préférence allait à la saveur inimitable des termes archaïques. Quant à la syntaxe désuète, elle renforçait le décalage induit par un passé si lointain qu'il la ravissait.

L'une de ses voisines avait deux fils parfaitement beaux. Barbe Bleue lui en demanda un en mariage, en lui laissant le choix de celui qu'elle voudrait lui donner. Mais aucun des fils ne voulait épouser Barbe Bleue. Ils se la renvoyaient l'un à l'autre sans se résoudre à donner leur essence à cette femme si terrible qui, de surcroît, avait déjà épousé plusieurs hommes dont personne ne savait ce qu'ils étaient devenus.

Rim perçut la crispation qui gagnait l'assistance à mesure qu'Ulysse déroulait son récit. Certains hommes resserrèrent les pans de leur tunique autour de leur cou lisse et glabre tandis que les petits garçons se blottissaient dans le giron paternel.

Pour faire connaissance, Barbe Bleue les invita huit jours entiers dans sa plantation, avec leur mère, trois ou quatre de leurs meilleurs amis et quelques jeunes femmes du voisinage. Enfin, tout alla si bien que le cadet commença à trouver que la maîtresse du logis n'était plus si terrifiante et que c'était une fort honnête femme. Et le mariage se conclut.

Ulysse marqua un silence avant de reprendre le fil de son récit. Drapée dans sa tunique comme si elle se trouvait dans la peau du jeune marié, Rim était pendue à ses lèvres.

Au bout d'un mois, Barbe Bleue dit à son jeune époux qu'elle était obligée de faire un long voyage d'affaires. Elle le pria de bien se divertir pendant son absence et l'autorisa même à inviter ses amis et à organiser toutes les fêtes qu'il souhaitait. Puis elle lui tendit son trousseau :

— Voilà, dit-elle, les clefs des citernes d'eau; celle du cellier; celles de mes coffres-forts; celles des cassettes où sont entreposées les réserves de plastique, et le passe-partout de tous les appartements. Cette clef-ci est celle du cabinet au bout de la grande galerie, dit Barbe en fixant son époux d'un regard incisif. Ouvre tout, va partout, mais je te défends d'entrer dans le cabinet. Si jamais il t'arrive de l'ouvrir, ma colère sera terrible.

Le jeune époux promit d'observer exactement tout ce qui venait de lui être ordonné et Barbe, après l'avoir embrassé, partit pour son voyage.

Ses amis n'attendirent pas que le jeune marié les invite pour lui rendre visite. Ils étaient impatients de voir toutes les richesses de la maison, mais n'avaient pas osé venir avant, tant Barbe Bleue leur faisait peur. Devant tant de richesse, ils envièrent le bonheur de leur ami qui, cependant, s'amusait moins qu'eux, trop impatient d'aller ouvrir le petit cabinet. Il était si pressé par la curiosité, que sans attendre le départ de ses invités, il s'y rendit par un petit escalier dérobé où, dans sa précipitation, il manqua même de se rompre deux ou trois fois le cou.

Il s'arrêta longtemps devant la porte, songeant à l'interdiction de sa femme et au risque de désobéir, mais la tentation était si forte qu'il ne put la surmonter. Il prit donc la petite clef d'une main tremblante et ouvrit la porte du cabinet.

D'abord il ne vit rien parce que les fenêtres étaient fermées. Après un moment, pourtant, il réalisa que le plancher était couvert de sang caillé.

Le petit garçon assis à côté de Rim n'avait visiblement jamais entendu le conte. Horrifié, il enfouit son visage dans la tunique de Rim qui sourit au souvenir de sa propre terreur la première fois qu'elle l'avait écouté.

Dans le sang se miraient les corps de plusieurs hommes attachés le long des murs : c'étaient tous les damoiseaux que Barbe Bleue avait épousés et qu'elle avait égorgés les uns après les autres.

Le jeune époux eut si peur que la clef du cabinet lui échappa des mains. Après avoir un peu repris ses esprits, il la ramassa, referma la porte et monta à sa chambre pour se remettre.

Ayant remarqué que la clef était tachée de sang, il l'essuya deux ou trois fois, mais le sang ne partait pas. Il eut beau la laver, et même la frotter avec du sable et les ingrédients d'un remède de grand-père, la tache était indélébile.

C'était une clef sorcière et il n'y avait jamais moyen de la nettoyer tout à fait, susurra Ulysse. *Quand il ôtait le sang d'un côté, il revenait de l'autre*, confia le conteur à l'auditoire médusé.

L'animosité palpable déclenchée par l'emploi du mot « sorcière » fit frissonner Rim qui se recroquevilla dans l'indigo anonyme de son déguisement. Soudain, Ulysse frappa dans ses mains. Tout l'auditoire sursauta et il reprit d'un air terrible.

Barbe Bleue revint de son voyage le soir même. Son jeune époux fit son possible pour lui témoigner sa joie de le revoir si vite.

Dès le lendemain, Barbe lui redemanda les clefs. Il les lui donna d'une main si tremblante que sa femme devina sans peine ce qu'il s'était passé.

De peur, le garçonnet rabattit sa capuche sur sa tête et se mit à téter son pouce comme un forcené.

— Pourquoi la clef du cabinet n'est-elle point avec les autres ? interrogea Barbe Bleue.

— Peut-être est-elle restée dans ma chambre, répondit son époux tout tremblant.

— N'oublie pas de me la rendre tantôt, dit Barbe Bleue d'une voix ferme.

Au bout d'un moment, il fallut bien rendre la clef. Après examen, Barbe Bleue demanda :

— Pourquoi y a-t-il du sang sur cette clef ?

— Je n'en sais rien, répondit le pauvre jeune homme, plus pâle que la mort.

— Tu n'en sais rien ! reprit Barbe Bleue. Je le sais bien, moi. Tu es entré dans le cabinet ! Eh bien, jeune homme, tu vas y retourner prendre ta place auprès de ceux que tu y as vus.

Le pauvre époux se jeta aux pieds de sa femme. En pleurant, il lui demanda pardon pour sa désobéissance, la supplia de le vendre aux semeuses plutôt que de le tuer.

Beau et affligé comme il était, il aurait attendri un rocher, mais Barbe Bleue avait le cœur plus dur que la pierre.

— Il faut mourir jeune homme, lui dit-elle, et séance tenante !

— Donnez-moi un peu de temps pour saluer mon frère, répondit-il en la regardant, les yeux baignés de larmes.

— Je te donne un demi-quart d'horloge, reprit Barbe Bleue. Pas un de plus.

Lorsqu'il fut seul, il appela son frère.

— Ian, mon frère ! Car c'est ainsi qu'il s'appelait. Monte vite en haut de la tour pour voir si nos sœurs ne viennent point. Elles m'ont promis qu'elles nous rendraient visite aujourd'hui. Et si tu les vois, fais-leur signe de se hâter.

Le frère Ian monta en haut de la tour. Le pauvre affligé lui criait de temps en temps :

— Ian, mon frère Ian, ne vois-tu rien venir ?

Et son frère Ian lui répondait :

— Je ne vois que le soleil qui poudroie et le sable qui ondoie.

Cependant, armée d'un grand coutelas, Barbe Bleue criait de toute sa force à son époux :

— Descends vite ou c'est moi qui monte !

— Encore un moment, s'il vous plaît, supplia le jouvenceau effaré de terreur.

Et aussitôt il cria tout bas :

— Ian, mon frère Ian, ne vois-tu rien venir ?

Le frère Ian répondit :

— Je ne vois que le soleil qui poudroie et le sable qui ondoie.

— Vas-tu descendre ou faut-il que je monte ? cria sa femme excédée.

— Je viens, répondit le jeune homme.

Aussitôt il cria tout bas :

— Ian, mon frère Ian, ne vois-tu rien venir ?

Son frère Ian répondit :

— Je vois une grosse poussière qui vient de ce côté-ci.

— Ce sont nos sœurs ?

— Hélas non, mon frère, ce ne sont que les voiles des semeuses…

— Vas-tu enfin descendre ? hurla Barbe Bleue.

— Encore un moment, implora le jeune homme.

Et il cria :

— Ian, mon frère Ian, ne vois-tu rien venir ?

Son frère Ian répondit :

— Je vois deux cavalières qui viennent de ce côté, mais elles sont bien loin encore.

— Ce sont nos sœurs, fais-leur signe de se hâter !

Barbe Bleue se mit à hurler si fort que toute la maison en trembla. Le pauvre jouvenceau descendit et se jeta à ses pieds, si éploré que de longues lignes noires coulaient sur ses joues glabres.

— Cela ne sert à rien. Tu dois mourir, conclut Barbe Bleue l'air terrible en attrapant son mari par les cheveux.

De l'autre main, Barbe leva le coutelas. Elle allait lui trancher la tête !

C'en fut trop pour le garçonnet qui se réfugia dans les bras de son père.

Le pauvre jeune homme, la regardant avec des yeux mourants, pria Barbe de lui donner encore un petit moment.

— Non, non, dit-elle en levant son bras...

Au même instant, on frappa si fort à la porte que Barbe Bleue s'arrêta net. Sans attendre, deux cavalières entrèrent l'épée à la main et se ruèrent sur elle.

Reconnaissant ses belles-sœurs, Barbe voulut prendre la fuite, mais les deux femmes la rattrapèrent et, avant qu'elle ait pu gagner la porte, lui passèrent leur épée au travers du corps.

Leur pauvre frère était presque aussi mort que sa femme et n'avait même plus la force de se lever pour embrasser ses sœurs.

Comme Barbe Bleue n'avait pas d'héritière, son mari demeura maître de tous ses biens et épousa une fort honnête femme qui lui fit oublier le mauvais temps qu'il avait passé avec Barbe Bleue.

Rim sourit au soupir de soulagement du gamin. Patiente, elle continua ses observations tandis qu'Ulysse faisait tourner un chapeau. Enfin, il roula la natte et quitta la place, direction : le convent. Au premier tournant, Rim lui emboîta le pas.

— Hey, ma gazelle ! T'as trop poussé pour prendre le Passage des Chats ?

Elle haussa les épaules.

— Tu as intérêt à te débarrasser de cette grande ligne bleue sur ton front si tu ne veux pas te faire pincer, blagua-t-il.

Sans crier gare, il lui frotta la peau d'un doigt luisant de salive. L'adolescente grimaça, mais il était trop tard pour se dérober.

— Berk !

Elle s'essuya vigoureusement.

— Merci pour la tenue. Cela faisait longtemps que je n'avais pas entendu cette histoire. Le petit à côté de moi a eu les chocottes !

— Et si je te disais qu'elle est tellement vieille qu'à l'origine, Barbe Bleue était un homme ?

Elle ouvrit des yeux ronds.

— Difficile à imaginer. Cela veut dire qu'à la fin, ce seraient des... frères avec des... épées ?! conclut-elle, médusée.

Ulysse rit de son étonnement.

— Et pourquoi pas, ma gazelle ?

Sa gazelle était plongée dans une intense réflexion.

— Pareil pour *Beau et la Bête*, *Belle et Beau dormant* ou *Le Petit Chaperon rouge* ?

— Absolument !

La vivacité de Rim l'émerveillait. Mais comme ils approchaient du convent, Ulysse opta pour un sujet moins polémique.

— Pas de rechute cette année ?

— C'est vrai qu'il y a longtemps que je ne l'ai pas vu.

— De qui parles-tu, petite sorcière ?

— Tu ne diras rien ? Tu jures !

— Sur les poils de ma moustache !

— Tu te souviens que j'en faisais au moins une par an, au début.

— De… rechute ? répondit-il, attentif à ne pas la froisser.

Elle balança nerveusement leurs mains jointes avant de se lancer :

— Oui ! Elles se sont espacées, mais je n'en parle plus. Personne me croit.

L'écoute bienveillante de son parrain l'incita néanmoins à poursuivre :

— La fièvre m'emmène toujours au même endroit. Une grande ferme. Un peu comme celle qu'on habitait avant que je ne tue tout le monde.

— Rim ! gronda-t-il. Tu n'y es pour rien, je te l'ai répété des milliers de fois. Ce n'est pas parce que le hasard a voulu que tu survives que tu es responsable de la mort de ta famille. On ne sait *pas* comment le fléau se transmet !

— Alors pourquoi les voisines pillent tout, avant de mettre le feu ?

Elle faisait un effort si touchant pour ne pas pleurer qu'Ulysse eut envie de la serrer contre lui.

— Ce sont de vieilles pratiques, temporisa-t-il. De la superstition, aussi. Même si les foyers infectieux n'ont plus l'ampleur des débuts, la peur reste. Et puis, entre nous, ça les arrange bien.

Rim fronça les sourcils.

— Le feu efface les traces.

En la voyant frissonner, Ulysse réalisa qu'elle était encore trop naïve pour entendre le fond de sa pensée, aussi ravala-t-il sa théorie sur les voisines, voire les semeuses, qu'il soupçonnait de se cacher derrière le fléau pour tuer et s'approprier des biens avant de dissimuler les preuves sous un bon gros incendie.

Tout à son idée, il reprit à voix haute :

— Les sœurs ne partagent pas facilement leur savoir.

— Je ne voulais pas être sorcière. Parfois, je me dis que tu n'aurais pas dû me sauver !

Cette fois, Ulysse s'accroupit pour la regarder bien en face.

— Et moi je dis que c'est la meilleure chose que j'ai faite de toute ma vie ! Je suis fier de t'avoir sauvée. Je suis heureux de te retrouver chaque fois que j'arrive ici. Tu es intelligente et adorable. Dis-toi que tu as une chance inouïe d'avoir survécu. Rares sont celles qui s'en sortent. Et si tu travailles, tu auras peut-être l'occasion de découvrir un remède. Les convents sont notre meilleure opportunité d'éradiquer cette maladie.

Elle renifla.

— Est-ce que les chasseresses trouvent parfois des garçons ?

Le regard d'Ulysse se troubla.

— Pas que je sache, mais on dévie. Parle-moi de ta rechute dans cette grande ferme.

— Tu me crois ?

— Pourquoi tu me raconterais des craques ? Ce n'est pas parce qu'on n'a jamais entendu parler d'une chose qu'elle est fausse. En tant que voyageur professionnel, je suis bien placé pour le savoir ! Allez, raconte, on est presque arrivés.

— Dans cette ferme, il y a un garçon de mon âge. On ne discute pas beaucoup. Je ne suis jamais très en forme quand j'atterris dans sa cabane mais il me soigne, me donne à boire, me passe un linge mouillé sur le front jusqu'à ce que je m'endorme… Il me manque.

Rose d'avoir lâché la dernière phrase à voix haute, elle se tourna pour observer sa réaction mais Ulysse ne lui prêtait plus attention.

Il l'agrippa par la manche et l'obligea à s'accroupir. Le grincement caractéristique du tourniquet retentit dans le silence de la nuit, aussitôt suivi d'un tintement clair.

— Encore une que ses parents abandonnent, râla Rim.

Un sanglot troua l'obscurité.

Ils distinguaient nettement la femme qui tirait sans ménagement son mari par le bras pour l'éloigner.

— Pourquoi font-ils des enfants si c'est pour les donner aux sœurs ? Ce n'est pas comme si nous n'avions pas les plantes nécessaires ! Ceux qui les élèvent ici risquent aussi de mourir !

— Ce n'est pas par peur du fléau. Ils n'arrivent juste pas à les nourrir. Toi, tu es privilégiée. Tu bois et manges à ta faim. La décision des sœurs de recueillir et d'éduquer les filles et les garçons abandonnés est politique. Ici, ils vous côtoient dès le plus jeune âge. Les sœurs sont leurs bienfaitrices et ils deviennent vos ambassadeurs auprès de celles qui vous haïssent pour votre différence, votre savoir, vos pouvoirs véritables ou fantasmés, ainsi que certains avantages bien réels.

Prompte à s'enflammer, Rim cracha :

— Qu'elles le prennent mon « privilège » ! Je préférerais avoir ma famille plutôt que de pouvoir peut-être filer un jour !

— Je sais, ma gazelle. Mais la différence suscite toujours une part de haine. Les sœurs incarnent cette ambiguïté. C'est d'ailleurs pour ça qu'on vous traite de sorcières.

Vous êtes peu nombreuses à survivre au fléau. Cela fait de vous des êtres à part.

— Mais ça ne nous rend pas capables de magie pour autant ! Survivre est une chance, je te l'accorde. Mais nous n'avons pas toutes la même spécialité. Certaines sont chasseresses, d'autres biotanistes, apothicaires ou linguistes. Et si le prime saut nous révèle apte au voyage, encore faut-il que ce soit en zone utile ! s'énerva Rim. Sans compter que pas une sœur n'a rapporté la moindre graine depuis des décennies !

— Peut-être, mais grâce à votre prodigieux entraînement, celles qui arpentent une zone utile rapportent une montagne de connaissances perdues aujourd'hui. D'où crois-tu que les sœurs tiennent leur savoir ?

— Je sais bien, mais pourquoi « sorcières » ?

Elle n'avait jamais osé poser la question.

— La magie désigne souvent ce qu'on est incapable d'expliquer. Ce qu'appellent « magie » celles qui vous haïssent n'est autre qu'une mutation génétique provoquée par le fléau. L'histoire de l'humanité est jalonnée de catastrophes, et le schéma est infaillible ! Les survivants cherchent des coupables dans la différence, de préférence parmi une minorité. Au commencement de la pandémie, les rares jeunes femmes à avoir survécu faisaient des cibles idéales. On les a d'abord accusées de répandre la maladie, puis l'effondrement a généré un chaos sans précédent. Comme toujours, certains ont pris le pouvoir, et restauré les bonnes vieilles pratiques de terreur et de lynchage collectif. Devenues boucs émissaires, les miraculées choisirent le terme « sorcière » par dérision, en référence à un passé encore plus lointain. Il s'est simplement chargé d'un sens nouveau.

Le couple avait disparu dans la nuit. Le temps qu'une sœur récupère l'enfant, Ulysse abattit son dernier argument.

— Tu sais qu'en plus de commercer, je collecte l'histoire orale : contes, vieilles légendes...

Question rhétorique. Rim haussa les épaules.

— Avant, les rapports femmes-hommes étaient inversés. Parfois, je l'applique aux histoires plus récentes, pour m'amuser. Tu devrais voir la tête de certaines, c'est hilarant. Le problème, c'est que les versions d'origine sont presque impossibles à trouver. Bref, après l'effondrement, la capacité de survie des femmes a renversé le rapport de force et leur a donné l'occasion de s'organiser. Elles ont bâti les convents puis ont découvert l'arpentage. Le fléau s'est calmé, la contagion amoindrie. À moins que nous soyons devenus un peu plus résistants. Quoi qu'il en soit, le voyage a rendu les sœurs puissantes. Les hommes ont voulu croire qu'en vivant près d'elles ils seraient épargnés par la maladie, protégés des semeuses, et la croyance populaire s'est installée. Tout ça s'est joué sur la superstition, et l'ordre social tel que nous le connaissons s'est figé en norme.

— C'est pour ça qu'on traite différemment les filles des garçons ?

— Oui. Pour la plupart des gens, un garçon mérite moins qu'une fille qu'on investisse dans son éducation puisque, dans tous les cas, il y a quatre fois plus de risques qu'il meure !

L'adolescente était sciée.

— Pour autant, notre semence reste nécessaire à la survie de l'espèce, donc le mariage garde bien en sécurité les plus « chanceux » d'entre nous. Les autres, les pauvres, les rebelles et les saltimbanques comme moi finissent souvent aux mains des mi-cuites qui les revendent comme étalons.

Il tapota le dos de Rim.

— Mais n'en parle pas, sauf à Antho. Tidiane trouve que j'ai la langue un peu trop bien pendue.

Dans un de ces virages de la pensée si typique de son âge, Rim demanda :

— Elle va te demander ton essence quand, Antho ? Tu serais en sécurité, comme ça.

Il sourit et écarta un pan de son grand manteau bleu.

— Tu comprendras plus tard. Allez, cache-toi là-dessous, on rentre !

L'ample tissu dissimulait à peine les longues jambes de Rim. Le cœur serré, Ulysse savoura cette dernière fois. Pour leur prochaine escapade, ils devraient imaginer un stratagème adapté à la nouvelle taille de sa gazelle.

II – RECHUTE

DEPUIS COMBIEN DE TEMPS LA FIÈVRE me consume-t-elle ? Des heures ? Des jours ?

Je ne suis que déchirures.

Ma dernière rechute est loin mais je n'ai pas oublié sa brusquerie, cette dégringolade contre laquelle mes muscles s'arc-boutent. Comment une chute peut-elle sembler si interminable et cesser aussi brutalement ? J'espère autant que je redoute la contraction puissante qui va m'empoigner le diaphragme et me projeter vers lui.

Les draps trempés m'emprisonnent à force de convulsions. Je suis tétanisée de fièvre mais presque sereine. Je sais où je vais.

Et l'obscurité m'avale.

Comme elle le fait toujours.

Dans un moment je pourrai ouvrir les yeux, la nausée et les vertiges s'apaiseront. Je visualise. À travers mes paupières filtre une lueur rosâtre. La toile rouge du tipi atténue la brûlure du soleil. Des cannes tenues par un morceau de ficelle dessinent un motif régulier au centre duquel se balance la rose des sables que nous avons accrochée ensemble la dernière fois.

Il y a si longtemps.

Le roulis s'apaise malgré la fièvre qui fait rugir mon sang. Je me prépare à ouvrir les yeux, souris par anticipation. Mes lèvres craquent. J'attends que la douleur reflue, me raccroche à l'idée qu'il ne va pas tarder.

Je n'ai jamais compris comment il sait que je suis là. Mais il sait.

Dans ma hâte à sentir sa main dans la mienne, je caresse la natte des doigts, mais à la place de la fibre, ma peau ne rencontre que du sable. Mes muscles regimbent. Une intuition d'anormal m'assiège, tel un essaim malfaisant.

J'ouvre les paupières d'un coup. La lumière criarde saccage mes pupilles irritées, pulvérise mes efforts. Il ne reste de la cabane que des lambeaux rouges qui claquent sur les cannes affaissées.

Quand la soif me fait trembler, je roule sur le côté pour me mettre à quatre pattes et m'écorche la paume sur un éclat de rose des sables.

Je contrains mes muscles tétanisés à me porter, titube vers l'ombre de la ferme. Le soleil m'aveugle. Le sable me mord les pieds. Sournoise, la migraine pulse sous mes tempes ruisselantes.

Ce n'est qu'en trébuchant sur les décombres que j'ai la confirmation qu'il ne reste rien à sauver.

Malgré les coups de boutoir qui m'explosent le crâne, je cherche la citerne. Il me faut de l'eau sans quoi je suis perdue. La tour à vent émerge, étrangement intacte au milieu du carnage provoqué par l'incendie. Aux alentours du puits subsiste une végétation clairsemée. C'est bon signe. Je rassemble mes dernières forces pour soulever la dalle.

L'eau est hors de portée. Je suis épuisée et une terreur viscérale m'empoigne au souvenir du séjour prolongé dans le puits de ma mère, puis la douleur, fulgurante, me laboure le cerveau. Je m'évanouis.

Une voix qui fredonne. Ces mains. Le linge apaisant sur ma bouche brûlée.

— C'est toi ?

De l'eau, si froide que j'ai mal.

Je sombre encore, la tête sur ses cuisses.

Quand je reviens à moi, Antho murmure des mots incompréhensibles en me bandant les pieds. Ça fait un mal de chien. Je gémis. Derechef la peau fragile de mes lèvres éclate. L'une de mes paumes est entaillée.

Antho s'assied à mon chevet et pousse un long soupir.

— Rim… Tu m'as fait peur ! Où t'es-tu encore fourrée pour te brûler les pieds ? Et pourquoi a-t-il fallu que tu te lances dans l'une de tes escapades idiotes ?

Elle me donne à boire et la mémoire me revient mais le pavot m'assomme avant que je ne puisse m'interroger sur cette rechute si réaliste que j'en ai les pieds brûlés.

III - ESCARBILLES DU MALHEUR

CIRCÉ AVALA LESTEMENT les degrés de la vigie, talonnée par Rim.

— Tu t'encroûtes, ma vieille !

Dès qu'elle atteignit la plateforme de guet, elle se mit en garde, poings levés.

— Miezi nous a appris de nouveaux enchaînements. Je te montre ?

Mais il faisait froid et les deux novices de quart avaient hâte de retrouver leurs hamacs... dans l'autre dortoir.

Circé rattrapa la plus petite par son vêtement.

— Et le rapport ? gronda-t-elle.

— Oh ! Tout est dans le registre, répondit l'autre, qui ne s'en laissait pas conter.

Rim leva le pouce pour confirmer et Circé relâcha sans prévenir sa victime, qui se retint de justesse à la rambarde.

— Ça suffit ! coupa la grande.

Sans demander son reste, la petiote dévala le colimaçon comme si elle avait le feu aux trousses et Circé, hilare, se pencha pour lui crier encore :

— Viens au cirque sur ton temps libre ! Tu apprendras vite à te défendre toute seule.

Rim se jucha sur l'un des hauts fauteuils pivotants.

— À quoi ça sert de perpétuer cette guerre ?

— Tu n'en as pas marre de faire la morale ?

— Un partout !

Son amie leva les yeux du registre.

— Des filles du tourniquet, j'en étais sûre.

Absorbée par la contemplation du désert, son amie contra doucement.

— Parce que toi pas, peut-être ?

Circé singea une pose minaudière typiquement masculine.

— Ça va ! Tout le monde n'a pas la chance d'avoir été sauvé par Ulyyyyyyyyyyyyyyysse !

Rim haussa les épaules.

— C'est surtout que tout le monde n'a pas hérité d'un prénom de sorcière.

— Touchée, concéda-t-elle de mauvaise grâce.

Elle détestait son prénom. Toutes les filles abandonnées au tourniquet se voyaient affublées d'un prénom de sorcière célèbre, et Circé n'avait pas échappé à la règle. Seules les survivantes ramenées par les chasseresses conservaient leur prénom de naissance, à condition qu'elles aient été recensées ou qu'elles s'en souviennent. À de rares exceptions près, cette tradition créait de facto deux catégories de novices :

celles qui avaient été abandonnées avant de contracter le fléau et celles qui y avaient survécu.

Depuis le temps qu'elles étaient amies, Rim la connaissait assez pour savoir que cette haine valait moins pour le prénom lui-même que parce qu'il la désignait d'emblée comme un bébé dont on n'avait pas voulu.

Elle tenta une plaisanterie :

— Tu l'as échappé belle. Tu aurais pu t'appeler Médée ou Mélusine, comme cette espèce de cruche qui travaille à la volière.

— Ou Carabosse.

Elles éclatèrent de rire.

— Tu penses qu'Antho va finir par faire sa demande à Ulysse ?

Aussitôt, Circé redevint sérieuse.

— Laissons les ragots aux garçons. On joue à Destination ?

Elles avaient joué à ce jeu des milliers de fois, mais dès qu'un cours abordait de nouveaux horizons assortis de leur cortège de cartes, de machines inconnues, de langues, de coutumes et d'histoires étranges, les novices s'amusaient à réordonner leurs préférences et elles adoraient ça.

Le jeu concocté par leurs professeures d'après de véritables récits de prime saut tablait sur leur appétit d'aventure tout en mobilisant des connaissances encyclopédiques. Mais en dehors des cours, les filles jouaient à une variante qui ne demandait pas les mises en scène sophistiquées des *escape games*.

Elles s'amusaient à se faire peur en colportant des histoires douteuses de saut plus dangereux les uns que les autres. La gagnante était celle qui trouvait la solution la plus originale pour s'en sortir.

— D'accord ! dit Rim. Tu commences ?

Mais ce soir-là, la lueur qui embrasa la nuit ne leur laissa pas le loisir de débattre et pendant trois secondes, les paralysa d'effroi.

Jamais, en tant d'années de quart, elles n'avaient fait face à un signal.

Puis l'entraînement prit le dessus. Vive comme l'éclair, Circé tendit le bras et, lorsque sa main se referma sur la chaîne, le geste répété des dizaines de fois prit sens.

Le timbre caractéristique de la vigie explosa la nuit. En un temps record Magda fut à leurs côtés, scrutant la lueur immense qui enflammait l'horizon et proclamait un nouveau cas.

L'arrivée de la chasseresse rendit les filles à leur condition de novices mais le signal, qui hypnotisait Circé, replongea Rim dans sa terreur d'alors.

Elle se revit à six ans, mains tintinnabulantes de fièvre, s'échinant à allumer la fusée alors que la douleur lui ravageait les nerfs. Combien d'allumettes avait-elle cassées avant d'enflammer cette mèche de malheur ? Elle ne voulait *pas* se rappeler le feu qui grignotait les corps inertes de ses parents, de ses frères et sœurs. La puanteur abominable. La brûlure de la fumée dans sa gorge.

L'odeur de sueur de celles qui avaient pillé la ferme avant de la purifier par les flammes remonta avec une brutalité inouïe. Anéantie par les images si longtemps refoulées, Rim se laissa envahir par la panique. Son enfance et sa sécurité se consumaient dans un brouillard ardent; sa course éperdue au cœur du brasier roussissait ses pieds nus, menaçait de l'engloutir. *Souhaitais-je vraiment en réchapper ?* Le feu du dehors épousait celui qui la consumait et elle avait plongé dans la citerne pour fuir le cauchemar, les brûlures, les voisines, l'horreur du fléau.

La lueur orangée du signal ricocha sur l'obturateur quand Magda baissa la longue-vue.

— Ce n'est qu'un relais. Occupez-vous du registre. Je préviens la matriarche.

Tandis qu'elle s'engouffrait dans les escaliers, Circé gribouilla l'heure à la va-vite puis attrapa Rim par la main. Le train d'enfer auquel elle leur fit dévaler le colimaçon la sortit de sa transe.

Circé les entraîna aux cuisines. À cette heure, c'était le seul endroit vivant et elles avaient désespérément besoin de chaleur.

Le vieux cuisinier ne s'y trompa pas : il avait vu défiler assez de novices pour décrypter les stigmates d'un signal. Il reconnut Rim aussitôt. C'était lui qui préparait le pain le jour où Ulysse l'avait déposée à demi morte sur cette longue table. Il s'était si bien fait tancer d'avoir amené la précieuse enfant aux cuisines plutôt qu'à l'infirmerie qu'ils en blaguaient encore.

Le parfum chaud et capiteux de la première fournée saturait l'air. Rim se perdit dans le brasillement du fournil, poursuivie par ses souvenirs.

Blême de déception, Circé consolida les sacs de farine où elles s'étaient juchées. Combien de fois n'avait-elle pas rêvé d'accompagner les chasseresses sur un signal.

— J'espère qu'elles ramèneront quelqu'un, murmura-t-elle.

Le gros horloge sonnait quatre heures, lorsque le cuisinier leur tendit un bol de bouillon. Un quart d'heure plus tard, il jetait un drap léger sur les corps laissés vacants par le sommeil. Le vieil homme comprenait trop bien la solitude des adolescentes recroquevillées l'une contre l'autre comme des chatons. Qu'elles aient été abandonnées ou qu'elles soient orphelines, le résultat avait creusé en elles des vides immenses aux mauvais endroits. Il dosa soigneusement les herbes de sa tisane calmante. Les convents formaient leurs protégées à de nombreuses disciplines, mais rien ne préparait à endosser le désastre d'un signal, le poids de l'arpentage ou les deuils qui font grandir trop vite. Si la potion d'Eulalie ne servait pas à une éventuelle survivante, il la servirait à ces deux-là.

— Lâche-moi, sale sorcière !

Le hurlement qui résonna sous les voûtes réveilla les filles en sursaut. Les yeux collés de sommeil, il leur fallut un moment pour décrypter une scène à laquelle elles n'étaient pas censées assister.

Magda ceinturait une fille au visage tordu de rage et de souffrance. La suie qui hachurait ses traits ne pouvait totalement dissimuler son âge.

Elles en restèrent bouche bée.

Jamais elles n'avaient vu de survivante aussi vieille. En théorie c'était possible puisque l'âge des filles épargnées par le fléau n'excédait pas seize ans. Mais celle-ci ne devait *vraiment* pas en être loin !

— Seize ans moins dix, ou moins le quart. Franchement pas de bol, chuchota Circé.

— Au moins, elle ne risque plus de l'attraper.

— Pas comme moi...

Cette vérité la frappa à l'estomac. Elle oubliait toujours que Circé n'était pas immunisée.

La compassion que Rim éprouvait à l'égard de leur nouvelle sœur fut aussi vive que brève. Le port altier malgré les ornières creusées par les larmes dans la suie de ses joues, la rescapée invectivait Magda avec une inventivité qui forçait l'admiration. Dès que la chasseresse la lâcha, l'autre la toisa, glaciale, bras croisés, menton haut, s'attardant délibérément sur la prothèse. Tout en elle clamait l'habitude de commander et d'être obéie, mais contrairement à ce que Rim présageait, Magda n'eut aucune réaction. Pas même celle de se cacher derrière ses cheveux comme elle en avait coutume.

Le regard de la fille brûlait de fureur.

— Vous n'avez aucun droit sur moi ! hoqueta-t-elle. Je suis libre. Si vous les aviez empêchées de tout cramer, je posséderais encore un domaine ! J'exige de parler à la matriarche !

— Inutile de pousser de tels hurlements, jeune fille, me voilà.

De stupeur, les deux ados se serrèrent l'une contre l'autre. Dans l'ombre de la couverture, on ne les voyait presque pas mais elles se firent plus petites encore.

— Pas d'autres rescapées ?

— Non, gargouilla Magda. Je ne suis pas allée jusqu'à la seconde ferme. Le registre n'y indiquait que des mâles et celle-ci compte pour deux.

Circé écarquilla les yeux de stupeur. Il y avait eu un second signal. Le même soir ! En se réfugiant aux cuisines, elles l'avaient manqué. Rim grimaça en écho.

— Je ne suis pas *votre* rescapée ! Ma plantation m'attend, feula la jeune femme qui planta un talon dans le pied de Magda.

Sous le coup de la douleur, la chasseresse s'écarta de la porte vers laquelle la fille se précipita.

La matriarche n'éleva même pas la voix.

— Olympe Wals.

Deux mots pétrifièrent la tigresse au pied des marches usées.

— Comment connaissez-vous mon nom ?

Tidiane dégaina son calme légendaire.

— Viens donc t'asseoir. Je te l'expliquerai. Sans compter que je peux peut-être soulager tes brûlures.

Olympe fit lentement demi-tour et consentit à poser un bout de fesse sur le banc, de l'autre côté de la longue table de tadelakt. Elle exposa ses bras brûlés sur le plateau d'argile, juste sous le nez de la matriarche qui ne fit pas un geste dans sa direction. Le cuisinier apporta une énorme théière, assortie de tasses. Un parfum suave de fleur d'oranger et de bergamote se répandit dans la pièce.

Tidiane poussa une tasse dans la direction de sa nouvelle protégée.

— Que sais-tu de nous, Olympe ?

— Je répète : comment connaissez-vous mon nom ?

— Ta mère était célèbre pour la qualité de son indigo et… sa poigne de fer. Elle respectait la loi, et toutes les habitantes de son domaine étaient inscrites au registre.

— C’est mon domaine, désormais ! Vous n’avez pas le droit de me garder ici. J’ai presque seize ans et je ne veux pas devenir sorcière, cracha-t-elle avec un mépris évident.

— Mais quoi qu’elle veuille, elle l’est, murmura Circé.

— Que sais-tu des sorcières, comme tu dis ? contre-attaqua la matriarche.

La jeune femme se fit provocante.

— Ce que tout le monde sait.

Son vis-à-vis leva un sourcil qui invitait à développer.

— Vous êtes riches, vous détenez savoir et pouvoir. Certaines racontent même que vous êtes immortelles.

Voyant que ses attaques ne portaient pas, elle reprit :

— On dit que vous savez tout guérir.

— Et ça ne te fait pas envie ?

— Je refuse de vous ressembler. Je veux diriger ma vie et ma plantation. C’est *votre* faute si j’ai tout perdu. Et ce monstre, cracha-t-elle en désignant Magda du menton, cette abomination n’a rien fait pour l’empêcher !

— Comment vont tes bras ?

Olympe lui rendit un regard sidéré. Ses brûlures avaient cessé de la lancer jusqu’à l’insupportable et la stupéfaction transforma sa colère en curiosité.

— Comment faites-vous cela ?

— Je souffle le feu. D’autres sont sourcières. Rien qui ne soit à ta portée si tu acceptes le don du fléau.

— Don ou malédiction, la frontière est mince.

— Indubitablement !

Olympe écarquilla les yeux de surprise. Comment pouvaient-elles tomber d'accord quand tout les opposait ?

La mère supérieure planta son regard dans celui de la novice.

— Reste à savoir de quel côté de cette frontière tu CHOISIS de te situer.

Piquée, Olympe ne répliqua pas aussi vertement qu'elle l'aurait pu. Les propos sibyllins de la sorcière attisaient sa curiosité et un éclair de lucidité lui révéla qu'elle n'était pas en mesure de se défendre. Ni contre les nornes ni contre ses voisines. Pas encore. Le convent lui offrait sur un plateau la possibilité de reconquérir un jour la position sociale que le décès de sa mère venait d'anéantir. Il fallait se rendre à l'évidence, la plantation n'était plus.

Elle avait abdiqué sans en avoir conscience.

Quand Olympe ouvrit les yeux qu'elle ne se souvenait pas avoir fermés, la sorcière achevait de lui bander les avant-bras. Du coin de l'œil, elle accrocha le regard de Circé, mais ne dit rien. Par son silence elle s'octroyait une alliée fidèle à peu de frais.

Le jeu commençait et Olympe Wals ne prévoyait pas de perdre.

Dès que la mère supérieure et la nouvelle eurent quitté les cuisines, Rim et Circé détalèrent en direction des dortoirs par un autre chemin.

Eu égard à son âge, la matriarche ne marchait pas très vite. En prenant un raccourci, les deux filles possédaient une chance raisonnable de regagner leurs hamacs les premières.

— Grouille ! râla Circé, que la lenteur de Rim agaçait.

Les moustiquaires tremblaient encore lorsque Tidiane introduisit Olympe dans le dortoir où s'alignait une cinquantaine de hamacs. Malgré le système de refroidissement d'air, il régnait dans la pièce une touffeur moite. La jeune fille posa un regard circonspect sur les tenues magiques qui ondulaient dans leurs solutions hydroponiques. La duègne la laissa détailler en silence les corps abandonnés au sommeil avant de désigner sa place d'un geste.

Olympe jeta un œil éloquent à ses vêtements souillés et la sorcière lui indiqua une porte à l'autre bout de la pièce.

— Tu sais comment fonctionnent les toilettes sèches ?

— Cessez de m'insulter ! Je ne suis pas une péquenaude.

Furieuse, elle traversa le dortoir vers la salle de bains. Dans son dos, la vieille femme souriait.

Quand elle se glissa sous sa moustiquaire une demi-heure plus tard, la vieille avait disparu et l'aube n'était plus très loin. Elle se mordit l'intérieur des joues à sang pour refouler des larmes amères. Le tangage du hamac la déroutait, mais l'épuisement l'emporta avant même qu'elle ait commencé à envisager l'avenir.

Le brouhaha qu'elle prit d'abord pour celui de la plantation la réveilla par paliers, mais les chuchotements n'avaient rien de commun avec l'agitation familière du domaine. L'air embaumait les galettes de patate douce sans qu'elle y décèle la puanteur des bains d'indigo. Égarée, Olympe ouvrit les yeux, et le décor explosa sur le drame de la veille et son effarante sarabande d'images. Cris, craquements, explosions d'escarbilles. La fièvre aveuglante, l'agonie de sa mère et ce foutu signal allumé dans son dos se succédèrent en un vénéneux kaléidoscope. Elle ferma les paupières de toutes ses forces. Ses brûlures la lançaient de nouveau mais, plutôt que de s'apitoyer sur son sort, elle se réfugia dans sa colère, comme toujours.

Quand elle rouvrit yeux, le visage de Circé était si près du sien qu'elle ne put retenir un couinement de surprise. *Pour l'impassibilité, tu repasseras !*

Le premier réflexe d'Olympe fut de rabrouer la curieuse, mais elle renonça. Tout le monde les regardait et cette fille avait assisté au carnage la veille. Aussi épuisée que furieuse, elle descendit maladroitement du hamac et s'éloigna, dos raide et bouche rigide.

Circé fut la seule à oser la suivre dans la salle de bains.

— Merci pour hier, chuchota-t-elle lorsqu'elle fut certaine que la pièce était déserte.

Olympe releva le visage de la cuvette d'eau, haussa les épaules. À travers le miroir piqueté par le temps, elles ressemblaient à des fantômes.

— Je m'appelle Circé. Je sais que tu n'as pas envie d'être ici mais je peux te servir de guide. C'est une sorte de tradition ici.

— D'accord.

Elle plaqua le savon sur le rebord de la vasque.

— Mais dès que je peux, je rentre chez moi !

— En attendant, Rim nous a gardé des places au réfectoire. Tu as faim ?

Un joyeux brouhaha planait dans la pièce et, malgré l'aube naissante, il faisait déjà chaud. Circé se servit une belle portion de ténébrions caramélisés.

— Tu mangeais la même chose chez toi ? Rim déteste.

Circé était toujours avide des histoires des autres et collectait les coutumes des *vraies* familles comme un trésor. Olympe étala du houmous sur une galette d'amarante.

— Je les préfère en pâte. Qu'est-ce qui m'attend pour cette première journée de sorcière ?

Le choix du mot proclamait sa haine de ce nouveau statut. Comme Circé avait la bouche pleine, Rim répondit à sa place.

— Il y a une base de cours obligatoires. Pour le reste, tu pioches selon tes goûts. Aujourd'hui, on a méditation, puis dessin-mémo avec Antigone.

— Pouah ! râla Circé en s'essuyant les lèvres.

— C'est quoi ?

— Des foutus exercices de mémoire. J'en sors toujours avec la tête comme un seau.

— Pour quoi faire ?

— Pour voyager, pardi !

Circé fusilla Rim qui venait de lui voler sa répartie.

— C'est quoi ces foutaises ? s'étrangla Olympe.

— Oh, mais ce ne sont pas des foutaises, rétorqua Circé qui prenait son rôle de guide très à cœur. Comment crois-tu que ce que tu manges est arrivé dans ton assiette ?

— Je ne vois vraiment pas le rapport.

Rim tenta de mettre son amie en garde.

— Ralentis Ci', on va la perdre, là !

Mais Circé l'ignora et poursuivit avec une préciosité qui ne lui ressemblait pas.

— Nous chevauchons les soupirs du temps. Le gros horloge est l'emblème de notre pouvoir.

— L'abomination pendue là-bas ?

Olympe s'agrippa les cheveux.

— Qu'est-ce que c'est encore que ce truc de trifouilleuses ?

Comme pour la narguer, le carillon aigrelet sonna six heures et un bataillon complexe d'organes et de rouages se mit en branle.

— Tri-quoi ? cria Rim pour couvrir le raclement des bancs.

— Vous vous expliquerez après, coupa Circé. On va se faire tuer si on arrive en retard !

Lorsqu'Olympe prit place sur le dernier tapis libre, la sérénité de l'atmosphère l'ébranla. Un peu partout dans la pièce, des novices de tout âge assises en tailleur respiraient calmement, paumes tournées vers le ciel.

— Tu vois, Olympe, commença sœur Pélagie d'une voix profondément posée, l'influence du yoga et de la méditation dépasse les individus. Elle est bénéfique à notre environnement. Au-delà de la maîtrise et de la connaissance de soi, nous tendons vers le déplacement.

Du coin de l'œil, elle vit Circé souffler dans sa frange et l'exaspération de sa guide lui arracha un sourire. Ce jargon ne lui disait rien qui vaille.

— As-tu déjà pratiqué le yoga ?

Comme Pélagie s'y attendait, la novice fit signe que non. Rien de surprenant d'après la réputation de sa mère, d'autant que Tidiane l'avait avertie de la susceptibilité de leur nouvelle recrue. Elle s'abstint donc de tout commentaire.

— Respiration abdominale, indiqua-t-elle aux autres.

Elle s'assit à côté d'une Olympe toute crispée et la guida pour améliorer sa posture, poser son souffle.

— Imagine que ton nombril s'éloigne de ta colonne chaque fois que tu inspires, qu'il s'en rapproche lorsque tu expires, murmura-t-elle. Place une main sur ton ventre, si cela t'aide. Respiration costale, dit-elle pour les autres tandis qu'elle expliquait le principe à Olympe qui pataugeait dans ses préjugés, sa fatigue et son stress.

— Ne force pas. La respiration est cruciale en yoga. Elle dessine un pont entre le corps, les émotions et les pensées. Observe sa longueur, sa profondeur, sa fluidité. Allonge-toi, proposa-t-elle en se levant pour faire le tour de la salle. Concentre-toi sur ton souffle comme si c'était la seule chose qui existait. On poursuit avec le Dieu des vents, annonça-t-elle à la cantonade. Expirez ce qui vous pèse. Accueillez la sécurité de la terre qui nous supporte. Nous travaillons à créer de l'espace dans notre corps pour que puisse s'exprimer l'intuition… Évacuez le stress, soyez présentes à vous-mêmes pour vous consacrer au voyage. Entre tension et relâchement, dans la tonicité.

Au bout de deux heures de postures aux noms aussi tartes que « la table », « le chien », « le chat », « l'enfant », « la montagne », « la chaise » ou « le guerrier »... tout se mélangeait sous le crâne d'Olympe. Son corps la faisait souffrir, son esprit bouillait. Celle à qui on n'avait jamais appris l'introspection en ressortait à vif, sablée comme après une tempête. À défaut d'écouter son intuition, elle était obligée de l'entendre et, en se dépliant, elle dut admettre qu'elle se sentait moins oppressée.

Hélas, à peine la porte franchie, la rage et l'angoisse resurgirent avec la question de Tidiane. *De quel côté de la frontière* CHOISIS-*tu de te situer ?*

Cette voix au fond de sa tête allait la rendre dingue.

Mais ta gueule !

Plutôt que de pleurer, Olympe râlait. C'était sa seule parade quand chaque minute passée parmi les sorcières éclatait ses repères. Rim et Circé ignorèrent charitablement sa mauvaise humeur et la pilotèrent jusqu'au cours suivant. Le trajet et la fraîcheur des couloirs l'aidèrent à reprendre le contrôle. *Hors de question de faire honte à ma mère... Elle se retournerait dans sa tombe de me savoir ici... Elle qui n'a pour sépulture que les cendres du domaine... Mère et sa méthode bien à elle pour ne jamais étaler sa faiblesse !*

La tristesse lui labourait les entrailles mais elle carra les épaules et serra les dents. *Seulement dix heures.* Elle aurait tué pour retourner dormir.

Quand elle pénétra dans la distillerie-herboristerie derrière ses deux guides, Olympe détailla les lieux avec attention. L'endroit confiné était la personnification des horreurs produites par les sorcières. Des tubes, des machines aux membres de verre et de biomatière encombraient les paillasses couvertes de carreaux émaillés. *Tout ce que mère m'a appris à haïr !* Et pourtant... L'odeur familière des plantes tinctoriales la rassurait et le sol marbré d'éclaboussures renforça une balbutiante sensation de sécurité. Olympe aspira une profonde goulée du parfum âcre, adressa un sourire discret aux plantes qui séchaient au-dessus de leurs têtes puis tira un tabouret.

L'objectif du cours n'était pas tant d'apprendre à teindre que d'exercer sa mémoire à identifier les plantes, les dessiner, retenir leurs propriétés colorantes, les moyens de fixer les pigments ainsi que les divers procédés d'extraction et, dans ce domaine, Olympe était imbattable. Après le désastre du cours de yoga, elle se sentit plus forte. Au lieu de la dégoûter – ce qui aurait été le cas quelques jours plus tôt –, la découverte d'un point commun avec les sorcières la réjouit.

Elle tenait son premier atout.

Postée derrière le moucharabieh, la mère supérieure sourit. Le changement qui venait de se peindre sur le corps de leur jeune recrue ne lui avait pas échappé.

IV – CORVÉE DE ZAÏ

Trois semaines parmi les sorcières n'avaient pas suffi à débarrasser Olympe de la répulsion viscérale que lui inspiraient leurs abominations. Pour n'en citer qu'une, la simple idée d'endosser l'habit semi-vivant la révulsait mais elle n'osait pas le dire. Malheureusement, la chaleur était bien plus étouffante ici que dans sa montagne. Si elle voulait gagner en confort, elle devrait passer par la case « vêtement magique ». Sans compter qu'elle ne voulait pas vexer ses guides. Surtout Miss Parfaite. À défaut d'alliée, il aurait été stupide de s'en faire une ennemie. Olympe partageait davantage de valeurs avec Circé, mais la jeune sorcière se révélait trop facile à manipuler. Rim représentait un tout autre défi.

Sous les arcades qui les conduisaient à l'atelier de biotanique, Olympe frissonna de répulsion anticipée. Rim avançait d'un pas dansant et sûr. À croire que la moindre pierre du convent lui appartenait. Comme trop souvent, elle éprouva un brutal regain d'amertume. Elle-même se mouvait avec autant d'aisance dans sa plantation, avant.

Avant que ces maudites sorcières ne lui confisquent son bien, son pouvoir et l'avenir si fermement tracé par sa mère.

Si près du but... qu'elle avait fini par ne plus penser au fléau. D'autant qu'elle peinait à assimiler cette histoire de voyage. Bien sûr, l'arpentage n'avait rien d'un secret, mais sa mère n'avait jamais cru à la véracité d'une affirmation aussi rocambolesque. Comme elle, Olympe avait rangé l'arpentage dans la catégorie « poudre aux yeux », persuadée que les sœurs exploitaient en secret une bibliothèque plus vaste que ce qu'elles voulaient bien avouer, laissant les plus crédules gober leurs histoires de saut dans le passé. En attendant d'en savoir plus et de reprendre ce qui lui revenait de droit, elle s'astreignait à faire profil bas.

Toute à ses spéculations, elle ne vit pas qu'elles étaient arrivées à destination et percuta Rim, qu'elle oublia d'insulter à l'instant où elle découvrit la cause du carambolage.

Sur le seuil du laboratoire feulait un caracal. Gros avec ça. Les plumeaux noirs de ses oreilles étaient rabattus, ses babines retroussées sur des crocs qui forçaient le respect. Chair de poule et sueur froide lui colonisèrent l'épine dorsale. Par réflexe, Olympe porta la main à sa hanche vide. Magda lui avait confisqué son arme dès sa capture, mais certains automatismes avaient la vie dure.

Anthoïna s'approcha du fauve.

— Ne bouge pas ! Syahgosh ne te connaît pas.

Rim s'était immobilisée aussi. Le calme de Miss Parfaite semblait confirmer les dires de la sorcière ; pourtant,

Olympe rechignait à s'y fier. Anthoïna gratta la bête derrière ses étranges oreilles.

— Là, là, Sissi. Tout doux, ma belle..., chantonna-t-elle. Voici Olympe.

Sans se départir de son ton chantant et monocorde, Anthoïna ordonna à la jeune fille de lui présenter sa main. Elle s'exécuta de mauvaise grâce, concentrant toute son énergie à masquer sa peur, mais lorsque la bête consentit à dégager le passage, son cœur eut un nouveau raté et le sang reflua de ses joues. *Encore une abomination !* L'arrière-train du fauve n'était qu'un assemblage contre-nature de prothèses et de rouages semi-vivants.

— Ce n'était qu'un chaton quand je l'ai réparée, plaida Anthoïna face à l'expression horrifiée de la novice. Un piège norne. Même si elle aura toujours plus de mal que ses congénères à chasser, elle peut se reproduire. La preuve, compléta-t-elle en désignant le ventre rebondi du fauve.

Vautrée dans un rai de soleil, Syahgosh les ignorait royalement.

— C'est ton familier ? éructa Olympe lorsqu'elle retrouva sa voix.

Il y avait une lueur de moquerie dans le sourire d'Antho quand elle répondit.

— Tout dépend de ce que tu entends par là.

La jeune fille haussa les épaules. Sans se démonter, Anthoïna poursuivit :

— Si cela signifie que Sissi me protège ou qu'elle est une création de taxi', alors je suppose que oui.

Olympe laissa de nouveau transparaître sa surprise.

— Ça veut dire quoi ? s'étonna Rim.

— C'est une insulte, admit Olympe les dents serrées.

— C'est l'abréviation d'un très vieux mot dont nos détractrices ont coutume de nous affubler, compléta Anthoïna. Les taxidermistes étaient capables de donner l'apparence du vivant à des animaux morts, voire tués pour la circonstance.

— Répugnant !

Offusquée, Rim réalisa qu'elle était incapable d'imaginer un monde où les animaux seraient assez méprisés pour être tués exprès.

— Ce que tu fais est noble ! Restaurer les écosystèmes n'a rien de répréhensible que je sache ?!

— Tu sous-estimes le pouvoir de la jalousie et la peur de l'inconnu, corrigea Antho. Celles qui nous haïssent, souvent par ignorance, nous traitent de taxis' au nom de la maîtrise – fantasmée à l'excès – que nous détenons sur le vivant. Ce « pouvoir » en terrifie plus d'une et les pousse à nous insulter : « sorcières », « trifouilleuses », « potagères », et j'en passe. N'est-ce pas, mademoiselle Wals ?

— Mais sans notre nourriture et notre expertise, tout le monde serait mort !

La biotaniste eut un haussement d'épaules fataliste.

— La raison a rarement sa place dans ce genre de débat, ma gazelle.

Pour couper court à une discussion qui s'annonçait houleuse, Anthoïna bifurqua :

— Que me vaut l'honneur de votre visite ?

— Un vêtement ! Elle est trop fière pour l'avouer, mais elle meurt de chaud ! Il te faut combien de temps pour le cultiver ?

— Tout dépend de ce que tu veux, Olympe. Tu as deux options. La première : je le laisse pousser intégralement ici. Il y en a pour un bon mois. La seconde : quand le haut est opérationnel, tu le portes et le reste grandit sur toi grâce à des baleines qu'on ôte à la fin de la croissance.

Elle savoura l'éclair de terreur pure qui traversa le regard de la novice. Elle avait fait cette proposition à dessein et le visage livide d'Olympe l'assura que la remontrance avait porté.

— Ce qui sera le mieux pour la créature.

La biotaniste s'inclina devant la subtilité de la réponse.

— Un partout ! s'amusa Iseult quand les deux novices furent sorties.

Anthoïna sursauta avant d'éclater de rire. Sa vieille formatrice était redoutable. Même elle avait oublié sa présence.

— Toute ignorante et superstitieuse soit-elle, cette gamine fait montre d'une grande capacité d'adaptation, tu ne trouves pas ? Elle a du potentiel ! décréta la vieille renarde.

— Je dois aller voir mon faucon. Tu as déjà visité la ménagerie ? demanda Rim au sortir de l'atelier.

La découverte du convent se poursuivait à une allure aléatoire pour Olympe. Plutôt que de se limiter à ses aptitudes pour la distillerie, Tidiane lui faisait toucher à tout, si bien que certains jours s'en trouvaient saturés de nouveauté quand d'autres étaient d'un ennui mortel.

Cette pédagogie improvisée autour de son âge avancé l'éreintait.

La ménagerie... Elle avait eu sa dose d'abominations pour la journée, mais si elle voulait maîtriser son nouvel environnement le plus vite possible, l'offre ne se refusait pas. Encore frissonnante d'angoisse contenue, elle emboîta le pas à Rim, curieuse de vérifier ce qu'on racontait sur ce lieu mythique.

Traverser la serre était le chemin le plus naturel. Chaque fois qu'elle se déplaçait, Olympe examinait tout et découvrait immanquablement une subtilité, un détail qui l'éclairaient sur les rouages de sa prison.

Elles passèrent non loin de deux jardiniers qui battaient des épis d'amarante. Malgré le travail des araignées, la chaleur sous le dôme biomimétique était si intense que le plus jeune avait ôté sa tunique. Quand Olympe le siffla, Rim démarra au quart de tour.

— Hé ! Tu te crois où ?

— C'est ton copain ? s'étonna-t-elle.

— Non, mais mets-toi à sa place !

— Ben quoi ? Il devrait se sentir flatté que son essence m'intéresse.

— N'importe quoi ! T'es bien trop jeune pour avoir un enfant.

— Tu devrais faire un tour dans le Barrio avant de débiter tes certitudes de nantie !

Pour le pur plaisir de faire enrager la chouchoute d'Anthoïna, Olympe en rajouta une couche, feignant un air gourmand.

— Tu as vu sa tenue ? Puisqu'on en parle, comment ça marche quand une sorcière décide de se reproduire ? Est-ce que le convent protège le père ?

Rim lui aurait bien arraché sa queue-de-cheval à cette garce !

— Laisse tomber !

Miss Parfaite montait si vite au créneau ! Olympe ne put résister davantage.

— Oh, je vois... Madame est isocrate !

— Si tu trouves risible de demander les mêmes droits pour eux, inutile de m'adresser encore la parole, rétorqua Rim, révulsée.

Les deux jardiniers avaient jugé plus prudent de s'éloigner, mais Rim ne décolérait pas. Olympe porta l'estocade.

— Parce que, bien sûr, ces pauvres choses ont besoin d'une championne telle que toi pour les défendre.

Folle de rage, Rim lui allongea une gifle, mais Olympe bloqua le bras avant que les doigts ne claquent et, quand elle voulut s'agripper à son col, la jeune femme retourna son élan contre elle pour la plaquer sur le dos.

— *Ippon!* proclama celle qui, à l'évidence, maîtrisait les arts martiaux.

Humiliée d'avoir mordu la poussière, Rim détala dans un rang de maïs tandis qu'Olympe rajustait sa queue-de-cheval.

Avant de pénétrer dans la volière, Rim prit plusieurs respirations profondes. Il fallait qu'elle expulse jusqu'aux dernières bribes de fureur ou Craco le sentirait. Ses côtes lui faisaient mal. *Cette garce n'y est pas allée de main morte!*

Elle s'arrêta près des équidés, distribua quelques caresses, gratta toutes sortes d'oreilles, largua ses ultimes élans de colère dans la fourrure des lapins en priant pour ne pas croiser Magda. *Il ne manquerait plus que ça.*

La chance lui sourit : Imogène était à la pesée, et la chasseresse aux allures de héron n'avait pas l'âpreté de sa consœur. On la trouvait plus souvent à surveiller le zaï et les animaux qu'à jouer le bras armé de Tidiane pour recenser, patrouiller dans le Barrio ou se rendre sur un signal. Rim préférait de loin pratiquer l'affaitage avec elle, à commencer par le fait qu'elle affamait moins les oiseaux. Bien sûr, les rapaces ne volaient qu'à condition d'avoir faim, mais Magda exagérait, tendant à les faire descendre plus près de moins vingt que de moins dix pour cent de leur poids.

Rim contempla sa fauconne. Craco revenait de loin. Après des mois de réglages et d'entraînement, elle pouvait enfin voler avec sa prothèse définitive mais chaque ajustement l'obligeait à repartir de zéro ou presque.

L'oiseau au poing, Rim regarda l'aile posée quelques jours plus tôt. Imogène nota le poids du faucon moins celui de l'aile, puis elles vérifièrent qu'aucun rivet n'avait joué.

— Tu as rempli ta gibecière ?

Rim leva le pouce et elles sortirent de la ménagerie.

— Voyons voir ce que vaut cette prothèse! Comme au début. Tu te mets à deux ou trois pas, tu siffles. Tu la laisses prendre quelques becquées et tu la remets au perchoir.

Rim prit une gerboise morte, tendit le poing gauche et modula un sifflement aigu et bref, reconnaissable entre tous. Malgré une trajectoire un rien chaotique, Craco se posa sur le gant et attaqua le souriceau à coups de bec. La jeune fille la reposa sur le perchoir, recula et siffla de nouveau, poing brandi. Au bout d'une demi-heure, elle avait mal au bras et l'oiseau montrait des signes de fatigue. Elle caressa les plumes soyeuses.

— Tu t'en es très bien sortie, ma belle.

— D'ici un petit mois, elle devrait pouvoir nous aider au zaï, confirma Imogène.

Malgré sa hâte à voir la fauconne en vol libre, Rim avait peur qu'elle ne revienne pas. Sa formatrice comprenait son appréhension.

— Ne t'en fais pas, la rassura la chasseresse. Tout va bien se passer.

Comme toujours après un entraînement, ses allures de héron timide avaient disparu. Sa passion pour la fauconnerie transfigurait sa figure falote.

Circé rejoignit Rim à la volière. La mine fermée sous sa frange, elle lâcha :

— Les plannings sont tombés : corvée de zaï demain.

Le zaï était une technique africaine ancestrale d'une simplicité géniale que l'une des sœurs avait eu l'heureuse idée de rapporter de l'un de ses voyages. Au moment de repiquer les arbustes démarrés en serre, on introduisait du fumier ou du compost dans le sol. La matière organique attirait alors des termites qui creusaient des galeries. À terme, ces galeries favorisaient l'infiltration de la pluie et la création de poches d'eau en profondeur, limitant l'évaporation et constituant une provision pour la plante. Dès la réintroduction du zaï par les sœurs une cinquantaine d'années plus tôt, les rendements avaient quadruplé. Depuis, bien qu'il ne pleuve presque jamais, les convents plantaient sans relâche et le gain sur le désert était évident. L'oasis avait doublé, entraînant dans son sillage la prolifération de tout un biotope et un semblant de fraîcheur. Le cercle vertueux avait commencé.

Rim remit Craco sur son perchoir et rangea son gant. Cette corvée en particulier ne l'avait jamais dérangée, mais elle savait combien Circé détestait mettre les mains dans le fumier.

— Dur pour commencer la semaine. Je compatis mais c'est comme pour le guet dans la vigie. On rend la pareille. D'autres ont planté les arbres dont on bénéficie. Chacune à son tour. Pense à tes enfants…

— T'es grave ! Y a que toi pour sortir ce genre d'argument. Mes « enfants », sérieux ?

Vexée, Rim piqua un fard.

— Ce n'est que justice, maugréa-t-elle.

Circé fusilla le chariot plein à ras bord qui attendait déjà devant la ménagerie.

— N'empêche, elle pue, ta justice !

En fin de journée le lendemain, Circé tapait dans les cailloux de l'esplanade pour que la terre entière profite de sa mauvaise humeur. Rim lui tendit une main encourageante et elle se hissa sur le char à bancs qui accompagnait le tombereau de fumier. Déterminée à dérider son amie, Rim singea le ton de Pélagie :

— Voyons le bon côté des choses, un peu de verdure ne peut pas nous faire de mal.

Le trajet vers l'extrémité sud de la cité n'était pas long, mais il faisait encore une chaleur étouffante. En traversant le Barrio, les hommes qui planteraient avec elles pour un salaire de misère rejoignirent les bancs, si bien qu'après plusieurs haltes, le véhicule était plein.

Elles étaient les seules filles à bord. Convaincue des vertus de l'exemple, Tidiane expédiait toujours quelques novices au zaï; qu'elles soient punies, pas assez assidues ou – si personne ne méritait ses foudres – les premières qui avaient le malheur de croiser sa route. Rim et Circé étaient donc là pour l'exemple, ce qui ne les dispenserait en aucun cas de fournir leur part de labeur.

Quand le convoi atteignit la parcelle, Magda et Imogène distribuèrent plants et couvre-chefs. En attendant la nuit, la prudence était de mise, surtout pour Rim, qu'une simple insolation risquait de faire rechuter. Cette perspective arracha à l'adolescente un frisson ambigu. Elle n'aurait rien eu contre une petite visite au garçon qui habitait ses rechutes.

Leur lot d'arbustes bien emballé sous le bras, Rim prit la direction du rang assigné par Magda tandis que Circé traînait les outils derrière elle. En écho à sa mauvaise volonté déjà évidente, la pelle et le râteau rebondissaient sur les cailloux, produisant un ramdam métallique qui la ravissait.

— Et forcément, faut qu'on se tape le rang le plus éloigné ! FOR-CÉ-MENT !

Rim retenait son fou rire.

— Oh toi, tais-toi ! Oui, je sais, les vertus de l'exemple, gnagnagni, gnagnagna. Tu sais où je me les mets, moi, la vertu et son pote l'exemple ?

Quand elle se prit les pieds dans son râteau, Rim explosa de rire. L'autre souffla comme un bœuf mais on voyait ses yeux pétiller.

Elles s'installèrent dos au soleil.

— Allez, au boulot !

— Gnagnagna ! rigola Circé dans un sursaut d'autodérision qui les fit ricaner.

— Parle-moi, lâcha-t-elle au bout d'un moment. Je m'endors et il nous reste encore quinze foutus plants.

Rim hésita, mais son amie l'apprendrait tôt ou tard.

— Tu ne vas pas aimer, mais Olympe l'a bien cherché !

Circé la dévisagea, les yeux écarquillés.

— Ne me dis pas qu'elle a déjà eu droit à ton couplet de suffragette ?

— Elle a traité Eustache comme un vulgaire étalon ! répondit Rim, dont la colère remontait en flèche.

— Mais il s'en fout ! Et puis elle ne l'a pas touché, que je sache ?

— Non, il ne s'en fout pas ! Elle a *osé* me demander si le convent prenait les pères en charge. Tu te rends compte ?

— Je parie qu'il était encore torse nu.

Les deux filles se chamaillaient si fort que tout le monde profitait de leur altercation.

— Et alors ? osa un rouquin dans le rang juste devant.

Ils échangèrent un regard de connivence.

— Dov.

— Rim.

Vexée d'être exclue de la discussion, Circé revint à la charge.

— N'empêche, t'exagères. Elle vient d'arriver. Et puis il faut toujours que tu donnes des leçons.

— Sympa, merci ! Prends son parti si tu veux, mais je mets ma main à couper qu'elle te manipule. Elle te jettera dès qu'elle aura trouvé quelqu'un d'autre.

Circé haussa les épaules et soupira.

— Tu es jalouse ?

— Pfff. En ce qui me concerne, je ne lui adresserai plus la parole tant qu'elle ne saura pas se tenir.

Elles vinrent à bout de leur paquet d'arbres en silence tandis qu'Imogène distribuait les salaires selon ce que les hommes avaient planté. La nuit rendait la chaleur vaguement supportable mais l'épuisement décourageait les conversations. Elles grimpèrent bonnes dernières dans le chariot bondé qui les ramenait à la cité. Dov s'écarta pour faire une place à Rim. Circé s'installait en face pour bouder quand il lui lança :

— Tu vois, c'est comme ta manière de t'asseoir.

— Quoi ? aboya-t-elle, agressive.

— Ben t'es à l'aise, là. Genre tu prends la place d'un mec et demi alors qu'on est tout tassés.

Furieuse qu'on s'en prenne à elle, Circé explosa.

— Mais barre-toi, si je te gêne ! C'est hallucinant. On vous donne du travail, les chasseresses et toute la société vous protègent des semeuses, mais quoi qu'on fasse, vous n'êtes jamais satisfaits de votre sort ! Merde, quoi ! Et toi, Miss Parfaite, arrête de me regarder comme ça, c'est bon !

Rim était tombée des nues. *À quel moment est-ce parti en vrille au point que Circé continue à m'ignorer ? Qu'est-ce que j'ai raté ?*

Au fil des jours, leur brouille prenait des allures de rupture et la jeune fille se referma autour de sa blessure. Pour noyer son chagrin et sa déception, elle se donna corps et âme à son apprentissage, s'acharna sur ses points faibles. Elle voulait arpenter, trouver un remède au fléau, oublier la solitude. Quand les exercices de méditation ou la mémorisation lui pesaient trop, elle s'évadait vers les dômes de la Cité Ocre à longues foulées. Définitivement trop grande pour emprunter le Passage des Chats, elle se familiarisa avec les ruelles tortueuses, les passages couverts qui menaient au marché et ailleurs. Elle y écoutait les ragots, glanait des nouvelles d'Ulysse par l'intermédiaire de celles qui l'avaient croisé, nourrissait son insatiable curiosité.

Faute de pouvoir déambuler assez souvent hors les murs, elle explora aussi le convent et, à force de fureter, découvrit une cachette dans le plafond du scriptorium. On y accédait par le plus impraticable des encorbellements mais la jeune fille se fichait du risque. Le parfum piquant de l'encre, la sérénité qu'exhalaient les fileuses concentrées sur la restitution d'un texte ou le dessin d'une planche l'hypnotisaient.

Chaque fois qu'elle les espionnait, elle comprenait mieux l'importance des voyages, et le bien-fondé des convents. Ces visites volées raffermissaient sa propre détermination à filer. Le tintement des pinceaux sur l'ourlet des pots la ravissait, tout comme les volutes d'encre qui se tordaient dans l'eau de rinçage quand un rayon de lumière en traversait la teinte pure : rouge garance, jaune safran, mauve betterave ou indigo. Certains récits la captivaient tant qu'elle s'arrachait de sa cachette à contrecœur pour accomplir ses corvées ou se rendre en cours.

Le reste du temps, elle se repliait dans l'atelier pour lécher ses blessures tandis que Circé continuait à faire l'andouille pour amuser Olympe et la galerie… comme avant.

Rim n'avait jamais été populaire. Jamais elle n'avait jugé utile de se faire d'autres amies. Mais maintenant qu'elle se retrouvait seule, elle mesurait les conséquences d'une relation aussi exclusive, et plus les facéties de son amie d'enfance lui manquaient, plus elle s'enfonçait dans le travail.

Olympe avait fini par découvrir la ménagerie toute seule. Elle avait vite compris qu'à l'exception des interdits explicites, tout était permis. Comme elle se savait trop âgée pour que s'applique à sa détresse la vieille tradition des dortoirs, les écuries aux portes multicolores étaient devenues son refuge. Avec la complicité d'Imogène, elle y passait le plus clair de son temps. Les nuits surtout. Dans le box de sa jument favorite.

Quand la tristesse était trop forte, elle se blottissait dans le hamac réservé aux poulinages et puisait son réconfort à la fragrance musquée des chevaux.

Tard dans la nuit, Olympe tendit l'oreille. *Qu'est-ce qui m'a réveillée ?*

Belladone tournait en rond, naseaux au sol.

— Tu dors pas, jolie alezane ?

Elle plissa les yeux. Dans la pénombre, la poche des eaux formait déjà une sphère de bonne taille et, sous la queue relevée, un antérieur menaçait de percer la membrane blafarde. *Shit ! Trop tôt.* La jeune fille refit sa queue-de-cheval et sauta à terre. Ce n'était pas son premier poulinage. Dans sa tête, elle déclencha le compteur des secondes. *Pas le temps d'aller chercher de l'aide.* La jument se laissa tomber dans le sable. *Un seul antérieur…* Elle grimaça. Si tout se passait bien, dans une dizaine de minutes, elle serait délivrée. *Mais deux sabots, ç'aurait été mieux. Au moins, il est dans le bon sens.* Elle reporta son attention sur Belladone, que les contractions soulevaient comme un titanesque hoquet. La jument agitait les jambes, se balançait. *Pour encaisser la douleur ou placer le poulain ?* Elle s'accroupit au plus près de la poche des eaux.

— T'es une championne, ma belle. C'est pas ton premier, tu vas y arriver… Je suis là.

La poulinière se détendit quelques secondes et reprit son interminable manège. *Le second sabot ! Ouf… Ah… non.*

— Pourquoi tu te relèves, il est pas bien mis ?

Belladone fit cinq pas, souffla dans le sable, se laissa tomber sur l'autre flanc… *Poche déchirée, toujours pas de tête…* Reprit son balancement compulsif.

La jeune fille mourait d'envie de la caresser pour la réconforter. *Que supporterais-tu à sa place ?* La simple idée lui faisait horreur. *Qui cherches-tu à consoler ?*

Elle reprit son monologue apaisant sans cesser d'égrainer le décompte. *Quatre minutes, huit secondes.* La jument fit une pause, tenta à nouveau de se redresser, nez pointé vers sa croupe. *Quatre minutes, quinze.* Elle se rallongea de tout son long et le poulain sortit d'un coup jusqu'aux hanches, fendant la poche sur toute la longueur. Émue aux larmes, Olympe regarda la mère et son petit reprendre leurs esprits sans cesser de compter. Trois secondes plus tard, sous le regard curieux de la jument, il essayait de s'extraire tout seul de sa prison de chair et de membrane, mais s'interrompit presque aussitôt. *Cinq minutes quinze.* Il recommença ses contorsions. Plié en deux, le bout du nez tiré par l'effort, le bébé trempé peinait à relever la tête et tricotait de ses grandes pattes sans en saisir l'usage.

— Vas-y, accroche-toi !

Six minutes, vingt-cinq. La jument se balança deux, trois fois. Le placenta habillait encore le ventre et le dos de son petit. *Je l'aide à l'enlever ou pas ? Peut-être que ça lui tient chaud. Qu'est-ce qu'elle disait, Imogène, l'autre fois ?* Le nouveau-né tanguait, antérieurs alignés. *Sept minutes sept.*

Immobile, Belladone reprenait des forces en surveillant son petit qui s'agitait. Soudain, elle se leva, délivrant d'un coup les postérieurs. La membrane se déchira sur le nouveau-né pataud qui, enfin déshabillé, tenta aussitôt de se redresser.

— Traîtresses de jambes ! rit Olympe débordée de soulagement. Faut que tu décroises tout ça, bébé...

Elle mourait d'envie de serrer la jument contre elle, mais redoutait de déranger la toilette du nouveau-né. Cinq minutes plus tard, il se levait et trouvait la mamelle.

Enfin, elle put enlacer la jument de toutes ses forces.

— Tu m'as fait peur, ma championne, murmura-t-elle le nez enfoui dans les crins.

Le claquement du verrou la tira de son sommeil. *Comment j'ai pu me rendormir !*

— Bonjour tout le monde, lança Imogène. Je vois que la nuit nous a réservé une sacrée surprise !

Elle examina rapidement la mère et son petit.

— Heureusement que tu étais là, Olympe. Tu peux aller tu coucher si tu veux.

— Je peux rester ?

— Bien sûr ! Et réfléchis à un prénom pour ce jeune homme, tu l'as bien mérité.

Ce jour-là, assise à même les tomettes, Rim s'efforçait de mémoriser les propriétés de plantes disparues puis fermait les yeux et dessinait en l'air la particularité d'une foliole, les capitules d'une fleur ou le grain si étrange de certaines semences. Dans le silence studieux, l'ouvrage relié s'alourdissait sur ses genoux.

— Pourquoi les bulbes et les rhizomateux sont ceux que nous possédons le moins ?

Iseult leva les yeux au ciel.

— Parce qu'ils sont trop lourds, pardi ! On a déjà du mal à rapporter des graines minuscules, alors un bulbe ! Ça fait des lustres que personne n'a accompli un tel exploit. Ensuite, il faut les acclimater. Les tomates Guillemette ou les haricots Nyzette portent les noms de celles qui les ont rapportés ou naturalisés.

— On n'en trouve pas d'autres ici ? Dans notre présent ?

— Regarde autour de toi, voyons ! Ce qui était échangeable ou multipliable l'a été depuis belle lurette. Entre l'éradication des semences sauvages et des abeilles, les OGM et la surpopulation, il n'a pas fallu longtemps pour que la sécheresse détruise tout.

Rim ferma le poing sur l'anéantissement qu'elle se figurait comme une hémorragie aussi terrifiante qu'insaisissable.

— Comment est-ce possible ?

— C'est difficile à résumer, répondit Iseult, toujours ravie de déclencher une tempête. En simplifiant à l'extrême, disons qu'en ces temps-là, les plus riches imposaient leur loi.

— C'est dégueulasse. Personne n'a rien dit ?

— Si, mais les manifestantes se sont fait tirer dessus et quand toutes les révoltées se sont retrouvées en prison ou assassinées, il était trop tard. Une petite partie de l'humanité contrôlait l'accès à l'eau et les autres n'avaient qu'à crever. Ce qu'ils ont fait bien sagement.

Anthoïna entra sur ces mots. Alarmée par la pâleur de Rim, la sœur se précipita à ses côtés.

— Une rechute ? Tu ne te sens pas bien ?

Mais les révélations crues d'Iseult l'avaient rendue muette.

— Je crois que j'ai un peu oublié son âge, plaida Iseult. Mais bon, il faut bien qu'elles l'apprennent un jour. Notre époque ne permet pas de les surprotéger. Elle a quoi, treize, quatorze ans ? Il faut qu'elles grandissent plus vite, toutes ! Je ne cesse de dire à Tidiane d'avancer la limite du prime saut !

Comment peut-on condamner sa descendance à l'extinction et s'en laver les mains ?

Rim détestait la vieille biotaniste pour avoir tordu le cou au peu d'innocence qu'il lui restait. Débordée par ses émotions, elle quitta l'atelier comme une furie. L'envie inédite de casser quelque chose la taraudait, et tout ce qui risquait de sortir de sa bouche aurait déçu Antho. Tout son corps lui réclamait d'exploiter sa colère, aussi se dirigea-t-elle vers le cirque. Elle n'y avait pas mis les pieds depuis des semaines, autant par manque d'intérêt que par crainte d'y croiser Circé dont c'était le refuge favori. La voir faire l'andouille avec d'autres, continuer à rire alors qu'elle était si mal ne faisait qu'enfoncer le couteau dans la plaie. Mais il y avait urgence. À défaut de casser un truc, il fallait qu'elle se défoule.

Le fief de Miezi occupait un ancien palais circulaire surmonté d'un promenoir dont les balcons offraient une vue imprenable sur l'arène. Le lieu était très fréquenté à la fraîche, mais à l'heure de la sieste, Rim espérait n'y rencontrer aucune aspirante chasseresse, et surtout pas son ancienne amie.

Elle pénétra dans le cirque sur la pointe des pieds. Le silence de la coursive déserte la décida à jeter un œil par-dessus le balcon sculpté. Miezi se tenait seule dans le sable où elle enchaînait des mouvements fluides avec une grâce remarquable. Tout dans le corps de la guerrière respirait la maîtrise et l'élégance, de son pied nu aux chevrons de tresses qui spiralaient vers le sommet de son crâne où elles s'enroulaient sur un imposant chignon. Rim se concentra sur le jeu de jambes de leur maîtresse d'armes.

Plutôt que de la détruire, la perte de sa jambe dans un piège l'avait contrainte à plus de rigueur. Pour retrouver sa mobilité, Miezi s'était forgé une discipline de fer et un style inimitable. Elle se mouvait avec une telle aisance que seules les traces laissées dans le sable par la lame qui prolongeait son genou témoignaient de l'existence de la prothèse. Dans un ultime enchaînement, elle décolla du sol. Le coup qu'elle administra au mannequin du tranchant de sa prothèse le décapita proprement.

Juste à l'aplomb, sous la coursive, une autre novice assistait au même entraînement bien qu'elle en lise mieux les figures.

Le lendemain de la dispute, Circé avait conduit Olympe au cirque. Depuis, la jeune femme y passait l'essentiel de son temps, heureuse de pratiquer une discipline dans laquelle elle n'était ni ignorante ni en retard sur les autres.

Progressivement, les exploits répétés de la maîtresse d'armes l'amenaient à reconsidérer son point de vue sur les abominations taxi', en particulier sur les créations d'Anthoïna.

Dès qu'elle aperçut la queue-de-cheval honnie, Rim prit ses jambes à son cou. Chaque recoin du cirque lui rappelait un souvenir, une anecdote, toutes les batailles de la guerre des dortoirs menées plus jeune sous la protection jalouse de Circé.

Concentre-toi sur ce que tu peux changer. Le passé n'en fait pas partie.

Sa solitude lui faisait honte mais elle ne se sentait pas la force d'affronter Olympe.

Rim retraversa tout le convent pour s'excuser de son attitude. Quoiqu'elle n'ait rien à se reprocher, Iseult se montrait rancunière pour des broutilles, et son petit doigt lui murmurait qu'il était imprudent de se trouver dans le collimateur de la vieille sorcière.

V – L'ŒIL DE LA CHASSERESSE

Trois mois qu'Olympe rongeait son frein. Ce matin-là, elle bouillait d'impatience et de curiosité. Pour la première fois depuis son admission contrainte, quelqu'un avait décidé de lui donner accès au cours d'Ariane. Elle doutait que quiconque lui fête son anniversaire mais, aujourd'hui, le voile que toutes s'obstinaient à maintenir sur les mystères de l'arpentage, du voyage – quels que soient ses fichus sobriquets – se levait enfin et c'était un beau cadeau pour ses seize ans ! Elle savait que certaines patientaient bien plus longtemps avant d'entrer dans ce cours et tirait donc une immense fierté de cette admission rapide. Depuis qu'elle avait avalé la disparition de son domaine, elle était déterminée à quitter le convent les mains pleines.

— Maintenant qu'elle a juré le secret, qui peut expliquer à Olympe ce que sont les myoclonies ?

Circé mit un tel empressement à lever la main que Rim ne put s'empêcher de lever les yeux au ciel, mais le bâton de parole échut à une novice qui ne devait pas avoir plus de douze ans.

— Oui, Isaure.

— As-tu déjà eu l'impression de tomber en t'endormant ?

Olympe acquiesça, sourcils froncés sur un souvenir ténu de sa petite enfance.

— Cette sensation de rater une marche est le résultat de contractions musculaires brutales et involontaires qui se produisent au moment de l'endormissement, expliqua doctement la gamine. Les premières femmes qui ont filé se sont aperçues que les myoclonies constituaient une porte, une sorte d'avaloir vers le passé. C'est de cette manière que celles qui réussissent leur prime saut arpentent le temps.

Olympe avait eu le loisir de faire la part des choses depuis son arrivée. Elle avait compris que le flou entretenu par les sœurs autour du voyage était délibéré, mais elle guetta l'approbation de Circé, qui opina discrètement. Soulagée d'échapper à un bizutage de mauvais goût, elle remisa son scepticisme et tenta d'assimiler le concept. Elle ne cessait d'hésiter entre sa curiosité et la honte d'être la plus vieille *et* la plus ignorante. Les questions qui se bousculaient au portillon de sa logique prirent néanmoins le dessus.

Comme chez toutes les novices avant elle, Ariane vit le visage d'Olympe s'illuminer de l'espoir insensé d'inverser le cours du temps. Toutes les sœurs partageaient cette pulsion instinctive, mais elles étaient vite détrompées. Avant que la novice n'ait pu enfreindre le principe de prise de parole, Ariane leva une main pour la mettre en garde.

— Les règles de l'arpentage sont très strictes. Il est interdit d'intervenir sur le passé… Pour autant que nous le puissions, ce qui reste à prouver.

Ariane marqua une pause, le temps que la phrase atteigne son but, et reprit :

— Nous avons toutes été traversées par l'espoir de changer notre destin, d'empêcher nos proches de mourir. C'est naturel, mais impossible. Chaque sorcière ne peut filer qu'une seule destination qui lui est révélée lors de son prime saut.

La professeure lui tendit enfin le bâton.

— Vas-y, pose tes questions. Les autres tenteront d'y répondre. Cela fera une bonne synthèse pour celles qui vont bientôt effectuer leur premier voyage.

Olympe prit une profonde inspiration pour ordonner sa pagaille intérieure, car chaque embryon de question en entraînait une multitude d'autres. Enfin, elle se lança :

— Comment ça marche ? Où va-t-on ? Que devient notre corps ? Combien y a-t-il de destinations ? Pourquoi toutes les sœurs ne peuvent-elles pas voyager ? À quoi ça sert si on ne peut changer le passé ?

Le débit bousculait les mots tant elle voulait savoir.

— Est-ce que toutes les sœurs y parviennent ? Y a-t-il un âge minimum ? Si on ne peut rien emporter, que deviennent nos vêtements ? Peut-on aller vers le futur aussi ?

— Ta dernière question est très intéressante, l'arrêta Ariane. Que nous sachions, aucune sœur n'a jamais voyagé vers le futur mais nos dons évoluent. Il a bien fallu une première fois pour que l'une d'entre nous gagne le passé. Un jour, peut-être… Tes sœurs vont t'expliquer ce que nous y faisons. Mélusine ?

La novice posa le bâton sur ses genoux.

— Transporter autre chose que nos propres corps est presque impossible. C'est la raison pour laquelle nous exerçons notre mémoire à être hyper performante.

Olympe n'eut qu'à lever un sourcil pour que sa camarade développe.

— Avant l'effondrement, la plupart des savoirs étaient stockés sous forme immatérielle, si bien que, lorsque l'électricité a cessé de fonctionner, ces immenses ressources se sont perdues à jamais. Déjà que depuis les conflits liés à la privatisation de l'eau, il n'existait plus de livres papier ou presque... Le peu qui subsistait fut anéanti. Donc chaque fileuse mémorise et transcrit des livres de la liste selon un ordre précis. Ce don...

Ce pouvoir, corrigea Olympe pour elle-même.

— ... permet aux sœurs de réparer les erreurs du passé. Quoi qu'en pensent celles qui nous traitent de sorcières, les arpenteuses ont sauvé l'humanité !

La prétention de cette tirade fit décrocher Olympe qui se garda bien de le montrer. Ce n'est pas parce que la matriarche lui avait assuré qu'elle pouvait choisir sa voie que tout allait changer du jour au lendemain. Elle avait investi toute sa rage et son orgueil dans la découverte de ce nouvel univers, sautant souvent sans transition de la curiosité à la réprobation. C'était éreintant mais elle ne connaissait pas d'autre façon d'être au monde. Combien de fois avait-elle éprouvé le sentiment de n'être qu'un réceptacle, qu'un pion modelé selon des enjeux qui la dépassaient ? *Qu'est-ce que cette oie insinue ? Pourquoi devrais-je renier mes valeurs juste parce qu'une sorcière soutient que j'ai tort ?*

Trois mois qu'Olympe se débattait pour concilier sa drôle de liberté, son deuil, le devoir de mémoire et cette inextricable complexité. *Ne voient-elles pas que ce changement radical et ces négociations contre moi-même m'épuisent ?!*

La voix de Circé la tira de sa rumination.

— Les sœurs qui ont réussi à rapporter des graines sont des héroïnes.

Circé passa le bâton en prenant soin d'éviter Rim, qui lui adressa un geste obscène.

— Nous ne choisissons pas notre destination, énonça Minerva lentement.

Olympe lui jeta un regard meurtrier. *Elle me prend pour une demeurée ou quoi ?*

— Lors de son prime saut, chaque arpenteuse doit identifier l'époque dans laquelle elle se trouve. C'est d'ailleurs le but de ce cours. Tu comprendras à la prochaine partie de Destination.

Si la mention du jeu fit courir une vague d'excitation parmi la classe, elle raviva aussi la tristesse et le sentiment de trahison de Rim. La dernière fois qu'elle avait voulu y jouer, c'était sur le toit de la vigie. Son amie lui manquait.

À mille lieues des états d'âme de Rim, Minerva poursuivait :

— C'est le critère sur base duquel notre mère supérieure détermine si cette destination est en zone utile ou si la sœur sera mieux employée comme biotaniste, chasseresse, linguiste…

— Ou professeure, s'amusa Ariane. Ça va, Olympe, tu suis ?

L'intéressée dissimula son exaspération derrière un grand sourire. *Pourquoi me parlent-elles comme à une chose susceptible d'exploser ?!*

— Bien sûr. Mais comment ça fonctionne ?

— Les myoclonies ont lieu à un moment très précis de l'endormissement, mais sont assez aléatoires. Avec le temps et des plantes, nos apothicaires ont recréé un environnement favorable à leur prolifération et donc, au saut. Il n'en reste pas moins que nous ne réagissons pas toutes de la même manière aux potions. C'est pourquoi s'exercer à la méditation et à la pleine conscience est si important. Plus tu es en phase avec ton corps, plus tu maîtrises ta psyché, et meilleures seront tes chances de filer.

— À quel moment a lieu le prime saut ?

Malgré tous les racontars dont sa mère lui avait farci la tête, la question ne cessait de la fasciner.

— Cette décision appartient aux sœurs qui vous forment ainsi qu'à notre matriarche. Elle varie également en fonction de l'âge auquel vous êtes arrivées. Certaines ont été déposées dans le tourniquet à la naissance, d'autres ont été frappées par le fléau bien plus tard. Il faut bien reconnaître que tu es un cas d'école !

Ariane ne pensait pas à mal, mais la remarque provoqua un regain d'amertume. *Pourquoi l'ai-je contracté si tard et survécu ?*

— Personne ne sait, murmura Ariane.

Les sorcières lisent-elles aussi dans les pensées ?

À la fin de la leçon, le bâton passa de main en main pour que chacune puisse prendre la parole un court moment. Quand vint son tour, Jihane annonça :

— Si cela peut répondre à l'une des nombreuses questions de notre sœur, voici la promesse du premier voyage : « Je fais le serment, en toute circonstance, de faire un rapport fidèle, de ne rien changer du lieu ni de l'époque et, par-dessus tout, de ne pas intervenir sur le passé. Je jure de mettre ma mémoire et mes capacités au service du savoir et de la pérennité de l'humanité en général et des sœurs de ce convent en particulier. »

Tandis que la parole circulait, Olympe se repassait en boucle tout ce qu'elle venait d'apprendre, tenaillée par le sentiment d'omettre un détail sans réussir à poser le doigt dessus. Elle décida de lâcher prise. Quelle que soit cette obscure pensée, elle viendrait à elle un jour ou l'autre.

C'était l'un de ces après-midi où les novices pouvaient se consacrer aux activités de leur choix. Rim avala son déjeuner sur le pouce. Seule. Comme chaque jour depuis des semaines maintenant. Dix ans de complicité avec Circé morts sur le coup !

La dernière bouchée avalée, elle fila à l'atelier, impatiente d'y distraire son cafard ; mais elle passait à peine la porte qu'Anthoïna demanda :

— Tu peux aller chercher Olympe, s'il te plaît ? Sa tenue est prête.

La jeune fille grimaça. La tentative pour les réconcilier était cousue de fil blanc mais elle fit demi-tour à la recherche de son ennemie.

Olympe avait balancé entre cirque et chevaux. Certaine que Circé choisirait le premier et lassée du côté collant de la novice, elle avait laissé la ménagerie l'emporter. Les montures des chasseresses étaient splendides et lui rappelaient son domaine.

Rim trouva Olympe en train d'expliquer à une petite de corvée de fumier comment entretenir un box de sable. Curieuse de voir comment la harpie s'en sortait, elle attendit la fin de l'exposé avec un poil de malveillance et en fut pour ses frais. Les directives d'Olympe étaient précises et logiques. En dix minutes, malgré l'outil trop grand pour elle, la petite avait pigé le truc et empilé dans la brouette un tas de crottin bien net.

— Antho voudrait de voir, ta tenue est prête.

Rim se réjouit de la voir blêmir. *À ton tour de flipper un peu.*

En dépit de l'appréhension qui l'étranglait, Olympe lui emboîta le pas sans rechigner.

— Dis-moi que son horrible familier n'est pas là ?

— Syahgosh ?

— Si c'est le nom de cette chose.

Quoiqu'elle admire l'adresse de Miezi, le dégoût d'Olympe pour la biotanique ne s'était pas évanoui.

— Je n'ai pas fait attention.

Rim savait pertinemment que Sissi n'était pas là puisqu'elle venait de mettre bas. Ses petits se trouvaient sous la surveillance d'Imogène mais Olympe n'avait pas besoin de le savoir. Cette petite perfidie lui mit du baume au cœur.

Sur le pas de l'atelier, Olympe se mordillait la joue pour juguler son angoisse. Elle savait l'efficacité des tenues des sœurs mais toute une vie de préjugés la poussait à redouter le contact d'un vêtement vivant qui grandirait sur elle.

— Regarde ! lança Anthoïna.

La tunique créée pour elle combinait praticité et esthétisme. Olympe ne put contenir son admiration. L'incontestable élégance du vêtement atténuait quelque peu son malaise. Elle chercha du regard un endroit où se changer.

— Pas de ça entre nous, coassa Iseult, amusée de la surprendre.

La vieille sœur adorait se manifester, de préférence dans un moment embarrassant, et prendre ses semblables au dépourvu. Et si jamais ses victimes couinaient de stupeur, elle doublait son plaisir d'une remarque acerbe sur le manque de contrôle.

Anthoïna débrancha la tunique et ouvrit la fermeture qui traversait le bustier en diagonale.

— Laisse-moi te montrer.

Olympe n'avait pas l'habitude des collectivités mais sa mère l'avait forcée à s'adapter à tout. Elle leur tourna donc le dos comme si elle s'était déshabillée en public toute sa vie. Pourtant, au moment de glisser le bras dans la manche, elle ferma les yeux de toutes ses forces. Panique et répulsion se disputaient son estomac. *Pas le temps d'hésiter.* Elle bloqua son souffle et plongea le bras d'un coup.

La matière vivante sur sa chair nue se révéla d'une déconcertante sensualité. Comme une seconde peau, une caresse, une étreinte cintrée de souples baleines qui magnifiaient sa silhouette. Mais, par-dessus tout, ce fut le confort de l'abomination qui la laissa sans voix. Déjà, elle percevait la thermorégulation engendrée par les micro-organismes et, quoiqu'elle n'ait jamais trop souffert de la chaleur, elle sut qu'elle ne pourrait plus s'en passer.

Anthoïna reçut le sourire de la jeune femme à sa juste valeur et lui désigna un grand miroir aussi piqué que celui de leur salle de bains. La tunique immaculée lui moulait les bras jusqu'aux poignets. La taille tombait en pans asymétriques le long des baleines tandis que le col constitué d'un rabat ample et rigide se relevait pour la protéger des vents de sable. En complément, un lai s'enroulait à loisir autour du cou ou sur la tête afin de s'abriter du soleil. Subjuguée par son apparence, Olympe souffla un merci presque inaudible.

— Prends-en soin et n'hésite pas à venir me voir si tu as des questions ou si tu fais un accroc. Et surtout, pense à l'arroser !

Rim, à qui était destinée cette recommandation, leva les mains en signe d'excuse.

— D'où vient cette matière ?

— Peut-être donnerais-je un cours sur le sujet un jour... Pour simplifier, disons que je l'ai créée sur base de recherches rapportées d'antan par une sœur. Je m'en suis d'abord servi pour réparer les animaux.

— Au départ, seules les voyageuses avaient droit aux tenues d'Anthoïna puisqu'elles permettent de filer sans se retrouver à poil !

— Je vous demande pardon ? hoqueta la novice.

Iseult lâcha un caquètement amusé.

— On t'a déjà expliqué la difficulté de transporter des graines ?

C'est une manie de prendre les autres pour des demeurées ou quoi ?

Le ton de cette minuscule bonne femme l'agaçait singulièrement mais elle répondit :

— Oui.

— Les graines ne sont pas tout à fait vivantes, d'où la complexité de leur transport, et le reste est bien trop gros pour voyager.

— Les vêtements vivants nous évitent d'atterrir toutes nues dans le passé, conclut Anthoïna.

— C'est souvent vu d'un très mauvais œil. On en a brûlé pour moins que ça, gloussa Iseult assez fort pour que les novices l'entendent.

Anthoïna pâlit et s'indigna :

— Iseult ! Comment peux-tu en rire ? Que fais-tu des bûchers médiévaux, des asiles du XIXe siècle ou de celles qui ont fondé les convents !

— On peut rire de tout, mais pas avec tout le monde ! trancha l'ancêtre, qui revint à ses mixtures avec la mine d'un scorpion qui a boulotté un rongeur.

Enhardie par le bien-être que lui procurait la régulation thermique, Olympe osa une question qui la tarabustait depuis un moment.

— Pourquoi parle-t-on de filer, d'arpenter, de voyager ?

— Ce sont les termes forgés par nos sœurs au fil du temps, l'éclaira Anthoïna. Ils s'inspirent de symboles différents, mais renvoient tous à la même chose. Libre à toi d'employer celui que tu préfères.

Olympe ne put s'empêcher de faire un détour par le miroir de la salle de bains avant de retourner à la ménagerie, où elle se lança dans le pansage de Belladone. Le va-et-vient énergique de l'étrille sur le poil lustré de la belle alezane adoucissait quelque peu la tristesse qui l'habitait en permanence. Ici, elle se sentait plus proche de sa mère. Elle laissa son esprit vagabonder, apaisée par le mouvement répétitif de la brosse, le parfum piquant des chevaux.

La leçon d'Ariane et son passage par l'atelier nouaient un écheveau d'informations complexes dont les éléments s'assemblaient pour mieux se défaire au gré de ses gestes. Elle n'avait toujours pas mis le doigt sur le grain de sable qui la tarabustait, mais s'en souciait peu. À rebours des enseignements de sa mère, elle apprenait lentement à écouter son intuition.

Combien de temps Magda l'observa-t-elle avant de l'aborder ? Olympe aurait été bien en peine de le dire et fut tout aussi incapable de maîtriser un violent haut-le-corps lorsqu'en se retournant pour quitter la stalle, elle tomba sur le visage abîmé de celle qui personnifiait son malheur.

— Tu sais monter ?

Olympe opina, intimidée malgré elle. D'un geste fluide qui trahissait une force bien dissimulée, Magda posa la selle de Belladone sur la porte et tourna les talons.

— Dehors dans cinq minutes.

Désarçonnée, la jeune femme se reprit très vite. Il ne lui en fallait pas plus et c'était l'occasion rêvée d'éprouver les limites de sa tunique magique comme de briller. Murmurant des flatteries sans suite à la jument, elle sortit dans l'aveuglante clarté du désert. L'excitation cumulée au plaisir l'emplissait de joie et, pour une fois, elle s'autorisa à sourire.

Dès qu'on quittait l'oasis, l'ampleur des dégâts devenait impossible à ignorer. De pitoyables épouvantails gardaient les champs de kernza, de pois chiches et d'arachides. Les cultures ne pouvaient masquer la pauvreté de la terre lessivée.

En plus des parcelles collectives, chacune possédait dans sa cour un potager rachitique qu'elle abritait tant bien que mal du soleil, mais Olympe savait désormais que, sans les sœurs, personne n'aurait mangé à sa faim et elle commençait à mesurer l'ascendant du convent sur la cité.

Rapace au poing, Magda ouvrait la marche dans la chaleur cuisante. Prenant exemple sur sa guide, Olympe releva son col puis enroula son foulard à la manière ancestrale des nomades. L'efficacité du vêtement était incroyable.

Un soleil vertical raccourcissait les ombres des chevaux qui dansaient sur place, impatients de se défouler. Magda prit le galop sans prévenir.

Un test grandeur nature !

L'assiette de la sœur était remarquable. Elle épousait l'allure de sa monture sans secouer l'oiseau encapuchonné sur son poing. Les chevaux étaient endurants et rapides. Leur beauté servait l'image de marque des convents, ce que les nornes dénonçaient comme de la supériorité malvenue, mais Olympe n'en avait cure. Elle aimait dominer, et le dévouement n'interdisait pas un certain penchant pour le prestige. Puisque Tidiane avait les moyens de nourrir ces chevaux, libre à elle d'employer son eau à sa guise !

Olympe se détendit. Grâce à cette cavalcade, elle se sentait de nouveau entière et, comme Belladone était extrêmement réceptive, elle n'eut aucun mal à imiter Magda lorsque celle-ci passa brutalement du galop à l'arrêt. La chasseresse la récompensa d'un signe de tête appréciateur.

Quand elles atteignirent leur destination une demi-heure plus tard, elles n'avaient pas échangé un mot. *Si elle pense que je suis de celles que le silence indispose…*

L'oasis artificielle était minuscule. Quelques centaines de mètres carrés tout au plus. Magda ôta le chaperon. La buse s'élança.

— Trop de rongeurs. Pas de rapaces. Mauvais pour les arbres.

La chaleur troublait l'air. Il devait faire dans les cinquante degrés. Des touffes d'oseille sauvage, de chou du désert et d'armoise parsemaient le sol aride. Les sœurs avaient planté des tamaris et des dattiers qui ne devaient leur survie qu'aux protections dont on les avait entourés et aux tours à vent réparties à intervalles réguliers. À l'approche des chevaux, le faon d'une dorcade quitta l'ombre d'un acacia à toute allure. L'air était moins poussiéreux ici et, quoique très faible, l'humidité attirait une concentration d'animaux exceptionnelle. Magda fit avancer son cheval vers l'endroit où la buse venait d'abattre sa première proie.

— Gare aux serpents.

Olympe n'avait jamais imaginé qu'il puisse exister un tel condensé de diversité.

Impossible de nier la réelle efficacité du travail des sœurs dont elle avait sous les yeux la preuve éclatante. Comme pour la biotanique, l'interventionnisme des sœurs si décrié par sa mère prenait ici une nouvelle dimension. *Que resterait-il de l'humanité sans cela ?*

Belladone broncha.

— Ne baisse jamais ta garde, répéta Magda tandis qu'un poisson des sables s'éloignait.

Elles démontèrent. Vexée de s'être de nouveau laissé distraire, Olympe râla.

— C'est votre spécialité de faire sursauter les gens ?

— Plutôt celle d'Iseult.

Stupéfaite du trait d'humour inattendu, elle força l'allure pour rattraper la chasseresse, peu désireuse de marcher par erreur sur une vipère ou un cobra. Le mutisme de Magda l'agaçait.

— Pourquoi n'y a-t-il pas de rapaces, ici ?

La sœur lui jeta un long stick.

— Un poisson des sables a tué le petit faucon qu'on avait acclimaté.

Elle désigna du menton une cavité qui abritait un nid.

— Je les ai vus rouler et se battre, mais je suis arrivée trop tard.

Il n'y avait rien à répondre. Pour se donner une contenance, Olympe tendit les doigts vers un jeune eucalyptus. Elle adorait ce parfum.

— Ne touche pas aux arbres ! Pas une feuille ! siffla Magda.

Son œil valide lançait des éclairs. La jeune femme retira précipitamment sa main, mortifiée, et revint vers les chevaux drapée dans sa dignité.

Elle marchait d'un pas prudent et irrégulier, fouillant le sol de sa canne ainsi qu'elle avait vu faire Magda quand un claquement sec la lui arracha des mains. Elle fixait encore le stick qui vibrait furieusement dans les mâchoires du piège quand, sur un juron sonore, Magda s'agenouilla pour retirer le piège de son camouflage de sable et de gravier.

— Bien joué ! En voilà un dont les nornes devront se passer.

Choquée, Olympe la regarda dégager le redoutable engin en silence. *Un pas de plus et j'avais plus de tibia*. Elle serra les dents sur la nausée qui l'assaillit à l'idée d'être réparée comme les animaux d'Anthoïna.

L'incident les poussa à inspecter toute l'oasis. Quand ce fut fait, Magda siffla la buse qui revint se poser sur son gant. Elles n'avaient pas trouvé d'autre piège.

— Quel intérêt pour les nornes de détruire votre travail ? C'est tout de même au profit de toutes que vous maintenez et développez la biodiversité.

— « Nous ». Tu fais partie de ce convent, désormais.

Pendant qu'Olympe balançait entre plaisir et malaise, Magda répondit :

— Faut croire qu'elles préfèrent nous nuire, que leurs revendications sont plus importantes que le vivant. Si tu veux défendre l'oasis et le zaï contre ces terroristes, tu es la bienvenue…

La novice ne s'attendait pas à une telle proposition, mais elle avait fini par comprendre qu'à défaut de renoncer à sa haine, il y fallait un exutoire. *Les nornes font une cible parfaite.*

Son regard sauta de la main tendue à l'œil factice de la sorcière. Elle accepta le marché.

La poigne de la chasseresse était redoutable, mais elle sut dissimuler sa douleur lorsque l'autre lui broya les doigts.

L'ombre du sourire qui perça le rideau de tresses noires conforta Olympe dans l'idée que cette promenade n'avait jamais été autre chose qu'une mise à l'épreuve.

J'ai réussi !

Les chasseresses étaient puissantes, craintes même.

Sans garantie de pouvoir voyager, aspirante chasseresse n'était pas un mauvais départ pour une vengeance.

La découverte d'un nouveau piège fit son petit effet à la ménagerie. Lasse de se maintenir sans cesse sur le fil du rasoir, Olympe abandonna Magda sur laquelle Imogène se répandait en récriminations contre les nornes. Elle pansa son cheval puis, assommée par le contrecoup, gagna son hamac. La quasi-impossibilité de s'isoler lui pesait mais en cette fin d'après-midi, à condition que la guerre des dortoirs le permette, elle serait presque tranquille.

Étendue sur sa couche, elle songea avec nostalgie à l'intimité de son ancienne chambre, à son vrai lit. Le tangage du hamac l'excédait. *Ce mouvement perpétuel, même dans le repos, est bien à l'image des sœurs. Jamais elles ne s'arrêtent.*

Pourtant elle finit par s'assoupir.

Le visage de Magda était si proche qu'elle en percevait la tiédeur au point de distinguer chaque écaille de l'obturateur spiralé. Hypnotisée à son corps défendant, elle suffoqua d'horreur lorsque le gouffre lisse et noir de la prothèse s'élargit. L'abomination l'aspirait ! Quand la chute survint, elle hurla, expulsant ses terreurs de toute la force de ses poumons.

Olympe rouvrit les yeux dans la chaleur accablante du dortoir. Mal remise de son cauchemar, elle se débattit contre la moustiquaire qui l'entravait aussi sûrement que le songe. Son hamac tanguait. Si ses myoclonies devaient toujours ressembler à celle-ci, elle n'en voulait pour rien au monde. *Voyager dans l'œil de la borgne ? Sans façon !*

Excédée, elle tira sur la mousseline avec une telle brusquerie qu'elle y fit un gros accroc. *La poisse !* Enfin libérée, elle essuya la sueur d'un geste rageur et s'arracha à ce lit mouvant qui n'avait décidément rien d'un refuge. Son malaise était si impérieux qu'elle quitta le dortoir au pas de charge sans avoir remis sa tunique et se retrouva en indigo dans l'un des coins les plus reculés de la serre. Au bord des larmes, l'adolescente se laissa tomber au pied d'un bananier dans la position du lotus.

Respire !

Elle fit le vide avec peine. À force d'étouffer ses émotions, celles-ci l'assaillaient, l'encombraient à l'asphyxier faute de pouvoir sortir. Paumes ouvertes, la jeune fille expulsa longuement l'angoisse qui avait étranglé son sommeil. Ses pensées flottaient, bride au cou. Enfin, l'impression d'être quelqu'un d'autre reflua. Elle avait travaillé d'arrache-pied pour rattraper son retard, ne plus passer pour l'ignorante de service. Elle n'aurait de cesse de regagner le respect et la considération auxquels elle estimait avoir droit. Ce n'est qu'une fois calmée qu'elle réalisa qu'elle s'était finalement approprié les enseignements d'Ariane.

Elle apprenait doucement à parier sur les atouts qu'elle possédait déjà pour gagner en pouvoir et parvenir, à terme, à reprendre sa liberté. Des leçons de sa mère, elle conservait l'injonction de ne rien laisser voir et de servir son objectif. En attendant, elle étudiait les sœurs, nouait des alliances, engrangeait le savoir si généreusement offert. « Connais ton ennemi », répétait toujours l'autrice de ses jours.

À l'heure du dîner, Circé s'assit d'autorité face à elle et lâcha d'une voix plaintive :

— Je te cherchais.

Olympe se servit une grosse portion de kernza afin de dissimuler son agacement. Circé la collait dès qu'elle en avait l'occasion, et ce comportement servile l'insupportait plus encore depuis qu'elle n'avait plus besoin de la novice.

— Il paraît que tu vas être recrutée par les chasseresses ?

L'ado masqua son trouble.

— Les nouvelles vont vite. De qui tiens-tu cette information ?

— Je t'ai cherchée à la ménagerie après le cirque. J'ai entendu Magda dire à Imogène que tu étais excellente cavalière. Dans sa bouche, c'est *le* compliment suprême ! s'extasia-t-elle sans masquer son envie. Je me demande si tu participeras aux prochaines cavalcades.

— Quoi ?

— Les cavalcades ! La parade montée des chasseresses.

— Je te remercie ! Je ne suis pas aussi inculte qu'il y paraît.

Circé piqua un fard, ce qui redoubla le mépris d'Olympe. C'était plus fort qu'elle. Les aveux de faiblesse la révulsaient.

— Quand auront-elles lieu ?

Cette naïveté feinte aurait fait pâlir de jalousie la meilleure des menteuses. Elle s'était entraînée sur Circé à de nombreuses reprises.

— Au prochain équinoxe.

Ce succès renouvelé faillit lui arracher un sourire qu'elle retint en se mordant l'intérieur de la joue. *Rien de tel que la douleur...*

On frappa et Tidiane interrompit l'examen du registre des voyages.

— Entre, Magdalène.

La chasseresse hocha la tête en guise de salut et, sur un coup de menton de sa matriarche, referma la porte.

— Alors ?

— Excellente cavalière. Elle me hait.

— Ce ne sera pas la dernière, hélas.

— Et Circé m'a entendue.

— Bien ! Fais-la entrer.

Magda ouvrit l'autre porte. Celle derrière laquelle Olympe patientait depuis de longues minutes alors qu'au nom de l'urgence, on ne l'avait pas laissée achever son assiette. L'adolescente se planta devant le bureau de la sorcière, verrouillée à double tour.

Tidiane opta pour le compliment sans l'inviter à s'asseoir :

— On me rapporte que tu as mis ton temps à profit pour progresser. Impressionnant. Je suppose que tu as fini par admettre ce que je t'ai révélé à ton arrivée ?

Comme l'ado ne répondait pas, Tidiane scruta attentivement ses traits avant de poursuivre :

— Ce n'est pas parce que tu ne peux pas changer le passé que tu ne récupéreras jamais ton dû.

La lueur qui fila dans les prunelles d'Olympe confirma son impression. La génitrice de cette jeune créature avait accompli un travail remarquable dont elle-même ne pourrait tirer le bénéfice qu'à condition de bien la manœuvrer. Tidiane ne doutait pas d'y parvenir, mais il fallait la jouer fine. Elle planta son regard dans celui d'Olympe.

— J'apprécie ton ambition, mais qu'as-tu finalement CHOISI de devenir ? Seras-tu sorcière à la fin ?

Comme la jeune fille s'apprêtait à répondre, l'ancêtre lui opposa une main mangée d'arthrose.

— Attends ! Ne te laisse pas dominer par ton récent changement d'état. Je t'ai vue travailler. Je sais de quoi tu es capable. Nous t'offrons de devenir aspirante à un âge inédit, surtout d'après ton parcours. Pèse soigneusement tes mots, jeune fille, car rien ne dit que tu seras digne d'effectuer le grand saut.

Encore une nouvelle manière de parler du voyage, nota Olympe à qui la menace sous-jacente n'avait pas échappé. *Tidiane est omnipotente*, martelait cette intuition avec laquelle elle nouait finalement connaissance.

Faussement docile, l'adolescente ravala l'insulte qui lui brûlait la langue. Ses yeux protestaient pour elle.

Elle n'en était que plus crédible.

Tidiane la regarda ouvrir la bouche, se raviser, accepter du bout des lèvres.

— Merci pour ton temps, tu peux disposer. J'ai chargé Magda de ton instruction. Obéis, travaille et tu seras récompensée.

— ... Redoutable, pour son âge, poursuivit la duègne lorsque la porte se fut refermée sur la queue-de-cheval de sa recrue.

Elle rouvrit son gros registre avec son sourire de chat.

— Ne la perds pas de vue, Magda.

VI - HARCÈLEMENT

La nuit était tombée depuis de longues heures sur la cité millénaire, charriant un vent de sable qui soufflait le danger.

Tout le jour, Ulysse avait troqué, colporté, conté et, plutôt que d'aller saluer Rim et Antho, il s'était offert une pause bien méritée. Maintenant, il fallait rentrer. Il sécha son thé d'un trait, salua les dernières clientes et jeta son sac en travers de son dos. Le public avait été généreux.

— Bon retour, lança le patron.

— À la prochaine, Saïd !

— Fais gaffe. Ça souffle assez pour que des semeuses traînent dans le coin.

Ulysse lissa sa moustache d'un geste machinal, fit tournoyer son bâton pour le rassurer puis partit d'un pas pressé en direction du caravansérail.

À mesure qu'il s'enfonçait dans le Barrio, les bocaux de champi qui poinçonnaient l'obscurité se faisaient plus clairsemés. Ulysse eut une pensée reconnaissante pour ceux qui les posaient aux fenêtres afin de rendre leurs rues moins dangereuses.

Une bourrasque le saisit par le travers. Il frissonna, rajusta sa capuche malmenée par le vent. Inutile de provoquer le sort dans un quartier où même les chasseresses ne patrouillaient que par deux ou trois.

Dans son dos, un bruit léger crispa sa vigilance. *L'harmatan ne produit pas ce genre de son.* Sans changer d'allure, il profita d'un tournant pour jeter un coup d'œil par-dessus son épaule.

Rien.

Du moins rien que je puisse voir.

Ulysse resserra sa prise sur son bâton, s'assura que la bandoulière qui lui traversait le torse n'entravait pas ses mouvements et accéléra.

Il n'avait jamais vraiment été agressé et, les rares fois où la popularité de sa moustache n'avait pas suffi, il avait dégainé son bâton, son statut de colporteur : tout était rentré dans l'ordre.

À cette heure néanmoins, il prenait toujours soin de baisser les yeux ou de regarder ailleurs lorsqu'il croisait des femmes. Il ne rendait pas leur sourire à celles qui le dévisageaient. Tout juste leur retournait-il leur « bonsoir » mais il ne s'arrêtait pas ni n'engageait la conversation. Jamais. Dans ce quartier, les femmes qui arpentaient la nuit en mal d'enfant étaient trop promptes à prendre la simple politesse pour une invitation à partager sa semence.

Au-dessus des toits plats se dressait la porte d'enceinte. Le caravansérail se trouvait hors les murs, à un petit kilomètre. *Encore une vingtaine de minutes et je pourrai dormir.*

Dans cette partie de cité, les ruelles ne ralentissaient pas assez les vents et le conteur pesta contre l'harmatan qui tourbillonnait, agitait la poussière mais, surtout, l'empêchait d'entendre tout autre bruit.

Plus que quelques rues.

Trop occupé à surveiller ses arrières, il n'eut pas le temps de se dissimuler lorsque trois femmes déboulèrent de l'une des nombreuses maisons closes où se trafiquaient des hommes. La rumeur affirmait même que certaines tenancières maîtrisaient l'insémination mais Ulysse avait toujours trouvé ça louche. Dès qu'elles l'aperçurent, elles portèrent la main à leurs dagues, mais furent tout aussi promptes à se détendre en réalisant que le grand manteau bleu abritait un homme.

— Visez c'que l'vent nous apporte !

— Le joli p'tit lot !

La plus grande des trois s'approcha. *Trop vieille pour procréer...* Son sang se figea. La moitié inférieure de son visage arborait la pâleur caractéristique de celle qui porte un masque en permanence. Il scruta les autres à la dérobée. Leurs faces affichaient le même vilain bronzage bicolore des dispositifs anti-poussière. Ulysse déglutit. *Un trio de mi-cuites !*

— Bonsoir, beau gosse ! Qu'est-ce que tu fais hors de chez toi ? Les rues sont pas sûres.

Soucieux de ne pas exciter leur agressivité, il mentit du bout des dents :

— J'habite à deux pas.

Et sans attendre ni se faire trop d'illusions, Ulysse prit la tangente. *Pourvu qu'elles renoncent.*

Peine perdue !

Les trois semeuses lui emboîtèrent le pas.

— Fais pas ton timide ! On n'est pas des brutes. On va t'escorter pour que ta femme te récupère intact.

Il hésitait à se servir de son bâton. Vu l'élocution, il y en avait au moins une qui n'avait pas bu que de l'eau. Quoique son intuition lui affirme le contraire, il espérait qu'elles se fatiguent mais dans son dos, les commentaires s'enchaînaient sans faiblir.

Offensée par son silence, l'une d'elles passa sans surprise aux insultes. Une autre renchérit :

— On n'est pas assez bien pour toi ?

La peur l'emporta. *Où sont les chasseresses quand on a besoin d'elles ?*

La semeuse éméchée lui coupa la route.

— Visez sa moustache !

— C'est peut-être un saltimbanque...

— Ou un pédé...

Le soupçon sonna le début de la traque.

Elles étaient trop bien armées pour qu'il s'en tire en donnant du bâton. Quant à appeler à l'aide... On s'aventurait dans le Barrio à ses risques et périls. Mais la perspective d'être capturé et vendu comme étalon lui fouetta les sangs. *Plus que deux rues.* En donnant tout ce qu'il avait, c'était jouable. *Jamais elles ne me poursuivront à pied hors de l'enceinte. Sauf si elles ont garé leurs chars à voile à la porte... De toute façon, c'est ma seule option.*

Ulysse banda ses muscles, affirma la prise sur son bâton, mais une poigne solide le coupa en plein élan.

La semeuse alpha le fit pivoter de force et son cœur s'emballa face à celle qui soupesait sa valeur marchande.

— Où crois-tu aller comme ça, mon mignon ?! T'avais pas *vraiment* l'intention de nous fausser compagnie, hein ?

Bouge avant qu'elles t'encerclent !

Il asséna un coup sec sur le bras qui le retenait.

— Lâchez-moi !

Peu habituée à ce que ses proies se rebiffent, la mi-cuite mordit la poussière. Bâton : un. Radius : zéro.

Si elle me rattrape...

Sans attendre que les autres se ressaisissent, Ulysse prit ses jambes à son cou, porté par l'espoir insensé d'atteindre la porte. Un point de côté lui sciait le flanc, mais le risque d'une vie d'esclavage l'aiguillonna.

Déjà, un lasso sifflait dans son dos mais, avant que la semeuse ait pu donner l'élan nécessaire à sa corde, le conteur s'engouffra dans une rue à angle droit. À peine avait-il eu le temps de jeter un œil par-dessus son épaule qu'une silhouette se dressait sur sa route.

Et merde !

La ruelle était trop étroite pour qu'il passe en force, et la meute le talonnait. Résolu à vendre sa peau très cher, il brandit son bâton, mais l'autre baissa sa capuche.

— Ulysse ?

Hors d'haleine, il pointa la rue dans son dos.

— J'ai trois mi-cuites au train.

— Je vois.

La femme au visage de madone désigna un renfoncement qu'il n'avait pas remarqué.

— Planque-toi.

L'aubaine était inespérée mais il hésitait, scrutait le regard barré d'épais sourcils.

Plus le temps d'atermoyer.

Il recula vers la cachette, murmura un merci emporté par le vent. *À tout prendre, une adversaire vaut mieux que trois.* La femme le plaqua dans la niche, un doigt sur ses lèvres. Il regimba.

Encore un piège ?

Son corps sec le frôlait. Elle lui souffla à l'oreille :

— Je te cherchais.

Ulysse scrutait ses prunelles en pure perte. La pénombre scellait ses secrets.

Les semeuses passèrent sans les voir et, dès qu'elle fut certaine que les chasseuses d'hommes ne reviendraient pas, l'inconnue déballa une lanterne de champi.

— Que voulez-vous ? Vous m'avez suivi ?

Elle fit un imperceptible signe de dénégation mais l'amusement qui dansait sur ses lèvres prouvait le contraire.

Mes oreilles ne m'ont donc pas trompé.

Le souffle coupé par sa fuite et la conscience aiguë d'avoir frisé le désastre, Ulysse n'avait plus l'énergie de se fâcher, pas plus que celle d'ironiser sur le plaisir de la rencontrer à cette heure indue. La madone venait de lui sauver la mise. Il décida de laisser tomber. *Pour le moment.*

En fin de matinée, Rim trouva son parrain dans le cloître, perdu dans la contemplation du dôme azuré.

— Depuis quand es-tu arrivé ?

— Hier matin, mais j'ai été… retardé.

— Tu ne loges pas ici ?

— Ne boude pas ! Tu sais très bien que le nouveau Merlin n'a pas le format pour la ménagerie. Je l'ai laissé au caravansérail.

À la mort de son âne, Ulysse l'avait remplacé par un chameau, plus adapté au désert, aux charges et aux longs trajets sans boire ni manger.

— Allez, ça fait des mois qu'on ne s'est pas vus !

L'échauffourée de la nuit lui avait rappelé la fragilité de son bonheur et il voulait en profiter. Il lui ouvrit les bras et elle s'y jeta malgré ses quinze ans. En la serrant contre lui, il réalisa que sa filleule n'était plus une enfant et, comme pour mieux lui donner raison, elle lui tendit le bras, balbutiante tentative d'imitation de ses aînées.

— On va se promener ?

— Laisse-moi quand même saluer Antho ! Rendez-vous ici ce soir. Je t'emmène en ville, promit-il d'un clin d'œil.

Dans les premiers mois de sa formation de chasseresse, la garantie de Tidiane qu'elle récupérerait son domaine et ses biens avait suffi à Olympe. Puis les leçons de Magda avaient laissé présager bien plus. Des lustres, maintenant, qu'elle ne se limitait plus à cet enjeu rabougri par le temps. Elle s'était assouplie, avait appris la patience et l'art de combattre. Pour se maintenir dans le sillage du pouvoir, elle servait les intérêts de Tidiane avec constance en attendant son heure.

L'enseignement le plus précieux de Magda était un secret que l'aspirante chasseresse n'aurait sans doute jamais découvert seule : à condition de savoir où se poster, l'acoustique du convent permettait d'entendre nombre de conversations à distance, et Olympe avait appris à se faire oublier. En conséquence, elle n'avait pas manqué une miette de l'échange entre Ulysse et cette peste de Rim. Comme ils se séparaient, elle suivit le moustachu sans hésiter.

À peine Ulysse eut-il passé la tête à la porte de l'atelier qu'Anthoïna lui sauta au cou. Elle le serra longuement puis ils se contemplèrent en silence, à l'affût de changements.

— Tout va bien ? Tu as l'air bizarre.

Ulysse haussa les épaules, mais le coup d'œil inquiet dont il balaya les lieux suffit. Antho lui tendit un bras, muette invitation à quitter le labo. Dès qu'ils furent hors de portée d'oreilles, il se livra, soulagé de se défaire de ce poids.

— Je l'ai échappé belle hier soir.

Elle pâlit.

— Que s'est-il passé ?

— Rien de rare. Je suis tombé sur un trio de semeuses. J'ai failli finir étalon.

— Tu n'as rien ?

Agacé, il répondit un peu rudement :

— Je sais me défendre !

— Tu devrais te plaindre.

— Aux chasseresses ? Pour qu'elles m'expliquent de ne pas traîner dans le Barrio la nuit, surtout quand il y a du vent !

— Moins fort !

Tremblant de colère, il empoigna la sœur par les épaules mais baissa d'un ton :

— Mais j'en ai ras le bol de me taire, Antho ! Faut que ça change ! Ces femmes sont une engeance. D'ailleurs, tu n'es pas beaucoup plus en sécurité que moi. Combien de temps, encore, avant que tes inventions ne te protègent plus ?

Ce qu'elle capta de la conversation conforta Olympe dans sa piètre opinion du colporteur. En ce qui la concernait, les hommes étaient à la place qui leur revenait par nature et les choses n'étaient pas près de changer. Elle scruta le couple. *Anthoïna prendrait-elle l'essence d'Ulysse ? S'ils se reproduisaient, elle aurait rempli son devoir. On ne lui demanderait même pas d'élever l'enfant.*

Comme chaque fois que cette question parvenait à se frayer un passage jusqu'à sa conscience, la jeune femme se sentit vulnérable. Personne n'obligeait ouvertement les femmes à donner un enfant à la cité mais le contrôle social se chargeait de mettre la pression sur toutes celles qui avaient l'âge de s'en acquitter et Olympe, toute chasseresse soit-elle, en faisait régulièrement les frais. Certes, il *fallait* préserver l'espèce, mais dès que l'argument s'appliquait à son corps, elle avait tendance à paniquer.

Le couple déambulait selon un chemin qui l'empêchait de capter leur conversation. *La biotaniste est-elle plus maligne qu'elle ne le donne à voir ? Fait-elle partie de ce groupuscule dont je soupçonne l'existence et que je rêve d'intégrer ?* Les discours anthropistes du colporteur la laissaient de marbre, mais elle aurait aimé les entendre pour avoir quelque chose à rapporter à celles qu'elle servait sans les connaître.

Frustrée de ce revers, Olympe reporta la rédaction du billet à la fin de sa filature. Il y aurait forcément plus à écrire après le rendez-vous fixé par le moustachu. *Où disparaissent les petits papiers que je glisse dans le repli secret du mur ?* Une fois de plus, elle devrait attendre pour satisfaire sa curiosité, mais le terme approchait.

Rassérénée par cette perspective, la jeune chasseresse prit le chemin de la cour d'honneur. D'ici l'heure du rendez-vous, elle avait largement le temps de passer au cirque et cette éventualité faisait battre son cœur un peu plus fort mais lorsqu'elle doubla la porte du scriptorium, les éclats de voix qui fusaient de la bibliothèque la détournèrent de son but. Elle se faufila dans la pièce et se glissa à l'abri d'un rayonnage, tout excitée. *Que se passe-t-il !?*

Campée devant les étagères, Magda lui bouchait la vue, mais l'incroyable plafond amplifiait les cris. Celle qui s'époumonait derrière Magda écumait de fureur et, quand Olympe réalisa que Tidiane était la source de ces vitupérations, elle trembla pour la victime. Pour rien au monde elle n'aurait voulu être à la place de celle qui avait fait sortir leur duègne de ses gonds. *La faute doit être grave !*

Réfugiée dans le plafond du scriptorium, Rim avait assisté au début de l'esclandre. D'après les hurlements,

Médée avait profité de ses arpentages pour mémoriser et retranscrire d'autres livres que ceux de la liste.

— C'est criminel ! fulminait Tidiane. Nous devons consacrer tout notre temps et nos ressources à la sauvegarde du savoir UTILE.

Une note de défi dans la voix, la sœur se défendit :

— Ce ne sont que quelques pages sur les milliers que j'ai rapportées.

— C'est trop ! Tu dois penser au bien commun avant ton propre divertissement. De la poésie ! Quel égoïsme ! Est-ce ainsi que tu remercies les sœurs qui ont donné leur vie pour rapporter d'antan des graines, la médecine, l'acuponcture, l'horlogerie, le zaï, les métiers à tisser, les tours à vent... Tout ce qui te permet d'exister ? Tu gâches nos ressources !

Tidiane agita des pages froissées par sa main arthritique.

— Je te laisse une dernière chance de te racheter, Médée, mais si tu es reprise à lire ou à copier autre chose que ce que prescrit par la liste, tu iras filer en enfer.

La matriarche embrassa la pièce d'un regard éloquent.

— La frivolité n'a pas sa place ici !

Quand les deux femmes quittèrent le scriptorium, Olympe ne bougea pas. *Inutile de payer pour les autres.* Elle rattraperait le colporteur et sa jolie peste grâce aux raccourcis enseignés par Magda.

De son balcon dans le plafond, Rim ne manqua pas l'œillade de fureur pure dont Médée darda le dos des deux sœurs et, dès que la porte du scriptorium se fut refermée, la dissidente ramassa les papiers jetés au sol par Tidiane pour les défroisser tant bien que mal sur sa cuisse.

Olympe enregistra l'information. *Pour plus tard.*

Rim était profondément déstabilisée par l'altercation. *Ainsi certaines sœurs s'émancipent de la liste ?* Elle n'avait jamais réalisé que, quelle que soit la zone, les textes interdits cohabitaient avec ceux de la liste.

Le carillon du gros horloge la tira de son effarement. *Dix-neuf heures ! Je suis en retard et Ulysse déteste ça !*

Quand l'adolescente déboula enfin dans la cour d'honneur, pâle et essoufflée, Ulysse lui tendit un manteau indigo.

— Eh bien, ma gazelle ?

— Je te raconte après.

Elle entraîna son parrain hors les murs avec une hâte qui l'intrigua, mais il la connaissait suffisamment pour savoir qu'elle ne lui parlerait que quand elle l'aurait décidé. Il imprima un moulinet à sa fidèle canne et prit sa curiosité en patience tandis que le malaise de Rim les escortait dans les ruelles en pente, jusque chez Saïd.

— Comment vas-tu ?

Cette entrée en matière lui valut un regard interloqué.

— Ben quoi ? Il n'y a pas d'âge pour commencer à se préoccuper de ceux qu'on aime, se défendit-elle.

Attendri, il sourit.

— Flagorneuse !

— Tu crois vraiment que ton horrible tête m'a échappé ce matin ? Tu as une mine de papier mâché, comme dirait

Iseult. Alors je m'informe. C'est quoi d'ailleurs, le papier mâché ?

L'éclat de rire d'Ulysse balaya la vague gêne qui subsistait toujours après des mois de séparation.

— Toi et tes questions ! Qu'est-ce que tu bois ?

Le visage radieux de Rim valait toutes les réponses.

— Je suis assez grande pour prendre de l'alcool ?

Sous son sourire d'allégresse, Ulysse entrevit nettement l'adulte qu'elle était presque et fut saisi par la nostalgie trouble des pères qui voient leur progéniture quitter le nid.

— Désolé, sans moi.

C'est une femme, se morigéna-t-il en silence. *Elle a l'avenir devant elle et ne risque rien.*

Rim attendit que Saïd apporte les boissons pour poser sa question. La vraie. Celle qui la tarabustait depuis l'esclandre. Elle ne savait pas comment la tourner, aussi écrabouilla-t-elle sa menthe avec minutie avant de se lancer.

— Jusqu'à quel point peut-on se détourner de l'ordre établi ? murmura-t-elle.

— Tu as l'intention de tuer quelqu'un ?

— T'es pas marrant ! Je suis sérieuse. Tu ne peux pas me farcir la tête de tes histoires d'égalité et faire comme si de rien n'était dès que je me sers de mon cerveau, bordel !

— Les jurons te vont très mal. Crache le morceau. Ce sera plus simple.

La perspicacité de son parrain la dépitait.

— Comment tu fais ? râla-t-elle.

— Les sorcières n'ont pas l'apanage de l'intuition…

Rim narra par le menu la scène effarante à laquelle elle venait d'assister. Quand elle acheva son récit, Ulysse ne riait plus. Il poussa un profond soupir, prit une grande lampée de bière de sorgho avant de répondre.

— Faut-il toujours que tu poses les pires questions, ma gazelle ?

Elle le confrontait à ce qu'il avait semé sciemment pendant des années et, pourtant, il se sentait pris au dépourvu. Il cogna son verre sur la table, signe qu'il capitulait.

— Ok ! Il n'y a pas d'heure pour les leçons de choses.

Il baissa la voix.

— Sérieusement maintenant, TOUT ce qui suit doit rester sous le sceau du secret ABSOLU. C'est clair ?

Elle opina.

— Et cela n'a rien de léger, ma grande, tu peux me croire !

Ulysse rassemblait ses idées dans une nouvelle gorgée de bière quand la jeune fille lança :

— Anthoïna va-t-elle enfin te demander ton essence ?

Coupé dans son élan, Ulysse s'étrangla. La jeune fille se pencha pour lui taper obligeamment le dos.

— On n'est pas seuls !

Elle venait de repérer Olympe, trahie par son parfum et l'indigo trop bleu de sa tenue. *Deux fois sur une journée, c'est trop !*

Complice, Ulysse disséqua la question pendant de longues minutes, mais comme l'indiscrète ne faisait pas mine de lever le camp, ils rentrèrent au convent. Lui silencieux. Elle, songeuse et frustrée.

L'incident du scriptorium poursuivait Rim, qui s'appliquait à relire son monde avec un autre regard sans y parvenir. Plus elle y pensait, plus elle mourait d'envie de parcourir les pages interdites. L'idée que toutes les connaissances collectées par les sœurs puissent n'être qu'une minuscule partie d'un savoir cadenassé se frayait lentement le passage et sa liberté d'étudier lui semblait soudain dérisoire, étriquée. Une illusion insidieusement balisée par Tidiane.

Qui a dénoncé Médée ?

Quelle que soit la réponse, la conscience d'être observée lui usait l'intuition.

Sachant qu'Iseult ne ratait jamais une occasion de moquer sa manie de courir dans les couloirs et que la vieille renarde pouvait se dissimuler presque n'importe où, Rim pila avant de passer la porte de l'atelier. Elle se composa un masque calme et se dirigea dignement vers l'établi d'Antho.

— La maîtresse de la guilde des tisserandes te fait appeler, débita-t-elle d'une traite.

Un ricanement lui apprit que son léger essoufflement l'avait trahie. L'adolescente serra les poings en attendant que sa sœur lève les yeux de son ouvrage.

La biotaniste avait de faux airs de grenouille derrière ses verres grossissants. Rim n'en avait jamais vu que dans les livres, mais la ressemblance avec le batracien éteint lui paraissait frappante chaque fois que la sœur chaussait les binoculaires. Elle se retint toutefois de poser la question qui la démangeait. Souriante, Antho retira le composant qu'elle serrait entre ses lèvres.

— Et pourquoi, je te prie ?

— Un p'tit chat s'est coincé la main dans une machine.

— Je vois.

Ni une ni deux, elle rassembla dans sa trousse de chirurgie ce dont elle aurait besoin pour le réparer.

— Je m'étonne qu'elle fasse appel à toi pour un crève-la-faim du Barrio, caqueta Iseult. Ils sont déjà trop heureux de recevoir du pain et une ration d'eau.

— Tout le monde ne partage peut-être pas ton sens des priorités, ma sœur !

Elles descendirent d'un bon pas vers la manufacture. C'était la première fois qu'elles se retrouvaient seules et hors de portée des oreilles indiscrètes depuis la sortie de Rim avec Ulysse, la veille au soir.

— Ce n'est pas ton style de la rabrouer, s'étonna la jeune fille lorsqu'elles furent loin des murs du convent.

— Ça doit être un jour sans. Surtout qu'Iseult dit vrai. Guislaine n'est pas du genre à faire cas d'un simple gamin des rues. Vas-y ! Pose-les, tes questions !

Rim chuchota.

— Est-ce que tu as déjà vu ou lu des livres interdits ?

Anthoïna écarquilla les yeux.

— Et pourquoi ferais-je une chose pareille ?

Son apparente tiédeur ébranla Rim mais, soutenue par son intuition, elle s'enhardit.

— Pour voir le monde autrement ! Découvrir l'antan, t'en faire ta propre idée. Qu'est-ce qui nous prouve que ce que nous lisons au scriptorium est véridique ?

Antho jeta un regard inquiet à la rue déserte.

— Rien. Je te montrerai quelque chose en rentrant… À condition que tu fermes ta grande bouche chez Guislaine.

— Juré !

— Ça veut dire *aucune* remarque sur l'âge, les cadences ou le traitement qu'elle inflige à ces pauvres gosses.

Rim fit mine de se coudre les lèvres et d'empocher l'aiguille.

Satisfaite, Antho poussa la porte de la manufacture.

— C'est bien ce que je pensais ! râla Antho quand elles quittèrent la filature. Ghislaine ne déboursera rien pour ce pauvre chaton… Elle abuse de ma faiblesse. Il travaille déjà comme un esclave et, dorénavant, il aura deux doigts en moins !

Encore toute nauséeuse de l'amputation, Rim ferma les yeux. Elle n'avait aucune envie d'y repenser.

— Tu ne vas rien faire ?

— Rim Ludiye ! Comment oses-tu proférer de telles âneries ? Bien sûr que je vais faire quelque chose, mais ça va prendre du temps ! Il faut d'abord qu'il cicatrise, en priant pour que ça ne gangrène pas. S'il survit, je lui confectionnerai des prothèses sur mesure qu'il faudra ajuster à sa croissance. En espérant que le fléau ne le fauche pas en route.

Antho dessina des moulinets énervés de son bras libre.

— Je ne suis pas magicienne, à la fin ! Quoi ? Qu'est-ce qui te fait rire ?

Rim lui jeta un regard pétillant de malice.

— Effectivement, puisque tu es sorcière ! Les sœurs ne disent rien quand tu soignes gratuitement ?

Antho afficha une expression féroce.

— Qu'elles essaient seulement ! Et tout le convent devra s'habiller d'indigo, menaça-t-elle. Crois-moi, Tidiane n'est pas la dernière à apprécier le confort de mes inventions. Allez, viens ma gazelle, je vais te montrer un secret, chuchota-t-elle radoucie.

Elles traversèrent le secteur des souffleuses de verre puis toute une série de ruelles tortueuses jusqu'à une petite place qui avait dû être charmante avant l'effondrement. Quand Antho poussa une porte jaune qui ne payait pas de mine, un son aigrelet signala leur entrée.

Rim, qui n'avait jamais mis les pieds dans la boutique de l'apothicaire, jeta aussitôt des yeux avides dans tous les recoins de la pièce aux murs tapissés jusqu'au plafond de casiers saturés de marchandises.

Sur les étagères s'alignaient des bocaux multicolores bourrés de pigments et de plantes : camomille pour le jaune poussin, lavande pour le bleu-gris, rouge foncé pour l'hibiscus ; et des feuilles de figuier, de romarin, des pelures d'oignon, des fleurs d'eucalyptus. L'adolescente réalisa avec une certaine fierté qu'elle les connaissait toutes.

Des liasses de cuir tout juste sec étaient triées en piles irrégulières selon leur qualité ou leur épaisseur, dans l'attente d'être rognées, reliées ou vendues. D'autres séchaient sur des fils, en hauteur. Sur le comptoir, un impressionnant monticule de vélin de champignon menaçait des bocaux de verre remplis d'encre, de quelques précieuses plumes naturelles ou encore de calames en biomatière, bien meilleur marché.

Alertée par la clochette, l'apothicaire surgit de l'arrière-boutique. Par la porte restée entrouverte, on distinguait la vis d'une énorme presse et des kilomètres de fil sur lesquels étaient étendues les pièces de cuir trop imposantes pour l'échoppe.

La femme qui les accueillit était coiffée d'un gros turban rouge et safran joliment croisé sur son front, comme pour mieux proclamer l'incomparable qualité de ses couleurs.

Une unique boucle à l'effigie d'un scarabée se balançait à son oreille, si longue qu'elle lui frôlait la clavicule.

Quand Rim fronça le nez, l'apothicaire sourit de toutes ses dents.

— Tu vas t'habituer.

— Mais ça sent… les excréments ?

— Rien ne se perd, tout se transforme ! Je fabrique du cuir végétal et du papier avec les résidus fibreux de crottes d'herbivores.

— Et l'eau de rinçage sert d'engrais, compléta Antho avant que Rim n'ait pu poser l'une de ses impossibles questions.

— Mais comme ça coûte très cher en eau et qu'on ne peut pas se le permettre, le vélin de champignon reste la meilleure solution !

La femme protégea son ventre d'une main pour se pencher au-dessus du comptoir et baissa d'un ton.

— Mais comme Anthoïna n'a aucune leçon à recevoir en la matière, vous n'êtes pas ici pour un cours sur la fabrication du cuir végétal, je présume.

— Effectivement.

Antho demanda tout bas :

— Ma jeune sœur se posait des questions bibliographiques. Aurais-tu quelque chose ?

Précédée de son ventre, l'apothicaire disparut dans l'arrière-boutique dont elle referma la porte, cette fois. Au bout d'un temps bien trop long, elle revint et tendit à l'adolescente un paquet de feuilles sommairement reliées.

— Je n'ai plus rien de contemporain pour l'instant, donc je t'ai choisi une histoire écrite avant l'effondrement. Il y a de la neige, ça pourrait te plaire.

Elle tapota la liasse d'un index impérieux juste à côté d'un cartouche en forme de scarabée.

— Ne viens pas trop souvent, et jamais quand il y a des clientes. Et tu ne parles de ceci à *personne*. C'est clair ?

Rim hocha la tête avec conviction.

— Dès que tu as terminé, tu me le rapportes. Soit tu me dois un service, soit tu m'en procures une copie… Soit tu m'en fournis un nouveau quand tu arpenteras.

L'adolescente était trop stupéfaite pour prononcer le moindre merci. Antho s'en acquitta à sa place tandis qu'elle glissait le manuscrit sous son vêtement. Très vite, la texture particulière épousa les courbes et la température de son corps.

— Et si tu te fais surprendre, jette-le.

— Mieux vaut les détruire que d'être attrapée avec, compléta Anthoïna.

Rim hocha la tête, soudain étranglée par sa nouvelle liberté et la gravité de ce qu'elle s'apprêtait à commettre.

— Reviens dans trois semaines, l'encre sera prête, cria l'apothicaire à haute et intelligible voix.

— L'encre ?

— Un prétexte pour les oreilles indiscrètes.

— Merci, articula-t-elle finalement en quittant l'échoppe.

Sur un signe de la main, l'apothicaire retourna dans l'arrière-boutique de cette démarche si particulière aux femmes enceintes.

— Tu as bien compris, ma gazelle ?

Rim scruta Antho, incapable de parler. Sa propre pâleur se reflétait dans le visage ovale de sa sœur.

— Pourquoi a-t-elle mis si longtemps à revenir ?

— Excellente remarque ! Elle vérifiait que je n'agissais pas sous la contrainte. Autrement dit, que personne ne nous attendait dehors.

— Alors ça y est, je suis grande ? Ulysse m'emmène au café et toi chez…

— Enora. Elle s'appelle Enora. On s'était mis d'accord de longue date, Ulysse et moi. Il est passé me voir hier soir, après votre sortie, pour m'avertir que tu étais dans le collimateur d'Olympe.

Elle s'arrêta, posa sa mallette dans la poussière et fixa Rim, comme pour donner plus de poids à sa mise en garde.

— Arrange-toi pour que *jamais* personne ne te surprenne en train de lire ça, dit-elle en lui enfonçant un doigt dans le ventre. Planque-le et, je t'en conjure, sois prudente. Je ne veux pas que tu écopes du même sort que Médée.

— Quoi, Médée ?

Antho scanna les alentours d'un regard méfiant.

— Médée est morte.

VII - TRAQUE

Le brasier était éteint depuis bientôt deux jours lorsque retentit enfin le galop des chevaux. *Trois, à l'oreille.*

Le soulagement submergea Alex.

Les Marches étaient si éloignées du convent que seules y vivaient les marginales, et personne n'était recensé. Une négligence impardonnable selon Tidiane, qui ne comprenait pas ce qu'envoyer un pigeon avait de compliqué. En représailles, c'est à peine si les chasseresses se déplaçaient dans cette zone quand un signal leur parvenait.

Alex contempla la ferme ravagée par l'incendie. Les voisines s'étaient déjà emparées de ce qui avait de la valeur et les flammes avaient grignoté le peu qui tenait encore debout tandis que les pillardes repartaient, la chèvre de tête au bout d'une corde. Tout à son plan, l'ado n'avait pas essayé de les arrêter mais la rage s'était installée au creux de son ventre, vorace.

Au souvenir des dernières heures, une larme dévala le long de son nez. Sa mère avait résisté à la maladie avec un courage qui forçait l'admiration mais cet acte de bravoure n'atténuait pas le chagrin. Un pan de sa jupe pour mouchoir acheva d'étaler la suie qui lui endeuillait le visage. De mémoire de femme, c'était la première fois que des chasseresses mettaient les pieds sur ces terres.

Depuis sa cachette, Alex les observa démonter. Elles étaient deux. La plus vieille arborait une bonne trentaine d'années. La peau foncée, elle était sanglée dans un costume noir très ajusté. Ses cheveux tressés serrés à droite de son crâne accentuaient la sécheresse de ses traits et noyaient l'autre moitié de son visage dans l'ombre. Elle se retourna pour faire signe à son acolyte d'attacher les montures, dévoilant la prothèse qui remplaçait son œil gauche. Pour harmonieuse, la réparation n'en était pas moins dérangeante. Alex grimaça. Sa mère avait beau lui avoir décrit la biotanique à plusieurs reprises, cette première confrontation à l'art des sœurs était choquante.

L'un des chevaux se cabra, attirant son attention sur la plus jeune dont l'élégance frappa aussitôt son imagination. La vingtaine, elle dégageait une autorité peu commune dans son habit blanc. Son cheval calmé, la jeune femme darda un regard aigu sur les restes fumants de la ferme comme si un obscur instinct lui soufflait que quelqu'un ou quelque chose s'y tapissait.

Par un réflexe idiot, l'ado se tassa dans sa cachette pendant que la chasseresse rejoignait sa sœur près du bûcher funéraire.

Il n'en restait que cendres ; pourtant, elles tournaient autour comme un couple de chacals sur la piste d'une charogne. Frissonnant de peine et de dégoût, Alex tendit l'oreille mais des tourbillons de poussière chaude et suffocante étouffaient les voix. Soudain, la jeune à la queue-de-cheval donna un coup de pied rageur dans le bol d'offrandes qui gisait intact, aux côtés des restes de sa mère.

Espèce de...

La borgne scrutait les alentours avec une attention oppressante.

Sa prothèse lui offre-t-elle une meilleure vue ?

— Sors ! cria-t-elle à tout vent. Nous ne te voulons aucun mal, qui que tu sois.

Drôle de précision.

L'ado serra les dents pour ravaler son chagrin, rajusta son serre-tête tandis que les paroles de sa mère lui revenaient avec une brusquerie difficile à surmonter : « Promets-moi, implorait-elle. Ne leur dis jamais... »

Mais elle était morte avant d'avoir pu recueillir son serment. *J'ai trop envie d'apprendre pour être prudent. Pardon d'avoir allumé le signal, mam'.*

Les sœurs s'étaient remises en selle et arpentaient son territoire avec une désinvolture calculée, se rapprochant de sa cachette. En cet instant, les deux intruses incarnaient cet inconnu pour lequel Alex bravait l'interdit maternel. Pourtant, au seuil du changement, le doute faisait vaciller sa résolution.

C'est maintenant ou jamais !

D'un geste affermi par l'afflux d'adrénaline, l'ado empoigna les pans brûlés de sa jupe et détala, immanquable sur la plaine désolée. Ses pieds martelaient le sable à une cadence impressionnante mais les chevaux étaient plus rapides. Son avantage serait de courte durée.

Olympe lâcha un juron bien senti :

— La garce, elle bifurque dans le pierrier !

La fille bondissait comme un cabri dans l'imbroglio minéral, suivant une sente que seuls les chèvres et son œil d'experte pouvaient distinguer. Olympe talonna sa jument pour l'attendre à la sortie. Dès que la fugitive émergea des couloirs rocheux, elle lui sauta dessus et la plaqua au sol avec un cri sauvage.

Alex hurla de douleur. La sorcière pesait de tout son poids sur ses épaules, enfonçant dans sa chair les éclats tranchants que la chute y avait incrustés.

Sans précaution, Olympe retourna sa prisonnière pour la jauger.

Les pupilles de la chasseresse brillaient d'excitation et de convoitise. Tout son corps clamait qu'elle avait adoré la traque. *Et si maman avait raison ?* L'idée d'être à la merci d'une telle furie réveilla une terreur atavique.

L'envie qu'avait cette paysanne de lui cracher au visage était manifeste, mais elle se contint.

— Quel âge as-tu ?

— Quinze ans.

Une lueur étrange traversa les iris de la furie, encore dilatés par l'excitation de la traque. *De la compassion ?*

— Laisse-la, Olympe ! ordonna la borgne d'une voix de corbeau.

La sorcière blanche ouvrit la bouche pour parler, se ravisa, obéit.

— Je m'appelle Magda.

Comme souvent, la rescapée dédaigna sa main tendue.

— Nous t'amenons au convent de la Cité Ocre. Tu y seras en sécurité jusqu'à tes seize ans.

Elle désigna son acolyte d'un coup de menton.

— C'est la loi et je te déconseille de lui donner une occasion supplémentaire de se lancer à tes trousses.

Olympe détacha le cheval de réserve. Quelque chose dans le regard de la survivante excitait son sens de la compétition.

— Tu sais monter ?

La fille retroussa ses jupes et Olympe jeta un coup d'œil goguenard aux culottes dévoilées par le tissu coincé sans apprêt dans la ceinture, mais son sourire se fana quand l'autre sauta en selle sans mettre le pied à l'étrier.

Garder les chèvres est plus sportif que prévu, on dirait !

Magda se délectait de cette joute dont la fière chasseresse venait de perdre la première manche. *Va-t-elle s'excuser ?* La borgne joua quelques secondes avec la question, paria pour la négative, gagna.

— Il reste de l'eau ?

Alex désigna la tour à vent.

Quand sa mentor donna le signal du départ, Olympe réalisa que la fille n'avait pas prononcé plus de deux mots.

Pendant les deux jours que dura le trajet vers le convent, Alex sentit le regard d'Olympe lui vriller les omoplates.

Elle épiait le moindre de ses gestes. À croire qu'elle espérait une autre tentative d'évasion, mais l'ado s'était juré de ne pas lui donner ce plaisir. Il lui fallait attendre d'être à la hauteur.

Quant à Magda, elle était ravie. Pour son premier signal, leur jeune recrue avait une fois de plus dépassé leurs attentes. Tidiane serait satisfaite. Elle pourrait bientôt franchir une nouvelle étape.

Rim avait tant couru pour être à l'heure au cours d'arpentage qu'elle dut rajuster ses baleines et calmer les heurts de sa respiration avant d'entrer. Ces derniers mois, elle avait pris de la poitrine et grandi si vite que, la veille, Antho avait greffé sa tenue afin de l'ajuster à ses quinze ans. La jeune fille passa une main impatiente dans ses boucles humides et se faufila entre ses sœurs. Elle marmonnait de vagues excuses lorsque son petit doigt se mit à striduler comme un dément. Dès que l'une des novices voulut bien s'écarter pour lui ménager une place, elle se laissa choir en tailleur, préoccupée par son alarme interne.

— Merci de nous honorer de ta présence, Rim ! railla Ariane. As-tu des questions, Alex ?

Le prénom inconnu fit dresser la tête à la novice.

La nouvelle se tenait dans une position irréprochable, les yeux braqués sur… elle.

— Peut-on voyager vers plusieurs endroits ?

Dans l'estomac de Rim, une bobine se déroula sans prévenir alors que toutes ses fibres se tendaient vers celle qui lui faisait face. Une vibration sourde se diffusa au creux de ses côtes, aussi lente que son envie de pleurer fut subite. *Mais qu'est-ce qu'il m'arrive ?* Ravagée par une tristesse incompréhensible, elle ne vit pas les regards moqueurs suscités par la question de celle qui la clouait toujours de son regard bleu.

— Excellent !

L'enthousiasme de leur professeure doucha les mauvaises langues.

— Jusqu'à ce jour, à ma connaissance, aucune sœur n'a jamais filé plus d'une destination... Ce qui ne veut pas dire que cela n'arrivera jamais. Avant l'effondrement, l'arpentage lui-même appartenait à la science-fiction. Qui sait ce que nous réserve cette part de notre cerveau que nous n'exploitons pas ? demanda-t-elle aux novices médusées par un tel engouement.

Alex serra le bâton de parole.

— En admettant que j'arrive à voyager, comment savoir si je me trouve dans une époque utile ?

— Notre mère supérieure et ses prédécesseures ont établi un répertoire d'ouvrages prioritaires que nous appelons la liste. La liste détermine tout, classe les destinations en zone utile ou zone inutile, que nous abrégeons en ZU ou ZI dans notre jargon, sourit-elle. La matriarche a autorité sur cette liste, ainsi que sur le classement des zones. Dans un premier temps, pour simplifier, retiens que plus tu voyages loin dans le passé, moins tu as de chances d'être en ZU puisque, sauf exception, l'obsolescence des sources augmente à mesure que tu t'éloignes de notre présent.

Dissimulée derrière son moucharabieh, Tidiane assistait, comme d'habitude, aux questions de la novice fraîchement débarquée. Elle aimait se faire une idée de la vivacité d'esprit et du caractère des rescapées. En cet instant, elle guettait les émotions qui traversaient le visage de la nouvelle, et ce qu'elle y lisait lui plaisait. Tidiane se félicita d'avoir suivi l'intuition qui l'avait poussée à jeter sans avertissement la jeune fille dans le cours d'Ariane.

Elle s'apprêtait à regagner son bureau lorsqu'elle se figea.

— N'y a-t-il jamais aucun garçon qui survive au fléau ? entendit-elle.

Ariane s'empourpra légèrement.

— Que les choses soient bien claires. Les sorciers sont un mythe ! Quoi que tu aies pu entendre comme bêtises à ce sujet, fie-toi à moi et restes-en là ! martela-t-elle avec véhémence.

Il n'y avait rien à répondre. Alex passa le bâton et Rim en profita pour la détailler : peau mordorée, foulard en serre-tête et chignon haut. Sa curiosité glissa sur le nez droit, la bouche bien dessinée. Les yeux cyan revinrent s'arrimer aux siens, la laissant démunie, pleine d'une nostalgie aussi douloureuse qu'inexplicable.

— Condoléances, déclara Rim lorsqu'elles quittèrent le cours.

Alex hocha la tête. Son « merci » fut plus grave que ce à quoi elle s'attendait.

— Si tu veux, je t'emmène voir Anthoïna, osa-t-elle. C'est la sœur qui fait pousser nos vêtements. Ils nous protègent de la chaleur. Tu as quel âge ?

Olympe, qui traînait dans le cloître, entendit la même réponse que celle que lui avait donnée la nouvelle le jour de sa capture.

La jeune chasseresse mourait d'envie de lier connaissance, de partager leur vécu, qu'elle voulait similaire. Trouver Alex aux côtés de Rim l'agaça au plus haut point.

— Vendu ! Quinze ans. Excuse-moi, je ne suis pas très loquace. Je n'ai pas l'habitude.

— Ça ne fait rien. Si tu as des questions, n'hésite pas !

Rim parvint à laisser la nouvelle découvrir les serres, les arches sculptées du cloître et le gros horloge sans l'assommer de questions. La grande métisse l'intimidait. *Est-ce à cause de mon intuition qui ne cesse de piailler ?*

Comme toutes les rescapées, Alex tourna la tête pour tout voir, jusqu'à ce qu'elles atteignent l'atelier, dont la porte était grande ouverte.

Rim inspecta paillasses et alambics d'un rapide coup d'œil, soulagée par l'absence d'Iseult. Ces derniers temps, la sœur lui tapait sur le système. Toujours à débarquer quand on ne l'attendait pas, à mettre son grain de sel. Les opinions de la vieille biotaniste la choquaient de plus en plus.

— Bonjour !

Anthoïna releva le nez du microscope pour saluer gaiement.

— Bonjour, Rim !

— Je t'amène la nouvelle, pour sa tunique.

Alex, qui fixait une ébauche de prothèse humaine les paupières écarquillées de curiosité, se crispa à la seule vue du mètre quand Antho s'avança pour prendre ses mesures.

— Bienvenue. D'où viens-tu ?

— Des Marches.

— Pas la porte à côté ! Vous faisiez des fromages ?

Comme Anthoïna n'obtenait qu'un hochement de tête, elle s'affaira le plus vite possible. Docile, la nouvelle écartait les bras, dégageait son cou, obéissait à ses demandes sans rechigner.

Iseult soigna son entrée.

— Va falloir nous remplumer tout ça ! brailla-t-elle.

Les deux novices sursautèrent dans un bel ensemble qui fit ricaner la minuscule sorcière.

— T'es sûre de ton âge, au moins, jeune fille ? Parce qu'avec ces renégates des Marches, qui nous dit que tu as bien les années que tu avances, hein ? Ta mère pouvait pas envoyer un pigeon ? Pour ce que ça coûte… Et même pas de seins pour le prouver ! ajouta-t-elle, les yeux vissés au torse d'Alex, qui parut si affectée par la pique qu'Antho se mit en devoir de l'apaiser.

— Ne t'en fais pas ! Iseult est comme ça avec tout le monde. Sa devise pourrait être : « Ce qui ne tue pas rend plus forte. » La plupart du temps, elle manque cruellement de subtilité, ajouta-t-elle à haute et intelligible voix à l'intention de celle qui laissait volontiers croire qu'elle était sourde.

Preuve qu'elle avait très bien entendu, la vieille renarde ricana, mais aucune excuse ne franchit sa bouche fripée.

Anthoïna se tourna vers Rim.

— Tu vas bien, ma gazelle ?

— Bizarre, répondit-elle évasive.

— La greffe de ta tenue ?

— On dirait que ça prend, oui.

Rim chercha Alex des yeux pour l'inclure dans la conversation, mais elle s'était échappée, loin de la grossièreté d'Iseult. Désireuse de ne pas l'abandonner sur une scène pareille, la jeune fille prit congé d'Antho et se lança à sa recherche, aussi excitée qu'anxieuse de l'état dans lequel la mettait sa proximité.

Le cœur palpitant d'avoir couru le long des serres, Rim la retrouva au détour d'une coursive, accaparée par Olympe. Elle pila net, glacée par la perspective que cette garce reproduise ce qu'elle avait fait avec Circé, mais la jeune chasseresse l'avait vue. Elle lui décocha aussitôt un sourire venimeux et, d'un geste calculé qui mit sa victime hors d'elle, noua son bras autour de celui d'Alex.

— J'espère que tu ne m'en veux plus pour la chute dans le pierrier, commença Olympe.

Alex ne répondit pas.

— C'est ça, ta parade ? En dire le moins possible ?

Par-dessus son épaule, Olympe adressa à Rim un autre rictus plein de fiel.

— J'imagine que tu ne m'aimes pas. Je comprendrais, remarque. J'ai mis du temps à pardonner à Magda.

Alex attendait, imperturbable. Toute la subtilité résidait dans l'art de ne rien dire. Les autres se sentaient alors obligées de combler les silences, se livraient presque malgré elles, souvent plus que prévu. D'ailleurs, Olympe poursuivait son monologue :

— Tu as vraiment quinze ans ?

— Comme je te l'ai dit.

Olympe se mit à jouer avec sa longue queue-de-cheval.

— Je voulais t'avertir que tu peux compter sur moi. Je peux répondre à la plupart de tes questions. Et puis on a des choses en commun. J'avais presque seize ans, moi aussi, quand j'ai été ramenée de force... Comme toi. Quatre ans déjà et me voilà chasseresse !

Alex compara la proposition à celle que Rim lui avait faite et réprima un sourire.

L'autre enchaînait, charmeuse :

— Nous avons toutes les deux survécu in extremis. Tu avais imaginé ton avenir comme ça ? Bref, si tu as envie de parler...

Elle se pencha trop près de son oreille et promit à mi-voix :

— Tu verras, les sorcières ne sont pas si détestables que ce qu'ont voulu nous faire croire nos mères.

Elle désigna ensuite le cloître, la serre et tout le convent comme pour les lui servir sur un plateau.

— À condition de nouer les bonnes alliances, on n'est pas si mal ici !

— Je te remercie.

Alex cherchait un moyen de fausser compagnie à cette fille aussi jolie qu'antipathique.

— Pourrais-tu m'indiquer le scriptorium, s'il te plaît ? On en entend parler jusqu'aux Marches.

Olympe resserra sa queue-de-cheval, ravie qu'elle lui demande enfin quelque chose.

— J'allais t'emmener au cirque, mais va pour le scriptorium !

— Le cirque ?

— La palestre. Mais comme elle est ronde, tout le monde l'appelle le cirque.

Elles arrivèrent au scriptorium au grand soulagement d'Alex.

— Même un homme ne pourrait le manquer ! plastronna Olympe. C'est la seule pièce qui dispose d'une porte en bois… avec le bureau de la matriarche.

L'ado ne put s'empêcher de rétorquer :

— Je pense que même les hommes savent que la pénurie de bois rend ces portes rares et précieuses.

Olympe fit la sourde oreille.

— Le devoir m'appelle. Au fait, sache que tu n'as pas accès à tous les ouvrages… Moi si !

Fébrile à la perspective d'entrer dans le lieu qui avait triomphé des dernières volontés de sa mère, Alex pénétra dans le saint des saints. Une lumière tendre caressait les colonnes polychromes, escaladait les arches vers les cintres dentelés comme des ouïes d'instrument. L'atmosphère si particulière déposa sur ses épaules un manteau de bien-être et, comme l'émotion menaçait de lui faire perdre contenance, la novice marcha d'un pas décidé vers la sœur qui la dévisageait avec une curiosité mal déguisée.

Désœuvrée par la disparition de celle à qui elle avait prévu de consacrer sa demi-journée de liberté, Rim laissa ses pas la porter tandis qu'elle essayait de mettre le doigt sur l'étrange mélancolie qui s'était emparée d'elle. Elle redoutait trop la perspicacité d'Antho pour lui confier sa peine et Ulysse était reparti par monts et par vaux.

Malgré les quatre années écoulées, Circé et elle ne s'étaient jamais réconciliées, même après qu'Olympe l'eut abandonnée, ainsi qu'elle le lui avait prédit.

Son errance la conduisit dans sa cachette, au-dessus du scriptorium. L'endroit devenait exigu, mais elle y venait encore de temps en temps pour confier à une brique descellée les trésors trop précieux pour le dortoir et, bien sûr, pour écouter les récits d'arpentage. L'acoustique extraordinaire de la bibliothèque permettait de tout entendre.

Machinalement, Rim jeta un œil en bas au moment où une sœur installait Alex à la longue table de lecture. Une minute plus tard, elle rapporta un gros volume que Rim reconnut aussitôt, car il s'agissait de l'un de ses ouvrages préférés. Son succès était tel qu'il avait été copié un nombre incalculable de fois. Toutes les novices en apprenaient de grands pans par cœur.

Chaque fois qu'elle avait consulté le manuscrit qu'Alex ouvrait avec respect, Rim avait admiré la persévérance de celle qui en avait retranscrit le contenu. Mot après mot, planche après planche, la fileuse avait mémorisé puis reproduit les vertus et usages médicinaux de centaines de plantes sauvages. Une fois de plus, elle se demanda combien de temps il avait fallu pour achever la tâche colossale. L'arpenteuse avait-elle ensuite oublié le contenu des six cents pages afin de faire place nette pour de nouveaux savoirs ?

Tout à la contemplation des illustrations, Alex poursuivait des réflexions similaires.

Rim l'observa suivre du doigt le méandre d'une vrille végétale, attentive à ne pas effleurer le papier. Ce respect proche du recueillement l'intriguait.

Elle regarda longtemps la nouvelle, soucieuse de démêler les émotions de celle dont la main naviguait machinalement de son pendentif à son foulard. Finalement, Rim s'assoupit sans éclaircir l'impression de déjà-vu qui la tourmentait depuis le matin.

Sur le banc inconfortable, Alex tourna la dernière page du volumineux ouvrage. Ses yeux plissés de fatigue peinaient à déchiffrer les mentions minuscules, si insignifiantes en regard du contenu, mais cet amour du détail l'attendrit : « Achevé d'imprimer : avril 1986. ». *Une éternité. À quoi ressemblait le XXe siècle, quand la végétation déjà menacée poussait encore, aux prémices d'un chaos qui s'ignorait ?*

D'un doigt tremblant, Alex caressa le sceau cinabre qui tranchait sur la brillance de l'encre de Chine : un A majuscule gracieux serti d'une arabesque plus épaisse.

Depuis son comptoir, la sœur écouta la nouvelle s'enquérir, la voix rauque d'émotion, de l'identité de celle qui avait rapporté le texte.

— On ne mémorise pas un livre pour la gloire. Au pire, la fileuse laisse son initiale. Au mieux, elle ne signe pas. Le prestige personnel n'a pas sa place dans notre communauté, débita-t-elle, pincée.

La mine déçue de son interlocutrice la radoucit.

— Alice. La sœur qui a transcrit ce manuscrit se prénommait Alice. Il a tant d'importance que la mémoire de son prénom ne s'est pas perdue. Maintenant, va vite manger ! Le gros horloge a sonné. Si tu tardes, il ne te restera que des ténébrions.

Alex ferma le livre avec respect, le rendit à son interlocutrice charmée par tant de délicatesse, puis fila vers le réfectoire à grandes enjambées.

Les premiers coups du gros horloge avaient sorti Rim de sa torpeur. Aiguillonnée par la faim, elle se dépêcha de quitter les cintres tout en vérifiant que dans sa hâte à descendre, elle n'avait pas fait d'accroc à la greffe. Antho serait furax. Tout à son examen, elle percuta Alex de plein fouet.

— Excuse-moi ! s'exclama-t-elle, plus désolée qu'elle n'aurait dû.

— Aucun souci. Tu t'es fait mal ?

Rim secoua la tête.

— Alors on oublie !

— Tu as mangé ?

— Pas encore. À vrai dire, j'essaie mais je crois que je tourne en rond.

— Je te montre ?

Avec une spontanéité réjouissante, Alex lui rendit son sourire. Ses incisives légèrement écartées lui donnaient l'air plus espiègle encore.

Vu l'heure tardive, le réfectoire était moins bondé que de coutume. Les deux novices attrapèrent ce que leurs congénères avaient bien voulu leur laisser puis s'assirent face à face au bout de l'une des immenses tables. Rim croqua avec gourmandise dans un falafel puis, n'y tenant plus, demanda :

— Est-ce qu'on ne s'est pas déjà vues ?

— Je viens du fin fond des Marches… Dans tes rêves, peut-être ?

La moquerie la fit rougir et elle réalisa un peu tard que sa question était l'attaque favorite des dragueuses de bas étage.

Les yeux bleus de la nouvelle pétillaient de malice. Pour lui faire oublier sa ridicule entrée, Rim baissa d'un ton et enchaîna :

— Je connais la cité comme ma poche. Si ça t'amuse, je te fais visiter.

Alex tendit le poing.

— Vendu !

Rim sut tout de suite qu'elle devait cogner dedans, et la perspective de leur amitié la fit aussitôt rayonner.

Elle jeta sur le réfectoire un regard fier et se renfrogna tout aussi promptement.

— Un problème ?

— Rien.

— Mon œil.

Regard braqué sur un point que son interlocutrice ne pouvait voir, Rim refusait de répondre.

— De vieilles histoires.

— Si tu le prends comme ça…

Au prétexte d'attraper un petit pot de piment dans son dos, Alex se retourna. Sa manœuvre fit enfin sourire Rim.

— Ne me dis pas que la seule vue d'Olympe suffit à te gâcher l'humeur ?

— Je ne peux pas l'encadrer !

Alex leva un sourcil pour l'inviter à poursuivre.

— Il y a quatre ans, elle m'a séparée de ma meilleure amie. Parfois, je me demande si la mise à mort n'est pas le seul truc qui l'excite. Elle a planté Circé dès qu'elle n'a plus eu besoin d'elle, mais c'était trop tard pour nous. Si tu ajoutes sa détestable manie de fouiner partout...

L'ado posa sa main sur la table.

— En ce qui me concerne, elle peut toujours courir. Son goût pour la domination est flippant, quant à ses blagues sur les hommes...

Rim s'obligea à détacher les yeux de cette paume offerte et leva un regard prudent vers celle dont les prunelles la fixaient, franches comme l'or.

— Tu es bien prompte à accorder ta confiance.

Alex afficha un large sourire, mais ne répondit pas.

Pour se soustraire à cet examen qui déclenchait chez elle un bien-être jusqu'alors inconnu, Rim proposa :

— Tu m'accompagnes à la ménagerie ? C'est la bonne heure pour entraîner ma fauconne.

— Carrément !

Alex n'était pas bavarde et Rim respecta son silence. Elles passèrent le coche puis traversèrent l'esplanade poussiéreuse qui les séparait de la ménagerie derrière laquelle on distinguait le séchoir à excréments.

À l'intérieur, Alex posa des regards ahuris sur les innombrables cages et les stalles grouillantes de vie qui occupaient le moindre mètre carré. Il y avait des chèvres, des vaches, des ânes et les fameux et controversés chevaux. Des poules couraient dans les allées, un chat paressait sur une poutre. La novice hoqueta au cri strident d'un cochon d'Inde. Sa mère lui avait expliqué le fonctionnement du convent, mais elle ne lui avait jamais parlé des trésors de la ménagerie.

— Nous pouvons consacrer deux demi-journées à nos centres d'intérêt. Si tu le souhaites, tu pourrais venir travailler ici, suggéra Rim. Tu dois juste demander à Imogène.

Alex suivit sans répondre, l'air toujours aussi émerveillé.

À l'entrée de la volière Rim décrocha un gant de cuir épais, puis guida Alex devant des buses, des chouettes chevêches et quelques corneilles avant de s'arrêter devant le perchoir de Craco. Dès que le rapace eut sauté sur son poing, elle le coiffa.

— Si je ne deviens pas voyageuse, je voudrais être biotaniste, confia-t-elle.

De ses incroyables yeux, Alex fixait Craco avec envie. Rim lui tendit un autre gant. Tout sourire, l'ado enfila la protection de cuir et, d'un claquement de langue, incita le faucon à sauter au poing.

Craco ne fit aucune difficulté. Un peu jalouse, Rim sauta l'étape de vérification de la prothèse et, sa gibecière remplie de gerboises mortes, les conduisit à la pesée puis sur l'aire de vol.

Alex prit position à l'autre bout de l'esplanade, à la lisière du champ de cactus. Le vent poussait vers Rim les conversations des cueilleurs de figues et les bribes de paroles dont elle charmait Craco. Dès qu'elle eut ôté le chaperon, Rim poussa un sifflement bref, gant brandi, et l'oiseau la rejoignit en un long vol plané. Pendant qu'il arrachait des lambeaux de chair à coups de bec précis, Alex doubla la distance qui les séparait. *À croire qu'elle a pratiqué toute sa vie.* Au premier rappel, Craco repartit sans se faire prier.

Rim en était pour ses frais. Elle avait voulu l'impressionner mais Alex se révéla plus habile qu'elle au maniement de la longue corde au bout de laquelle tournoyait une demi-souris. L'ambiance devint compétitive. L'air résonnait du grelot noué aux pattes de l'oiseau qui piquait sur sa proie avec agilité, heureux d'être à l'air libre. Mais soudain, un morceau d'aile sauta et Craco partit en torche.

— NON !

Rim se précipita, muette de terreur à l'idée que la fauconne s'écrase à cause de sa négligence. *Si, au moins, je pouvais amortir sa chute !* Alex devait avoir eu la même idée et courait à toute vitesse vers le point d'impact.

À dix mètres du sol, Craco parut se rétablir, tenta un vol plané bancal et s'écrasa au milieu des figuiers de barbarie où personne ne pouvait se jeter à l'aveugle. Rim se serait foutu des claques. Furieuse et terrifiée, elle s'engouffra parmi les raquettes hérissées de piquants tandis qu'Alex s'engageait dans un autre rang. Au bout de cent mètres, personne ne l'avait retrouvée et l'adrénaline menaçait de se transformer en désespoir.

— C'est pas possible d'être aussi…

— Stupide ?

Rim sursauta. Circé lui tendait Craco dont l'aile pendouillait, disloquée.

— À part la prothèse, elle n'a rien, je crois.

Circé s'en fut si vite que Rim dut la poursuivre.

— Attends ! Merci...

Le silence s'étira, douloureux.

Elle rejoignit Alex, une boule de chagrin dans la gorge.

— Même dans cet état, son aile est bien moins repoussante que l'œil de Magda, lâcha la nouvelle.

— Chuut ! T'es dingue ou quoi ?

— Ça ne te dérange pas de devoir sans cesse surveiller tes paroles ? chuchota Alex, sarcastique.

Piquée, Rim contre-attaqua :

— On n'est pas dans les Marches ! D'ailleurs, comment se fait-il que tu t'y connaisses autant ? Posséder des rapaces est interdit !

— Et comment on protège nos cultures, sans eux ? Tu t'imagines que les plantes poussent sans problème dans les Marches ? Pourquoi crois-tu que ma mère ait préféré avoir faim plutôt que de vivre trop près du convent ?

— Parce qu'elle était anti-sorcières, je suppose.

— Je ne suis pas Olympe ! s'insurgea Alex, qui arracha son gant et le jeta dans la poussière.

Andouille ! Elle a raison. Mortifiée, Rim amena Craco à l'atelier en ruminant sa stupidité. *Évidemment que la population triche pour se nourrir.*

Sa rencontre fortuite avec Circé lui rappela le gâchis qu'elle savait irréparable. *Pas question de recommencer.*

Il faut que tu t'excuses. Dès qu'elle eut encaissé le sermon d'Antho, elle partit à sa recherche... sans succès.

Et pour cause, Magda l'avait trouvée la première.

VIII - LACRIMOSA

MAGDA INTERROMPIT ALEX dans son examen du gros horloge, dont le cœur battait une cadence immuable.

— Notre mère supérieure voudrait faire ta connaissance.

La novice retint un soupir. Les entrailles de la drôle de créature étaient si fascinantes… Plus qu'un tête-à-tête avec la matriarche, en tout cas.

Dans les couloirs qui menaient au bureau de Tidiane, Alex ne cessait de se torturer. *Pourquoi souhaite-t-elle me voir ? Me présenter ses condoléances ? Édicter les règles d'or, m'expliquer comment encaisser ma nouvelle vie en gardant la lèvre supérieure rigide ?*

Dans l'antichambre, l'attente fut d'autant plus interminable qu'Alex saturait de tant de nouveauté. *Est-ce trop demander que de faire son deuil* EN PAIX *? La vieille Iseult fiche les foies, les cours donnent des nœuds au cerveau, les manuscrits du scriptorium cassent la nuque mais il y a tant à rattraper…*

La novice ferma les yeux. Son coup de gueule contre Rim avait achevé de lui ruiner le moral. Et Olympe qui ne cessait de chercher sa compagnie, presque de force… *Elle est vraiment bouchée pour ne pas comprendre, celle-là.*

Assise en face d'Alex, preuve vivante de l'expertise des sœurs en matière de méditation, Magda ne bougeait pas un cil. *À se demander si elle respire. Et qu'est-ce qui l'a défigurée à ce point ?*

Son œil artificiel lui donnait un air patibulaire dont elle se servait sans scrupules. *Poser la question à Rim… à condition qu'on se reparle.*

L'ado expira pour dissiper la sensation d'étouffement. La rencontre imminente avec la matriarche était à ne pas prendre à la légère. *Faire le vide.*

Expulser le manque laissé par la mort de sa mère était un supplice qui demandait une volonté affûtée par des années de pratique. *Ne gâche pas ton eau !* Répété en boucle, le mantra finit par chasser les larmes, et même l'entrée d'Olympe dans l'antichambre exiguë ne put briser sa concentration. La chasseresse à la queue-de-cheval s'adossa aux stucs blancs et bleus et se contenta de l'observer à la dérobée.

La présence de Magda n'a donc pas que des inconvénients.

Enfin, la porte de bois sculpté s'ouvrit.

Tidiane avait une poigne surprenante, eu égard à l'état de ses doigts.

— Bienvenue.

Le protocole voulait qu'on s'incline – sa mère le lui avait appris –, mais sous couvert d'ignorance, Alex se limita à un sobre merci.

Tidiane contourna un imposant bureau derrière lequel elle s'assit sans les inviter à l'imiter. *Fâcheuse, cette posture qui oblige à dominer une aînée*. Mais les deux chasseresses placées sur ses flancs rétablissaient plus ou moins la donne.

— Magda me dit que tu as tenté de fuir. Je vois que tu es revenue à de meilleures dispositions.

Comme la nouvelle persistait dans son silence, Tidiane enfila des gants immaculés puis ouvrit l'énorme registre posé devant elle. Elle plongea ensuite son calame dans l'encrier, prit tout le temps d'ôter le surplus de liquide sur le bord du récipient. Enfin seulement, l'ancêtre se racla la gorge et l'interrogea avec une légèreté affectée :

— Quel nom allons-nous inscrire dans ce registre, jeune fille ?

Alex ne chercha pas à se dérober.

— Je ne le connais pas.

Magda tiqua, mais se tut jusqu'à ce que Tidiane lui demande :

— La propriété était enregistrée à quel nom ?

— Elle n'était pas recensée, grimaça la borgne. Nous nous y sommes rendues par pur sens du devoir.

Tidiane darda sur la jeune recrue un regard perçant et suspicieux.

— Tu n'ignores tout de même pas le nom de ta mère ?

— Elle n'a jamais voulu me le dire et je ne m'en suis pas inquiétée. Tout le monde nous connaissait. Les prénoms suffisent, là-bas.

Alex crut voir se hérisser les très courtes dreads blanches de la vieille femme qui se tapota le nez avec le calame et gronda :

— Pratiques de nornes ! Alex est ton vrai prénom, au moins ?

— C'est un diminutif, mais j'aimerais l'enregistrer tel quel… s'il vous plaît.

L'attente se prolongea tandis que l'aïeule poursuivait sa réflexion à voix haute, comme si elle n'avait pas entendu.

— D'ordinaire, je propose une liste de noms parmi lesquels j'invite celles qui n'ont pas été recensées à en choisir un. Quand elles sont assez grandes, bien entendu… Mais aujourd'hui, je me sens d'humeur à innover.

Elle regarda la novice se crisper.

— Tu viens des Marches… Marche, Marchant, Lamarchante…

Alex écoutait avec horreur les élucubrations de l'ancêtre, que ces jeux de mots semblaient amuser au plus haut point :

— Pour marcher, on fait des pas. Pas à pas, Dupas… De Pas ! s'exclama-t-elle, ravie de sa trouvaille.

Alex lâcha un sourire étonné. *De pas, de rien, de nulle part.* L'idée lui plaisait.

Olympe s'agita. Le sourire si particulier de la jeune fille lui donnait un charme fou. Dans un élan de compassion qui la surprit, elle songea qu'elle aurait détesté être soumise au même traitement lors de son arrivée.

— Pourriez-vous l'écrire en un mot ?

— D-E-P-A-S A-l-e-x.

Tidiane calligraphia le nom dans le registre.

— C'est officiel, te voilà des nôtres, Alex Depas !

Après un silence, elle reprit :

— Tu n'aurais pas dû accéder si vite au cours d'arpentage, mais un contretemps m'a empêchée de le faire savoir à Ariane, qui m'a d'ailleurs dit que tu semblais avoir reçu une solide formation en méditation. J'espère que cette découverte n'a pas été trop brutale après tout ce qui vient déjà de t'arriver.

— Celles qui vivent dans les Marches ne sont pas toutes des renégates. L'une des chevrières de ma mère était une fille du tourniquet qui n'a jamais attrapé la maladie. Elle a préféré quitter le convent, mais elle m'a enseigné beaucoup de choses.

— Mais alors pourquoi t'es-tu enfuie ?

— J'ai eu… peur de Magda. Son œil… Ma mère était… pleine de préjugés à l'égard des sorcières…

La novice hésita, risqua un coup d'œil en direction d'Olympe.

— Vas-y ! lui enjoignit Tidiane. Si on t'a maltraitée, tu DOIS me le dire !

— C'est juste que… Olympe a renversé le bol funéraire. Cette brutalité m'a fait regretter le signal. J'ai pensé que ce que ma mère disait sur vous était vrai et… j'ai fui.

D'un signe de tête, Tidiane accorda la parole à la jeune chasseresse qui brûlait de se justifier.

— Je suis désolée. Je sais que cette méthode est violente, mais c'est la seule qui fasse à coup sûr sortir les rescapées de leur cachette.

Magda lui présenta son profil intact.

— C'est ce bol qui t'a trahie. Les voisines en laissent parfois, quand il n'y a pas de survivantes, mais c'est excessivement rare si loin du convent.

Le sous-entendu révulsa Alex, qui se maîtrisa avec peine. *Ce petit jeu vise sans aucun doute à me faire sortir de mes gonds et à me montrer sous mon vrai jour.*

L'éclat de Tidiane sur la non-recension lui avait déjà mis la puce à l'oreille, et la comédie qu'elles jouaient pour son seul bénéfice acheva de convaincre la jeune recrue de la justesse de son instinct. Olympe lui tendit la main sous le regard acéré de la duègne.

— Accepte mes excuses !

N'ayant d'autre choix que de serrer la main offerte, la novice se fit violence pour sourire, et le pli soucieux qui barrait le front de la jeune chasseresse disparut comme par enchantement. Magda les reconduisit vers la sortie.

Quand la porte capitonnée se referma dans leur dos, Alex frissonna. La température était tombée avec la nuit. D'autorité, Olympe lui posa sur les épaules un foulard si imprégné de son parfum qu'il lui fut difficile de ne pas froncer le nez.

— Je te raccompagne.

— Merci, je me souviens du chemin !

Olympe eut une moue contrariée et la novice lut dans ses yeux une tristesse qui la radoucit.

— Honnêtement, je ne serais pas fâchée d'être un peu…

— … seule ? Je comprends, je n'aurais pas aimé être à ta place.

Elle lui fit un clin d'œil avant d'ajouter :

— Dans ce cas, bonne nuit ! Et si tu as besoin de parler, rappelle-toi qu'on a pas mal de trucs en commun.

L'éreintante conversation avec la mère supérieure déboucha sur un avantage inattendu : la salle de bains était vide. Un privilège trop rare pour être boudé.

Habituée à économiser l'eau, Alex libéra ses boucles du bandeau puis les démêla avant de faire une toilette de chat. Une fois le liquide sale versé dans un grand bidon à roulettes selon les instructions reçues le matin, l'ado se glissa dans son hamac.

Quelque chose crissa sous son coude. Bien que froissé par sa maladresse, le papier restait lisible.

Pour anticiper le manque de clarté, Rim y avait inscrit ses excuses en très gros caractères si bien qu'Alex n'eut aucun mal à les déchiffrer et s'endormit le cœur plus léger.

Quand le gros horloge abrégea son sommeil, il lui fallut un moment pour remettre ses souvenirs à l'endroit. Le dortoir était désert. *Quelle heure pouvait-il bien être ?* La tenue qui se balançait au bout de son hamac l'aida à émerger pour de bon. *Quelle rapidité !* Rim avait dû la déposer pendant son sommeil.

Alex sortit l'habit de son bain hydratant et quitta sa vieille jupe pour se glisser dans sa nouvelle peau. La fraîcheur procurée par la matière semi-vivante était incomparable. *Direction le miroir ! De quoi ai-je l'air en sorcière ?*

La coupe était étonnamment androgyne. Sa veste tombait à mi-cuisse sur un pantalon droit tandis qu'un col épais et rigide montait haut sur la nuque. Aux épaules, d'amples empiècements adoucissaient sa carrure. L'ado caressa la large ceinture qui accentuait l'étroitesse de sa taille et s'attaqua au boutonnage. Les deux rangs qui fermaient le haut dissimulaient avec habileté sa fâcheuse absence de poitrine. Transfigurée par le talent de la biotaniste, la nouvelle recrue descendit vers le réfectoire le sourire aux lèvres. Blotti dans la poche : le mot tout froissé.

Faute de retrouver la nouvelle, Rim avait glissé ses excuses sous son oreiller puis s'était réfugiée à l'atelier où Antho dessinait déjà le patron. Quand elle s'en était étonnée, la biotaniste avait désigné l'immense grille sur laquelle s'égouttait un grand rectangle de matière.

— Concours de circonstances. Ce lai était bon à récolter. Tu veux bien nettoyer la cuve ? Je lance une nouvelle série puis, si ça te tente, on taille la veste ensemble.

La jeune fille avait passé la fin de l'après-midi et toute la soirée avec Antho, et quand cette dernière était allée se coucher, elle avait décidé de finir la tenue.

Toutes ces années depuis sa brouille, elle s'était désespérée de se refaire une amie, et la perspective de tout foirer sur une phrase malencontreuse la terrifiait. *Pourvu qu'elle accepte mes excuses !* Épuisée d'angoisse contenue mais incapable de dormir, elle acheva le vêtement, le plongea dans sa solution nourrissante et s'endormit sur un lit de camp, le cœur dans un étau.

Quand elle se réveilla, hagarde, après un pauvre cycle de sommeil, Rim courut pendre les habits neufs au hamac d'Alex puis fila se brosser les dents. Tout le monde dormait encore. Elle s'allongea pour se reposer. *Rien qu'une minute.*

Lorsqu'elle rouvrit les yeux, le gros horloge clamait son retard. *Onze heures !*

— Merde ! Le cours de Miezi !

Un acte manqué, peut-être ? Depuis qu'elle était certaine d'y croiser Circé, Olympe – pire : les deux –, elle fuyait la palestre malgré les rappels à l'ordre insistants de la maîtresse d'armes qui lui promettait le plus dangereux des primes sauts si elle était incapable de se défendre. Mais la jeune fille redoutait moins son hypothétique futur que la distance définitive installée entre elle et Circé.

Perdue dans les conséquences de sa panne de réveil, l'adolescente dévala les marches qui conduisaient au cloître. *Peut-être que je pourrais faire un effort cette fois, inventer un prétexte à mon retard.* Elle accéléra, prit le virage à la corde et percuta Alex qui arrivait dans l'autre sens, une galette à la main. Cette fois, le choc fut si violent qu'elle laissa échapper un cri de douleur et atterrit les quatre fers en l'air.

— Décidément, ça devient une habitude !

Le bleu pétillant des yeux d'Alex démentait la fermeté du propos, mais plutôt que d'amuser Rim, le trait acheva de lui faire perdre contenance. Mortifiée, elle saisit la main tendue. *Pas question de pleurer maintenant !* Pour refouler les larmes qui menaçaient sa dignité, elle s'essuya le nez d'un geste rageur.

— Tu ne t'es pas ratée ! Tu devrais mettre quelque chose sur ton arcade.

Quand elle brandit le pouce pour nettoyer le sang qui striait sa tempe, l'intention lui tira un haussement de sourcil douloureux sitôt suivi d'une envie brutale : sentir ces longs doigts sur sa joue. Elle détourna les yeux. La confusion la fit bégayer.

— Ce… C'est… rien.

— Désolée pour hier. Je n'aurais pas dû monter au cocotier… Tu ne pouvais pas savoir.

— Amies ?

— Amies. Et merci pour la tenue, elle est juste géniale !

Alex tourna sur elle-même.

— Et elle te va comme un gant.

Définitivement trop tard pour le cirque.

— Je vais en herboristerie. Tu m'accompagnes ?

Le cours d'Eulalie avait à peine commencé qu'une hospitalière vint réclamer Rim. Il n'y avait qu'une seule explication. L'estomac de la jeune fille se tordit. *Quelqu'un succombe au fléau.*

Les victimes potentielles défilèrent aux volets de ses paupières closes tandis qu'une pulsation acérée martelait :

Qui ?

La question se mit à tournoyer comme un insecte fou. *Qui ? Qui ? Qui ?* Qui ? Qui ? Qui ? Qui ?

Qui ? *Qui ? Qui ? Qui ? Qui ? Qui ?* Qui ? scandait sa peur.

Qui ?

Muette d'horreur, elle se leva dans un silence de mort, ignora les regards compatissants et suivit l'hospitalière,

Qui ? Qui ! Qui Qui ! Qui ! ? Qui ? Qui ?

les oreilles bourdonnantes, incapable de poser la question fatidique. Mais l'atroce litanie stridulait sans relâche :

Qui ? Qui ? Qui ? Qui ? Qui ? Qui ? Qui ?
Qui ? Qui ? Qui ? Qui ? Qui ? Qui ? Qui ?

Le trajet vers l'hôpital parut interminable. Elle voulait retarder la réponse autant qu'être délivrée de la terrible question.

Au seuil du lazaret, son cœur affolé distordait si bien ses perceptions qu'elle s'appuya au torchis pour stabiliser le vertige qui lui sciait les jambes.

L'hospitalière ne s'était pas arrêtée. Rien n'enrayait le fléau.

Dans la grande salle blanchie à la chaux, les paillasses semblaient vides…

Elle espéra.

… Sauf une.

Ce n'est donc pas une erreur.

L'humaine qui gisait-là était si frêle, si ratatinée de fièvre que Rim l'avait d'abord manquée.

Combien de temps encore ?

Sur le futur linceul, le corps paraissait mort déjà, mais un râle de souffrance la détrompa.

Non. Pas cette *voix !*

Elle avança sur la pointe des pieds.

Tremblante. S'agenouilla au chevet de la mourante, le cœur en travers de la gorge.

— Rim, expira la malade dans un filet d'air.

Et ce fut tout ce que Circé put dire avant de longues minutes pendant lesquelles Rim lui baigna le front. Maladroite, bouleversée, elle ne savait que dire.

Les yeux creusés de terreur, Circé respirait avec l'énergie du désespoir. Chaque mot était un combat.

— Tu avais raison, simplifia-t-elle en lui agrippant les doigts de toute la force qui lui restait. Pardon.

Sa peau était si moite que Rim tressaillit, se reprit, étreignit à son tour la main poisseuse.

— Pardon, répéta-t-elle en écho, les ongles enfoncés dans sa paume vacante. Pardon.

— Raconte une histoire, implora la malade au bout d'un autre insupportable silence.

Rim glissa son bras sous la nuque collante, hissa sur ses genoux un corps qui ne pesait déjà plus rien puis, adossée au mur, berça la mourante et son chagrin en lui chuchotant l'aventure cédée par Enora.

À l'abri de sa cachette, elle avait appris par cœur un grand pan du conte qui parlait d'une boussole d'or[2], de *daemons*, d'une héroïne intrépide. Le récit fabuleux les entoura bientôt de sa magie mais lorsqu'elle parvint au terme de ce qu'elle avait retenu, le fléau avait terrassé Circé.

Rim connaissait le rituel.

Assommée par le vacarme de ce qui se déchirait en elle, elle déposa la dépouille de son amie sur la natte, lui

2 – *À la croisée des mondes*, trilogie du romancier britannique Philip Pullman.

ferma les paupières puis, avec d'infinies précautions, offrit au corps la toilette des mortes.

Gestes doux,

ruissellements,

silence et souvenirs estourbirent sa douleur.

Si peu.

Ensuite ?

Trouver la capsule.

La structure biodégradable en forme d'œuf géant serait mise en terre le jour même.

Mais chaque chose en son temps.

Ignorer les protestations de ses jambes ankylosées. Rapporter les deux moitiés de l'œuf près de la paillasse. Ravaler son dégoût pour la chair morte. Soulever la dépouille. L'installer en position fœtale. Tendrement, replacer la frange de travers tombée sur les yeux clos.

Ne pas craquer.

Refermer en sachant que ni application ni lenteur ne retardent le dernier adieu.

Enfin ?

Défroisser le papier trouvé dans le poing fermé. Lire sans flancher le nom tout tremblé de l'arbre…

Tenir.

Encore un peu.

… le nom de cet arbre que Circé veut… *voulait* voir planter sur sa tombe afin qu'il croisse sur ses restes et nourrisse les vivantes à son tour.

La bulle érigée par le rituel céda.

Rim s'enfonça le poing dans la bouche pour étouffer ses sanglots, déposa le papier bien en vue. L'hospitalière saurait quoi en faire.

Un dernier regard.

Elle détala. L'air poussait les larmes dans ses oreilles comme un reproche mais elle était si triste, si révoltée qu'elle ne les essuya pas.

Dans l'espoir de distancer sa peine, elle se réfugia dans le dortoir où elle s'effondra plus qu'elle ne s'agenouilla devant la cache au trésor.

Personne n'aurait su dire à quand remontait la guerre des dortoirs, mais l'une des batailles lui avait acquis cette amie qui venait de mourir dans ses bras.

Elle écarta sans ménagement les trophées de pacotille amoncelés dans la cache, se coupa, fourragea de plus belle aux marges de l'enfance. Enfin, au milieu des prisonniers de plus ou moins longue date, elle dénicha le lambeau balafré d'une rayure brune, vestige de la couverture dans laquelle on avait abandonné Circé dans le tourniquet.

Elle enfouit le nez dans l'étoffe élimée, éternua, laissa déborder sa panique, la détresse de ne pas y retrouver le parfum rassurant.

Les doudous représentaient un butin de premier ordre. Quand le camp adverse en volait un, c'était l'assurance d'une bataille qui gagnait tout le convent jusqu'à ce que l'otage soit rendu contre rançon ou délivré après une lutte sans merci. Rim caressa longtemps le doudou qu'elle avait libéré du camp adverse sans le vouloir.

Elle se réveilla les yeux collés de chagrin. Elle s'était endormie dans une position impossible. Les fourmis qui déferlèrent dans ses muscles lorsqu'elle se déplia lui tirèrent une plainte silencieuse. *Au moins, je suis vivante. Aucune lumière. Tant mieux !*

Circé avait été mise en terre au cours de l'après-midi pendant qu'elle dormait. Qu'importe. Elle lui avait fait ses adieux.

Consciente qu'elle serait incapable de se recoucher, Rim quitta son repaire pour hanter les sombres coursives du convent. La faible lueur des mousses phosphorescentes ébréchait l'obscurité, mais elle n'en avait pas besoin. En cet instant, elle aurait voulu que le noir l'engloutisse.

Le gros horloge sonna une heure sans qu'elle sache où avaient filé les précédentes. Anesthésiée, la jeune fille avançait en somnambule. Passé le coche, elle s'engouffra en courant dans la vigie, mais dut s'arrêter au dernier palier, les muscles tétanisés par le tribut qu'exigeaient les deux cents marches. Le dernier bon moment de leur amitié datait du sauvetage d'Olympe. Elle étouffa une plainte déchirante et s'essuya le nez sur sa manche.

Perdue dans ses souvenirs, les poings écrasés sur son ventre douloureux, Rim hurla de peur quand, éclairé par un lumignon de champi, un visage blême flotta à la sortie de l'escalier. Elle avala les derniers degrés, arma le bras pour frapper le fantôme, mais une poigne ferme la coupa en plein élan.

Alex.

Elle fournit un immense effort de volonté pour refouler le chaos qui pulsait en elle.

Par précaution, Alex attendit que le pouls de la jeune fille s'apaise, les doigts pressés sur les veines de ses poignets.

Rim scrutait les pupilles cyanite, hébétée. L'inquiétude, l'empathie qu'elle y lut l'achevèrent.

Tout doucement, Alex l'attira dans ses bras. Elle résista. *Elle ne voulait pas la contaminer. Pas elle !*

— Je l'ai déjà eu.

Rim cessa de résister et pleura tout son soûl dans le cou de celle qui l'empêchait de s'effondrer.

— Tu veux en parler ?

— Je ne sais pas. Je ne m'attendais pas à te trouver là.

— Je suis de garde.

— Déjà ?

— En formation, mais si tu veux, je te fiche la paix...

— Non ! Tu m'as surprise, c'est tout.

En essayant de ne pas penser à Circé, Rim se hissa sur l'un des sièges de guet.

— Tu es seule ?

— Maulde était pliée en deux. Ses règles. Je lui ai proposé d'aller se reposer et l'autre petiote s'est endormie.

— C'est ici qu'on a passé notre dernière bonne soirée, chevrota Rim.

Alex ne savait pas si elle se confiait ou se souvenait à voix haute.

— Circé était à peine plus jeune que moi. Elle aurait eu seize ans dans six mois !

— Comment le sais-tu si elle venait du tourniquet ?

— Les parents laissent toujours la date de naissance. Pour que les sœurs puissent évaluer notre espérance de vie au plus juste. Olympe a tout foutu en l'air…

Rim renversa la tête pour contempler les cieux.

— Mais je radote, renifla-t-elle.

Alex l'imita.

— Tu connais un peu les étoiles ?

— Non.

Bras levé, Alex nomma pour elle les astres qui pailletaient la nuit.

— Orion, Cassiopée, le A inversé c'est le Taureau. Là, tu as le brancard du Chariot…

— Le quoi ?

— Le brancard du Chariot.

— Ah ! Le manche de la Casserole, quoi !

Rim approcha la tête du creux de son l'épaule, figée dans l'attente d'une rebuffade qui ne vint pas.

— C'est ce que j'aurais fait avec Circé. Elle avait décidé qu'elle préférait mourir en touchant les gens plutôt que de rester en vie sans chaleur humaine.

Ses larmes repartirent de plus belle. Alex l'entoura d'un bras.

— Et moi, je te répète que je ne risque plus rien.

— Rim ! murmura Alex dans son oreille.

Quand elle ouvrit un œil, une crampe explosa dans son cou. Elle gémit de douleur et Alex se dégagea avec une moue similaire.

— Le jour va se lever…

— Pardon pour les contractures… et merci, bredouilla-t-elle.

Elle se massa la nuque avec une grimace éloquente.

— Tu n'as pas mal partout ?

L'ado sauta du siège et s'étira avec volupté.

— J'ai connu pire.

— Je n'ai plus de sang dans les pieds !

— Et tu as une sale tête… Tu as faim ?

— Je ne veux pas me coltiner le réfectoire. Trop de bruit, pas envie de parler.

Avant qu'elle ne puisse décliner, Alex dévala la vigie.

— Je te retrouve aux dortoirs.

Alex trouva Rim sur le palier qui marquait la zone neutre entre les deux dortoirs. Elle l'attendait, genoux remontés sous le menton, cheveux encore mouillés.

— Ça va ?

Quand elle s'accroupit pour croiser son regard, la jeune fille piétina ce qu'il lui restait de fierté pour avouer :

— J'ai peur d'être seule et de me liquéfier.

— Viens !

— Tu ne sais même pas où je dors !

— Vu que tout le monde roupille, ça doit être le seul lit vide, non ?

Elle se laissa remorquer entre les hamacs jusqu'au sien.

Alex tapota la couche.

— Grimpe ! Autant déprimer à deux.

Pour que les plus petites puissent se réfugier auprès de leurs aînées, tous les hamacs étaient conçus pour deux.

Rim marqua un temps d'arrêt, rougit d'avoir oublié qu'elle venait elle aussi de perdre quelqu'un. *Rien de moins que sa mère, en l'occurrence.* Elle ne savait plus où se mettre, mais comme son amie s'installait sans plus de façon dans le hamac qu'elle avait si longtemps partagé avec Circé, Rim l'y rejoignit, heureuse de ne pas devoir quémander.

Alex lui tendit une crêpe verte dans laquelle elle mordit avidement. Elle n'avait rien avalé depuis la veille.

— Encore merci.

— Pas de quoi ! J'aurais bien aimé avoir quelqu'un à ta place…

L'ado se contorsionna dangereusement.

— Qu'est-ce que tu fabriques ? Tu vas nous faire chavirer !

Rim l'entendit pousser une exclamation satisfaite et tirer un lacet de son col. Au bout du lien tournoyait une gemme d'un bleu profond strié d'anthracite.

— Elle a la couleur de tes yeux.

— Cyanite ! Ma mère disait la même chose.

— Désolée.

Alex fit miroiter la pierre dans un rayon de soleil levant.

— Elle apaise les conflits émotionnels. Parfaite pour les tempéraments excessifs. Tiens !

— Je ne peux pas accepter. Tu en as plus besoin que moi…

Mais elle pressa le collier dans sa paume. Le contact lui tira un frisson.

— Considère que c'est un prêt.

Elle passa la pierre à son cou puis roula sur le côté, comme elle. *La chaleur de l'autre est si réconfortante !*

Combien de fois on a dormi blotties l'une contre l'autre, Circé et moi ? Avec le souvenir explosa une nouvelle salve de chagrin.

Sans façon, Alex s'empara de son bras, le plaqua contre sa taille et s'endormit sans le lâcher.

À force de guetter son souffle, Rim sombra à son tour.

Quand l'adolescente était apparue sur le seuil de l'atelier, Antho l'avait serrée dans ses bras et elle s'était abandonnée à l'étreinte de sa grande sœur.

— Si tu veux te changer les idées, je peux t'apprendre à pigmenter la matière qui pousse dans les cuves. J'ai envie d'essayer une nouvelle couleur.

Rim lui rendit un pauvre sourire et Antho précisa :

— Mais tu dois me jurer le secret.

— Promis !

Fière de cette confiance et avide de se distraire, Rim s'investit corps et âme dans la tâche. L'adolescente n'avait pas renoncé à voyager, mais elle se préparait à l'éventualité de ne pas filer, ou d'être classée en ZI. Au bout des trois longues semaines que prenait le processus, le chagrin commença à refluer.

Rim frottait les cuves de trempage avant le lancement de la prochaine culture, quand Anthoïna interrompit son labeur.

— Tu veux bien aller m'acheter des pigments chez Enora ?

Rim écarta les boucles qui lui tombaient sur la figure et dévisagea sa sœur qui lui fit un clin d'œil :

— Emmène Alex, ajouta-t-elle après un instant d'hésitation. Tu lui feras découvrir la cité.

Un faible sourire éclaira les traits tirés de Rim qui détala vers le scriptorium, certaine d'y dénicher son amie. En chemin, elle croisa Iseult. La petite bonne femme l'apostropha si vertement qu'elle se retint de lui tirer la langue.

— Un peu de tenue ! On dirait un jouvenceau avec les semeuses aux trousses. Le deuil n'autorise pas tout !

Rim sentit la rage la déborder et, avant de se taire une fois encore, elle gronda :

— L'âge non plus !

Au point où j'en suis... J'emmerde la décence !

Et elle se remit à courir vers le scriptorium, transportée par son propre culot.

Alex se trouvait à sa place habituelle, la nuque ployée sur un schéma d'acuponcture horriblement complexe.

Ainsi, les conseils d'Ariane ne sont pas tombés dans l'oreille d'une sourde.

— Voudriez-vous prendre l'air, très chère ? souffla-t-elle dans son dos.

Son amie fit un bond de quinze mètres.

— T'es dingue ! Tu fais un concours avec Iseult ou quoi ?

— Je vais chercher des couleurs chez l'apothicaire. Tu m'accompagnes ?

Alex claqua l'épais volume avec enthousiasme.

— Vendu ! Ce truc est abrutissant, de toute façon.

Les deux novices descendaient sans se presser vers l'échoppe. À court de bavardage, Rim donna un coup de pied dans une pierre du chemin. Alex s'élança à sa poursuite. De passe en passe, elles avalèrent les ruelles en pente et déboulèrent sur la place du marché, essoufflées mais hilares. Les yeux brillants de joie, Rim défiait les passantes du regard.

— La première qui me dit qu'on a passé l'âge, je l'encastre !

Mais Iseult n'était pas là pour les assommer de préceptes rétrogrades, personne ne semblait partager ses vues sur la bonne tenue des novices en ville et leur course avait enfin ramené quelques couleurs sur la mine exténuée de son amie. Alex éclata de rire, lui prit le bras et désigna l'indigo enfilé par-dessus leurs tuniques.

— De toute façon, on a un alibi.

— Mais notre proximité nous trahit !

— Ne change pas de sujet ! Initie-moi donc aux mystères de cette cité...

Rim pouffa d'un sous-entendu dont elle n'était pas sûre puis balaya ses doutes pour s'appuyer au bras offert.

— Aucun endroit n'est vraiment dangereux à part le Barrio.

Elle imita le ton qu'Ulysse prenait pour commencer une anecdote et chuchota :

— On raconte que c'est le repaire des nornes et que les sorcières n'y sont pas les bienvenues.

Alex ouvrait de grands yeux tandis que Rim l'entraînait dans le labyrinthe de ruelles dont l'étroitesse préservait un semblant de fraîcheur. Depuis son arrivée, à peine un mois plus tôt, la novice n'avait admiré de la cité que ses toits. Vue de la vigie, la Cité Ocre portait bien son nom : selon la manière dont le soleil tombait sur les maisons basses, la ville se parait de blanc à l'aube, de souffre au mitan et d'un rouge feu qui, certains soirs, tirait sur le rose. Les jeux d'ombres allumaient ici un dôme damassé, là-bas un vestige de minaret. Jamais cette monochromie ne lassait et, dans l'écrin vert de l'oasis, les motifs ton sur ton des bulbes ouvragés n'en étaient que plus éblouissants.

Au ras du sol, l'apparente simplicité de la cité millénaire volait en éclats. Les lignes épurées des fenêtres et les portes monumentales ouvraient sur des perspectives d'une sobre élégance. La grâce des fresques, la pureté des dessins géométriques ciselés dans la terre crue émerveillèrent l'ado qui ne connaissait en ce monde que l'âpre magie du désert et l'architecture des fermes, aussi fruste qu'utilitaire.

Tombeaux et minarets séculaires réhabilités en boutiques, en manufactures ou en logements côtoyaient des maisons pratiques et simples. Rim lui expliqua qu'après la première vague du fléau, les bâtisseuses n'avaient pas perdu de temps en recherche architecturale. Priorité à la survie. Comme toutes les splendeurs du passé, les toits ornés de lacis délicats, les fenêtres et les colonnades avaient été au mieux juste entretenus, au pire relégués aux oubliettes.

À l'inverse, si les sœurs avaient préservé le convent, ce n'était pas par souci esthétique. Perché sur les hauteurs, l'ancien palais écrasait la vieille ville de toute la magnificence de son dôme, bleu rappel de ce que l'humanité survivante devait à ses habitantes.

Les deux novices parvinrent au pont en moins d'une heure. Malgré la disparition du fleuve qu'il avait enjambé un jour, l'ouvrage était intact. Sur le parapet, jambes dans le vide, Alex demanda :

— Personne n'a eu l'idée de le démanteler pour en récupérer les pierres ?

— On raconte qu'il symbolise l'espoir de voir renaître le fleuve. Qui s'aventurerait à le détruire ?

Rim la regarda scruter les arches sous lesquelles des siècles de vent avaient accumulé terre et sable jusqu'à les combler pour moitié.

— Tuer l'espoir ? Même les nornes n'oseraient pas !

— Retourne-toi, fit-elle.

La vue les absorba de longues minutes.

Au-dessus des dômes, des aiguilles et des toits éclaboussés de soleil flamboyait la gigantesque coupole bleue du convent. Suspendue entre le ciel azur et les créneaux de l'ancienne citadelle, la céramique étoilée proclamait la supériorité des sœurs.

Chez Enora, Rim avait tendu son panier et présenté Alex comme si de rien n'était.

Elle brûlait de voir ce que l'apothicaire lui avait donné mais s'obligea tout de même à attendre d'avoir quitté le quartier avant de jeter un coup d'œil dans le cabas. Cachée sous la commande d'Antho, la suite du roman prêté un mois plus tôt.

Le secret promis autour du trafic des manuscrits au scarabée la contrariait. Elle aurait tellement voulu partager cette transgression avec Alex, éveiller l'admiration et la curiosité de sa nouvelle amie, mais c'était trop dangereux.

Dans la montée du retour, Alex lança un tout autre sujet :

— Pas mal, la tenue magique de ta mère.

Rim pila.

— Ma mère ?

— Ce n'est pas ta mère ?

— Qui ? Antho ? Tu rigoles !

— Ça n'a rien d'impossible. Elle a quoi, une petite quarantaine ?

— Pas du tout ! Elle a trente et un ans ! Peut-être trente-deux...

— Tu ne trouves pas ça bizarre de s'habiller comme ça pour quelqu'un qui crée d'aussi belles tenues ?

Rim ne dit rien.

— À moins qu'elle ne le fasse exprès ! Peut-être qu'elle ne veut pas d'enfant. Tu en veux, toi ?

— Hohé. Pas toutes les questions à la fois, là ! Antho n'est pas ma mère, mais elle m'a prise sous son aile après qu'Ulysse m'a ramenée ici. J'avais six ans. Sans lui je serais morte et... je ne sais toujours pas s'il a bien fait.

— Le colporteur à la célèbre moustache ?

Cette fois, l'agacement prit le dessus.

— Ça te pose un problème ?

— Pas du tout ! sourit l'ado, que cette véhémence amusait. Par contre, elle contribue à sa renommée.

— C'est vrai...

— Et malgré mes origines douteuses, qu'on se le dise une fois pour toutes, je suis favorable à ce que chacune et chacun vive en paix.

Rim tiqua sur l'égalisation.

— Tu es isocrate ?

— Tu n'es pas la seule en ce bas monde, tu sais !

Son espiègle amie lui saisit le bras et renchérit un ton plus bas :

— Si tu veux tout savoir, j'ai même ma propre thèse concernant les nornes.

C'était l'occasion !

Par prudence, Rim se contraignit tout de même à formuler sa question mais elle fut prise de vitesse.

— Qu'est-ce que tu en penses ? On n'en entend que ce que les sœurs veulent bien en dire mais je soupçonne une fâcheuse tendance à la manipulation.

Rim ouvrit la bouche, mais rien n'en sortit tant cette liberté de ton la sidérait.

— Ne fais pas cette tête ! J'ai lu sur ton visage ce que tu allais me demander. Je te rassure, il n'y a qu'avec toi que je prends ce genre de latitude ! Alors, t'en dis quoi ?

— Que tu sembles fichtrement bien informée ! Je n'en ai jamais parlé, même avec Ulysse.

— Ulysse est ton maître à penser ?

La remarque la piqua d'autant plus qu'elle savait que son amie avait raison.

— Très bien ! Que sait-on des nornes ? Qu'elles s'opposent aux sœurs par la violence, qu'elles sapent leur travail en posant des pièges qui mutilent femmes et animaux sans distinction, qu'elles œuvrent dans la clandestinité…

— Et de qui tiens-tu toutes ces belles certitudes ?

Elles restèrent coites le temps de passer le coche, puis Rim baissa la voix et railla :

— Tu es une infâââme libre-penseuse !

Sur le point de répliquer, Alex haussa les épaules lorsque le carillon du tourniquet lui coupa la parole. Alarmée, Rim franchit les quelques mètres qui les séparaient de la niche pour récupérer l'enfant.

— Il faut être particulièrement désespéré pour abandonner un bébé par cette chaleur !

Sa mère lui avait parlé à de nombreuses reprises du tourniquet mais Alex ne put cacher sa stupéfaction en découvrant que l'enfant avait dans les deux ans.

— Je m'étais toujours figuré des nouveau-nés.

Rim haussa le ton pour couvrir les pleurs.

— Tu as vu quelqu'un ?

— Non !

La petite pleurait si fort qu'il était inutile de tenter la moindre discussion.

À l'intérieur de la nurserie, le nombre de mômes était effarant. Jamais Alex n'avait imaginé que les sœurs en recueillaient autant. Le seul puériculteur en vue démêlait la tignasse d'un garçonnet très turbulent avec une patience d'ange.

— Il faut souffrir pour être beau, Astou, chantonnait-il. Quelle femme voudra de ton essence si tu passes ton temps à te salir et à vagabonder comme une fille ? Si tu n'es pas...

— Zoli, entonna le gamin.

— Tâche au moins d'être...

— Poli ! exulta l'enfant, tout fier de connaître la réponse.

Alex leva les yeux au ciel puis se fourra deux doigts dans la gorge pour imiter la nausée que ces inepties lui inspiraient. Rim retint un éclat de rire, mais le bébé qu'elle tenait dans ses bras sanglotait et se débattait si fort qu'elle tapota l'épaule de l'adulte.

— Va jouer, petit prince !

Enfin, il leur accorda son attention. Elles lui livrèrent l'enfant avec empressement avant de prendre la poudre d'escampette, exaspérées par le vacarme et pressées de mettre le plus de distance possible entre elles et la nurserie.

— Tu sais qu'une partie des corvées se fait là-bas ? se moqua Rim quand elles retrouvèrent le calme du cloître.

— Je me demande comment ils peuvent supporter un tel boucan !

— Si Olympe était là, elle te dirait que c'est l'instinct ! En vérité, ce n'est pas toute la journée comme ça. Les enfants du tourniquet, les filles en tout cas, sont tout de suite prises en charge. Il y a plein de temps calmes, de jeux de mémorisation et d'apprentissage pour les préparer à leur entrée au convent. Je me souviens d'avoir ramé pour rattraper le niveau, en langues notamment. Bon, allons donner ses pigments à Antho !

Dans le même élan elles tendirent la main vers le cabas et leurs doigts s'effleurèrent.

Alex retira les siens comme si l'anse brûlait et le cœur de Rim bondit. Son intuition lui roucoulait des pensées qu'elle n'était pas prête à entendre. Un coup d'œil vers les yeux bleus de son amie suffit pour qu'un banc de poissons virevolte dans ses entrailles.

Mal à l'aise, elle singea l'adage idiot qu'Alex s'empressa de compléter.

— Si tu n'es pas zoli...

— Tâche au moins d'être poli !

Elles riaient encore si fort au seuil de l'atelier qu'Antho se félicita de son initiative.

IX - LE SAUT

CETTE SORTIE SCELLA LEUR COMPLICITÉ, un pacte ignoré de toutes qui fondait l'univers dans lequel les deux novices se réfugiaient à la moindre occasion. Intouchables. Inaccessibles.

La franchise d'Alex sur ses opinions avait incité Rim à partager son penchant pour la littérature clandestine. Elle était heureuse de pouvoir se livrer enfin mais la confidence par laquelle elle avait rêvé d'impressionner sa complice n'avait pas eu le résultat escompté : Alex ne s'était pas montrée excessivement surprise par l'existence des ouvrages estampillés du scarabée par Enora.

Le regard détaché posé par Alex sur son environnement déroutait Rim autant qu'il la forçait à s'interroger sur sa propre naïveté, à relire son identité à l'aune des convictions inscrites en amont – et souvent à son insu – par Antho, les sœurs, Ulysse.

Elle s'était crue libre et se découvrait doublement façonnée. Qu'elle adopte ou rejette ces marques de fabrique, il lui fallait d'abord les identifier. C'était le travail d'une vie, et la jeune fille en était toute retournée. Consciente qu'il ne fallait pas troquer un avis pour l'autre, elle s'exerçait à la critique, traquait la patte de ses aînées derrière ses positions, s'appliquait à se construire des rêves et des envies qui lui appartiennent autant que possible.

Dans cette quête, la proximité d'Alex était harassante en ce qu'elle n'excusait pas plus la complaisance que l'auto-apitoiement. Bien qu'épuisante, cette gymnastique la ravissait et la pratique s'en faisait moins difficile à mesure qu'elle l'apprivoisait.

La cachette du scriptorium était trop étroite pour deux, malgré leurs nombreuses tentatives. Pourtant, il leur fallait un lieu propice à leurs lectures illégales. La solution était venue d'Alex, qui ne portait pas encore sur les vieux murs un regard trop usé par l'habitude.

Dans ce monde où tout était réutilisé au moins une fois, on stockait les excréments du bétail dans un bâtiment à l'écart, où ils étaient séchés puis transformés, entre autres, en combustible ou en engrais. Pour circonscrire les mouches et les odeurs, le séchoir était isolé et pour cause, peu fréquenté. Il y régnait une chaleur infernale. Rim avait donc mis à profit l'aide qu'elle donnait à Anthoïna pour subtiliser assez de chutes de biomatière afin de les rassembler en une couverture qu'elles dissimulaient tour à tour dans la cuve où trempaient chaque nuit leurs tuniques. L'improbable patchwork constitué avec patience et discrétion ne payait pas de mine, mais il renforçait la magie de leurs vêtements et, contre une bonne dose d'évasion, les deux ados oubliaient vaillamment les remugles de l'endroit.

Rim se glissa sous la toile le cœur battant.

— Salut, ma belle !

Comme chaque fois qu'Alex usait de ce sobriquet, elle éprouva un pincement aussi agréable que déroutant. La première fois, la jeune fille avait tiqué, mais aujourd'hui – et quoiqu'elle ne l'eût admis pour rien au monde – le mot affectueux lui aurait manqué si elle avait cessé de l'employer.

Elle dissimula son trouble sous un coup d'épaule taquin.

— Tu n'as pas commencé sans moi, j'espère ?

— Je n'oserais pas ! Olympe ne t'a pas suivie ?

— Je ne pense pas. De toute façon, c'est toi qui lui as tapé dans l'œil, je te rappelle.

Alex fit une grimace éloquente et Rim poussa dans sa direction le dernier opus de la trilogie de Pullman.

— À ton tour.

Pour faire durer le plaisir et ne pas se rendre trop souvent chez l'apothicaire, les deux complices s'imposaient de ne dévorer qu'un chapitre à la fois. La technique leur évitait du même coup d'éveiller les soupçons par leurs disparitions prolongées, mais le suspens était insupportable à Rim qui avait en horreur d'attendre la suite. Lire au compte-gouttes s'avérait même physiquement douloureux, parfois.

Tandis qu'Alex ouvrait religieusement la première page, elle s'installa sur le dos et ferma les yeux. La toile rafistolée les isolait dans une bulle à l'éclat laiteux et elle attendait avec impatience que résonnent les premiers mots de cette ultime aventure. *Pas question, déjà, de dire adieu à Pantalaimon, Will et Lyra.*

Mais comme Alex ne commençait pas, la jeune fille se tourna à demi pour voir ce qui clochait.

— Tout va bien ?

Son amie semblait absente, hypnotisée par un sceau cinabre planté comme un coquelicot sur la page de garde à côté d'un autre figurant un minuscule scarabée. Quand elle répéta sa question, Alex s'arracha à regret de la contemplation du pictogramme rouge sang.

— Oui, oui ! Je me disais juste que cette histoire est une ode à la désobéissance. Tu ne trouves pas ?

Trop impatiente pour considérer vraiment la proposition, elle acquiesça avec vigueur.

— Peut-être est-ce la raison pour laquelle Enora nous l'a prêtée.

Alex semblait inaccessible, réfugiée dans un recoin de son intimité alors que Rim piaffait d'excitation.

— Rendons-lui hommage en la lisant, dans ce cas. Allez, s'il te plaît, la suiiiiite !

Mais l'esprit d'Alex, qui ne lâchait jamais l'os dont il s'était emparé, persistait dans son idée.

— La prochaine fois, je lui demanderais bien des textes plus contemporains ou plus politiques, tiens. Ne me dis pas que personne de notre temps n'en écrit…

— Tu sais que tu es fatigante, parfois ? s'impatienta Rim.

— Parce que l'exercice d'inversion pure, je crois qu'on a compris, là... Scarabée ou pas, tu n'es pas lassée par ces mondes où les hommes ont plus de pouvoir que les femmes ?

Rim se retourna d'un bloc et s'accouda pour scruter les traits de son amie.

— S'il te plaît, Alex ! On n'aura pas le temps de finir le chapitre et on va être en retard en cours si tu continues à philosopher...

Enfin, la novice remonta son bandeau et attaqua de sa voix grave :

— « Dans une vallée à l'ombre des rhododendrons, non loin de la limite des neiges éternelles, là où coulait un petit torrent nacré par l'eau de fonte... »

La plongée dans le premier chapitre du *Miroir d'ambre* coupa court au débat et Rim ferma les yeux. Elle adorait puiser dans ses connaissances pour imaginer les plantes citées par des auteurs d'un temps où l'existence de telles merveilles allait de soi, où chacune pouvait se représenter de la neige ou un torrent de montagne sans le moindre effort.

— Quand tu y penses, le voyage est un peu comme un passage entre les mondes, souffla Rim.

— Sauf qu'on n'a pas le poignard subtil, trancha Alex, maussade.

Comme Rim tenait à lire tout le chapitre, les deux ados durent galoper pour rejoindre le cours d'Ariane. Alex privilégiait autant que possible les cours qu'elles pouvaient suivre en commun. Olympe avait bien tenté de l'entraîner au cirque, mais malgré l'insistance de la chasseresse à passer du temps en sa compagnie, l'ado essayait de l'éviter.

Dès que ses élèves eurent formé le cercle, Ariane demanda :

— Quelles sont les premières choses à observer pour identifier l'époque où vous avez sauté ?

La plupart des leçons étaient données en arabe. Les plus douées apprenaient encore le chinois, l'espagnol ou le français. Ainsi, même celles qui ne voyageraient pas transmettraient leurs compétences aux générations suivantes. Ce jour-là, leur professeure s'exprimait en anglais afin de leur faire pratiquer une langue indispensable à de nombreux voyages. Le bâton circula à mesure que les réponses pleuvaient.

— Vêtements.

— Moyens de transport.

— Langue.

— La presse !

— Excellent, Alex. Effectivement. La presse, lorsqu'elle existe, est la meilleure manière d'identifier la période que vous arpentez sans avoir à demander le siècle, ou l'année.

— Et pourquoi pas ? proposa une toute jeune novice.

— Qui peut répondre ?

Avec un horrible pincement, Rim s'aperçut qu'elle cherchait Circé. Plusieurs mois après sa mort, elle anticipait encore ses saillies acides. Elle se passa une main sur le visage et se concentra sur le rappel des principaux jalons de l'évolution technologique.

— Peut-on sauter avant l'humanité ?

Les sourires narquois se teintèrent d'appréhension lorsque les novices s'aperçurent qu'Ariane conservait le plus grand sérieux.

— Oui, Maulde. Il n'y a pas de limite au temps et filer peut se révéler extrêmement dangereux. Certaines sœurs ont reçu de graves blessures, d'autres y ont perdu la vie. C'est bien la raison pour laquelle notre matriarche – et les autres avant elle – a établi les zones utiles et la liste. Sans elles, nous serions dépassées par tant de possibilités. Chaque discipline enseignée ici concourt à ce que vous filiez en toute sécurité.

À demi rassurée, Maulde acquiesça, fort pâle, et remit le bâton au centre. Ariane reprit :

— Quels sont les premiers réflexes à adopter lors du saut ?

— Localiser la bibliothèque la plus proche ? proposa Rim, que ses pensées ramenaient sans cesse au scriptorium.

— Bien vu ! Par ailleurs, je compte sur celles qui ne maîtrisent pas encore Internet pour s'entraîner à la manipulation des cartes-écrans qui se trouvent au scriptorium. La sœur au comptoir vous en expliquera le principe, mais je voudrais que l'usage d'un ordinateur vous soit familier... même si la première fois vous causera nécessairement un choc. Pour la semaine prochaine, répartissez-vous en groupes de niveau et traitez les thèmes abordés aujourd'hui. À celles dont le prime saut approche, je compte sur votre sérieux pour combler ce que vous estimez être des lacunes dans votre pratique.

— Je suis terrifiée par le prime saut, commenta Rim en quittant la salle. Ce serait horrible de filer en ZI, tu ne trouves pas ? Tout ce travail pour n'y aller qu'une fois !

— Tu n'as qu'à y rester le plus longtemps possible, chuchota Alex tandis qu'elles dépassaient un groupe de novices peu pressées de manger.

Rim lui offrit un regard effaré. La propension de cette fille à penser hors des cadres la laissait toujours bouche bée.

— Il suffit de dire que tu n'as pas réussi à rentrer du premier coup !

Elle rangea l'idée dans un coin de son cerveau pour l'examiner au calme.

— Quelle serait ton époque idéale ? Tu y as déjà songé ?

— Non. Je ne suis pas du tout sûre d'être apte au voyage et vu mon arrivée tardive j'imagine que la question ne se posera pas avant un sacré moment.

— Pas forcément. Il n'y a pas que l'âge qui joue. Je pense que notre maturité et notre capacité à nous débrouiller dans des milieux inconnus, voire hostiles, comptent double. Il faut prouver qu'on sait se nourrir et se protéger, quelle que soit la méthode. D'ailleurs, on a un cours de « tire-laine ». Tu verras, c'est extra ! Les scores obtenus aux parties de Destination sont également très importants.

Rim marqua une pause avant d'avouer.

— Parfois, j'ai l'impression que c'est comme si tu avais toujours été là.

Alex paya la remarque de son sourire si particulier… et contagieux.

— Je me demande bien ce qu'on mange, j'ai les crocs !

Anthoïna les intercepta sur le chemin du réfectoire.

— Rim, tu as une minute ?

— Bien sûr ! Désolée pour ton estomac, Alex.

Elle la suivit, son amie affamée sur les talons. La biotaniste les entraîna jusqu'à l'atelier.

— Ulysse m'a envoyé un pigeon. Je vais lui répondre. Quelque chose de particulier à lui dire ?

— La date de sa prochaine visite. Il va bien ?

— Oui ! affirma Antho, rayonnante.

Comme d'habitude, Iseult émit son dédain à voix haute.

— Ah, l'amour !

Mais les trois autres l'ignorèrent. En sortant, Rim gratta le menton de Syahgosh, fidèle à son poste.

— Tu devrais te rendre à la palestre plus souvent, Rim. Ton prime saut ne saurait tarder et Miezi vient de me dire qu'elle ne t'y voit plus depuis trop longtemps.

La jeune fille produisit un vague borborygme et s'empressa de quitter l'atelier avant que la vieille renarde n'ait le temps d'ajouter son grain de sel.

— Elles se sont passé le mot ou quoi ! s'énerva-t-elle un peu plus loin.

— Allez ! À la bouffe. J'en peux plus, là.

Quand elles furent hors de portée, Alex râla.

— Iseult me rend dingue ! Elle est haute comme deux raquettes de cactus et, à tous les coups, je fais un bond de quinze mètres. À croire que c'est son passe-temps préféré !

— Il y a de ça. Elle n'est jamais où on l'attend. Une fois que tu as compris ça, il faut encore pas mal d'entraînement... Si ça peut te consoler, même Antho se fait encore avoir de temps en temps.

Depuis sa cachette, Olympe n'avait pas manqué grand-chose de la conversation. Son attirance pour Alex ne la laissait pas en paix et elle avait tendance à la surveiller plus que toute autre. Quand les deux inséparables se furent engouffrées dans le réfectoire, elle revint sur ses pas pour tenter d'en savoir plus sur la réponse de la biotaniste au colporteur. De l'endroit où elle se trouvait, impossible de lire ce qu'elle était en train d'écrire. La jeune espionne regarda sa sœur se mordiller la lèvre, un pli d'inquiétude entre les sourcils.

Anthoïna hésitait sur la tournure de sa phrase. La place était maigre. En écho au message d'Ulysse, elle conclut par un « Prends garde, toi aussi », roula serré la missive qu'elle glissa ensuite dans le tout petit tube destiné à la patte du pigeon. Olympe la suivit jusqu'au pigeonnier où la biotaniste livra son courrier au ciel.

Il n'y avait plus rien à espionner. Elle griffonna ses dernières observations sur un billet qu'elle expédia ensuite dans l'orifice du mur auquel elle avait confié les précédents et où elle déposerait tous les suivants. Ce petit jeu de cache-cache commençait à l'exaspérer.

Pour la millième fois, elle se demanda quand *on* déciderait qu'elle avait fait ses preuves. Elle ne comptait plus les messages glissés dans le néant. Elle n'avait jamais trouvé le passage qui conduisait à cette boîte aux lettres clandestine et ne cessait de spéculer sur la manière dont ils étaient acheminés, par qui ils étaient lus.

Sorcellerie, grinça-t-elle avec un sourire amusé.

La jeune chasseresse se rendit ensuite à la ménagerie. Sur le trajet, elle analysa pour la dixième fois au moins la stratégie qu'elle avait élaborée pour marquer des points auprès de celle qui lui donnait des ordres en secret par l'intermédiaire de Magda...

Surveiller Ulysse lui paraissait décidément une excellente idée. Un type qui arborait une moustache aussi insolente ne pouvait qu'être dissident dans l'âme. Rien que le prénom de son chameau : Merlin ! Une provocation à lui tout seul. Les sorciers étaient un mythe, une chimère ! *Comment des hommes incapables de se défendre pourraient-ils se montrer à la hauteur d'une telle mission ?*

La jeune femme flatta l'encolure de Belladone, toujours perdue dans ses réflexions. Si, par la même occasion, ses découvertes pouvaient nuire à Rim, elle n'en serait pas fâchée.

Sa sérénité péniblement acquise vola en éclats dès qu'elle rejoignit Imogène, autour de laquelle pulsait une vilaine aura.

— Tout va bien, ma sœur ?

— Je viens de trouver une dorcade mâle déchiquetée, gronda la femme-héron. J'en peux plus.

Olympe souleva un coin de la natte qui masquait la charogne. Le spectacle et la puanteur étaient écœurants.

— Qu'est-ce qui a bien pu causer de telles lésions ?

— Tu veux m'assister pour l'autopsie ?

Malgré son dégoût, Olympe ceignit le long tablier que lui tendait son aînée et se fit violence pour oublier les asticots qui grouillaient par milliers sur les chairs massacrées. Au bout d'une demi-heure d'examen minutieux, la longue femme trancha :

— Les os portent les traces des mâchoires...

Magda fit irruption près de la table.

— ... d'un piège que je n'ai pas retrouvé, compléta-t-elle.

Imogène lui lança un long regard.

Quelques aspirantes chasseresses s'étaient agglutinées pour suivre l'opération de loin. Olympe leur tendit le tibia qui passa de main en main, salué d'un cortège de mimiques variées allant du dégoût absolu à l'excitation la plus pure.

— Regardez bien les marques au niveau de la fracture, recommanda Imogène. La conclusion s'impose d'elle-même.

Quoiqu'Olympe ne voie pas de nette différence avec les mâchoires d'un carnivore de gros gabarit, elle acquiesça au diapason puis aida les novices à débarrasser le cadavre pour nettoyer la table d'autopsie.

— Tu veux bien informer Tidiane ? Dis-lui aussi que j'ai désamorcé de nouveaux pièges, dans la petite oasis. J'ai failli y laisser mes doigts.

Imogène marqua une pause et frotta son visage taillé à la serpe.

— Voilà pourquoi je te demande d'y aller. Dès qu'il s'agit de ces foutues machines, je perds mon calme.

Olympe s'acquitta de sa tâche sans enthousiasme puis, constatant que l'autopsie ne lui avait pas coupé l'appétit, se rendit au réfectoire où elle s'assit en compagnie des aspirantes chasseresses. Ravies de sa présence, les plus jeunes l'interrogèrent et la jeune femme se plia au jeu de bonne grâce tout en les observant. Elle en tirait toujours quelque chose et tentait d'identifier celles qui appartenaient à la même faction que la sienne.

L'estomac d'Alex coassa mais le cours de mémorisation n'était pas fini. Au terme d'une leçon particulièrement ardue alternant reproduction d'images, technique de dessin, débusquage d'erreurs et jeux d'objets manquants, la novice retint un gros soupir quand Antigone lança d'une voix forte :

— Dernier exercice. Retournez vos ardoises. Vous avez trente secondes pour enregistrer la planche qui s'y trouve et la transcrire à l'aveugle. Oh, pas de jérémiades, Morgane ! Pense que si tu te trompes en copiant des schémas anatomiques, tu risques de tuer les futures patientes de celles qui s'y référeront. N'est-ce pas une bonne raison pour faire un effort ?

Penaude, la novice opina.

Pour les former à la reproduction fidèle d'images qu'elles ne pourraient que consulter dans le passé, Antigone entraînait sans pitié leur mémoire photographique. Pour exigeantes, ses méthodes étaient efficaces.

Au bout du temps imparti, la sœur frappa cinq petits coups secs pour capter l'intérêt des apprenties qui levèrent docilement le nez.

— Eulalie voudrait voir certaines d'entre vous pour les tests de potion.

Cette annonce lui valut toute l'attention de celles qui n'avaient pas encore lâché leurs porte-craie.

Alex se tourna vers Jihane, sourcil arqué. Celle-ci chuchota :

— Pour le prime saut. Elle crée des combinaisons de plantes sur mesure et on fait des essais pour voir ce qui fonctionne le mieux. Il faut noter nos remarques chaque matin et lui rendre des comptes régulièrement.

Rim ne put s'empêcher d'ajouter :

— Moi, j'ai de l'aubépine, de la sauge et du lotier corniculé, avec une pointe de coquelicot. Je me demande ce que Circé…

Alex posa une main compatissante sur la sienne et elle se figea, des frissons plein le dos.

Les sourcils froncés, Antigone se tourna vers la source des chuchotements alors qu'Alex retirait vivement ses doigts. La crispation de Rim ne lui avait pas échappé.

— N'oubliez pas de consulter le tableau qui se trouve sur le palier des dortoirs. Il serait dommage de rater votre prime saut en bâclant cette étape.

Après un dîner de falafels, de carottes à la coriandre et de galettes de kernza, Alex et Rim déambulèrent au frais dans le cloître, bras dessus, bras dessous. Le nez en l'air, Alex ne se lassait pas d'admirer la structure biomimétique du dôme et le tissage des araignées.

Quelques gouttes de rosée se condensaient dans la toile, et la magie se renouvelait chaque soir, apportant fraîcheur et humidité aux plantes qui les nourriraient. La vue sur les cultures était magnifique au coucher du soleil. La novice prit une inspiration saturée du parfum des chèvrefeuilles et caressa du regard les boutons de rose prêts pour la récolte. La serre était le seul endroit où il était possible d'admirer autant de nuances de vert. Le reste n'était qu'ocre et poussière, ponctué de cactus et de plumeaux de palmiers plus méritants que beaux.

— Tu aurais voulu faire quoi de ta vie si tu n'étais pas devenue sorcière ? chuchota l'ado après avoir vérifié qu'Olympe ne traînait pas dans les parages.

— Je ne sais pas. Je ne me suis jamais trop posé la question. À quoi bon ? soupira Rim. J'ai tué ma famille. Le moins que je puisse faire, c'est de contribuer à la vie du convent et aux recherches sur cette saloperie ! Comme tout le monde, je rêve de transporter des choses dans le temps, mais ça fait beaucoup de « si ». Et toi ?

Alex fit une moue tordue et rajusta son serre-tête avant de se lancer :

— J'aurais voulu voyager, me faire ma propre opinion sur le monde. Un peu comme Ulysse… Tu ne t'es jamais demandé s'il existait d'autres survivantes, ailleurs ? Vraiment loin, je veux dire. Comment elles s'organisent ? Ce qu'elles cultivent, les animaux qu'elles ont sauvés. Peut-être ont-elles trouvé un remède…

— Tu n'aurais pas peur de tomber sur les nornes ou les semeuses ?

— Je t'ai déjà dit ce que j'en pensais. Que sait-on d'elles à part ce qu'en répètent les sœurs à tout va ?

Rim ouvrit la bouche pour répondre et se ravisa. Elle avait raison.

Les deux ados s'assirent sur le muret qui ceignait le cloître. Les autres sœurs s'étaient éparpillées en petits groupes sous les arcades pour méditer, s'affronter aux dames, aux échecs ou pratiquer des jeux d'adresse. Les conversations créaient un brouhaha familier.

— Plus mon prime saut approche, plus j'ai peur.

— On peut aller au cirque.

Rim grimaça.

— Anthoïna, sors de ce corps !

— Elle a raison, pourtant, ça te défoulerait.

— Si tu veux vraiment savoir, j'ai mal au crâne.

— Pauvre chérie... Tu veux un massage ?

— Imagine que je te prenne au mot...

— Qu'est-ce que ça peut faire ?

— D'accord !

Rim l'entraîna dans une cour moins fréquentée qui abritait une serre plus modeste. S'interdisant de réfléchir, elle se coucha sur le dos, posa doucement sa tête sur les cuisses d'Alex et allongea les jambes sur la pierre tiède.

Une mèche échappée du foulard vint lui chatouiller la pommette. Chaque sensation paraissait décuplée.

Leurs regards s'arrimèrent en silence.

— Ferme les yeux.

Au contact des paumes sur son visage, Rim retint sa respiration. Son cœur tambourinait une chamade si exaltante que le feu de ses joues redoubla.

Un index se posa comme une plume au centre de son front pour revenir à son point de départ en traçant une interminable volte le long de ses maxillaires, puis la pression du doigt se fit un soupçon plus intense. Comme pour éteindre le long frisson de volupté qui lui cinglait la peau, la caresse prit son envol sur l'arête de son nez, effleura l'empreinte de l'ange, franchit ses lèvres closes, glissa jusqu'à la pointe de son menton où elle se fit de nouveau plus lourde, attisant dans son échine un désir qu'elle rechignait à nommer.

Lorsque le contact se rompit, elle s'interdit d'ouvrir les yeux, retint son souffle. La terreur délicieuse que cela cesse l'électrisait. Un doigt frôla enfin le centre de son front. Elle tressaillit. Son corps hérissé de chair de poule était transi d'un désir féroce, presque animal ; si douloureux qu'elle admit enfin son besoin de sentir ses lèvres contre les siennes.

Comme si elle lisait dans ses pensées, Alex sillonna sa bouche entrouverte, mais avant que Rim ait pu prononcer un mot, la caresse s'interrompit, laissant la jeune femme empêtrée dans ses émotions.

— On n'est pas seules.

Rim était si déçue qu'elle manqua l'accent rauque sous le chuchotement et se laissa remorquer, démunie.

Dissimulée dans le potager, Olympe les avait observées jusqu'à ce qu'un faux mouvement agite la végétation qui camouflait sa curiosité envieuse. Avant qu'elles ne détalent, Olympe vit Alex se pencher sur le visage de Rim pour lui murmurer quelques mots. Cette complicité la blessait plus qu'elle ne voulait le reconnaître, la renvoyait à sa solitude involontaire. Le temps que les deux filles quittent le cloître, Olympe mâcha une feuille de sauge, pressée d'ôter la tristesse que la scène avait invitée sur sa langue.

Alex avait abandonné Rim à la porte de son dortoir. Recroquevillée en position fœtale dans son lit, elle laissa enfin déborder son tumulte intérieur. Dérivant aux lentes oscillations de sa couche, force fut de constater qu'à trop étouffer son instinct, elle l'avait rendu bancal. Et maintenant qu'elle admettait sa folle envie de partager son hamac avec Alex, quelque chose grinçait, la suppliait de n'en rien faire. À son corps défendant, elle s'y conforma sans pouvoir jurer que ce n'était pas de la peur.

Dans son dortoir, Alex peinait aussi à trouver le sommeil. Soudain, un bruit lui fit dresser l'oreille. Quelqu'un traversait la travée à pas de loup.

Immobile, l'ado entrouvrit prudemment les paupières. Malgré ses cils qui hachuraient l'obscurité grise, il ne lui fallut qu'une seconde pour comprendre que la silhouette qui progressait vers son hamac n'était pas celle qu'elle attendait.

Alex régula sa respiration en catastrophe. Son corps *devait* paraître détendu. À tout prix.

L'intruse s'arrêta contre la moustiquaire, si près qu'Alex percevait nettement son odeur de cheval et d'indigo. La terreur de se trahir l'asphyxiait, un voile de sueur froide lui poissait la nuque.

Que cherche-t-elle ?

Olympe n'était pas réputée pour sa délicatesse, mais de là à s'inviter dans le dortoir en pleine nuit ! La peur rendait l'attente interminable. Pour ne pas trembler, l'ado se retira dans un coin de son souffle, là où se nichait toute sa concentration.

Tenir.

Des bruissements montèrent de ses affaires.

Elle lui faisait les poches ? Que voulait-elle, bon sang ?!

Mais la novice connaissait la réponse et, dans cette perspective, il allait falloir la jouer très fine. Olympe Wals n'était pas de celles que l'on rejette. En cet instant, Alex n'avait pas besoin de son instinct pour savoir que feindre le sommeil ne fonctionnerait qu'une seule fois.

Alex avait tu l'intrusion dans son dortoir mais, dans les jours qui suivirent, son amie fut si distante que Rim en conclut qu'elle avait l'intuition détraquée, qu'elle avait halluciné le feu qui courait entre leurs peaux. *Mon désir est intact, mais est-ce réciproque ? Quel jeu joue-t-elle, enfin ? Pourquoi m'a-t-elle envoyée promener plusieurs fois ?*

Pourtant, impossible de nier que ce que lui soufflait son petit doigt ne collait absolument pas avec la réalité.

— Est-ce que tu as une envie particulière pour ton anniversaire ? demanda Antho.

Rim gratta distraitement la mâchoire de Sissi et pénétra dans l'atelier.

— Je ne sais pas.

— Tu as petite mine, ma gazelle.

Impossible d'édulcorer.

— Je saute pour mes dix-sept ans, lâcha-t-elle.

Anthoïna blêmit de colère et d'appréhension.

— Mais c'est après-demain !

Qu'en aurait-il coûté à Tidiane de lui accorder un jour de plus ? Notre matriarche a une façon bien à elle d'asseoir son pouvoir.

— Je suis tellement stressée que je ne pense qu'au saut. Mon anniversaire est le cadet de mes soucis. Tu me connais par cœur. Tu auras bien une idée... On en parle à mon retour ?

Anthoïna lui renvoya un sourire tordu censé masquer sa propre inquiétude.

— Essaie tout de même de manger. Tu as maigri. Prends soin de toi... Et fie-toi à ton intuition. Toujours.

Rim grimaça à la mention de cette boussole interne qu'elle sentait détraquée mais se tut. *À quoi bon ?*

Antho donna à sa jeune sœur une chaleureuse accolade, hésita un instant puis ajouta :

— Si jamais tu te sens en danger, reviens le plus vite possible, d'accord ?

Sur ces mots qui sonnaient comme des adieux, Rim promit et quitta le labo avant qu'Iseult ne fasse l'un de ces commentaires désobligeants dont elle avait le secret.

L'imminence de son passage avait au moins le mérite de reléguer ses divagations sentimentales au second plan.

Le prime saut avait toujours lieu au point du jour. Dans l'espoir de contrebalancer l'insomnie liée au stress, Rim n'avait pas fermé l'œil, la veille. Elle voulait être si fatiguée qu'elle saurait s'endormir.

Sensible au malaise de sa jeune sœur, Antho lui avait prêté sa cellule et Rim y avait caché sa peur et sa solitude, non sans lui avoir arraché la promesse de ne dire à personne où elle se trouvait.

— Même pas à Alex, avait-elle précisé, si pathétique qu'Antho avait ravalé ses questions.

Raisonnablement apaisée par une nuit de méditation, Rim se força à ingurgiter un repas consistant. Qui savait quand elle mangerait de nouveau ?

Enfin, le gros horloge sonna six heures et elle entra d'un pas qu'elle voulait assuré dans la cellule où siégeaient ses pairs. Les murs blanchis à la chaux lui évoquèrent aussitôt l'hospitalerie et la dépouille de Circé. Elle déglutit pour chasser le cadavre de ses pensées.

À part la paillasse et un nécessaire de toilette, la pièce était nue. Tidiane, Magda et Ariane attendirent qu'elle prenne place, sévères sur leurs tabourets.

— Fais ton devoir, ordonna la mère supérieure.

L'envie de déguerpir la saisit. *Puis-je les planter là, disparaître vers une autre vie ?*

Incapable de décider, la jeune fille s'exécuta d'une voix un peu tremblante :

— Moi, Rim Ludiye, je fais le serment, en toute circonstance, de faire un rapport fidèle, de ne rien changer du lieu ni de l'époque et, par-dessus tout, de ne pas intervenir sur le passé. Je jure de mettre ma mémoire et mes capacités au service du savoir et de la pérennité de l'humanité en général, et des sœurs de ce convent en particulier.

Tidiane approuva d'un signe de tête.

— Installe-toi.

Ariane lui tendit un petit flacon de verre soufflé.

— C'est un concentré de ce que tu as expérimenté avec Eulalie. Bois tout et détends-toi.

— Au retour, tu seras seule, avertit Tidiane. Tu trouveras une cruche d'eau et de quoi écrire ton premier rapport. À moins que ta vie en dépende, ne sonne pas avant de l'avoir rédigé. Suis-je bien claire ?

Rendue muette par la perspective de mourir, Rim ravala péniblement un renvoi bilieux et hocha la tête.

— Personne ne peut venir te chercher, coassa Magda. Tu ne devras ta survie qu'à toi-même.

Transpercée par la certitude qu'elle avait perdu son œil en filant, Rim regretta de s'être laissé éloigner de la palestre par Olympe, mais il était trop tard.

— N'oublie pas que tu n'es pas que le sujet de ton voyage.

L'adolescente balaya la formule sibylline – elle y penserait plus tard –, avala la potion au goût trop puissant et s'allongea.

Difficile de faire abstraction des trois sœurs qui scrutaient son endormissement.

Paupières closes, elle régula sa respiration et l'habitude fit le reste.

Lorsque surgit la myoclonie, elle se persuada que le haut-le-cœur n'avait rien de désagréable quand on s'y attendait. Elle s'abandonna au vide.

Puis ce fut l'enfer.

DEUXIÈME VOYAGE

X – LA JUNGLE

Une main la secouait doucement. Rim émergea, la langue pâteuse, transie de froid malgré son vêtement magique.

— *Miss? Miss! Is everything all right?*

Une femme vêtue d'un affreux gilet jaune l'interpellait dans un anglais cabossé. Son inquiétude était flagrante sous l'accent français.

Rim s'assit et referma les bras sur sa poitrine. *Il fait si froid ! Où suis-je ?* La question la tira définitivement de sa torpeur. *J'ai sauté !*

Elle s'ébroua, jeta un regard ahuri alentour… *Et j'arpente un désert de boue.* L'air empestait un répugnant mélange d'excréments et de pollution. Des déchets multicolores saturaient le moindre interstice laissé vacant par des tentes et des abris précaires disposés en dépit du bon sens. La jeune fille fronça le nez et décida de respirer par la bouche.

Ça commence mal !

Partout, des sacs effilochés claquaient au vent marin et des textiles boueux abandonnés aux flaques dessinaient de spongieux îlots.

La main la secoua derechef. Rim releva les yeux. La femme aux cheveux gris tentait sa chance dans sa langue.

— Vous allez bien ?

Elle hocha la tête. En dire le moins possible. Inutile de se trahir.

— Vous venez d'arriver ?

Comment le sait-elle ? Rim opina pourtant, avide de poursuivre son examen des lieux.

— Syrie, Iran, Soudan, Afghanistan, Koweït ? interrogeait la femme en présumant de sa couleur de peau.

Rim haussa les épaules.

L'autre n'insista pas. Elle avait l'habitude.

— Vous avez faim ?

Elle fit signe que non et tenta de partir de son côté. Têtue, l'autre la retint doucement par le bras.

— Attends. Quel âge as-tu ?

— Dix-sept.

— Mineure, grommela l'autre, soucieuse. Tu es seule ?

De nouveau, Rim eut un geste évasif.

— Trouve un groupe de femmes. Ensemble, vous serez plus fortes. Tu comprends ? La jungle est dangereuse.

Livrée à son sort, Rim entreprit d'explorer ce passé qui ressemblait à tout sauf une zone utile. Elle ne savait toujours pas où ni quand elle était, mais il ne lui fallut pas dix minutes pour conclure que cet endroit était une version plausible de l'enfer.

Sur des chemins tracés par la nécessité erraient des hommes par dizaines. Rien que des hommes. Ceux qui ne marchaient pas formaient d'interminables files pour un robinet, une assiette. Tête baissée, elle se faufila parmi la marée d'humains emmitouflés. Certains dissimulaient leurs visages mangés de barbe drue sous des foulards ou des capuches. Personne ne prenait garde à elle. Comme si rien au monde ne pouvait plus les tirer de leur marasme intérieur.

Elle marcha longtemps avant d'atteindre le bout de ce campement fait de yourtes ficelées comme des rôtis et rafistolées au scotch. Ici, les cabanes de guingois étaient lestées de sacs de boue pour résister au vent. Près d'une échoppe de palettes et d'aggloméré, elle reconnut une église de toile et de tôle à sa croix de bois. Plus loin, une école de fortune jouxtait une mosquée bancale. À l'entrée, un tableau répartissait les cours entre enfants et adultes. Son errance s'interrompit finalement contre une clôture.

Combien d'hommes parqués dans cet enfer ?

Pas loin de dix mille, estima-t-elle après avoir escaladé la dune pour se repérer dans la « djeungueule » comme l'appelait la femme au gilet jaune et à l'horrible accent.

Vues d'en haut, les files d'attente semblaient plus interminables encore. Le vent glacial fouettait sans relâche ce marécage où flottaient des milliers de tentes. En bas, une bagarre éclata sans qu'elle puisse en déterminer la cause. Non loin, trois adolescents faisaient louvoyer un cerf-volant taillé dans un sac-poubelle. Le losange funèbre claquait sur le ciel de cendre.

Elle balaya les dix hectares qui exsudaient le danger, la faim, le froid et le désespoir et, quand elle fut convaincue qu'il n'y avait rien d'autre, elle porta son regard sur les énormes camions qui roulaient au pas derrière les barbelés.

Au-delà des grillages qui parquaient des humains, la mer.

Transie par le vent et le crachin, Rim dévala la pente pour se réchauffer. Elle n'avait toujours pas croisé de femme et, pour la première fois de sa vie, elle crevait de froid et se sentait vulnérable. Elle se drapa le visage pour le dérober aux regards et se dirigea vers le cœur du bidonville.

Plus elle s'enfonçait dans le campement, plus son désir d'identifier l'époque était grand. Au mépris de son instinct, elle entretenait le vague espoir d'être en ZU.

Pour s'éviter de paniquer, peut-être…

Quel siècle avait pu parquer ainsi des milliers d'êtres humains ? À vue de nez, il y avait dix toilettes pour deux mille personnes, et les cuves débordantes contaminaient l'eau potable.

Au détour d'un chemin un peu moins détrempé, elle faillit s'étrangler d'indignation devant le panneau qui indiquait « *No tourists – No pictures* ». Elle coinça ses mains gelées dans ses poches. Trouver un nouveau point d'eau. Salubre. Tout le monde s'y rendait à un moment ou l'autre. En attendant assez longtemps, peut-être y rencontrerait-elle une femme à qui parler.

Plus d'une heure qu'elle guettait à distance respectable des robinets. Inutile de passer pour une menace. Quand on n'avait connu que la chaleur accablante d'un monde stérile déserté par les pluies, difficile d'évaluer la saison, mais elle n'en pouvait plus de froid et, quand la faim s'invita finalement au creux de son ventre, elle regretta d'avoir repoussé la dame au vilain gilet.

Le soir tombait et, avec lui, l'urgence de trouver un abri. Nul doute que les nuits étaient plus périlleuses encore que les jours, ici. Elle tapa vaillamment du pied, soufflant sur ses doigts gourds. Pourvu qu'elles viennent. Peut-être qu'à ses semblables, elle oserait demander la date ?

Dans sa poche, elle serrait comme un grigri les deux boîtes de sardines reçues dans l'après-midi. Sa seule monnaie d'échange, si quelqu'un finissait par se montrer. Sa vessie sur le point d'éclater lui fit monter les larmes aux yeux. Elle n'était là que depuis quelques heures et rêvait déjà de rentrer ! Elle se traita de mauviette.

Enfin, elles arrivèrent. Rim soupira de soulagement et regarda, étonnée, le nuage de vapeur qui jaillit de ses lèvres. Comme une toute jeune enfant, la fille du désert s'abandonna quelques secondes au plaisir magique de souffler dans l'air froid.

Le robinet coulait avec une lenteur désespérante, et les femmes agglutinées en grappes compactes bavardaient en attendant que les bidons se remplissent. L'une d'elles se lavait les cheveux, accroupie dans cet océan de terre et de crasse, une bassine en équilibre instable sur un parpaing cassé. Rim la regarda se coiffer, admirative du courage qu'elle déployait pour ne pas se laisser aller malgré le froid et la précarité qui avait englouti la ténacité de nombre d'entre elles.

Comment échoue-t-on ici ?

La jeune voyageuse sortit de sa cachette sous les regards hostiles, le temps que ses semblables l'identifient comme l'une des leurs. *Pourquoi tant de méfiance ?*

Elle s'assit sur ses talons sans oser les aborder tandis qu'elles s'éloignaient les unes après les autres, courbées sous la charge de leurs bidons.

Cesse de philosopher et bouge-toi le cul ou tu vas dormir dehors !

Il n'en restait plus qu'une dans le bourbier qu'étaient devenus les abords du robinet. La petite vingtaine, peau très noire, splendide sous le bonnet dont elle dissimulait ses traits. Pourquoi se cachait-elle ? Être belle ici doit être une malédiction, comprit Rim, que sa déduction glaça.

C'est ta dernière chance.

Elle s'avança.

— Je peux t'aider ?

La fille lui jeta un regard méfiant mais opina, sans baisser sa garde.

Le bidon pesait une tonne. Elles progressèrent vers le nord pendant un moment, en silence. Rim avait le bras en feu.

— On échange ? proposa-t-elle en renforçant ses mots de gestes éloquents.

La fille accepta. À la manière dont elle secoua le bras, elles étaient aussi soulagées l'une que l'autre et partagèrent un sourire.

En arrivant à l'extrême nord du bidonville, elles zigzaguèrent entre les pierres disposées au milieu des flaques pour passer à gué. Enfin, la fille s'arrêta devant une cabane un peu moins délabrée que les autres. La structure octogonale était faite de bastaings solides sur lesquels une bâche avait été proprement agrafée. Derrière, les dunes ondulaient déjà.

Elles posèrent le bidon et se sourirent, soulagées d'être arrivées.

Rim tendit la main et se présenta, comme on le lui avait enseigné. La jeune femme hésita un instant et serra la main tendue.

— Siam.

Plus le temps d'atermoyer.

Elle sortit les deux conserves de sa poche.

— Je peux rester ? Je viens d'arriver, je ne sais pas où dormir, débita-t-elle d'une traite.

Siam la jaugea de la tête aux pieds, accepta d'un hochement de tête et empocha les boîtes.

— Tu m'aides à faire à manger ?

— Bien sûr !

La jeune beauté piocha une casserole parmi les ustensiles pleins d'eau de pluie qui attendaient, entassés sur une table de palettes malpropres. Elle la remplit au jerrican et contourna la tente d'un pas sûr.

— Prends une cuiller ! cria-t-elle par-dessus son épaule.

Au pied de la dune, le vent soufflait plus fort, s'engouffrait dans le moindre interstice. L'air était saturé de claquements de bâches, de sifflements. Dans la partie la moins exposée aux rafales, un garçon de l'âge de Rim s'échinait à lancer un feu avec ce qu'il avait déniché de moins trempé.

Un jeune adulte cassait une palette à grands coups de pied.

— Même cuisiner devient un problème ici ! Comment veux-tu faire cuire quoi que ce soit avec du carton humide ? râla Siam en déchirant de petits morceaux qu'elle passa au garçon près du feu.

— Toi aussi tu veux aller en Angleterre ? demanda-t-il.

Tel est donc le nom du pays de l'autre côté de l'eau.

Sa peau était aussi sombre que celle de Siam, mais un grand sourire illuminait son visage. Rim lui tendit la main.

— Mon frère, précisa la jeune femme. Rien n'entame jamais sa bonne humeur.

En conjuguant leurs efforts, ils parvinrent à faire bouillir la gamelle assez longtemps pour y cuire des pâtes sans sel. Ils mangèrent le brouet insipide, piochant tour à tour dans le récipient posé à même le sol. Dîner accroupi dans la bouillasse en partageant une unique cuiller relevait de la corvée. Le repas fut expédié sans cérémonie.

Avec mille précautions, le frère de Siam transvasa les quelques braises dans une boîte de conserve noircie qu'il transporta dans l'abri. Le brasero de fortune cassait vaguement l'humidité contre laquelle les palettes et les bâches ne pouvaient décemment lutter.

L'homme, qui ne s'était pas présenté et n'avait pas décoché un mot, alluma un téléphone.

Le carré de lumière bleutée tranchait sur l'éclairage jaune des bougies posées dans des bouteilles coupées. Rim savait de quoi il s'agissait, mais elle ne parvenait pas à en détacher les yeux. Au bout de quelques secondes, l'appareil diffusa une musique si rythmée qu'il était impossible d'y résister. Assise sur une paillasse, enroulée dans un sac de couchage, elle observa la danse des exilés.

Doucement, à mesure que les mélodies les abstrayaient de leur quotidien, les regards s'éclairaient de cet espoir qu'elle avait passé la journée à guetter. Au fil des chansons, leur jeunesse repoussait pour un instant les masques tatoués par l'exode et la violence qui régissait ce finistère de boue.

Vers minuit, l'adulte mutique se rechaussa et sortit dans le froid.

— Où va-t-il ?

— Essayer de monter dans un camion.

Siam se tut si longtemps que Rim pensa qu'elle n'en apprendrait pas plus. Soudain, comme un barrage se rompt, elle résuma leur errance en quelques phrases sobres :

— J'ai vingt ans. Six ans que nous sommes partis, mon frère et moi. Cinq mois pour racheter notre prix, échapper à l'Érythrée. Nous avons une chance inouïe d'être encore ensemble.

Incapable de parler, Rim hocha faiblement la tête.

Qu'a-t-elle dû faire pour amasser autant d'argent en si peu de temps ?

Elle refusa d'écouter la réponse soufflée par cette intuition dont elle appréciait de moins en moins la clairvoyance.

Comme s'il avait suivi le fil de ses pensées, son frère poursuivit :

— J'ai vu un père abandonner son bébé à un inconnu de l'autre côté d'un barbelé pour le sauver !

Il ferma les poings.

— On n'a pas échappé aux trafiquants pour se faire arrêter par des grillages.

— Vous avez de la famille là-bas ?

Siam murmura pour qu'on n'entende pas sa voix se casser :

— Peut-être une tante.

Rim lui serra le bras en signe de solidarité.

— Merci pour l'abri.

Elles s'assoupirent, trop épuisées pour que les mugissements du vent ne les empêchent plus longtemps de trouver le sommeil.

À l'heure la plus froide de la nuit, Rim gigotait tellement qu'elle en réveilla sa compagne. Siam lui tendit une frontale.

— Tiens. Ne va pas trop loin.

Rim n'en pouvait plus de se retenir. Elle ceignit la lampe et enfila ses chaussures si glacées d'humidité qu'elle ravala un gémissement. Au loin, les lumières orange du port éclairaient violemment la nuit.

Les piles étaient presque plates, si bien qu'elle n'y voyait pas grand-chose. À mi-hauteur de la dune, n'y tenant plus, elle s'accroupit et se soulagea en essayant de ne pas mouiller davantage ses chaussures.

Il ne devait pas faire plus de trois degrés. Les rafales avaient redoublé et masquaient tous les autres bruits. Grelottante, elle se rhabilla en hâte, pressée de regagner son sac de couchage et la relative sécurité de la tente. Le vent mugissait sa complainte jusque sous son bonnet. La jeune fille était si concentrée sur ses pieds qu'elle n'entendit rien.

— J'en tiens un !

Deux bras s'abattirent sur ses épaules et une grosse main la bâillonna avant qu'elle n'ait la présence d'esprit de crier. Sa terreur et l'odeur de tabac froid lui soulevèrent le cœur. Puis l'entraînement prit le dessus. Elle se débattit de toutes ses forces, ruant à qui mieux mieux. À l'aveuglette, elle tenta d'écraser des pieds, mais l'homme la retenait fermement et ses chaussures renforcées le protégeaient des coups de talons désespérés. Impuissante, Rim se contraignit à se calmer comme Miezi le lui avait enseigné. Avant tout : évaluer la situation.

Les gilets fluorescents sont la tenue des gentils dans la « djeungueule » ? Pourquoi ils m'agressent ?

— Voyons voir ce qu'on a chopé.

L'un d'eux lui braqua une torche dans les yeux et arracha son bonnet.

— Bonne pêche, mec ! ricana-t-il.

L'autre tira méchamment sur une boucle échappée de son chignon.

— Une gonzesse !

Celui qui la ceinturait se pencha pour essayer de distinguer le visage de sa proie.

Profitant de cet imperceptible relâchement, Rim lui mordit la main à pleines dents. Il hurla et elle se libéra.

Elle détala sans même appeler à l'aide, courant à perdre haleine dans le sable, mais le deuxième agresseur la jeta au sol avant qu'elle n'ait pu faire dix mètres. L'impact fut si rude qu'elle ne savait plus où se trouvait la tente.

La lumière était morte dans sa chute et une grosse bosse pointait de son front, à l'endroit où la lampe s'était enfoncée dans la chair. L'homme qui la plaquait dans la boue la retourna, et celui qu'elle avait mordu lui balança son poing dans la pommette.

— Tiens-la-moi ! Je vais la guérir de l'envie de passer plus de temps dans notre pays, à cette salope ! Pourquoi t'es pas restée chez toi, hein ? grogna-t-il en détachant sa ceinture.

Rim crut qu'il allait la battre, mais il baissa sa braguette, le visage déformé par la rage et la douleur.

Suffoquant d'horreur, elle roula des yeux fous, cherchant une issue dans l'obscurité. Elle était bâillonnée. De ses genoux, l'homme qui l'immobilisait pesait si fort sur ses poignets qu'elle n'avait plus de sang dans les mains. Ils la clouaient au sol comme un insecte à qui on allait arracher les ailes. Pourtant, le pire restait à venir.

Celui qu'elle avait mordu lui écarta les jambes à coup de botte et déchira sa chemise pour exhiber ses seins.

— Une vraie traînée, je te dis ! cracha-t-il en se débattant avec son pantalon.

— Elle a même pas de soutif ! ricana l'autre, que la découverte ravissait.

Rim était certaine que son cœur allait exploser sous les seins que l'autre porc lorgnait sans vergogne. *Qu'elle meure. Maintenant !* Pour échapper à ce qui se passait dans le regard et l'entrejambe du milicien.

Garde ton sang-froid ! T'auras qu'une occasion.

Muette de peur et de douleur, elle vit l'horrible type sortir son sexe de son pantalon et s'agenouiller sur elle en lui bloquant les chevilles de ses godillots crantés.

Quand il lui broya le sein de la main qu'elle avait mordue, elle hurla de toutes ses forces et parvint à libérer un pied qu'elle expédia dans les parties que son agresseur avait eu l'imprudence de mettre à l'air.

Dans le même temps, celui qui l'immobilisait s'effondra comme un tas de chiffon.

Rim se dégagea précipitamment. Sa tête tournait, sa joue lui faisait un mal de chien. Elle essuya le sang qui lui maculait la bouche d'un geste sec et s'interdit de vomir. *Pas le moment.*

Dominant la scène, Siam brandissait une barre métallique. Elle avait l'air si féroce que Rim crut que sa sauveuse allait les achever. Siam balança une pluie de coups de pied à ses bourreaux en les invectivant dans une langue qu'elle ne comprit pas.

— Vas-y ! C'est l'occasion, lui enjoignit celle dont les yeux étincelaient de haine et de souffrance.

Rim secoua la tête.

— Alors viens ! Allons-nous-en avant que mon envie de couper les couilles de ces déchets ne prenne le dessus.

Rim agrippa les lambeaux de sa chemise et la suivit, flageolante.

— Merci, souffla-t-elle quand elles se furent réfugiées dans l'abri.

Jamais elle n'aurait cru qu'un lieu aussi miteux puisse lui procurer un tel sentiment de sécurité.

Siam se détourna pour mettre une bouilloire sur le brasero et lâcha :

— Autant éviter ça quand on peut. Ces connards de miliciens sont les pires ! Ils viennent régulièrement pour casser du migrant. Faut croire que ça les soulage. Ils pensent faire justice eux-mêmes et comme les flics n'ont pas le temps de s'occuper d'eux – voire ferment les yeux – ils s'en donnent à cœur joie. Mais je ne les avais encore jamais vus s'abaisser au viol…

Siam marqua un arrêt.

— Pour te laver, tu devras attendre demain.

Rim serra entre ses mains tremblantes une boîte de conserve pleine d'un thé parfaitement dégueulasse, mais chaud.

— On est quel jour ?

— 24 octobre.

Penaude, Rim remonta son sac de couchage sur ses épaules. L'étoffe sentait le moisi, mais au moins, elle ne grelottait plus.

— De quelle année ?

Au pire, Siam mettrait sa question sur le compte du choc.

— 2016. Tu devrais montrer ta joue à un médecin. Tu as besoin de points.

Rim ne se rendormit pas. Sa blessure la lançait et la perspective de revivre encore et encore la tentative de viol la dissuada d'essayer.

Pourtant, il faudrait qu'elle dorme, si elle voulait rentrer.

Aux petites heures, deux pieds chaussés – l'un d'une sandale, l'autre d'un godillot sans lacet – entrèrent dans son champ de vision.

Leur troisième compagnon avait encore échoué à passer. Il réveilla Siam et son frère en les secouant.

— Ils démantèlent ! Il y a quarante bus et autant de camions de flics. La totale.

— Qu'est-ce que tu vas faire ? demanda le frère de Siam.

— Et vous ? répondit-il, le regard fou.

Aucun d'eux ne s'avança à conclure.

Rim ignorait combien de temps ces êtres abandonnés du reste du monde avaient partagé leur abri indigne, mais elle était de trop.

— Je vais vous laisser. Merci encore, Siam. Merci du fond du cœur !

La jeune femme lui tendit une chemise et un pull trop grand avec un sourire qui rendit la jeune fille malade de chagrin.

— Contente d'avoir été là.

Le jour peinait à se lever. Des grappes d'humains s'agrippaient à la dune pour contempler la destruction de cette jungle dont Rim ignorait toujours le nom. Un petit groupe de réfugiés désigna quelque chose dans la brume. Elle suivit le doigt du regard.

Des dizaines d'hommes en noir, casqués, gantés, les épaules bardées de plaques, s'avançaient en rangs serrés dans les allées, bouclier et matraque au poing. Des bulldozers et des ouvriers en gilet orange les suivaient. Armés de marteaux, ils s'attaquèrent aux premiers baraquements, à l'abri des forces de l'ordre.

Les craquements du bois, le ronronnement incessant des machines, les déchirures du plastique qu'on arrache ou qu'on tranche devinrent rapidement insoutenables. Rim, qui avait juré de ne pas intervenir, brûlait de secourir ces pauvres gens. Aucun ne méritait ce sort. Elle se sentait complice.

Elle patienta plusieurs heures accroupie en haut de la butte à s'infliger le démantèlement. Elle crevait de froid sans pouvoir quitter la dune. Les foyers d'incendie étaient moins nombreux que ce que laissaient présager les fumées mais il y avait des émeutes. Les résidus de gaz lacrymogènes leur piquaient les yeux. En bas résonnaient les tirs de flash-balls qui étouffaient la moindre velléité de protestation. Elle, qui vivait dans un monde où l'arbalète était l'arme la plus meurtrière, était effarée par l'arsenal déployé.

Que se passe-t-il à l'abri des fumigènes ?

Quand la femme en gilet jaune l'aborda, Rim ne se déroba pas.

— Viens, je t'emmène au dispensaire soigner ta joue…

Le jeune interne survolait les lits, perplexe.

— Tu n'as pas vu la minotte qui occupait ce matelas ?

Sa collègue secoua la tête.

— Tu pourrais être plus précis ?

— Seize, dix-sept ans, pas épaisse, cheveux longs bouclés, teint mat, typée arabe, franchement jolie.

— Je parlais de sa pa-tho-lo-gie !

— Déchirure profonde sur la pommette gauche. Hématomes sévères aux bras et aux jambes. Probablement une côte cassée. Je voulais lui faire des points, mais elle dormait. L'antalgique, sans doute.

— Je pense que tu peux faire une croix sur ta « jolie » patiente.

Sa collègue déplia les doigts comme des ailes.

— Envolée !

Il ne faisait pas encore jour quand Rim se réveilla dans sa cellule. Elle baissa les yeux sur son corps nu. Le passage avait englouti les vêtements offerts par Siam. Elle contempla l'étendue des dégâts et se mit à grelotter malgré la chaleur.

Brusquement révulsée par le spectacle de ses hématomes, elle s'empara si vivement du drap d'indigo que la cheville auquel il pendait vint avec. *Qu'importe*. Tout lui était égal.

Rim se pelotonna dans l'étoffe familière, persuadée qu'elle aurait froid pour le restant de ses jours.

Elle inspira le parfum immuable de poussière et de chaleur ; laissa son regard traîner sur les murs où rien n'appelait à la distraction ; tendit la main vers la plume, la trempa dans l'encrier, suspendit son geste. Quatre pages. *Comment témoigner ? Se cantonner aux faits, c'est trahir.*

Elle était nue, crasseuse, meurtrie mais vivante et complètement perdue, mais Tidiane avait été très claire. Pas question de sonner tant qu'elle n'avait pas consigné son voyage.

Elle se mordit la lèvre et resserra le tissu sur son corps éprouvé. Rien ne pouvait cacher les énormes bleus de ses jambes et de ses poignets. L'indigo du drap s'y accordait à merveille et désormais, il évoquerait pour elle la couleur dominante des bâches de la « djeungueule ».

Rim inspira aussi profondément que le lui permettait sa côte blessée. Elle avait eu les pires difficultés à se détendre pour rentrer. Même lestée de deux nuits sans sommeil, à l'abri de l'infirmerie, il lui avait fallu un temps infini pour retrouver un sens à l'arpentage. Le sort de tous ces gens la préoccupait plus qu'elle ne l'aurait cru possible et elle peinait à lâcher prise. Finalement, la myoclonie l'avait précipitée dans son gouffre, lui interdisant de penser à quoi que ce soit d'autre qu'à sa destination.

À l'instant où elle s'emparait de la plume, une présence ténue bruissa derrière la porte. Vive comme l'éclair, elle se plaqua au mur hors de vue du judas et attendit, collée contre la paroi, que les frôlements cessent. Si elle n'avait eu aucune prise sur son saut, elle voulait maîtriser son retour.

Le bilan mental des trente-six dernières heures lui tira une grimace amère. Dire qu'elle s'était juré de profiter des paysages, de la pluie, de la verdure, des arbres… Toutes ces merveilles qu'on lui avait fait miroiter pour entretenir sa motivation lui semblaient désormais si futiles. Quatre pauvres pages pour le seul hommage qu'elle pourrait jamais rendre à ces humains épargnés par hasard et abandonnés de leurs égaux.

Elle s'ébroua, expira, puis posa la plume sur le parchemin de champignon. Elle écrirait serré.

Fidèle à la chronologie de son saut, elle réserva la dernière ligne à sa destination, certaine que l'inversion agacerait la matriarche. Grand bien lui fasse !

Rim éprouvait le besoin urgent de se rebeller, de croire qu'il lui restait en ce monde une once de pouvoir sur les choses.

Elle avait découvert le toponyme qu'elle ne cherchait plus sur le trajet de l'infirmerie, plaqué sur un panneau rouge et blanc cabossé. Elle calligraphia avec soin le nom du lieu qu'elle venait d'abandonner et tendit le bras vers la cloche :

CALAIS-23-24 OCTOBRE 2016

XI - LE MARTEAU DES SORCIÈRES

LE BATTANT MÉTALLIQUE HÉRISSÉ de pointes menaçait de transpercer son corps outre malmené par l'Inquisition. Incapable d'en subir davantage, Anthoïna hurla dans son sommeil :

— Je vais avouer ! Tout ce que vous voulez. N'importe quoi. ARRÊTEZ !

Elle se réveilla au moment où l'inquisiteur rabattait la porte de la vierge de fer sur sa peau nue.

Essoufflée, hantée par son cauchemar, elle se précipita vers sa table de toilette, versa toute la cruche dans le bassin puis s'aspergea le visage et la nuque afin de chasser les remugles de l'enfer. *Tant pis pour le gâchis !*

Elle se rinça la bouche. Cracha. Cracha encore le goût de bile tenace et, quand l'eau l'eut rendue au présent, se laissa glisser le long du mur, genoux sous le menton, incapable d'effacer de sa rétine la souvenance des tortures subies quinze ans plus tôt.

Saisie d'un brusque besoin d'air, elle quitta sa cellule et la sensation d'enfermement persistante que nourrissaient ses angoisses pour Rim. D'autres qu'elle se seraient réjouies de la réussite de sa protégée, mais elle ne voyait pas l'arpentage de cet œil. Ayant elle-même atterri en pleine chasse aux sorcières, elle n'avait eu de cesse de filer du règne d'Henri IV pour ne jamais y revenir et, quand elle y était parvenue, il lui avait fallu subir pendant des mois la crainte de s'endormir et d'y sauter par accident.

Antho marcha autour du cloître pendant de longues minutes dans l'espoir de semer les visions des rebouteuses et de leurs filles emprisonnées sans procès, torturées jusqu'aux aveux puis brûlées vives. Celles qui avaient pour seul tort de soigner leurs semblables sans distinction et qu'on accusait de sorcellerie par cupidité, vengeance, superstition, ou les trois à la fois.

Elle avait été l'apprentie d'Agnès pendant des semaines avant qu'on les arrête. Elle, la voyageuse, l'étrangère, la sorcière. Avait-elle attiré l'attention sur Agnès et entraîné leur rafle ?

Peu de sœurs savaient. Le tabou qui entourait les destinations était bien pratique.

Dans ses pires crises d'angoisse, Antho était persuadée que ce secret empêchait précisément les sœurs de trop parler. Les convents avaient désespérément besoin d'arpenteuses. Elles étaient peu nombreuses, trop précieuses pour être découragées avant le verdict de la matriarche. Entretenir le flou sur les voyages, utiles ou non, créait l'illusion d'une multitude et servait la puissance des sœurs.

À son retour, elle s'était consacrée corps et âme à la biotanique, à perpétuer la vie par la magie de mécaniques conçues avec amour. Depuis quinze ans, les rouages semi-vivants constituaient sa thérapie.

Elle n'avait jamais raconté son histoire à Rim. Inutile de la détourner de son rêve. Elle savait, pourtant, combien ces voyages étaient dangereux et, depuis le départ de sa gazelle, ses cauchemars étaient revenus avec tant de force que les potions d'Eulalie n'y changeaient rien.

Portée par ses angoisses, Anthoïna se retrouva devant la cellule depuis laquelle Rim avait filé.

Si seulement elle pouvait rentrer…

La porte était fermée à clef. Elle n'avait jamais compris cette précaution, mais se retint de s'énerver tant c'était vain. À la place, elle visualisa l'emplacement de la poignée de la cloche, tout près de la paillasse. Même si Rim était blessée, elle pourrait sonner. C'est en tout cas ce dont Antho tentait de se persuader depuis trente-six heures. Machinalement, elle jeta un regard par le petit judas.

Personne.

Elle s'apprêtait à quitter le couloir lorsque son petit doigt l'avertit qu'elle n'était pas seule. Feignant l'ignorance, elle maintint l'allure et bifurqua vers sa cellule mais, dès qu'elle eut doublé l'angle, elle revint sur ses pas et glissa prudemment la tête dans la coursive.

Quelqu'un faisait le pied de grue devant la porte. Pétrifiée, Antho allait se précipiter lorsqu'elle reconnut, détourée par le jour naissant, la silhouette longiligne d'Alex.

Indécise, elle observa la novice. Si Alex lorgnait les cellules, c'est qu'elle avait compris toute seule que Rim avait sauté. Au moment où Antho se dirigeait vers elle, le tintement de la cloche déchira l'attente.

Quelque part ailleurs, dans un repli secret du convent, la cagoule qui couvrait la tête d'Olympe la démangeait à tel point qu'elle déployait des trésors de maîtrise pour s'interdire d'y toucher.

La privation de sommeil l'avait épuisée, mais c'était presque fini. Elle le sentait.

Enfin, au bout d'un interminable parcours ponctué de marches, de virages à angle droit et de couloirs si étroits qu'elle se cognait aux murs, une porte se ferma dans son dos. Les mains qui l'avaient guidée une grande partie de la nuit quittèrent ses épaules, puis ce fut le silence. Derrière le parfum piquant de la toile de jute, elle reconnut celui de sa cellule.

Elle attendit encore un long moment, immobile.

Rien.

Elle étendit les bras avec précaution, tourna sur elle-même.

Personne.

Elle n'entendait même plus le souffle de celle qui l'avait trimballée dans l'obscurité. Sans plus hésiter cette fois, elle arracha le sac de jute.

Elle était bien dans sa cellule.

Seule.

Le mot, épinglé à la cagoule découverte sur ses draps après le dîner, avait disparu.

Elle jeta un coup d'œil à l'extérieur. Effectivement, l'aube n'était pas loin. Elle poussa un soupir de lassitude et s'affala sur son lit pour se remémorer la déroutante expérience.

Elle avait raison. Ses efforts avaient payé ! Il existait bien dans ce convent quelque chose de plus puissant que ne le laissaient croire les apparences.

Elle avait reconnu la voix de Tidiane. Son inséparable Iseult devait logiquement en faire partie. Pour le reste… Il faudrait encore patienter, mais elle en savait déjà un peu plus. Sa poitrine se gonfla de fierté. Elle avait été acceptée parmi les héritières des premières sorcières ! Celles qui avaient sauvé l'humanité de la bêtise des hommes.

Elle avait toujours su qu'ils méritaient la place assignée par l'histoire et la société, mais désormais, elle connaissait LA vérité.

Elle savoura le long frisson que lui avaient procuré les révélations de la nuit.

Les sorciers portaient la responsabilité de la pandémie !

La satisfaction d'être enfin dans la confidence l'emplissait d'une joie impossible à partager, mais elle avait juré avec ferveur de perpétuer la tradition, de continuer à protéger le peu qu'il restait d'humanité en traquant les garçons qui survivraient au fléau, en luttant contre les nornes et leurs thèses isocrates.

Un son aigrelet la tira de sa rêverie. *Une cloche de prime saut!* Malgré ses pieds meurtris par les kilomètres parcourus, elle sortit sur le pas de sa cellule et scruta le couloir, persuadée que cette cloche-ci annonçait le retour de Rim.

Mais quand elle découvrit Alex aux abords des cellules, elle hésita à se montrer. La présence de la novice ravivait un sentiment de honte récent qu'elle peinait à évacuer.

Elle avait profité de l'absence de Miss Parfaite et d'une rencontre au cirque pour tenter d'embrasser Alex. Quoi qu'elle affirme en public, elle crevait de solitude et elle avait espéré que, grâce à leurs expériences similaires, la novice éprouve le même besoin. Sans s'engager pour la vie, elle était certaine qu'elles étaient compatibles, mais le souvenir des refus de moins en moins polis d'Alex lui cuisait encore et ravivait par-dessus le marché la blessure causée un an plus tôt par Miezi.

Elle se revit, à sourire au miroir comme une idiote. Elle avait même détaché son éternelle queue-de-cheval. Et puis... la main de Miezi sur la sienne toute tremblante. Le « non » si doux de la guerrière, presque tendre, et sa proposition d'amitié tandis qu'elle se laissait engloutir par son éternelle blessure.

La jeune chasseresse s'était retranchée dans sa carapace du fond de laquelle brillaient les préceptes de sa mère et de la vieille Iseult : l'amour est une foutaise et il ne faut jamais se laisser distraire par ses sentiments.

Olympe se secoua. Ses furetages récents lui avaient appris que le moustachu revenait pour l'anniversaire de Rim. Dès qu'il serait en ville, elle reprendrait sa traque. Maintenant qu'elle était dans la confidence, tout se mettait en place. Du fond de sa tristesse, elle se promit de prouver la complicité du colporteur avec les nornes. Impossible qu'il ne soit pas de mèche avec cette bande de rebelles. Ça lui ressemblerait bien d'acheminer leur courrier. Gratos, même. La perspective de le coincer pour servir sa nouvelle cause rendit à la jeune femme une ombre de sourire. Tidiane serait fière d'elle.

Ce fut d'un pas allègre qu'elle rejoignit l'attroupement qui s'était formé devant la cellule de Rim.

Alex et Antho bloquaient l'accès à la porte.

— Écartez-vous ! ordonna sèchement Iseult en brandissant une grosse clef.

Anthoïna, morte d'inquiétude, se craqua les phalanges. Sa vieille mentor avait fait irruption avant qu'elle ne puisse évaluer l'état de Rim ou échanger le moindre mot avec Alex, mais l'éclair d'effroi qu'elle avait capté dans l'œil bleu de la novice mettait tous ses voyants au rouge.

— Allez manger ! houspilla Iseult, qui leur servit le petit signe de balayette qu'elle affectionnait. Notre sœur ne sortira pas d'ici avant que Tidiane l'ait entendue.

— Elle a besoin de soins ! s'enflamma Alex.

La minuscule bonne femme entrouvrit le battant.

— Laisse-nous en juger, novice ! Elle ne se vide pas de son sang, que je sache.

Iseult réitéra son geste fétiche.

— Du balais !

— ... Et faut-il rappeler qu'on n'a jamais vu une femme digne de ce nom décéder d'une coupure à la joue, fût-elle impressionnante, concéda Tidiane, qui entra à la suite d'Iseult et leur claqua la porte au nez.

Antho écumait de rage mais elle le cachait mieux qu'Alex.

— Qu'est-ce que c'est que ces vieilles biques !

La biotaniste jeta un coup d'œil par-dessus son épaule. Comme à son habitude, Olympe leur filait le train.

— Pas ici !

Sans ménagement, elle entraîna Alex dans la serre et commença à récolter les plantes dont elles avaient besoin. Attendrie par l'inquiétude de l'ado au regard si clair, elle demanda tout de même :

— Grande, la coupure à la joue ?

Alex écarta les doigts de cinq bons centimètres.

— Quoi d'autre ? se rembrunit la sœur.

— Des bleus.

La biotaniste tapa du pied.

— Sois précise, bon sang !

— Euh. De grosses ecchymoses aux poignets et aux chevilles.

— Nom d'un chien ! Tiens-moi ça.

Elle lui tendit les pans de son tablier plein de plantes pour siffler dans le petit tube dont il ne sortit aucun son.

— Prépare-lui quelque chose à manger et retrouve-moi à l'atelier. Rien pour moi, je n'ai pas faim. Allez, va !

La biotaniste concentrait toute sa rage sur le mortier au fond duquel les fleurs de souci et la carotte ne tardèrent pas à former une pâte épaisse. Elle versa ensuite ce qu'il restait d'eau sur les feuilles de myrte pour qu'elles infusent.

Alex sursauta lorsque Syahgosh lui frôla les jambes.

— Te voilà, ma Sissi !

Quand le caracal la rejoignit, Antho s'accroupit à sa hauteur et murmura quelques mots en le grattant derrière les oreilles. D'un pas nonchalant, le fauve alla s'allonger à sa place favorite, en travers de la porte, et entreprit de faire sa toilette. Alex se détendit et acheva de filtrer l'arnica.

— Quel âge a-t-elle ?

— Six ans.

— Tu as changé sa prothèse combien de fois ?

Cette question turlupinait Alex depuis sa première rencontre avec le familier. Antho sourit, ravie que sa curiosité fasse diversion.

— Trois fois. La base est greffée à l'os, mais le reste est évolutif. J'ai inauguré cette technique sur Craco. Comme elle a donné de bons résultats, je l'ai perfectionnée avec Syahgosh puis sur toutes les humaines et les animaux que j'ai réparés par la suite.

— Ingénieux.

— Merci. Ça leur évite beaucoup de souffrance puisque je ne touche plus aux fixations. Le secret, c'est de bien les concevoir au départ…

— Ainsi que la matière que tu emploies…

— La recette est bien gardée, rétorqua-t-elle en se tapotant la tempe. Au plus grand bénéfice de ce convent *et de ma sécurité*. Mais elle ne prononça pas la fin à voix haute.

À la voir se détendre, Alex réalisa que la biotaniste n'était pas aussi âgée qu'il y paraissait. Sa tenue et son maintien stricts la vieillissaient terriblement, mais Rim n'avait pas menti. Elle avait moins de trente-cinq ans. Avant qu'Alex ne puisse l'interroger sur son âge, Rim parut dans l'encadrement de la porte. Les deux sœurs se levèrent dans un bel ensemble et se précipitèrent pour la prendre dans leurs bras.

Rim les l'arrêta d'un signe.

— Je suis couverte de bleus et je pue. Je *dois* me laver.

Antho tendit la main vers sa joue.

— Qui t'a fait ça ?

— S'il te plaît…

Antho se massa les yeux et s'exhorta à la patience.

— Très bien.

Pétrifiée par l'allure de Rim, Alex n'avait pipé mot.

En sortant, la fileuse lui effleura la main avec un pauvre sourire qui leur mit un peu de baume au cœur.

Rim clopina jusqu'à la salle de bains.

— Eh bien ! Tu ne t'es pas ratée.

Olympe lui bloqua sciemment l'entrée. Sa joie de la voir amochée était si évidente que Rim se retint de la bousculer.

— Mais dans quel trou t'es-tu rendue pour puer autant et te promener à moitié nue… J'entends d'ici les réprimandes de cette chère Anthoïna.

Rim serra les poings.

— Je sais me défendre toute seule. Et depuis quand la nudité des femmes te dérange-t-elle ?

Le sous-entendu fit mouche et Rim porta l'estocade.

— Moi, au moins, je suis allée quelque part.

Elle avait prêché le faux pour avoir le vrai, et l'ombre qui glissa sur le visage de celle qui lui avait volé Circé lui confirma qu'elle avait tapé dans le mille. Soit Olympe n'était pas classée en ZU, soit elle n'avait jamais réussi son prime saut, à moins qu'on l'en ait empêchée – ce qui revenait au même.

Rim attendit qu'Olympe dégage sans se départir de son calme.

Humiliée, la chasseresse vida les lieux.

Accroupie dans le tub, elle se savonna avec acharnement, se lava deux fois les cheveux et les essora avec vigueur avant de les peigner pour en retirer la vermine qu'elle aurait pu attraper dans la jungle. C'était plus psychologique qu'autre chose, mais elle en avait besoin. Lorsqu'elle s'affronta dans le miroir tavelé, il ne subsistait aucune trace de la crasse de Calais. Quant aux bleus du corps et de l'âme, elle ferait avec, comme toutes les fileuses avant elle.

La jeune fille s'enroula dans un carré d'indigo propre et, pour la première fois de sa vie, sa tenue magique ne lui manqua pas. Après le froid polaire de Calais, la chaleur du désert était une bénédiction. Elle piqua sa tignasse d'une longue épingle et regagna le laboratoire en savourant à chaque pas la texture familière du sol sous ses pieds nus. Qu'allait-elle leur raconter ?

Ou plutôt, que vas-tu taire ?

Dans son rapport, elle avait passé la tentative de viol sous silence. Pas question de fournir à Iseult l'occasion d'éructer son avis sous forme de remarques vicieuses ou de donner à Antho des raisons supplémentaires de s'inquiéter.

Elle enjamba Syahgosh.

L'atmosphère inimitable de l'atelier lui rendit une partie de sa sérénité. Les glouglous réconfortants des instruments, le parfum qui imprégnait les lieux, les grandes paillasses, les outils bien rangés d'Antho, tout la rassurait. Elle fouilla la pièce jusqu'à dénicher Alex, mais cette dernière la dévisageait avec une telle intensité qu'elle se détourna. Anthoïna lui colla une infusion entre les doigts et l'assit d'autorité sur un tabouret.

— Maintenant, bois et laisse-moi regarder ta joue.

La jeune arpenteuse obéit, résignée à souffrir. Sa blessure n'était pas nette. Le poing du milicien avait déchiré la peau. Sans doute portait-il une bague, s'était-elle dit en s'examinant dans la glace.

Quand Antho appliqua la mixture de souci sur la plaie, elle regretta d'avoir filé du dispensaire sans profiter d'un bon anesthésiant chimique.

— Si c'est propre quand je retire le cataplasme, tu auras deux options. Soit je recolle à la consoude, soit je suture ; mais, à froid, tu vas déguster. Qu'est-ce que tu préfères ? Les points auraient le mérite de ne pas laisser une trop grosse cicatrice...

— ... mais je vais jongler.

— Exactement.

— Tu fais le minimum vital à l'aiguille et tu colles le reste.

Antho retira la pâte dont elle lui avait couvert la joue, se savonna les mains puis passa un fil pêché dans l'eau bouillie sur une aiguille courbe. Rim ferma les yeux, peu désireuse de voir l'instrument en gros plan. Tandis que la sœur tirait la langue sur ses sutures, Alex regarda les larmes de douleur dévaler sur le visage de Rim qui n'émit pas une plainte.

— Prépare-moi un cataplasme de consoude, Alex. Ta colère me déconcentre et j'ai bien assez de la mienne.

Antho coupa le dernier nœud.

— Quoi d'autre ?

Rim prit un air bravache en désignant ce que le drap d'indigo dévoilait déjà.

— Ecchymoses aux poignets, chevilles et tibias. Rien de plus que ce que vous pouvez voir vous-mêmes. Une côte fêlée, peut-être ?

En silence, Anthoïna badigeonna les lésions de teinture d'arnica.

— Tu ne veux pas savoir où j'étais ? lâcha finalement Rim, agressive.

— Bien sûr que si ! Mais je ne te demanderai rien. Ce voyage t'appartient, Rim. Tout comme ton choix de le raconter à qui tu le souhaites, uniquement quand tu l'auras décidé.

— Tu as arpenté, toi aussi, réalisa-t-elle brusquement, comme si sa propre expérience rendait celle des autres plus tangible.

— Oui, admit son aînée sans s'étendre.

— J'étais au XXIe siècle, à Calais, et je ne souhaite à personne d'y sauter. Pas avec nos couleurs de peau en tout cas.

Elle ferma les paupières sur ses souvenirs, s'essuya le nez de la main avant de relever la tête, menton tremblant.

Iseult interrompit ce débordement émotionnel en braillant depuis la porte :

— Ce sont les cicatrices qui font les vraies sorcières !

Mais Syahgosh lui interdisait le passage. Elle tortilla sa carcasse replète.

— Dis à ta créature de me laisser passer !

Anthoïna fit la sourde oreille.

Consciente que son irruption dans l'atelier avait mis fin aux confidences, Iseult, fidèle à elle-même, ne prit aucune précaution pour délivrer son verdict.

— Tidiane t'a déclarée en zone inutile.

— J'aurais pu le deviner toute seule ! marmonna l'intéressée sans pouvoir réprimer sa déception.

Son véritable voyage ne s'était pas encore substitué à ses rêves de gamine et il lui faudrait un moment avant que le paysage mental échafaudé et nourri pendant des années ne s'estompe au profit de l'implacable réalité du saut à Calais.

Furieuse d'être ignorée de la sorte, la compagne de Tidiane tourna les talons.

Comme elle achevait de nettoyer ses instruments, Anthoïna reprit ce qu'Iseult avait interrompu.

— J'ai arpenté le XVIe siècle, murmura-t-elle. Je ne t'en ai jamais parlé pour te protéger.

Rim fut aussitôt captivée. Antho poursuivait son rangement, peut-être pour accoucher plus facilement d'un aveu qui lui répugnait.

— J'ai sauté dans une campagne où on parlait à peine français. On m'a renseigné une guérisseuse. Agnès était vraiment douée. Elle possédait un savoir hérité de dizaines de générations. Un véritable trésor pour nous autres. Je l'ai persuadée de me prendre comme apprentie. J'y filais depuis quelques mois quand on nous a accusées de sorcellerie et emprisonnées, elle, sa fille et moi. Je suis probablement responsable de ce drame. Les étrangères attirent l'attention.

Rim écarquilla les yeux d'horreur.

— Agnès, la petite Ysabeau et moi avons été soumises à la question.

Malade de honte, Antho enfouit son visage sous ses mains tremblantes.

— Quand l'inquisiteur nous a remises au cachot, j'ai réussi à filer, mais à quel prix !? Je les ai abandonnées au bûcher. J'avais ton âge, Rim. Je n'ai pas pensé à leur offrir une mort rapide. Je n'y ai *pas* pensé !

Rim s'approcha de sa sœur qui se détourna.

— Désolée, je n'aurais pas dû te confier cela !

Après un silence hésitant, elle chuchota :

— Allez, viens ma gazelle, il faut te reposer maintenant.

Sonnée, Rim lui emboîta le pas.

— Je vais te montrer ta cellule.

— Pardon ?

— Tu es passée ! Ton noviciat est terminé.

Prise de court, elle s'arrêta au milieu du cloître, indécise.

— Tu veux que je reste un peu ?

— Non, merci. C'est gentil, je pense que ça ira. Où est Alex ? s'affola-t-elle soudain.

— Dans les dortoirs ou en cours.

La main sur la poignée, Antho hésita un long moment avant d'ajouter la phrase rituelle :

— Tu es libre de quitter ce convent si tu le souhaites.

Dès qu'elle eut refermé la porte, Rim s'étendit sur son hamac pour ordonner les idées qui tournoyaient dans son esprit comme une nuée de sauterelles. Sa joue lui faisait un mal de chien. Elle était triste et seule dans sa cellule trop silencieuse. La bouille de Circé avec sa frange de traviole lui revint comme un uppercut. Elle avait besoin de chaleur, d'un câlin. Elle rouvrit les yeux pour ne pas fondre en larmes.

Alors, seulement, elle remarqua le fragment de cyanite pendu à un clou. Elle le passa et caressa la pierre du pouce en se figurant les yeux bleus, la peau mate et le sourire inimitable d'Alex. Il fallait qu'elles parlent.

Décidée à s'expliquer, elle partit à sa recherche et visita toutes leurs cachettes, en vain.

Une semaine après son retour, Rim trimballait toujours une boule au ventre. Alex la fuyait et Antho s'était refermée sur elle-même. Elles cohabitaient dans l'atelier sans parler d'autre chose que de biotanique, polluées par Iseult, ses commentaires et son tic de la balayette.

La jeune fille n'avait pas le cœur à travailler, de toute façon. Dans l'espoir de lui redonner le moral, Antho lâcha soudain :

— J'avais envoyé un pigeon à Ulysse pour l'informer de ton retour. Il s'est annoncé pour demain. On pourra fêter ton anniversaire. Toujours pas d'idée de ce qui te ferait plaisir ?

— Je ne sais pas. Que tout redevienne comme avant, qu'Alex me parle !

— Va donc la voir, au lieu de t'apitoyer sur ton sort ! gronda Antho.

Rim la fixa, sidérée par son énervement manifeste. Comme d'habitude, Iseult en rajouta une couche.

— N'oublie pas, ma jolie, tu en pinces pour qui tu veux mais pense à ta descendance.

Cette fois, Rim ne put juguler sa fureur.

— Mais c'est pas vrai ! rugit-elle. Jamais tu ne te mêles de tes oignons ? Je n'ai *pas* besoin de ton opinion, Iseult. Et ne me parle plus de respect dû à ton âge ! Pigé ?

Avant que la vieille sœur outrée ne trouve quoi que ce soit à rétorquer, elle quitta l'atelier au pas de charge sous les yeux médusés d'Anthoïna.

Elle vitupérait encore en déboulant dans sa cellule dont elle claqua la porte à la volée.

— Rhaaa ! Mais pour qui elle se prend, cette vieille bique !?

Ce débordement d'agressivité lui faisait un tel bien qu'elle aurait continué pendant des heures ; mais à quoi bon ? Désœuvrée par son nouveau statut, elle empocha sa bourse et refoula les inévitables conséquences de son coup de gueule. Cette vieille casse-pieds ne laisserait pas un tel affront impuni.

Dans sa hâte à fuir le convent et ses tracas, elle faillit manquer le papier pourtant posé en évidence sur son hamac.

TE VOIR AUSSI AMOCHÉE M'INSUPPORTE. PARDON. J'ESSAYAIS (BÊTEMENT) DE RESPECTER TON SILENCE. QUE DIRAIS-TU DE CÉLÉBRER TON ANNIVERSAIRE (EN RETARD) AVEC QUELQUES HEURES D'AVANCE ? LA GUILDE DES MUSICIENNES FÊTE SA NOUVELLE MAÎTRESSE CE SOIR. RENDEZ-VOUS CHEZ SAÏD AU COUCHER DU SOLEIL. A.

Elle relut le mot trois fois, caressant la cyanite à son cou. *La fin de la journée ne sera peut-être pas si pourrie.*

Hors du convent, l'accablante chaleur lui fit regretter son indécision. *Une tunique magique ! Voilà ce que j'aurais dû demander à Antho.*

Elle flâna sans but sur la place du marché : pas d'Ulysse ; prêta l'oreille aux commérages des marchands, guettant le nom de son parrain sans succès. Ses pieds et le désœuvrement la portèrent ensuite chez Enora. La droguerie était déserte, mais au carillon de la porte, l'apothicaire entra, royale, précédée d'un ventre qui frisait trois trimestres. Ce jour-là, elle arborait un énorme turban bleu roi. Rim posa une fausse liste de fournitures sur le comptoir.

— Tu as quelque chose pour moi ?

— Bien sûr, sourit Enora.

Tandis qu'elle disparaissait dans la nauséabonde arrière-boutique, Rim songea que, si elle le désirait, elle pourrait parfaitement filer et rapporter à son tour des histoires clandestines choisies par ses soins. Jamais elle n'avait sérieusement envisagé de voyager d'une autre manière que celle qu'on lui avait toujours prescrite.

Elle avait encore le regard dans le vague quand une bouffée d'air puant signala le retour d'Enora. *Comment peut-elle supporter cette odeur dans son état ?*

L'apothicaire glissa un ouvrage dans le sac de Rim tandis que cette dernière sortait son troc.

— Tu verras, c'est d'une rare qualité, promit-elle.

À la place de la pièce d'indigo dont Rim voulait la payer, elle lui offrit un sourire lumineux.

— Tu ne me dois rien. Et bon anniversaire !

La jeune femme fut si interloquée qu'elle bredouilla un remerciement et quitta la boutique. *Par quelle magie est-elle si bien informée ?*

Rattrapée par sa faim, Rim interrompit ses élucubrations pour héler une marchande ambulante. La femme transportait son échoppe sur une longue perche : d'un côté un plateau chargé de nourriture, de l'autre du mobilier bas et léger qu'elle installait partout à la demande.

Rim choisit quatre samosas puis, incapable de résister davantage, entrouvrit son sac et parcourut à la hâte les premières lignes du *Combat d'hiver*[3].

« Sur un signe de la surveillante, une fille du premier rang se leva et alla tourner le bouton de l'interrupteur métallique. Les trois ampoules nues éclairèrent la salle d'étude d'une lumière blanche. Depuis longtemps déjà, on pouvait à peine lire tant il faisait sombre, mais le règlement était strict : en octobre, on allumait les lampes à dix-huit heures trente et pas avant. Helen patienta encore une dizaine de minutes avant de prendre sa décision. Elle avait compté sur la lumière pour dissiper cette douleur qui logeait dans sa poitrine depuis le matin et remontait maintenant dans sa gorge, une boule oppressante dont elle connaissait bien le nom : tristesse. Pour avoir déjà éprouvé cet état, elle savait qu'elle ne pourrait pas lutter et qu'attendre ne ferait qu'aggraver le mal.

---

3 – *Le Combat d'hiver*, Jean-Claude Mourlevat.

Alors oui, elle irait voir sa consoleuse, et tant pis si on était seulement en octobre et que c'était très tôt dans l'année. »

Rim adorait ces mots choisis avec amour puis appris par cœur et transportés un à un par une fileuse rebelle qui les avait estimés dignes de traverser le temps. Cette histoire de consoleuse la captivait déjà. Elle ferma son sac et se perdit dans la contemplation de la place où des passantes de toutes les nuances d'indigo allaient chacune leur chemin entre les étals.

Comme toujours, les détails de ce monde inaccessible dans lequel les mots « saison » et « ampoule » possédaient encore un sens la fascinaient. Comment des textes qui traduisaient si bien ce sentiment de tristesse qui l'habitait elle-même pouvaient-ils être jugés inutiles ? Rim avait hâte de connaître la suite, mais elle ne pouvait pas la lire sur la place la plus fréquentée de la cité. Quand la marchande lui fit signe qu'elle repartait, elle glissa dans son sac les samosas oubliés.

Elle n'était pas pressée, mais le regard des passantes sur ses bleus et sa joue amochée la gênaient. Elle retint un soupir pour ménager ses côtes. Afin d'oublier les frimas, la pluie collante, l'haleine chargée de tabac froid de son agresseur, elle déambula dans la ville qu'elle n'avait jusqu'alors regardée qu'avec les yeux de l'habitude et, au fil de son errance, découvrit qu'elle pouvait désormais comparer, qu'un « ailleurs » avait pris corps. Son univers s'était agrandi.

Flâner n'était pas désagréable, mais son voyage bourdonnait sous son crâne, refusant de la laisser en paix. Pour se distraire du vent d'abandon qui lui soufflait dans la tête, la jeune fille fit une longue halte devant la guilde des maîtresses verrières. Leur dextérité incroyable et les dangers du métier l'avaient toujours hypnotisée. À l'instar de nombreux recoins du Barrio, c'était Ulysse qui l'y avait conduite la première fois.

Ulysse. Calais changera-t-il aussi le regard que je poserai sur lui demain ?

Bientôt, le verre rougeoya plus fort dans la nuit tombante et les ruelles s'emplirent de monde et de musique. Il était temps de rejoindre Alex. Le cœur de Rim accéléra d'angoisse et de plaisir confondus.

Chez Saïd, elle la repéra sans peine à la terrasse bondée. En ce soir de fête, la jeune fille n'avait pas pris la précaution de dissimuler les vêtements magiques qui lui donnaient si fière allure.

Je reconnais bien là son audace !

L'appréhension imprima un nouveau tour à ses viscères tandis qu'elle louvoyait entre les buveuses sous l'œil perçant de celle qui l'attendait sans ciller. Enfin, Rim s'assit, raide sur le bord de son tabouret, et débita :

— Moi aussi je te dois des excuses. Je voulais t'épargner l'inquiétude du prime saut, l'attente. Bêtement, comme tu dis. J'ai choisi à ta place. Pardonne-moi.

— On oublie ?

Elle opina, toujours sur la réserve. Alex demanda avec sa malice habituelle :

— Alors, tu veux quoi ?

La jeune arpenteuse décida qu'elle parlait boisson et lui vola une gorgée de bière de sorgho.

— La même chose !

Sa complice s'empara du pichet pour la servir et fit tinter son verre contre le sien.

— À toi, ma belle !

Couvée par le regard bleu, Rim savoura sa première gorgée de bière. Aussi curieuse qu'excitée, elle laissa l'amertume douceâtre lui tapisser le palais à l'affût silencieux des arômes qui lui explosaient dans la bouche, mais après plusieurs lampées, elle fut contrainte de ralentir :

— Ouh ! C'est fort ce truc.

Elle fouilla dans son sac et posa les samosas sur la table.

— De quoi éponger !

Le groupe de musiciennes installé devant la terrasse jouait si fort que les clientes devaient crier pour s'entendre. Alex poussa vers elle un paquet riquiqui.

— Un sou pour tes pensées…

— Rien d'assez joyeux pour ce soir, feinta Rim.

— Je ne savais pas quoi t'offrir, alors j'ai fabriqué ça.

Elle défit délicatement le tissu qui emballait son présent et déposa un minuscule faucon de bois au creux de sa paume.

— C'est magnifique ! J'ignorais que tu sculptais.

— Mais tu es loiiiin de tout savoir sur moi.

— Du bois, en plus… T'es dingue. Merci !

À son tour, elle fouilla dans sa poche.

— J'ai quelque chose pour toi, moi aussi. Ferme les yeux.

Alex obéit et elle déposa une petite rose des sables dans la paume tendue.

— J'ai tout de suite pensé à toi en la ramassant. Tu peux regarder !

Mais elle ne disait rien. Flairant le malaise, Rim leva les yeux.

— Ça ne va pas ?

— En quoi ça te fait penser à moi ?

Elle bredouilla :

— Je… Désolée. Si… ça te peine… jelareprends.

Alex referma les doigts sur la fleur de gypse.

— Non ! Elle est magnifique ! Je… Oublie ça, d'accord ?

Pour faire passer la gêne, elle répartit la fin du pichet en prenant soin de coiffer le liquide doré de beaux cols mousseux.

Rim posa le menton sur ses mains et approcha son nez du verre à en loucher.

— Rhoooo ! On dirait que t'as fait ça toute ta vie ! Ah, mais oui… Je suis loiiin de tout savoir, n'est-ce pas ?

Cette sortie lui valut un énorme éclat de rire.

— Je crois que je viens de voir une gazelle bourrée.

— Ouais, ben t'en connais beaucoup des gazelles qui cachent un bouquin dans leur sac ?

L'orchestre jouait si fort qu'Alex n'essaya pas de répondre, mais son sourire était si éloquent que l'estomac de la jeune fille fit un salto.

Elle savourait leur complicité retrouvée quand soudain, Alex l'arracha à son siège et l'entraîna dans la foule.

— Allons danser.

— *Shit!* Ça tourne plus que prévu ! s'esclaffa Rim une fois debout.

— C'est le jeu, ma belle !

Les deux ados traversèrent la terrasse jusqu'à la chaussée où se déchaînaient les danseuses. Les sens fouettés par l'alcool, Rim ne touchait plus terre. Elles se déhanchaient comme des folles sur les airs endiablés de la guilde.

— Attends, cria Rim alors qu'elles se cognaient une fois de plus sur une virevolte toute ratée. On ne peut pas diriger toutes les deux ! Qui fait l'homme ?

Alex explosa de rire.

— Moi !

Sans chercher à comprendre, Rim prit la danse en main.

— Grâce ! s'esclaffa finalement la novice.

— Accordée ! dit-elle en les extirpant de la sarabande.

Rim fondit sur un banc, s'adossa à la façade encore chaude de soleil et ferma les yeux pour reprendre son souffle.

La main serrée sur la rose des sables au fond de sa poche, Alex admira le sourire qui jouait sur les lèvres pleines de son amie.

Les paupières obstinément closes, Rim étirait le moment. La raison chavirée par l'alcool, elle tourna lentement la tête et, quand le souffle d'Alex lui caressa le nez, entrouvrit les yeux.

Deux prunelles bleues fouillaient les siennes.

Elles se regardèrent longtemps, à mille lieues du chahut qui dominait la rue et les fêtardes.

Tout doucement, Alex mêla ses doigts aux siens, se pencha vers son cou et chuchota :

— On rentre ?

Électrisée, Rim vécut le retour en somnambule, obsédée par la paume nichée dans la sienne.

Quand elles se retrouvèrent sans trop savoir comment devant sa cellule, le gros horloge sonnait deux heures.

D'une torsion du poignet, Alex l'invita à se retourner.

L'âme en déroute, Rim s'adossa au battant pour lui faire face tandis que les vibrations de la cloche se faufilaient jusqu'aux tréfonds de son ventre. Elle en était sûre, désormais, jamais elle n'avait éprouvé ça. Pour personne.

— Bon anniversaire, ma belle.

Leurs visages étaient si proches. Elle captait son reflet dans les yeux cyan.

Alex posa une main prudente sur sa joue abîmée.

Et l'embrassa.

Sous sa bouche, Rim se liquéfia, s'enhardit, repoussa le bandeau dont elle se couvrait toujours la tête. Sourit de son œuvre.

— Ça me démangeait depuis un bout de temps...

Une couronne de boucles serrées auréolait le visage mordoré.

Elle déposa un baiser léger sur le nez camus.

— Représailles ! chuchotèrent les lèvres pulpeuses avant de s'écraser contre les siennes pendant que trois doigts espiègles escaladaient sa nuque et libéraient sa tignasse de la longue aiguille qu'elle y plantait chaque matin.

Un pouce tendre souligna sa fossette et Rim se jeta sur la bouche si longtemps désirée.

Délestées de la tension qui planait depuis des semaines, elles goûtaient la saveur de l'autre, se picoraient de baisers, apprivoisaient la soif qui les habitait et qu'attisait chaque nouvelle caresse.

Mais, quand la poignée de la porte céda sous ses doigts, Alex la repoussa. Visiblement frappée de stupeur, elle bâcla une caresse le long de sa mâchoire et s'éclipsa sur un cuisant :

— Bonne nuit.

XII - L'ATTENTE

La fatigue avait amoindri les réflexes d'Ulysse, mais il se refusait à un quelconque retard. Son entêtement, l'obscurité et le train d'enfer imposé à Merlin eurent raison de leur sécurité.

Quand l'antérieur du chameau se brisa dans le piège, il fut projeté au sol tête la première, et ni la rage suscitée par sa bêtise ni les râles de souffrance de sa monture ne suffirent à le garder conscient.

Il écouta les ténèbres l'engloutir au rythme du sang qui imbibait son impeccable moustache.

À l'aube, Anthoïna trouva Rim assoupie sur une paillasse de l'atelier.

— J'ai du mal à croire que ta culpabilité t'ait obligée à dormir ici.

Elle éluda. *Pas envie de parler d'Alex. Pas encore.*

— Désolée. J'ai disjoncté avec Iseult.

— Tu as intérêt à te faire pardonner. Ce n'est pas tous les jours qu'on lui cloue le bec !

Elle lui tendit un vêtement magique bien plié.

— Et bon anniversaire, ma gazelle !

L'adolescente lui sauta au cou.

— Oh merci ! Tu es adorable !

Ce n'est qu'en s'écartant qu'elle remarqua la mine de déterrée de sa sœur.

— Qu'est-ce qui ne va pas ?

— Ulysse m'a promis qu'il serait là ce matin. On voulait te faire la surprise. Je suis vraiment inquiète. Ce n'est pas son genre d'être en retard.

— Ça non ! confirma Rim, assaillie par un mauvais pressentiment.

— Je vais aller me renseigner au caravansérail et au marché.

— Il n'y était pas hier soir, en tout cas.

— Je tente le coup quand même. Habille-toi si tu veux m'accompagner. Je vais nous chercher de quoi manger.

Rim enfila son nouveau vêtement et se contempla dans le miroir de l'atelier. Antho avait de nouveau fait des merveilles et elle se trouva belle malgré ses ecchymoses jaunies et sa vilaine coupure.

Son cœur se ratatina lorsqu'elle se demanda ce qu'en penserait Alex. *Que s'est-il passé ?* Elle griffonna un mot à son intention et le lui fit porter par une gamine échevelée tout juste tombée de son hamac.

Antho la rejoignit alors que la petite sorcière détalait vers les dortoirs.

— Tu es impressionnante.

— Merci !

Rim mordit sans conviction dans sa galette et lui trouva un goût de cendre. La grossièreté d'Alex et son inquiétude pour Ulysse lui avaient coupé l'appétit.

Elles quittèrent le convent pour sillonner la cité, une chape d'angoisse sur les épaules. À l'orée du Passage des Chats, Rim déposa le reste de son petit-déjeuner dans une cache, certaine qu'il serait ramassé par qui de droit.

Personne n'avait vu le colporteur. De plus en plus anxieuses, elles poussèrent jusqu'au caravansérail, mais après deux heures de recherches, elles regagnèrent le convent, bredouilles et convaincues qu'il était arrivé quelque chose de grave. Avec un retard pareil, jamais Ulysse n'aurait omis de les prévenir. Par acquit de conscience, elles firent un détour par le pigeonnier, mais, comme elles s'y attendaient, il n'y avait pas de message.

— Regarde !

Au pied du bâtiment rond qui jouxtait la ménagerie, un oiseau mal en point tentait farouchement de s'élever vers les ouvertures. Rim et Antho se frayèrent un passage parmi les énormes cactus et finirent par l'attraper. Pour ne pas l'effrayer davantage, Anthoïna lui couvrit la tête pendant que Rim saisissait fébrilement sa patte. Elles échangèrent un regard entendu à la vue de la bague d'Ulysse, mais l'oiseau ne portait aucun message.

— Je vais le déposer à Imogène. Attends-moi devant. J'arrive, ordonna Antho de ce ton si froid qui n'annonçait rien de bon.

Rim contourna les bâtiments. Dans son impatience, elle tournait en rond devant l'entrée, incapable de se concentrer assez pour retirer les épines qui lui hérissaient les doigts. La fatigue, le stress et l'attitude inqualifiable d'Alex la faisaient mouliner dans le vide. Rien de ce qui lui venait en tête ne constituait la moindre amorce de piste si bien que, lorsqu'elle vit Magda, elle se précipita pour lui demander assistance. Si la chasseresse acceptait, nul doute qu'elle le paierait au centuple, mais hors de la cité, personne n'allait nulle part sans monture.

Quoique prévisible, la réponse de Magda ne se fit pas attendre.

— Tu n'as que de vagues présomptions. En quel honneur t'aiderais-je ?

— Mais le pigeon ? Et puis Ulysse n'est *jamais* en retard !

— Hors de question !

— Alors prête-moi un cheval.

La borgne se fit hautaine.

— Tu ne sais même pas monter. Je ne te dois rien, Rim.

— Mais à moi si, Magdalène !

La voix d'Anthoïna était plus tranchante que ses scalpels. Jamais Rim ne l'avait vue si autoritaire.

Magda se tassa. Personne ne lui donnait de son prénom complet sinon Tidiane.

— Très bien, concéda la borgne.

D'un ton qui ne souffrait aucune contradiction, Anthoïna exigea de l'accompagner.

— Va chercher Craco, ordonna-t-elle à Rim. Et attends-nous ici.

La jeune femme se fit rabrouer avant d'avoir essayé de protester.

— Tu ne sais pas monter. Tu ne ferais que nous ralentir. Exécution !

Syahgosh rejoignit sa maîtresse alors qu'elle sautait en selle. Antho lança sa jument au petit galop et cria à Magda qui portait le faucon au poing :

— Il arrivait de Samara.

Rim faillit reprendre les cent pas à l'ombre de la ménagerie, mais les sœurs en avaient pour des heures et son cerveau épuisé d'émotion échafaudait des hypothèses atroces. Il fallait qu'elle se dépense !

La palestre s'était rappelée à son bon souvenir après un rêve particulièrement épouvantable rempli d'hommes en gilets jaunes. Pour évacuer l'impuissance qui l'accablait depuis Calais, elle s'astreignait à se rendre aux cours d'autodéfense.

La jeune fille leva un nez pointu vers le ciel. Midi. Avec un peu de chance, le cirque serait désert. Tournant les talons, elle traversa d'un pas décidé les cours, les jardins, les couloirs qu'elle connaissait par cœur en révisant ses théories les moins aberrantes. La première avait été pour le fléau, mais avant son départ Antho avait assuré mordicus que c'était impossible. Sans s'attarder, elle avait donc sauté à la seconde et la plus vraisemblable : des semeuses ou un piège.

Rim enfila des gants et mit tant de rage dans le premier coup qu'il lacéra son flanc blessé. Le front posé contre le gros sac de sable, elle haleta jusqu'à la fin de l'élancement puis concentra ses efforts sur le bras gauche.

Aux dires d'Imogène, les nornes se faisaient de plus en plus téméraires. Depuis que Magda avait rapporté de nouveaux pièges, le grand héron ne décolérait plus.

Une longue série de frappes plus tard, la jeune fileuse s'assit à même le marbre frais. La veille, le marché bruissait lui aussi de la rumeur sur les redoutables machines.

L'écho d'un pas la tira de ses ruminations. Une silhouette trop familière s'avançait. *Alex !*

Elle se leva avec les égards dus à sa côte.

— Tu viens t'offrir comme exutoire ?

Dans tous les cas, elle a intérêt à s'expliquer une bonne fois pour toutes ou je ne réponds plus de rien !

Alex la détailla d'un regard appréciateur.

— Que se passe-t-il ?

— Depuis quand ça t'intéresse ?

La novice porta une main hésitante à son serre-tête.

— Tu ne mets jamais les pieds ici, d'habitude.

Rim envoya un poing rageur dans le sac.

— Rim ?

— Ulysse devrait être là depuis hier. Il a dû lui arriver malheur. Antho et Magda sont parties à sa recherche et comme je ne sais pas monter, j'attends ! Satisfaite ?

Le mutisme d'Alex la hérissait. Elle lui fit face, poing brandi.

— D'ailleurs je t'interdis de me regarder comme ça tant que tu n'as pas une explication recevable pour hier. J'en ai plein le dos, moi, de ta façon de souffler le chaud et le froid !

Et puis, je viens ici si je veux. Cet endroit ne t'appartient pas, que je sache ! Bonne nuit !

Elle quitta le cirque d'un pas furieux.

Aiguillonnés par la présence du caracal, les chevaux avaient progressé à une allure soutenue qu'Anthoïna ne parvenait pas à savourer. Son sixième sens hurlait qu'il était arrivé quelque chose à Ulysse et, dès que sa monture faisait mine de ralentir, elle fermait les jambes avec autorité. Cantonnée à son rôle d'escorte, Magda surveillait Craco, certaine que le rapace serait le premier à repérer leur cible.

Le soleil au zénith brûlait les champs de pois chiches et les cactus depuis deux bonnes heures lorsque Craco poussa enfin le cri qui décrocha le cœur d'Antho. L'oiseau piqua et les deux femmes quittèrent aussitôt la piste.

— Attention, avertit Magda, les raccourcis sont truffés de pièges.

Anthoïna allait répondre quand la présence d'un chacal lui fit talonner sa jument. Le charognard secouait… un bras ? Elle chargea sur un hurlement si sauvage que l'animal détala, piaillant de terreur. Il n'était pas de taille contre une telle furie.

Elle passa du galop à l'arrêt et sauta de selle avec une souplesse qui impressionna sa sœur.

Sans même regarder Magda, Antho lui jeta ses rênes et courut vers le tas chiffonné qui gisait à cinq mètres d'un Merlin agonisant.

Un spasme lui défonça les entrailles quand elle reconnut la moustache d'Ulysse, si saugrenue dans sa gangue de sang séché. Secouée, elle s'agenouilla près du corps, mais ne retrouva sa pleine maîtrise que lorsque ses doigts captèrent le pouls du blessé.

Sans le déplacer, elle tenta d'établir un premier diagnostic, mais les hurlements de Merlin la rendaient hystérique.

— Achève cette pauvre bête, Magda ! intima-t-elle. Il mourra avant qu'on puisse le réparer.

À l'affût d'un quelconque signe d'hémorragie, elle examina les pupilles, mesura le pouls, la température et la couleur de la peau d'Ulysse. Ses doigts volaient sur le corps meurtri où elle traqua ensuite les indices de fracture au niveau de l'épine dorsale. Une fois cette crainte écartée avec certitude, elle lâcha un soupir de soulagement et lista les blessures superficielles.

En sus des inévitables coups de soleil, la chute lui avait râpé le visage. Son nez était cassé et de gros cernes bleus enflaient sous les yeux clos striés de sang séché. Elle palpa délicatement le cuir chevelu, poussa un second soupir. Aucune bosse suspecte. En revanche, un fâcheux hématome bombait la tempe à l'endroit de l'impact.

Son cœur de biotaniste battait une chamade irrégulière et désagréable. Bilan : clavicule droite cassée et épaule déboîtée. Elle la remit en place, espérant que la douleur tirerait son patient de l'inconscience. En vain. Pour immobiliser le bras, elle tourna le dos à Magda, peu désireuse d'assister à l'euthanasie de Merlin.

L'arbalète siffla puis ce fut enfin le silence. De ces silences qui glacent jusqu'à l'os.

Le sale boulot achevé, Magda lui tendit un carré de papier et un crayon.

— Sissi ne me laisse pas l'approcher.

La biotaniste frotta ses doigts poissés de sang dans le sable et rédigea un message rapide qu'elle glissa dans le tube accroché au cou de son familier.

— Va, ma belle !

Elle lui flatta la tête, et le caracal partit au galop vers le convent.

— Fais-moi de l'ombre, Magda… s'il te plaît, ajouta-t-elle. On risque d'attendre un moment et la chaleur est intenable.

La chasseresse s'exécuta sans un mot tandis qu'elle s'affairait sur son patient. Absorbée par ses soins, elle ne prêtait plus aucune attention aux faits et gestes de la sœur. Une heure plus tard, elle avait recousu le cuir chevelu du blessé qui reposait à l'ombre, le visage débarrassé du sang qui le maculait.

Le chacal n'était pas encore revenu quand Magda s'accroupit à ses côtés et agita un piège ensanglanté.

— Tout le raccourci est miné. C'est la faute des nornes s'il est dans cet état.

— Il est dans le coma, lâcha Antho d'une voix atone.

Hors de question de dévoiler ma faiblesse.

Imogène les rejoignit après deux interminables heures à cuire en plein désert. Avec une infinie délicatesse, les trois femmes placèrent Ulysse sur l'attelage. Au grand soulagement d'Antho, Rim était restée au convent, et elle espéra que la jeune fileuse préparait les remèdes mentionnés dans son message.

En arrivant, la biotaniste exigea qu'on installe Ulysse dans sa propre cellule et chassa tout le monde dès qu'il fut déposé sur son lit. Rim déboula les bras chargés de préparations qu'elle lâcha sur la table de toilette tant ses mains tremblaient. Même débarrassé du sang, le visage tuméfié n'était pas beau à voir. Elle s'approcha de la couche à pas prudents, blême d'angoisse, les lèvres pincées.

— Il est dans le coma. Magda dit que ce sont les nornes, débita Antho.

La jeune fille tiqua sur la formulation, ouvrit la bouche pour demander une explication mais un regard la fit taire.

Dans son dos, Iseult toqua à la porte. Syahgosh feula une sourde menace.

— Encore toi ! Dis à ton familier de me laisser passer !

— Moi vivante, personne ne l'approchera.

— La douleur t'égare, ma sœur, gronda Iseult.

Antho lui tourna le dos et entreprit de redresser les fioles chahutées par Rim.

Lassée d'attendre, la vieille biotaniste repartit, fulminant contre l'insubordination des jeunes et les familiers mal dressés.

Près du jardin, celle qui terrorisait tout un parterre d'un seul regard invoquait encore la confiance et débitait un chapelet d'imprécations qu'Olympe n'entendit pas. Plaquée contre un mur, la jeune chasseresse écouta la suite de la conversation, hors de portée du caracal, mais assez proche pour n'en pas perdre une miette.

— Je ne veux utiliser que les préparations que tu as concoctées toi-même. Tu m'as bien comprise ?

— Tu crois qu'il va s'en sortir ?

— Rim ! Les remèdes ? cria Antho.

Sans y penser, l'adolescente fit sauter les mains qui lui serraient les épaules.

— Oui ! C'est moi qui les ai préparés ! Reprends-toi, Antho !

Quand Alex fit irruption aux commandes d'une brouette surchargée, les couinements d'essieu empêchèrent Olympe d'en entendre davantage et elle s'éclipsa, faisant mine d'ignorer le lourd regard bleu.

Son bandeau était trempé. Anthoïna avait expressément ordonné que personne ne touche au paquetage du blessé, et cette demande incongrue intriguait la novice… *Pas le style d'Anthoïna de perdre les pédales.*

Le déchargement fit un ramdam pas possible.

— Voilà !

— Pousse-toi, Sissi, ordonna Rim qui la regarda s'éponger le front de son foulard. La simple présence d'Alex faisait tambouriner son cœur. *Mais elle évite mon regard…*

Le paquetage d'Ulysse fut tiré à quatre bras dans la cellule aussitôt saturée par les puissants effluves de chameau. Les sacoches étaient lourdes et à peine furent-elles entassées dans un coin qu'Alex repartit.

À croire qu'elle a le diable aux trousses !

— Tu devrais aller présenter tes excuses à Iseult.

— Maintenant ? Tu ne préfères pas que je t'aide ?

— Ne laisse pas pourrir la situation.

— À condition que tu me fasses appeler pour que je te relaie.

Mais lorsqu'elle était enfermée dans son mode chirurgical, il n'y avait rien à tirer d'Antho. Sur une caresse au caracal, Rim prit la direction de l'antre du dragon en traînant les pieds.

Circonspecte, l'ado frappa au montant de la porte de l'atelier.

— Iseult ?

— Oui ?

La vieille femme surgit dans son dos, ce qui la fit bondir.

— Je venais te présenter mes excuses pour hier.

Elle esquissa son geste fétiche.

— Mmm… n'en parlons plus.

Sans transition, elle lui colla sous le nez une petite boîte de bonbons au romarin.

— Tu en veux un ?

Rim détestait les sucreries qu'Iseult agitait avec brusquerie trop près de son visage et elle soupçonnait la sorcière de le savoir mais il aurait été indécent de refuser ce gage de paix, aussi engouffra-t-elle une friandise.

— Merci. Délicieux !

— Tu mens mal.

La jeune fille crut déceler un éclair de satisfaction dans l'œil laiteux de la petite femme, mais elle se garda de relever la provocation et, dès que la politesse le lui permit, s'échappa. Trop tard, toutefois, pour pouvoir cracher le bonbon.

Maintenant il fallait qu'elle mette la main sur Alex. Qu'elles parlent. *Où peut-elle se trouver ?*

Sans rien pour s'occuper les pensées ni les doigts, Rim ressassait leurs baisers, sa fuite. *Qu'est-ce que j'ai fait de mal ? C'est elle qui a pris l'initiative. J'aurais jamais eu le courage...*

Le cœur au bord des lèvres, elle passa par la serre, mais un verre d'eau ne suffit pas à ôter le goût de romarin qui lui poissait le palais. Elle reprit sa marche vers la ménagerie. *Elle s'y est peut-être planquée après avoir rendu la brouette ?*

L'eau bougeait bizarrement dans son ventre, cognant et glougloutant contre les parois de son estomac vide. La jeune fille fouilla la ménagerie de fond en comble, glissa au passage une récompense à Craco.

— Sans toi Ulysse serait mort. Vous êtes quittes maintenant, sourit-elle tandis qu'une larme pendait dangereusement au bout de ses cils bruns.

Imogène déboula avec une brouette bombée de fumier. C'était une chose que Rim appréciait : jamais elle ne se déchargeait des basses tâches.

— Tu n'as pas vu Alex ?

— En cours, peut-être ?

Le héron sortit son chargement tandis que Rim s'appuyait au mur. *C'est pas possible d'être ramollie du bulbe à ce point !* Elle se serait mis des claques.

Au mépris des protestations de son estomac, elle retraversa la cour d'honneur au trot. À mi-chemin, un spasme de mauvais augure lui tordit le bas-ventre et, lorsqu'elle arriva au coche, elle dut s'accroupir. La sueur lui emperlait le front et lui glaçait les reins.

Merde, pas maintenant !

Elle gagna le cloître à petits pas et s'affala sur le muret qui entourait la serre. *Pourvu que le cours de tire-laine se termine vite !*

Olympe s'assit à ses côtés.

— Tout va bien ?

Rim hocha tout doucement la tête, incapable d'ouvrir la bouche. Non qu'elle n'eût apprécié de lui vomir dessus, mais elle n'en avait plus la force.

La jeune chasseresse lui apporta un verre d'eau qu'elle but avec reconnaissance. Cette sollicitude lui ressemblait si peu. Si elle n'avait pas été si mal en point, peut-être se serait-elle méfiée, mais un reflux acide aux relents de romarin l'obligea à fermer les yeux. Quand elle les rouvrit, Olympe s'était volatilisée. *Bizarre.*

Pour s'empêcher de sombrer, Rim caressait le muret. Du bout des doigts, elle se concentrait sur les aspérités des pierres et le grain des joints mais ses tremblements gâchèrent rapidement l'exercice. Enfin, les novices sortirent.

Comme toujours, Alex quittait la classe en dernier.

Rim attendit d'apercevoir son foulard pour se lever, mais ses genoux cédèrent et elle dut se retenir à une colonne. Elle avait le teint cireux. Sa lèvre supérieure était constellée de transpiration et ses paupières papillonnaient d'étrange façon. À travers les flocons noirs qui lui brouillaient la vue, elle vit Alex se précipiter.

— Ça va ?

Elle secoua la tête, s'appuyant de tout son poids sur le bras offert.

— Non. Rechute, je crois. Ma chambre. Antho.

Sourcils froncés, Alex la conduisit à sa cellule et la hissa sur son hamac.

— Je vais te chercher de l'eau. J'arrive, ma belle.

Rim lui adressa une ombre de sourire. *Peut-être que tout n'est pas foutu.*

Elle reprit connaissance quand Alex glissa un gobelet de tisane entre ses articulations grippées. Elle grelottait de fièvre, si bien que son amie dut l'aider à boire.

— Anthoïna passera t'examiner, mais je n'ai pas réussi à lui faire quitter le chevet d'Ulysse.

Son œsophage lui sembla constellé d'éclats de verre tandis que la jeune fille vidait laborieusement la tasse.

— Pas les mêmes symptômes.

Elle vomit.

— Je retourne la chercher !

Antho pointa un index menaçant sur la novice aux yeux bleus.

— Tu restes ici et tu fermes à clef. Compris, jeune fille ? Si jamais je m'aperçois que tu as ouvert, je me charge personnellement de ton sort. C'est clair ?

— Limpide !

La biotaniste courut au chevet de Rim. Elle connaissait les symptômes des rechutes sur le bout des doigts, et les vomissements n'en faisaient pas partie !

Il lui fallut la secouer pour que sa protégée revienne à elle.

— Tu as mangé quelque chose depuis ce matin ?

Rim nia sans ouvrir les yeux.

— Réfléchis, ma gazelle. Qu'as-tu avalé ? C'est primordial.

— Bonbon romarin Iseult… Verre d'eau serre. Encore un, serre, donné par… Olympe.

La dose n'est probablement pas assez forte pour la tuer, mais il faut agir vite. Antho se précipita dans l'officine d'Eulalie, empocha l'un des précieux flacons de charbon végétal et revint au chevet de sa patiente avec une poignée de plantain raflée dans la serre.

Rim était tombée du hamac et dodelinait de la tête, ramassée au sol en position fœtale. La sœur jeta les herbes sur la table de toilette et regagna sa cellule, échevelée et hagarde.

— Fais une infusion de plantain et sers-t'en pour lui faire avaler tout le charbon que tu pourras sans qu'elle vomisse. Vas-y doucement, c'est précieux et j'ai piqué toute la réserve d'Eulalie.

Alex acquiesça.

— Besoin de rien ?

— Non ! Méfie-toi de tout le monde. Et ne la laisse pas seule, quitte à l'enfermer si tu dois t'absenter.

Anthoïna jeta un regard fou de chaque côté du couloir avant de lui confier la clef.

— Rien de tout cela n'est accidentel.

La phrase tournoyait encore sous son bandeau lorsqu'Alex introduisit la clef dans la serrure. La jeune fileuse délirait.

— Alex ?

— Je suis là.

— Pourquoi tu t'es enfuie ? J'ai fait quelque chose de mal ?

— Non, ma belle. Bien sûr que non ! C'est moi. Guéris et je t'expliquerai.

— Promis ?

La novice scella son serment d'un baiser sur le front lustré de sueur.

— Promis. Et maintenant, tu vas devoir avaler un max de charbon.

— Poison ? s'étonna Rim qui s'évanouit de nouveau.

L'état de son amie et les soupçons d'empoisonnement horrifiaient qui Alex mit un moment à se ressaisir. S'il fallait faire baisser la fièvre, les bains froids étaient un luxe que personne ne pouvait plus se permettre. Sur une inspiration subite, l'ado courut aux cuisines. Dans le coin le plus frais et le plus profond des resserres se trouvaient plusieurs celliers. Les petites pièces regorgeaient de jarres dans lesquelles les sœurs conservaient toutes sortes de denrées périssables grâce à un antique système de réfrigération. La novice souleva le linge mouillé qui couvrait le premier pot. Il lui fallait quelque chose de petit et de malléable. *Des petits pois, nickel !*

Le froid sur l'aine tira Rim de son apathie, mais elle était trop faible pour le repousser.

— On *doit* faire tomber ta température. Je vais te donner du charbon maintenant, d'accord ? Tu dois l'avaler, supplièrent les lèvres qu'elle avait embrassées la veille.

La première cuillerée de poudre noire la fit tousser.

— Non, ne crache pas !

Alex lui bloqua précipitamment la mâchoire, l'obligeant à ingurgiter un peu de plantain.

— Bois !

Après une demi-heure de bataille, la malade avait ingéré une quantité raisonnable du mélange et Alex décida de lui laisser un peu de répit.

Trop épuisée pour la remonter sur le hamac, la novice aménagea une couche de fortune au sol. Rim n'était pas la seule à n'avoir pas dormi après le fiasco de la veille.

Sur le drap, sa main s'agitait, supplique muette. Le cœur serré, Alex la prit et la posa sur ses genoux comme s'il s'agissait d'un animal blessé. Ses doigts vagabondèrent sur sa peau tout en priant pour que les arabesques suspendent le temps, rattachent Rim au présent… *à moi.*

Lorsqu'Anthoïna risqua un coup d'œil dans le judas, les filles dormaient par terre, main dans la main. Elle retourna au chevet d'Ulysse. Elle se bourrerait d'excitants, mais personne ne l'approcherait tant qu'il ne se serait pas réveillé.

XIII – UN PAS SUR LE CÔTÉ

*L*A DISSONANCE SE TAPIT SOUS LA DÉCHIRURE *qui précède la myoclonie.*

Ceci n'est pas *une rechute. Mon intuition s'affole. Mes muscles regimbent, tétanisent. Un spasme puissant me laboure l'estomac, comme toujours lorsque la fièvre me catapulte dans l'un de mes plus vieux cauchemars. Et pourtant…*

Ce serait la bonne direction si seulement mon bras gauche ne cherchait pas à se détacher.

Je suis retenue.

Fibre à fibre mes cellules se détricotent, écartelées par un inexplicable lest.

Je me débats contre ce faux départ, et ce qui m'entravait cède.

Le recul claque. Quand la pesanteur m'avale, ma détresse résonne. Je tombe enfin et le cauchemar reprend où je l'avais laissé.

Je garde les yeux clos pour contenir la migraine qui me poinçonne l'orbite droite.

Sous mes doigts, la poussière et les éclats de la rose des sables.

J'attends.

Si seulement cette rechute pouvait être différente, comme quand j'étais petite.

Peut-être qu'il sera là ?

Alex se réveilla en sursaut. L'aube lui chatouillait le visage. Il faisait froid. Quelque chose claquait au vent. L'ado tourna la tête, et les reliefs rouges d'un ruban trop familier lui pincèrent l'âme. *Qu'est-ce que c'est que ce délire ?*

Le silence était assourdissant.

Il lui fallut quelques centaines de pas pour rejoindre les ruines de son foyer, éteintes depuis des mois, puis la trappe de la citerne. Les relents frais de l'eau sur la brique lui arrachèrent un soupir de soulagement. Par la force de l'habitude, son bras se tendit vers le seau. Bien sûr, ses doigts n'attrapèrent que du vide, mais ce réflexe toujours ancré fut plus douloureux que de croiser le spectre de sa mère. *Un récipient.*

Le vent patient sculptait sur les ruines des dunes en devenir. Les cactus reprenaient doucement leurs droits dans les recoins abrités. Enfin, Alex buta sur le bol d'offrandes. *Ne gâche pas ton eau. Quel adage débile !*

Sa manche en fit une fois de plus les frais et, dans sa mémoire, la voix de sa mère gronda : « Les mouchoirs ne sont pas faits pour les chacals ! »

La tour à vent s'abîmait déjà. Une bourrasque lui tira un frisson d'angoisse. *Il ne manquerait plus que l'harmatan nous souffle les semeuses dans les pattes…* Pas une voile à l'horizon.

Sa soif étanchée, Alex retourna vers les vestiges de sa cabane d'enfance. Tant de questions se bousculaient sous son bandeau, à se taper sur la tête pour les mettre en rang.

Du temps pour se souvenir. Est-ce tellement demander ?

Un

pas

après

l'autre.

Ne

pas

renverser

une

seule

goutte.

Alex fit boire Rim.

Au contact de l'eau, elle gémit avant d'engloutir le bol à longs traits.

Ces mains sur ma peau brûlée de fièvre. L'eau. Si froide que j'ai mal. Ma tête sur ses genoux.

La jeune fileuse reprit connaissance, sourcils froncés.

— C'est toi ?

Une main caressa tendrement sa tignasse emmêlée.

— Qui veux-tu que ce soit ?

Dans l'ombre du corps de son amie, Rim ouvrit les yeux et trouva le regard bleu là où elle l'attendait. Sur les lèvres pulpeuses s'épanouissait une timide réponse. Son cœur repartit.

— Tu te sens capable de marcher ? Il faut qu'on se mette à l'ombre.

— À l'ombre ?

Alex se dégagea pour qu'elles puissent se redresser. Le soleil se levait sur la ferme.

Rim plissa les yeux. Détailla le paysage, coula un œil prudent vers son amie. *Ce profil. Ce sourire. Bien sûr qu'on s'est déjà rencontrées !*

Cette soudaine lucidité la fracassa. Elle se plia de douleur et s'évanouit lorsque les derniers morceaux s'assemblèrent dans son esprit.

Sans se démonter, Alex la hissa sur son dos et se dirigea vers le seul bâtiment qui tenait encore debout. Chaque pas alourdissait le poids des non-dits et la sensation de déjà-vu.

Tant de secrets…

Rim pataugeait dans son délire. La certitude vénéneuse de retrouver Alex pour la perdre était insupportable. *Sorcière. Je suis maudite. Non content d'avoir tué les miens, le fléau fout mon avenir en l'air.* Elle se haïssait au point de souhaiter disparaître.

L'arpentage est une malédiction. Pourquoi je crève pas ? Maintenant !

— Rim ? pria Alex d'une voix blanche.

Confesser l'inavouable. Faire face.

— Tu ne me reconnais pas ?

Elle s'arracha l'aveu comme un pansement.

— Ta famille. Je les ai tués. Tous !

Ses yeux fous balayaient le visage auréolé de boucles, mais le rejet tardait.

Comme Alex ouvrait finalement la bouche, elle s'enfuit, si faible sur ses jambes qu'elle s'écroula après dix pas, mais s'acharna, à quatre pattes. Elle ne voulait pas entendre la réponse, mais son amie ne disait rien. *Que ne comprenait-elle pas ?*

Alex attendit que Rim s'évanouisse pour, encore, la ramasser et la remettre à l'ombre.

Sous l'emprise de la fièvre, elle gémissait, s'arrachait des aveux si pleins de désespoir qu'on saisissait mieux ce que lui pesait sa condition de sorcière. Quand, enfin, elle se rendormit, Alex se frotta les joues et déglutit. La suite s'annonçait d'autant plus pénible.

Des gouttes sur ses paupières tirèrent Rim du néant. Pas d'aversion ni de haine dans le regard cyan mais une vraie tristesse qui la fit fondre en larmes. Elle n'avait plus la force de se cacher.

— Tu n'as pas compris ? sanglota-t-elle.

Alex passa un chiffon humide sur la bouche craquelée de fièvre.

— Chuuut.

Rim percevait avec une acuité douloureuse la profondeur de son malaise. *Pourquoi ne me rejette-t-elle pas ?*

Elle prit une rapide inspiration.

— Écoute, chuchota-t-elle, arrêtant la main qui tentait une fois encore de la faire taire. J'ai tué ta famille. En sautant ici quand j'ai contracté le fléau, je vous ai toutes condamnées, même si je ne m'en souviens pas.

Alex la serra dans ses bras, les berça. Toutes les deux.

— Je sais, ma belle. Je le sais depuis toujours.

Cette réponse la laissa si stupéfaite qu'elle voulut s'écarter, débusquer la preuve de sa sincérité, mais elle la maintenait contre son torse d'une poigne de fer.

— Reste là, s'il te plaît. Tu n'es pas la seule à avoir des secrets. Tu es loiiin de tout savoir... Tu te souviens ? Et je doute de réussir à sortir le mien si tu bouges.

Rim se figea, tendue par l'aveu et la proximité de ce corps qu'elle désirait si fort qu'elle avait mal.

Il s'en fallait de si peu qu'elles s'embrassent. Elle serait bien restée ainsi. *Toujours*.

Plaquée dans sa chaleur, elle fit provision d'odeurs. L'inévitable approchait. N'y tenant plus, elle posa un baiser minuscule sur le cou offert.

— Je t'ai menti, articula Alex dans ses cheveux. Moi aussi j'ai peur que tu me haïsses... Je sais qui tu es depuis le départ et il y a longtemps que je t'ai pardonnée, mais le contraire est loin d'être vrai.

Son pouls s'affolait à la jugulaire. Rim déglutit, bloqua sa respiration pour parer le coup de grâce.

Alex ferma les yeux. Sa larme dévala jusqu'à la joue mal guérie de Rim.

— L'autre soir, je ne suis pas partie à cause de toi... Mais à cause de moi.

Les phrases préparées depuis des semaines s'étaient évadées. Alex resserra son étreinte pour ne pas que Rim s'envole avec l'aveu.

— Je m'appelle Alexis…

La jeune fille sentit nettement la culpabilité le quitter tandis que son cerveau moulinait à plein régime. *Tu l'aimes en garçon comme en fille, non ?*

Quand elle sourit dans son cou, il desserra son étreinte pour se laisser regarder.

Elle aurait voulu poser un milliard de questions, mais la première fut pragmatique :

— Comment as-tu dissimulé *ça* ?

Elle glissa un doigt tendre le long de sa mâchoire, caressa l'ombre de barbe qui lui sablait les joues.

— Magie ! feinta-t-il.

La réponse ne comptait plus.

— Il faut bien que quelques décennies de cavale nous aient appris deux ou trois trucs !

Les mains de Rim s'envolèrent. Elle l'attira contre sa bouche, l'embrassa avec une fougue qu'il lui rendit aussitôt.

L'intensité de leurs baisers les laissa affamés et couverts de sable.

— Allons boire, implora Alex.

Il puisa le précieux liquide avec la dextérité d'une longue habitude mais, lorsqu'il lui tendit le bol dégoulinant, Rim refusa.

— Honneur aux hommes.

— Pas de ça entre nous, ma belle ! Si tu modifies ton attitude sous prétexte de mon changement de sexe, on ne va pas être copines !

Elle éclata de rire pour masquer son malaise.

— Je peux savoir ce qu'il y a de drôle ?
— Ulysse n'aurait pas dit mieux. Mes excuses !
— On oublie.

Rim but à longs traits. Comme si l'eau achevait de lui rendre ses facultés, elle se figea soudain, assaillie par une avalanche de conclusions. Mais lorsqu'elle ouvrit la bouche, son estomac gargouilla, ce qui déclencha l'hilarité du jeune homme.

— Tu es encore plus beau quand tu ris.

— Allons manger… S'il reste quelque chose dans ma cache.

À bien y regarder, l'abandon des lieux n'était que partiel. La tour à vent, quoiqu'abîmée, fonctionnait toujours et le pan de toit était en bon état. Rim décela même les vestiges de petites cultures. Combien de temps avait-il vécu là tout seul ?

Accroupi dans un coin du bâtiment, il la héla :

— Tu peux m'aider, s'il te plaît ?

Elle joignit ses efforts aux siens pour déblayer le sable accumulé par le vent. Au bout de quelques minutes, leurs doigts rencontrèrent une dalle de pierre. Le jeune homme en dégagea les contours avec minutie, la souleva d'un mouvement sûr puis s'allongea pour plonger la main dans le trou. Il en tira d'abord un minuscule coffret rouge qu'il posa sur le bord et tendit à Rim un récipient dans lequel s'enroulait une guirlande de dattes séchées. Le second bocal était à demi rempli de pois chiches.

Sans vraiment s'en rendre compte, Alex s'était coulé dans une routine bien huilée. Rim le regarda tirer un trépied d'une niche.

— Je peux faire quelque chose ?

Immergé dans son passé, il sursauta.

— Iseult, sors de ce corps ! Tu peux ramasser des crottes de chèvre pour le feu.

Il lui désigna un panier de fibres de palme tout abîmé.

— C'est sûr que celui-là, les voisines l'ont pas piqué.

Quand Rim revint, il avait étalé une vieille natte et le lieu semblait de nouveau habité. Elle déposa son panier non loin des légumineuses qui trempaient et le regarda préparer le feu.

Le silence crépitait de bruits minuscules. *Tant de petits animaux aimantés par la tour à vent.*

La jeune fille choisit une question neutre parmi la multitude surgie pendant sa promenade.

— Où sommes-nous ?

Alex lui tendit une coupe d'eau parfumée de menthe.

— Dans les Marches, le plus loin possible du convent.

Agacée par sa propre ignorance, Rim secoua la tête.

— Je n'y comprends rien. Combien de temps as-tu vécu seul ici ?

Soudain, l'incohérence qui la titillait depuis l'aveu explosa sur une monstrueuse évidence. Elle se frappa le front.

— Le fléau aurait dû te tuer !

— Ben, sur ce coup-là, il s'est carrément loupé.

Alex se lança. Après tout, si Rim avait résisté à son changement de sexe, elle pouvait bien encaisser ça. Il caressa du pouce le coffret rouge.

— Ma mère était sorcière.

La révélation laissa la jeune fileuse interdite. Elle fixa le vide entre ses jambes croisées, tentant d'assembler les pièces de ce fichu puzzle. Ses certitudes s'effondraient plus vite que des dominos. Pendant que ses doigts ratissaient machinalement le sable, elle esquissa un sourire triste. *Ulysse aurait-il moqué sa gazelle aux mille questions ?*

— Raconte.

— Tu reconnais ce sceau ?

Avec précaution, Rim saisit l'objet et l'inclina pour en distinguer la gravure. Sa mémoire fit aussitôt le lien avec les manuscrits les plus consultés du scriptorium, mais aussi certains bouquins d'Enora.

— Alice, souffla-t-elle incrédule.

— Alice était ma mère. Une fileuse puissante, mais pas aussi docile que l'aurait voulu Tidiane. Évidemment qu'elle a fini par rapporter des livres qui ne figuraient pas sur la sacro-sainte liste. Y avait qu'à la regarder pour savoir que c'était inévitable. Que je sache, elle ne s'est jamais fait prendre, mais elle a quitté le convent du jour au lendemain, et je suis né six mois plus tard.

— Donc j'arpente aussi le présent..., soliloqua Rim, abasourdie... Moi qui t'ai toujours pris pour un ami imaginaire. J'étais persuadée que c'était un cauchemar ! À ma dernière rechute, tout était carbonisé. Je t'ai cru mort !

— Mais tes pieds cramés ?

— ...

— J'ai effectivement survécu au fléau...

— Mais pourquoi t'être travesti ?

— … quand j'avais six ans. Ce qui a conforté ma mère dans son délire de m'éloigner des sœurs à tout prix. Avant ma naissance, déjà. Alors après, tu imagines… Ici, ma maladie est passée inaperçue. Alice ne m'a jamais expliqué pourquoi elle me confinait mais elle m'a transmis la plupart de ce qu'elle savait. Pour compenser, je suppose. Le problème, c'est que j'en avais jamais assez.

Il chercha la cyanite à son cou.

— Je voulais un accès direct et illimité à tout ! Tout ce que les sœurs réservent aux filles. Ma mère m'avait prévenu que je risquais gros mais sans rien expliquer. Une fois de plus !

Tout à son récit, Alex effilochait un coin déjà abîmé de la natte. Un tic familier, sans doute, qui l'aidait à poursuivre :

— J'en ai déduit que toutes les vérités ne sont pas bonnes à dire, et moins encore quand elles concernent le passé. Chaque fois elle répondait qu'elle ne voulait pas m'influencer, blablabla… Elle s'imaginait sans doute qu'elle m'avait foutu suffisamment la trouille…

Il but une gorgée de tisane.

— C'est comme mon nom « trop dangereux ». « Par ici, un prénom suffit ! » C'était son credo. Évidemment que je n'étais pas recensé ! Combien de fois je n'ai pas raconté à nos chèvres mes aventures : « À la découverte de mon nom perdu »… J'avoue ! C'était avant de voir Tidiane en chair et en os. Avant de comprendre que ma mère était tellement célèbre qu'elle signait de son prénom. Quand elle est morte, elle m'a fait jurer mais j'ai rêvé des bouquins du scriptorium toute mon enfance ! Elle, elle pouvait filer. Moi, je n'avais que des cailloux et mes biquettes. Alors, oui ! J'ai trahi mon serment. J'ai laissé croire qu'elle était anti-sorcières pour masquer tout le reste. Tu me trouves moche ?

— Pas du tout ! Combien de temps es-tu resté tout seul ?

— Quelques mois. Tu te doutes bien qu'elle n'a pas été tuée par le fléau. Par contre, son cancer…

Il s'essuya les yeux.

— Elle refusait d'aller se soigner dans le passé. Qu'est-ce que j'ai pu la détester pour ça ! Quand elle est morte, j'y ai vu ma dernière chance d'apprendre. J'ai détourné l'attention et personne ne s'est posé de question. C'était presque facile… Plus à dire qu'à faire, quand même.

Il renifla.

— Je me suis planqué et j'ai attendu en croisant les doigts pour que les sœurs se ramènent. J'avais tellement peur d'avoir tout cramé pour rien ! Par contre, Olympe a failli tout foutre en l'air.

Rim avait la tête comme une citrouille. Les implications étaient si monumentales qu'elle ne savait quel fil tirer.

— Il n'y a qu'une chose que je ne m'explique pas, conclut-il. C'est que tu m'aies emmené ici.

— J'ai eu l'impression que mon bras se détachait.

Elle fit rouler son épaule en arrière.

— D'ailleurs, j'ai toujours mal.

Alex passa un pouce sur la pommette meurtrie et marbrée de jaune.

— Au point où tu en es…

Leurs questions décantèrent le temps du repas, les gestes libérant les pensées de toute forme de logique. Puis Rim reprit la parole.

— Résumons-nous. Je saute parce que j'ai survécu, donc je voyage vers le passé, mais je détiens également la faculté – inconnue – d'arpenter mon propre présent grâce à la fièvre. Dans les deux cas : un seul endroit.

Alex plongea sa cuiller dans la casserole de terre.

— Correct.

Le geste expédia Rim dans le froid de Calais, mais elle chassa la réminiscence d'un long frisson et s'ancra au présent.

— Si la théorie d'Antho tient la route, n'importe quelle fièvre suffit pour autant qu'elle soit assez forte... Moralité, on est coincés là.

— Et tu ne te demandes pas qui t'a empoisonnée ?

— Je suis tout ouïe.

— Qu'est-ce que tu as fait après avoir quitté Ulysse et Antho ?

Elle se concentra pour extraire des trucs valables de son brouillard halluciné.

— Répète ce qu'a dit Antho ?

— « Magda *dit* que ce sont les nornes. »

Alex n'eut qu'à lever un sourcil pour qu'elle précise.

— Elle aurait voulu me signifier qu'elle n'adhérait pas qu'elle ne s'y serait pas prise autrement. Elle l'a fait exprès. Elle passe sa vie à répéter qu'elle pèse ses mots.

— Si tu ajoutes qu'elle t'a bouclée dans ta cellule et que sa bestiole garde Ulysse jour et nuit, il y a des chances pour que tu aies raison.

— Mais ça n'explique pas pourquoi !

— J'ai bien ma petite idée, mais pour la vérifier, il va d'abord falloir qu'on trouve un moyen de rentrer.

Anthoïna s'extirpa d'un somme trop court et frotta ses yeux brûlants. Elle était harassée. Du fond de sa cellule, elle ne savait plus ni le jour ni l'heure. Pour la dixième fois, elle pinça la paume d'Ulysse, qui écarta la main par réflexe. *Stable.*

Elle rêvait d'une séance de yoga mais contrôler ses pensées demandait trop d'efforts. Elle se limita à l'examen des éléments sans parvenir à en dégager un mobile probant. Si Alex semblait écartée d'emblée, Antho ne voulait bannir aucune hypothèse mais elle avait beau chercher, il manquait la motivation à l'empoisonnement.

Pour pouvoir sortir, sa priorité était de mettre Ulysse en sécurité. Elle s'attaqua donc à ce problème pratique auquel elle ne doutait pas de trouver une solution. Il le fallait !

Au bout d'une heure, elle se déplia en grimaçant et gratta le caracal derrière les oreilles.

— Le stress ne me vaut rien, ma Sissi.

Le fauve ronronna.

— Tu gardes Ulysse. Je te rapporte un pigeon.

Elle sourit quand les pinceaux s'agitèrent.

Le couloir semblait désert. Une cape d'indigo sur les épaules, elle ferma à double tour et fila vers la cité.

Sitôt qu'elle eut passé le coin, Olympe se précipita.

Judas obstrué, la garce ! Furieuse, la chasseresse se rendit chez Magda.

Sur la place, Antho mangea un biscuit sans y penser, accaparée par ce qu'elle allait raconter à Enora. Quand elle heurta une porte close, elle serra les poings et ravala sa panique.

Dans l'ombre, une silhouette l'observa s'essuyer les yeux et tourner les talons.

Soudain pressée de regagner le chevet d'Ulysse, Anthoïna rentra au trot.

Profitant de ce que tout le monde était au réfectoire, elle tira un seau d'eau et revint à sa cellule aussi vite que le lui permettait sa charge. Elle était en nage lorsqu'elle glissa la clef dans la serrure et un abîme s'ouvrit dans son thorax lorsque le battant résista.

— C'est moi, ma Sissi.

La panique menaçait de l'engloutir pour de bon. Elle s'arc-bouta contre le vantail à deux mains et un faible grognement lui permit de comprendre que Sissi gênait l'ouverture. Une brusque décharge d'adrénaline lui permit de dégager le passage et elle se jeta au chevet d'Ulysse pour prendre son pouls.

Son cœur battait jusque dans ses tympans. Elle était si éberluée qu'elle fit plusieurs tours sur elle-même avant d'accepter que quelqu'un ait pu entrer.

Respire ! Respire et réfléchis.

Assommée, Syahgosh grondait faiblement. Anthoïna souleva la paupière, lui prit le pouls.

Ce n'est qu'en découvrant les entailles qui striaient le battant que son cerveau repartit. L'haleine vireuse du fauve confirmait son diagnostic : dose massive de pavot et de belladone.

— On dirait que quelqu'un utilise mes potions contre moi ! Ta gourmandise a failli nous perdre, ma Sissi. Heureusement que la boutique était fermée !

Son soulagement fut, hélas, de courte durée. Quelqu'un possédait un double de ses clefs. L'accablant constat lui hérissa les cheveux sur la nuque.

— On n'est pas passés loin de la catastrophe !

— Tu ne te trouves pas assez amochée, c'est ça ?

— À pied, il nous faudrait une semaine pour rentrer. Ce n'est pas un peu de venin qui va me faire peur.

— On voit que tu n'as jamais été piquée !

— Quelle espèce doit-on chercher ?

Sous les airs bravaches de Rim, la panique montait. Il eut la délicatesse de l'ignorer.

— Je ne connais pas son nom, mais je le reconnaîtrais entre mille, ce traître.

Il commença à soulever prudemment les pierres. Rim avança son bras intact pour l'imiter.

— Ne pas te faire piquer par accident !

— Tu rêves ! Et tes blagues pourries me feront changer d'avis.

Alex laissa filer plusieurs spécimens avant de tomber sur le bon.

Au moment d'extraire le venin, Rim était pâle comme la lune. Il immobilisa le scorpion sur une pierre.

— Tiens le récipient sous le dard, s'il te plaît.

Armé d'une baguette, il tapota la queue et l'animal ne tarda pas à produire du venin. Rim semblait hypnotisée par le liquide opalescent. Le jeune homme caressa sa joue intacte.

— Cette idée me rend malade. Tu vas crever de mal, tu sais ?

Elle hocha la tête tandis qu'il enduisait une lame.

— Tiens, ma complicité a tout de même ses limites !

Son pouls frisait la démence. Avant de flancher, Rim se blessa au poignet d'un geste vif.

— Voilà ! Il n'y a plus qu'à attendre.

Il lui prit la main.

— Viens t'allonger.

Tous deux s'étendirent sur la natte et le jeune homme se blottit dans ses bras, l'oreille contre sa poitrine, où il s'endormit presque aussitôt.

Alex n'avait pas exagéré. Son avant-bras la lançait atrocement. La sueur et les crampes abdominales s'intensifièrent jusqu'à la plier en deux sans qu'elle ressente les prémices de la fièvre. Sa côte, au contraire, tirait sans pitié. Terrifiée à l'idée de partir sans lui, Rim noua leurs poignets à l'aide d'une bande de chiffon.

Enfin, la fièvre la propulsa. La jeune fileuse accueillit la myoclonie avec soulagement et, quand le passage menaça de lui arracher l'épaule, elle planta ses ongles dans le tissu, saisit Alex à bras le corps et enfouit le visage dans son cou pour étouffer son hurlement. *Ne pas le mordre.*

Ivre de douleur, elle sombra finalement dans l'enfer qu'elle connaissait si bien.

XIV - VERTIGE

OLYMPE ÉMIT UN GÉMISSEMENT étouffé. Par intermittence, une douleur aiguë lui lardait le cerveau, mais l'état dans lequel elle pataugeait ne lui fit pas l'aumône d'un souvenir. Vaincue par les traits qui pulsaient sous son crâne, elle s'immobilisa pour que les élancements refluent.

Lorsqu'elle reprit connaissance, elle ne put endiguer sa panique. *Où suis-je ? Depuis combien de temps ?*

Sa tête et sa nuque la faisaient souffrir le martyre à mesure que la mémoire lui revenait par bribes. *J'ai été mise au tapis par un mâle !*

Le silence l'incita à entrouvrir les yeux.

Elle s'assit au milieu d'impalpables ténèbres tandis que des explosions étoilées lui déchiraient les pupilles. Dents serrées, elle risqua une main sur sa nuque raidie par le choc et la position douteuse dans laquelle on l'avait abandonnée ; se massa le cou. Son cerveau régurgitait par lambeaux.

D'abord, son message dans le trou de pierre puis l'attente fébrile du retour de Rim. Ses efforts, ensuite, pour comprendre ce qui se tramait tandis qu'elle filait les deux filles dans les rues glauques. Qu'est-ce qu'elles cherchaient en plein Barrio ?

Rim et Alex s'étaient fait intercepter dans la lumière qui fardait l'un des bordels les plus malfamés. Quand Olympe avait essayé d'approcher à son tour, un homme s'était mis en travers de sa vue. Le prenant pour un étalon, elle l'avait repoussé sans ménagement : erreur d'appréciation sur laquelle elle méditait désormais dans le noir.

La manœuvre visait précisément à l'empêcher de voir ce qu'il advenait des deux filles. Elle caparaçonna sa honte sous une gangue de haine. Et toujours pas la moindre idée du lieu dans lequel on la détenait ni du sort qui lui serait réservé. *Si elles avaient voulu me tuer, ce serait déjà fait. À moins qu'on ne me garde pour mieux me torturer...* Elle serra les paupières de toutes ses forces, mais cette maigre parade fit exploser un souvenir particulièrement cuisant.

Mère achevait sa visite quotidienne de la nurserie. Père lisait *Barbe Bleue*. Cette histoire l'épouvantait. La petite fille qu'elle était alors fermait les yeux pour que les formes colorées qui s'imprimaient sous ses paupières la distraient. Mère avait exigé qu'elle l'entende encore et encore, jusqu'à être capable, sinon de dompter sa peur, du moins de la masquer.

Ce soir-là, la gifle l'avait cueillie dans son refuge avec une telle violence que plus jamais Olympe ne s'était autorisée à fermer les yeux.

Depuis, elle avait eu tout le loisir d'en conclure à la maltraitance... Mais comment l'admettre tout à fait ?

La jeune chasseresse secoua la tête et sa migraine amplifia la petite voix qui s'acharnait. Quoi qu'il en soit, le souvenir avait eu l'efficacité d'une véritable taloche. Par réflexe, elle s'essuya la lèvre.

Des pensées relatives à l'Ordre ne cessaient de la parasiter, comme si son cerveau suivait une autre piste sans elle. *Peut-être qu'en renonçant à tout contrôler j'y verrai plus clair ?* Par habitude, elle ferma les yeux et tenta d'accueillir ce qui surgissait en pagaille.

On lui avait intimé de guetter Rim et de prévenir Magda au moindre mouvement. L'épuisement et la surveillance monotone d'une porte close tourbillonnèrent un moment sous son crâne, vite supplantés par sa cavalcade dans le cloître dès qu'elle avait su le retour de Miss Parfaite.

Enfin, sa mémoire se débloqua. Magda l'avait fait entrer d'un effacement de son corps sec. Olympe se souvint de sa répulsion pour l'orbite mécanique exposée par sa visite impromptue. Elle avait débité un message essoufflé, attendu que son aînée pèse le pour et le contre d'une décision qui lui échappait. Enfin, la borgne avait refermé la porte pour en dévoiler une seconde, invisible. Elles s'étaient glissées dans un réduit juste assez grand pour deux et Magda lui avait désigné le mauvais tabouret tandis qu'elle se calait dans un fauteuil conçu pour supporter de longues veilles. Dans un coin, un seau d'aisance promettait une longue attente.

Comme à son habitude, la borgne n'avait rien dit et Olympe avait observé la paroi sur laquelle s'alignaient des dizaines de clochettes raccordées ou non à de longues chaînes qui filaient dans la cloison. Sous les étiquettes reposaient, dociles, de petites bestioles mécaniques. *Je la tiens, ma réponse !*

Les espèces de pneumatiques sur pattes acheminaient les missives confiées aux trous des murs. Ils étaient si nombreux qu'elle en eut le vertige. *Combien de personnes et combien de trous disséminés dans le convent… dans toute la cité, qui sait ?*

— Inspiré de la domesticité du XIXe siècle. Chaque sonnaille correspond à une porte. On les relie à volonté, coassa Magda.

Tandis qu'elle enregistrait le terme, Olympe avait cherché son étiquette. *Raccordée…* Comme celles d'Anthoïna, de Rim et bien d'autres mais, avant qu'elle n'ait pu se rebiffer, la sonnaille de Miss Parfaite l'avait propulsée sur ses jambes.

Magda avait juste relancé la bascule de son fauteuil.

— Patience. Elles vont passer chez Antho. Dès que ça tinte là-bas, suis-les.

Sidérée par ce système qui en disait long sur l'Ordre auquel elle se sentait enfin appartenir, Olympe avait quitté le réduit au premier carillon, galvanisée par la confiance qu'on daignait enfin lui accorder. Le sourire qui dansait sous sa capuche lorsqu'elle s'était fondue dans l'ombre de la cité flotta de nouveau sur ses lèvres. Tidiane avait raison. Appartenir à l'Ordre était infiniment plus satisfaisant que ce qu'avait jamais planifié mère.

Résumons. Que faisaient Rim et Alex dans le Barrio à la pire heure ? Par qui ai-je été interceptée ?

Tout le monde savait que le Barrio était sous la coupe des nornes et qu'elles y louaient des étalons.

Mais avant qu'Olympe n'ait le loisir de creuser cette question, un flot de lumière lui ouvrit le crâne. Elle se protégea le visage par réflexe. La douleur était si étourdissante qu'elle n'entendit pas l'ordre.

Dans une autre cellule, Rim se frottait le bras. Ses épaules la lançaient. La plaie insignifiante lui faisait un mal de gueux et les nausées persistaient malgré le passage. *Foutu venin !* Difficile de mettre ses idées au pas... Elle soupira d'exaspération.

À côté d'elle, Alex tentait de synthétiser les derniers événements, comme Alice le lui avait appris.

Grâce à la fièvre, Rim les avait ramenés dans sa cellule pour l'ultime carillon du gros horloge. La tension dans le tissu l'avait réveillé et il avait aussitôt dénoué le chiffon. Il n'avait plus de sang dans la main et celle de Rim était bouffie de poison. Pâle, assaillie de sueurs froides, Rim flottait encore entre deux mondes, mais une cruche d'eau avait suffi pour la faire revenir. Elles devaient parler d'urgence à Antho.

La femme échevelée qui leur avait ouvert faisait peur à voir. Difficile de reconnaître la biotaniste sous ce masque gris percé d'yeux fous.

— Je le savais ! triompha-t-elle.

Alex rentra la tête dans les épaules.

— … Quoi ?

— Que ton absence de poitrine ne devait rien à une puberté tardive !

Le recul inquiet d'Alex l'avait confortée dans son hypothèse mais, déjà, elle filait une autre obsession.

— Je suis quasi certaine que ce ne sont pas les nornes qui ont posé ces pièges. Trop gros.

Elle désigna les murs de sa cellule d'un geste circulaire.

— J'ai eu tout le temps d'y penser, ironisa-t-elle. Sissi et Rim ont été empoisonnées, comme Médée et tant d'autres ! Quant au coma d'Ulysse, il rend service à pas mal de monde.

Elle décolla une mèche du front du malade.

— Tant qu'il est dans cet état, je ne peux pas sortir. Quelqu'un a voulu tuer Sissi presque sous mes yeux, dans *ma* cellule !

Son état de surexcitation était flippant.

— Donc vous allez enquêter à ma place.

Alex ouvrit la bouche pour protester, mais la sœur y posa un doigt crasseux.

— Exécution !

Le ton était si chargé de menaces que le jeune homme jugea plus prudent d'en rabattre. Comme de juste, Rim refit surface à cet instant, la diction pâteuse mais intelligible.

— Trouver les nornes et après ?

Les deux femmes avaient poursuivi leur conversation comme s'il n'était plus là.

— Tu sais qu'Ulysse a toujours défendu la thèse selon laquelle ils ne sont pas seulement les victimes du fléau, mais surtout celles d'un mensonge écrit par les femmes ?

Rim leva un sourcil dubitatif qui fit sortir Alex de ses gonds.

Ne voit-elle donc rien ?!

— En substance, quand on s'est aperçues qu'ils survivaient quand même, on a fait en sorte de conserver nos privilèges ! précisa Antho.

— Et le lien avec les nornes ?

Mais la sœur poursuivit sur sa lancée :

— Ulysse pense que la vérité ne meurt jamais vraiment à condition de savoir la débusquer et il a parié sur la tradition orale.

L'espace confiné ne suffisait plus à contenir l'agitation d'Antho.

— Mais on n'obtient rien sans la confiance de ceux qui détiennent ces récits et je crois qu'il y est parvenu récemment.

Alex frotta la chair de poule de ses bras tandis que Rim s'énervait, furieuse d'être larguée.

— Je ne comprends rien ! C'est quoi le rapport entre l'accident d'Ulysse, ses positions et le sort réservé aux hommes ?

Le jeune homme n'y tint plus.

— Tu sais, cette moitié de l'humanité que l'histoire ne considère que pour sa semence, et encore !

— Ça va, râla-t-elle de mauvaise grâce.

— Non ! Justement, ça ne *va pas* ! Tu peux aller te faire voir avec tes principes bon ton. Lorsqu'il s'agit de défendre le veuf et l'orphelin ou de me tenir la porte, pas de problème. Par contre, quand la *vraie* égalité te gratte là où ça fait mal, tu te rebiffes ? Tu joues l'isocrate de salon et le perroquet d'Ulysse ou tu assumes jusqu'au bout ? Parce que l'égalité, c'est pas *juste* nous foutre la paix avec nos poils !

Il écumait de rage, mais sa propre virulence le fit retomber illico.

— Respire, sourit Antho.

— Et merde ! gronda-t-il en frottant ses joues qui crissèrent.

— Je te présente mes excuses. Ça te va ?

— Ce débat attendra un peu si vous le voulez bien, mes chéris, avait éludé Antho. Allez chez Enora. C'est sans doute le meilleur point de départ pour débusquer les nornes.

Dans la foulée, elle avait confectionné une sorte de tonique pour retaper sa gazelle puis les deux ados avaient patienté jusqu'à la nuit. Enfin, guidés par les lumignons palpitant aux fenêtres, ils avaient filé vers l'officine.

Mais sur le pas de sa porte, et malgré d'âpres négociations, Enora avait refusé de leur livrer plus qu'un prénom. Alex et Rim avaient insisté au risque d'attirer l'attention des voisines, mais elle était restée inflexible.

En débarquant dans le Barrio comme une fleur pour semer ses questions, Rim ne doutait pas un instant de rencontrer quelqu'un qui finisse par lui fournir une amorce de réponse. Bien plus lucide, Alex commençait à avoir peur du noir. Il se sentait observé sans plus distinguer la paranoïa du réel.

Un énième et très ostensible crachat manqua leurs sandales de peu.

— Ça t'a effleurée cinq minutes qu'on soit pas les bienvenus ? susurra-t-il.

Mais Rim était persuadée d'arpenter un territoire civilisé, à défaut d'être conquis.

— On aurait dû se changer..., poursuivit-il pour lui-même.

Le bruit selon lequel deux sœurs étaient à la recherche de Meriem s'était répandu comme une traînée de poudre. Les ruelles interlopes n'avaient rien propagé de plus croustillant depuis l'accident du colporteur, et le Barrio s'était déjà lassé de parier sur son pronostic vital.

— Je ne saisis pas votre logique, demanda finalement Alex.

Mais Rim continuait à lancer ses questions à tout vent.

— Tu sais à peine te battre ! tenta-t-il encore, en vain.

La moutarde lui montait dangereusement au nez.

Les étalons qui ne crachaient pas leur dégoût ne répondaient pas non plus aux questions de Rim qui se baladait au milieu de cette faune avec une candeur confondante.

Ne voit-elle pas ce que le maquillage dissimule si mal ? Les pupilles agrandies par la drogue, les maquerelles qui surveillent leur cheptel l'œil mauvais.

Le danger et la culpabilité crevaient le ventre du jeune homme qui refit une tentative :

— Rim ! On ne sait même pas qui est Meriem !

— Sans doute une tenancière ou une semeuse.

La perspective de devoir parler avec une femme de cet acabit lui répugnait. Alex serra les lèvres tandis que remontait cette colère qui l'avait possédé un peu plus tôt. *Comment peut-elle rester impassible face à tant de misère ? Comment ne pas s'identifier, se fondre dans ces chairs pour un bain de violence que l'empathie suffisait à rendre insupportable.*

Sur les trottoirs, l'ocre du désert se déclinait en un camaïeu de peaux rasées de près. Le jeune homme nota même un ou deux Blancs jugés si exotiques. Par quelles substances assez fortes, par quelle magie les tenancières pouvaient-elles réveiller la mécanique des étalons sur commande ? Se droguer pour ne pas y penser, sans doute... et ne jamais être capable de rembourser le coût exorbitant de l'oubli.

En contrepartie, Alex tentait de leur offrir un regard sincère.

Payé de hargne, il était tenaillé par l'envie de se retrancher derrière le bouclier de ses bras croisés, mais il s'abstint. Il se devait à tout le moins de rester digne.

Et ce qui devait arriver arriva. Cinq heures plus tard, assis sur un tabouret inconfortable dans une pièce exiguë, enfermés. La colère et le dégoût l'habitaient encore, à l'égal de sa panique à l'idée de finir comme eux.

Olympe se laissa relever. *Inutile de résister.* Elle n'avait aucune chance de s'évader d'un cachot sans fenêtres, mais avant qu'elle ait pu s'accoutumer à la clarté on lui comprima le visage dans un bandeau.

— N'essayez pas de l'enlever ou ce sera la cagoule, avertit une voix mâle.

Sa peau se piqueta de chair de poule. Elle opina. Des bras solides la firent tourner plusieurs fois... destination inconnue. L'adrénaline lui enflamma les sens. Son cœur tambourinait. Elle compta à peine quarante pas que déjà, on la ficelait à une chaise, bras dans le dos. Elle écouta chaque bruit, le plus petit raclement, dans l'espoir d'en tirer un indice.

Des pas sur le sol de terre battue. Des ongles dans un poil dru. *Une barbe*, déduisit-elle dégoûtée.

— Que faisiez-vous dans le Barrio ? demanda la même voix.

Elle dégaina cette arrogance dont elle avait le secret :

— Je suis chasseresse. Ne suis-je pas libre d'aller où bon me semble ?

— Pas si vous espionnez pour le compte de l'Ordre.

Pour mieux masquer sa stupeur, elle répliqua vertement :

— Je refuse de rendre des comptes à un homme, qui plus est trop couard pour montrer son visage ! Qui êtes-vous ? De quel droit me séquestrez-vous ?

— Vous avez du culot de vous réclamer du droit quand vous déniez à la moitié de l'humanité celui d'exister pleinement.

— Oh, je vois... Je refuse de débattre avec quelqu'un qui vit grâce à notre protection. Apprenez à vous défendre, pour commencer. Comment pouvez-vous exiger l'égalité quand vous n'êtes bons qu'à donner votre semence ! s'emporta-t-elle.

— Heureusement pour vous, mon père m'a enseigné la maîtrise, sans quoi il y a bien longtemps que j'aurais cédé à cette démonstration que vous appelez de vos vœux, gronda la voix. Par qui croyez-vous avoir été battue ?

— Si vous espérez me convertir à vos théories fumeuses, vous perdez votre temps. Je ne suis pas intéressée.

Olympe possédait un talent rare pour faire sortir les gens de leurs gonds. Ici plus que jamais, elle s'en amusait, tutoyait la rupture. Tout l'attrait du jeu consistait précisément à s'arrêter à temps.

Lorsqu'elle entendit des articulations craquer, elle se prépara au premier coup. Tout son corps se contracta, mais le seul déplacement d'air fut provoqué par l'ouverture d'une porte.

— Vous n'êtes pas la seule à aimer jouer avec le danger, promit l'homme en s'éloignant.

Malgré son bandeau, elle fut sûre qu'il souriait.

Pourquoi cette impression tenace que je viens de perdre une manche ?

Les pas décrurent mais quelqu'un prit le relais.

Poids moyen, habituée à se déplacer sans bruit... Je ne l'entends que parce que celle qui me tourne autour le souhaite ainsi. Une femme.

La jeune chasseresse se détendit d'un micron.

— Pas mal pour une bleue. Le moins qu'on puisse dire, c'est que tu ne lâches rien.

Surprise par cette entrée en matière, Olympe laissa filer un sourire qu'elle regretta aussitôt.

— À qui ai-je l'honneur ? Trop lâche pour vous dévoiler, vous aussi ?

— Ne sais-tu pas déjà qui je suis ?

La jeune femme fronça les sourcils si fort que le bandeau forma un bourrelet désagréable sur son nez. *Laisse venir.*

— Rien ne sert d'essayer de faire entendre raison aux hommes, reprit la voix chargée d'un enthousiasme irrésistible. Il suffit d'attendre qu'ils changent d'avis tout seuls !

Cette fois, elle retint son sourire.

— Ose me dire que tu ne penses pas que leur place est à la maison, que ça vous libère du temps perdu à les protéger... voire à les sauver d'eux-mêmes. Ose me dire que ta mère n'a jamais mis une bonne correction à ton père. Ça ne l'a pas tué que je sache ! Il faut se faire respecter... Dire que certaines me traitent de réac'. Nous avons plus de chances de survivre, point. Ce n'est pas comme si je demandais le retour à la polygamie ou à l'esclavage ! Puisque la nature a voulu que les hommes décident du sexe des enfants, qu'ils assument. Tu désapprouves ?

Le bandeau qui lui sciait le visage entravait ses réflexions. *Prudence...*

— C'est ce que la plupart d'entre nous s'accordent à penser.

Ce discours la désarçonnait. Il n'aurait pas déparé dans la bouche de Tidiane ou de Magda. *Mais pourquoi les sœurs de l'Ordre se seraient-elles amusées à me malmener ?*

Le silence s'éternisait quand une main se posa sur sa nuque ployée, exactement comme cette nuit-là.

Olympe tressaillit, rattrapée par ses incertitudes.

Et si elle ne ment pas ? Se peut-il qu'on appartienne au même ordre ?

— Pourquoi ne vous dévoilez-vous pas dans ce cas ?

— Inutile.

Le front d'Olympe se froissa d'incompréhension.

— Tu as été recrutée, énonça la voix.

Une main replaça son bandeau.

— De quoi parlez-vous ?

— Tu le sais parfaitement, Olympe Wals.

Comment peut-elle le savoir si elle n'appartient pas à l'Ordre ?

— Qu'allez-vous faire de moi ?

— Nous n'avons pas encore décidé, répondit celui qu'elle pensait sorti.

La jeune chasseresse frissonna d'horreur. *Retournée comme une débutante !*

Des mains calleuses s'affairèrent sur ses poignets, qu'on lui rattacha sur le ventre. De nouveau, on la fit tourner jusqu'à l'étourdissement puis, maintenue par une poigne vigilante, elle fut remorquée hors de la pièce.

Elle écoutait de toutes ses forces, mais à part le bruissement d'une porte aucun son pour lui servir d'indice. Elle parcourut moins de vingt pas cette fois.

Quand leur prison s'ouvrit, Rim et Alex se levèrent d'un bond. Par réflexe, pour être moins vulnérables, peut-être ?

Pourtant, rien n'aurait pu les préparer à se trouver face à Olympe, prisonnière.

Avant que Rim ait pu s'extirper de sa stupeur, leurs geôliers dénouèrent le bandeau de la chasseresse qui cilla pour s'accoutumer à la lumière.

Dans un élan de protection dérisoire, Rim en profita pour cacher Alex à sa vue et sa voix dérapa vers le cri :

— Mais faites-la sortir !

La hargne de Rim désarçonna Olympe. Ses yeux larmoyants emmagasinaient des détails auxquels son cerveau ébloui ne comprenait rien.

Tu analyseras plus tard… Si tu t'en sors.

Alex saisit le bras de la jeune femme pour l'empêcher de s'en prendre à la chasseresse mais il fallut plus de temps à leurs geôliers qui tirèrent leur prisonnière de justesse hors du cachot.

Derrière la porte refermée, Rim écumait de rage.

Et de peur. Elle devait en convenir.

Les insultes hurlées par Miss Parfaite ricochaient le long du couloir troué de cellules.

Pas mal, le répertoire, pour une intello…

Olympe cessa de se demander ce qui avait pu la mettre dans cet état quand on la poussa dans une geôle dotée d'un soupirail.

Pour admirer l'attirail de crochets plus effrayants les uns que les autres ?

La cave maternelle arborait les mêmes, vestiges du rétablissement de l'esclavage.

Tu peux t'époumoner, personne ne viendra à ton secours, souffla méchamment son intuition.

— Tu choisis toujours bien ton moment, n'est-ce pas ?! railla la jeune femme à voix haute.

— J'attendais davantage de gratitude, riposta un timbre enroué de ne jamais servir.

Elle l'aurait reconnu entre mille.

— Magda !

Quand le visage borgne s'encadra derrière les barreaux, la lumière se fit plus chiche et les entrailles d'Olympe fondirent de soulagement.

— Écarte-toi !

Olympe tournait comme une possédée dans le réduit, terrifiée qu'on les surprenne avant que Magda ne la libère.

En bon vieux chien de garde, sa honte s'ébroua. *J'ai échoué ! Sans elle, combien de temps serais-je restée à croupir ici ? On ne m'a pas fait confiance, pour la lâcher sur mes talons...*

— Vois-le comme un geste de solidarité, tenta la borgne en se couchant par terre pour lui tendre les mains.

— Tu lis dans les pensées ou quoi ?

— Ta tête me suffit ! Bon, tu bouges ? On ne va pas dormir là !

Olympe se faufila à travers l'étroit passage. Une fois sur ses pieds, elle secoua sa cape couverte de poussière et détailla les lieux. Elles se trouvaient dans un cul-de-sac miteux et pestilentiel au fond duquel il n'y avait absolument aucune raison de se rendre. À l'abri de sa capuche, elle frissonna de peur rétrospective. Évidemment que personne ne serait venu la tirer de ce trou !

Magda lui administra une claque dans le dos.

— En route !

Le choc remonta dans sa mâchoire, où s'étaient fichés d'agaçants grains de sable. Elle grimaça.

Son aînée coula un regard éloquent derrière ses tresses.

— Tu es intacte ?

Parler de viol était tabou. Olympe opina tandis que s'épanouissait sur son visage un sourire malveillant.

— Il semblerait que la promesse d'émasculation soit suffisamment dissuasive. Même ici.

Contrairement à ses attentes, Magda ne s'esclaffa pas et elles quittèrent le Barrio dans le silence épais de la sieste. Même les étalons avaient déserté les trottoirs.

L'irruption d'Olympe dans leur secret avait définitivement fait perdre son calme à Rim. Elle tambourinait à la porte de sa geôle comme une démente, hurlant des insanités quand elle ne réclamait pas directement Meriem en fleurissant son nom d'imprécations très créatives.

Avec toute la douceur dont il était capable, Alex tentait de la ramener à la raison, mais rien n'apaisait la furie qui finit par capituler. Elle s'écroula dans le sable.

— Tu te rends compte ? Sa présence te condamne !

Alex prit le visage de Rim entre ses mains et posa un baiser sur les lèvres rougies d'être mâchouillées.

— Chasseresse, sors de ce corps ! se moqua-t-il. Tes sentiments t'aveuglent. Laisse un peu pisser les vieux réflexes protecteurs, tu veux ? D'ailleurs, je me bats mieux que toi !... Tu crois qu'elle a compris ?

Elle passa un index sur ses joues râpeuses.

— Si ce n'est pas le cas, ça ne va pas tarder.

Elle l'embrassa.

Le petit rire qui cascada derrière la porte leur fit l'effet d'une gifle. Alex se tassa et Rim fit barrage de son corps.

— Qui êtes-vous ?

— Tu es la deuxième à me le demander, mais à vous, je vais le dire.

Un visage splendide aux pommettes rehaussées de tatouages indigo s'encadra dans l'ouverture ménagée en haut du battant. L'homme habitait une peau très noire au grain serré. Il adressa à Rim un sourire si sincère qu'elle s'en trouva littéralement éblouie puis se tourna vers Alex.

— Je m'appelle Ibrahim Septembre et j'ai peut-être quelques réponses à l'indécent foutoir que vous avez semé hier soir.

— Rim Ludiye et Alex Depas.

— Oh, mais je sais qui tu es : la petite protégée d'Ulysse, sa gazelle aux mille questions.

L'emploi de son surnom prouvait au moins qu'il connaissait personnellement Ulysse.

— On continue à travers la porte, ou tu ouvres, chef ?

— Tu es exaspérante, Meriem !

Méfiants, Alex et Rim les regardèrent pénétrer dans leur prison. Ibrahim irradiait de séduction malgré ses efforts pour le dissimuler sous une djellaba informe et fanée. Un collier de barbe soigné soulignait la délicatesse de sa mâchoire. Il allait tête nue. Un anneau très ancien orné d'un scarabée oscillait à son oreille et ses tatouages rehaussaient ses yeux mieux que n'importe quel khôl.

Meriem portait des vêtements efficaces et d'excellente facture. Sous la rudesse de ses manières, on percevait un corps délié rompu au combat. Elle avait la beauté d'une madone, l'élégance sauvage des guerrières et l'élasticité d'un fauve.

Comme Rim restait plantée entre lui et les nouveaux venus, le jeune homme agacé se posta à ostensiblement à ses côtés. Ces pulsions protectrices l'énervaient au plus haut point, mais l'heure n'était pas aux scènes.

Contrariée, la jeune fileuse vociféra toute sa hargne :

— Vous êtes complètement inconscients ! Qu'est-ce qui vous a pris de faire entrer Olympe ? Autant inscrire « je suis un mec » sur son front !

Meriem gardait le visage fermé. Ibrahim s'esclaffa.

— Fichtre ! Heureusement que nous sommes incapables de maîtriser nos humeurs…

— Rien à voir !

— Ah non ? Comme c'est pratique, jeune gazelle.

— Je ne suis pas si jeune ! Et je ne vous autorise pas !

— Pourtant, à côté de moi tu es comme neuve. Un vrai lapin de six semaines.

Rim lui opposa une moue qu'elle réussit à rendre insolente et sceptique.

Un éclair de colère traversa le regard d'Ibrahim. Il désigna son visage d'un index aussi parfait que le reste.

— Tu vois ces marques ?

Elle opina.

— Tu les auras certainement prises pour d'exotiques tatouages tribaux.

Alex grimaça.

— Tu as déjà compris, toi. N'est-ce pas ?

Rim allait de l'un à l'autre, perdue. Meriem les observait, bras croisés, vigilante, en bonne garde du corps.

— Que te dit ton instinct, sorcier ?

Le terme fit sursauter les deux femmes.

— Esclavage sexuel.

— Exact. Donc si notre gazelle voulait bien la mettre en veilleuse cinq minutes nous pourrions peut-être entamer une vraie conversation.

La réplique de son chef tira à Meriem un sourire sardonique. Ses yeux charbon brillaient d'un éclat dur sous des sourcils si drus qu'ils se rejoignaient presque. Mais ses traits étaient tirés d'inquiétude et Ibrahim attendait une réponse qui tardait trop.

Alex songea à la toucher. Renonça. Rim était capable de mal le prendre. D'ailleurs, elle contre-attaqua :

— Est-ce vous qui avez placé ce piège ?

— Décidément, grommela Meriem.

— Quoi ?

Le jeune homme posa une main sur son épaule mais elle se dégagea avec brusquerie.

— Ce sont les sœurs qui posent les pièges, énonça Meriem, glaciale, en détachant soigneusement chaque mot.

— Au risque de blesser les leurs. En racontant que notre idéologie prime sur la sauvegarde des animaux. On n'est pas tout blancs, c'est certain. Mais ce sont bien elles qui sèment ces foutues machines partout où ça leur chante.

La jeune sorcière était si estomaquée qu'elle en bégaya.

— Mais comment ?

— Dans la guerre qui nous oppose, l'image et la réputation sont des cibles de choix. Les sorcières ont pignon sur rue et s'en servent pour nous discréditer. À l'origine, nous défendions les mêmes idées mais les choses ont évolué de sorte qu'aujourd'hui, nous combattons l'Ordre.

— Le quoi ?

— L'Ordre, répéta Ibrahim en secouant la tête de dépit. Ulysse ne t'a donc rien appris ?

— M'apprendre quoi ?

— Que le convent est noyauté par une sous-société secrète qui s'est donné pour mission de tuer les sorciers.

Rim chancela. Alex acquit un joli teint crayeux. Tous deux ouvraient des yeux comme des soucoupes.

— Ta mère et moi avons arpenté des routes similaires, Alex, confia Meriem. Elle avait dix ans de plus mais nous étions comme les doigts de la main.

Elle marqua une pause avant d'avouer :

— J'ai appartenu à l'Ordre.

Alex recula instinctivement.

— C'est ce qui m'a permis de confondre Olympe, précisa-t-elle. Ta mère n'a jamais voulu y entrer et j'ai mis un moment à comprendre pourquoi elle avait disparu.

— On fait tous des erreurs, plaida Ibrahim. Surtout lorsqu'on est jeune et qu'on n'a jamais eu qu'un seul point de vue sur le monde. Meriem et Alice n'étaient pas les premières et je mentirais en disant qu'elles seront les dernières. L'important, c'est de réparer.

Pour Alex, cela rallumait tant de questions laissées sans réponse par la mort de sa mère.

— Et que fait Olympe ici ? Vous vous rendez compte de ce que vous avez fait ? coupa Rim qui n'y tenait plus.

— Elle vous a suivis. Nous vous avons interceptés en même temps... quoiqu'un peu plus brutalement en ce qui la concerne, s'amusa Ibrahim. Je voulais avoir la certitude de son appartenance à l'Ordre. Quant à Rim, je me devais de vérifier. Toi, jeune homme, la question ne se posait pas. Ton statut de novice t'écarte d'emblée.

— J'hallucine ! Vous l'avez condamné à mort pour une bête confirmation qu'on aurait pu obtenir de bien d'autres façons, cria l'adolescente.

— Ne t'avise plus jamais de prôner la torture sous mon toit, menaça Ibrahim.

Rim leva un sourcil arrogant.

— Oui, c'est moi le chef. Tâche de t'en souvenir.

Alex s'autorisa un sourire.

— Et maintenant ?

Un gamin en guenilles déboula, paniqué. Il n'avait d'yeux que pour Meriem.

— Tout le monde piaille que l'colporteur, il est mort à l'aube.

La guerrière blêmit, chercha le mur dans son dos et accrocha le regard de Rim au creuset duquel flamboyait une détresse identique. Elles prirent une inspiration compulsive.

Ça ne peut pas être réel !

Ibrahim détourna l'attention de sa lieutenante.

— Quelqu'un a vu le corps ?

— Tout le marché cause que la sœur taxi' elle l'a enterré. Toute seule.

Ibrahim arqua un sourcil.

— Son familier il empêchait tout le monde d'approcher.

— Merci, Chaïm.

Il lui jeta une pièce que le môme attrapa d'un mouvement leste.

Rim était tétanisée. Une larme lui chatouilla la lèvre sans la tirer de l'état de choc dans lequel elle était ficelée.

Ulysse ? Mort ? Impossible !

Alex analysait. Ce détachement ne lui ressemblait pas, mais un détail que son cerveau trouvait crucial d'épingler le travaillait sans relâche.

Le silence stupéfait se prolongeait malgré le départ du gamin.

Pourquoi ce môme s'est-il adressé à Meriem et à elle seule ?

— Vous étiez sa compagne ! affirma-t-il soudain.

Rim le dévisagea avec une surprise mêlée de dégoût.

— Comment peux-tu penser une chose pareille ? Et que fais-tu d'Antho ? Ulysse n'avait rien d'une girouette ! Ne salis pas sa mémoire !

Mais les yeux de Meriem étincelaient d'une fierté farouche.

— Ton ami a raison.

Il n'en fallut pas davantage. Rim poussa un rugissement et se jeta sur la madone en la traitant de tous les noms. Vive comme l'éclair, la norne la plaqua au mur, l'avant-bras pressé sur sa gorge.

— En mémoire de lui, je ne te ferai pas de mal... Pour cette fois. Mais méfie-toi, jeune gazelle. Il se pourrait qu'égarée par la douleur, je t'inflige une correction dont tu te souviendras longtemps. Ne t'avise *plus jamais* de m'insulter, de mettre ma parole en doute ou de lever la main sur moi. Compris ?

— Merci pour cette démonstration. Je mets fin au déploiement de fierté guerrière, coupa Ibrahim. On reviendra quand tu seras calmée, ajouta-t-il pour Rim. Alex, tu m'accompagnes ou tu restes ?

Gêné, le jeune homme rajusta son serre-tête.

— Je reste.

Les nornes parties, Rim s'était enfermée dans un mutisme boudeur et fixait un point irréel, droit devant elle. La confrontation avec Ibrahim l'obligeait à admettre et abandonner tous ses privilèges du même coup. Alex s'accroupit à ses côtés.

— Je te fais mes excuses, articula-t-elle au terme d'un long silence immobile. J'ai été infecte.

Il posa une main tendre au creux de sa gorge.

— Essaie de ne pas le refaire trop souvent, d'ac' ?

En gage de paix, elle se blottit dans ses bras.

— Ça donne envie de ronronner.

Alex pouffa mais l'irruption du rire leur rappela la mort d'Ulysse. Rim s'écrasa les yeux pour retenir ses larmes.

— Il faut qu'on trouve Antho. Tu imagines ? Toute seule pour affronter ça !

Elle quitta les bras accueillants.

— Je ne comprends pas, reprit-elle. Ce n'était vraiment pas son genre... D'accord, il était libre, mais de là à entretenir une liaison avec plusieurs femmes...

— Tu ne l'aurais pas un peu idéalisé ? C'est humain, après tout. Tu sais ce qu'on dit...

— Un homme dans chaque port ?

— Une femme, dans son cas.

La contrariété dressa Rim sur ses pieds.

— Non, je t'assure ! Y a un truc qui colle pas.

XV – LE REVERS DE LA HAINE

Le petit Chaïm courait aussi vite que le lui permettaient ses jambes arquées. La faim lui labourait les entrailles mais comment s'empêcher de sourire ? *Ibrahim va être si content ! Peut-être même que j'aurai quelque chose en plus à grailler.*

Chaïm évita les bordels autour desquels l'activité reprenait et se glissa dans le Passage des Chats. Il fallait en connaître les entrées pour les voir. Les anciens égouts envahis par le sable étaient si étroits que seuls les enfants et les félins pouvaient les emprunter. Une manière d'être presque en sécurité dans les rues glauques du Barrio. S'il le servait bien, Ibrahim le protégerait. Le môme en était certain.

Il avançait vite malgré l'obscurité. Il connaissait le chemin par cœur. Plus besoin des petites protubérances destinées à retrouver sa route du bout des doigts.

En un rien de temps, le gamin atteignit le repaire des nornes et, quelques couloirs plus loin, frappa le code à la porte du bureau.

Quand Meriem ouvrit, il ne put masquer sa déception. La seconde n'était pas tendre.

— Il est là ?

— Non.

Meriem entrebâilla le battant pour qu'il constate lui-même et le regret qu'elle lut sur le visage barbouillé lui empoigna le ventre. Elle attrapa l'assiette où refroidissait son repas, la tendit à celui dont elle feignait d'ignorer le prénom. En l'absence de témoins, elle pouvait bien s'autoriser cette petite faiblesse.

— Délivre ton message et prends ça, chaton.

Un court instant, le sourire du petiot lui rappela celui d'Ulysse. Sa bouche se tordit.

— La sœur taxi' est venue chez Enora. J'ai pas tout entendu, mais elle a dit qu'elle revient c'soir.

— Merci.

Sans demander son reste, l'enfant s'installa à même le sol et dévora la nourriture à une vitesse prodigieuse.

Assise dans le tub, Anthoïna se délectait des roulades de l'eau sur sa peau nue.

Fini, la crasse accumulée à creuser la fosse d'Ulysse. Mais un pli soucieux subsistait, là, incrusté au beau milieu de son front.

Le menton sur les genoux, elle réfléchissait.

Combien de temps encore avant que la cavalerie débarque ? Dans quels méandres Alex et Rim se sont-elles perdues ?

L'épuisement plombait chaque fibre de son corps pas si vieux.

Qui est habitué à creuser des tombes, au fond ?

Mal aux bras.

Je suis siiiiiiiii fatiguée, mais il restait taaaaaant à faire…

Elle s'ébroua, tordit sa longue chevelure à deux mains et, quand elle en eut exprimé toute l'eau, cassa le cou. L'écheveau se défit. *Jeu de gamine.* Sourire. *Trop chaud.*

Sans se sécher, elle jeta un coup d'œil à son corps dans la glace. Sa crinière de sirène ne dissimulait pas plus la plénitude de ses hanches que le galbe de sa voluptueuse poitrine.

« Pourquoi te vieillis-tu ? » demandait toujours Ulysse.

Comme s'il ne connaissait pas la réponse !

Elle enfila sans entrain sa tenue à laquelle un nettoyage minutieux avait rendu tout son lustre.

Dernier regard au miroir.

Elle concéda un sourire ambigu à sa trentaine impeccablement travestie.

En avant !

La nuit prenait son temps.

Tellement hâte…

Elle repassa par sa cellule où une Syahgosh parfaitement remise tournait comme une lionne en cage.

À peine la porte entrebâillée, le caracal fila sans demander son reste. *Adieu, ma rassurante présence fauve.* Sans plus d'égard pour sa tristesse, elle s'enroula dans une cape d'indigo et prit le chemin de la ville. Le gros horloge sonnait vingt heures. Une fois de plus, elle hésita à emprunter un cheval, renonça. Enora possédait un âne. *Amplement suffisant… Et beaucoup plus discret.*

Lorsqu'elle atteignit la place du marché, son intuition stridulait la certitude désagréable d'être suivie. La jeune femme accéléra, main sur sa hanche armée.

Dans la rue renseignée par l'apothicaire, elle contourna la maison et chercha l'entrée piétonne décrite par Enora. Elle refusait de signaler sa position en découvrant son champi et la ruelle, noire comme un cul de chaudron, la contraignait à glisser les doigts le long du mur. *Eerrrk !* Un décrochement – une porte. *Pas trop tôt !*

Antho haletait d'angoisse. La présence qui la guettait prenait toute la place dans sa conscience.

Une main calleuse agrippa son poignet, l'autre s'abattit sur ses lèvres pour bloquer son cri. *Elle est plus grande que moi.*

Son assaillante l'écrasa contre la porte et susurra :

— Je suis la compagne d'Ulysse, sorcière. À ce seul titre, je te laisse un sursis, mais t'as plus qu'intérêt à me dire ce qu'il s'est passé. Maintenant !

Le corps de sa proie se détendit. *Étrange.*

— Tu hurles, je t'assomme.

Sa rivale hocha la tête et Meriem relâcha la pression. Bizarrement, elle ne cherchait pas à fuir.

À la clarté bleuâtre du lumignon, les deux femmes se détaillèrent en chiens de faïence. La biotaniste avait la peau aussi mate que celle d'Ulysse et on devinait, sous la capuche, une impressionnante masse de cheveux.

Anthoïna dévorait Meriem des yeux. Ses mèches brunes plaquées à l'ancienne de part et d'autre d'une raie impeccable lui conféraient une mine sévère, accentuée par des sourcils très épais. Des lèvres pleines ourlaient une bouche volontaire qu'un sourire aurait rendue avenante. Le foulard noir négligemment posé sur la tête complétait le portrait. Antho attaqua :

— Ulysse a bon goût !

Elle se délecta de l'expression de son assaillante. Il lui avait suffi d'une phrase pour reprendre le dessus. Une seule. À son tour elle lui saisit la main et l'entraîna à l'abri du jardin. L'air s'alourdit.

Le cœur de Meriem paniquait. *« A bon goût. » Terrible. Un verbe au présent et ce con d'espoir s'enracine comme du chiendent.*

Il y avait de la lumière dans la maison d'Enora.

— Laisse-moi faire.

Meriem frappa un code rythmé au battant qui s'ouvrit sur un homme splendide. Malgré les tatouages dégradants qui lui souillaient le visage, son sourire éblouit Anthoïna qui recula, désarçonnée.

— Qui êtes-vous ?

— Décidément, s'esclaffa l'homme. C'est une manie !

— Je vous demande pardon ?

Il porta une main au scarabée qui lui ornait l'oreille.

— Ibrahim Septembre, chef des nornes.

Le temps des réponses commence.

Rim se frappa le front à deux mains. La claque sonna dans le cachot nu.

— Ça me rend dingue de ne pas comprendre !

Une gerboise crème traversa le carré sableux de la cellule en sautillant. Elle s'arrêta au milieu, fixa les prisonniers de ses yeux noirs jusqu'à ce que le bruit de la porte la fasse détaler. Un bras bronzé posa une gourde et un sac de nourriture au sol, et le vantail fut prestement refermé.

— Lâches ! vitupéra Rim. Laissez-nous sortir !

— Oublie. Vu l'énergumène, ils ne nous ouvriront que lorsque sa majesté des nornes l'aura décidé. Tu les as déjà vus s'embrasser ?

— Hein ?

— Ulysse et Anthoïna. S'embrasser ?

Alex tapota ses deux index l'un contre l'autre pour illustrer le concept.

— Ça va, j'avais compris ! s'offusqua-t-elle. Laisse-moi réfléchir...

Mais il ne lui fallut pas longtemps pour conclure :

— En fait... jamais !

— Et ça ne te semble pas bizarre ? Si tu ne les connaissais pas par cœur, t'en penserais quoi ?

— Que leur relation est complètement platonique.

— Ou qu'ils ne sont pas amoureux.

— Mais...

Rim capitula et ferma les paupières pour se concentrer sur ses souvenirs.

— Quel est le meilleur moyen de dissimuler un secret ? demanda Alex à mi-voix.

— Le coller sous le nez des principales intéressées.

Et la lumière fut. La jeune fille écarquilla les yeux d'étonnement. Sa bouche dessina un « O » muet puis elle éclata de rire.

— Ça alors !

Les scènes tourbillonnaient dans son esprit comme les pièces d'un puzzle. L'hilarité d'Ulysse lorsqu'elle avait voulu savoir si Antho lui demanderait un jour son essence. La certitude de la biotaniste quant à l'impossibilité qu'il soit victime du fléau. Cette inflexion si particulière qu'il employait pour l'appeler « ma sœur ».

— Ils sont frère et sœur !

L'énormité de sa découverte la laissait abasourdie.

Alex lui caressa l'épaule.

— Et...

Rim bondit sur ses pieds.

— Il est sorcier !... Était.

Retomba.

— C'est pour ça que le raccourci était piégé ?

— C'est une bonne piste.

— Elles l'ont condamné ! Sur le simple soupçon d'appartenir aux nornes...!?

— ... Ou parce que c'est un passage qu'elles sont réputées emprunter, va savoir.

— N'importe quoi pour leur nuire alors que ce raccourci est fréquenté par plein de gens. Elle pensa à la jambe de Miezi, à l'aile de Craco. Tant de mutilées.

— Merde..., souffla-t-elle. Je saisis mieux pourquoi Antho nous a expédiés ici.

Alex se leva pour examiner le sac déposé près de la porte.

— Tu as faim ?

— Je crève la dalle !

— Je m'en doutais ! s'exclama Anthoïna. C'est toi qui l'as tiré des griffes des semeuses, cette nuit-là.

Meriem acquiesça, l'air las.

— À quoi bon, maintenant ?

— Maintenant ? Il faut se grouiller d'aller le chercher, chère belle-sœur. Il doit cuire !

Meriem blêmit.

— Pardon ?

Antho la regarda droit dans les yeux.

— Mon frère est toujours dans le coma, mais il n'est pas mort.

Et si, pour une fois, ce salaud d'espoir ne mentait pas.

— De mieux en mieux ! s'esclaffa Ibrahim.

La guerrière peinait à contenir son émotion. Elle désigna l'emplacement des cachots sous leurs pieds.

— On va chercher les enfants terribles ?

— Pas le temps. Il comate deux pieds sous terre depuis l'aube !

— Combien de temps jusqu'au cimetière ? demanda Ibrahim, pragmatique.

— Une grosse demi-heure, avança Enora.

La femme au turban remplit trois gourdes qu'elle leur tendit.

— L'âne est attelé dans la cour et il y a une couverture dans la carriole. J'ai laissé du fumier histoire d'éveiller moins de soupçons, mais prions pour qu'il n'y ait pas de ronde.

Elle saisit son ventre à deux mains.

— C'est tout ce que j'ai trouvé ! plaida-t-elle face à la grimace peu convaincue de Meriem.

— Ça ira très bien, coupa Ibrahim, diplomate.

Anthoïna la remercia avec chaleur.

— Je te revaudrai ça.

Meriem n'en pouvait plus. Dès que leur drôle de troupe fut hors de la Cité Ocre, elle bombarda Anthoïna de questions :

— Comment as-tu fait ?

— On a tenté de s'introduire dans ma cellule et d'empoisonner mon familier. Après ça, hors de question de quitter mon frère. J'ai envoyé les filles pour attirer votre attention.

— Rim est plutôt douée dans ce domaine.

La biotaniste laissa filer presque une minute à écouter cliqueter les reculements de l'attelage puis elle reprit :

— Ulysse m'avait raconté cette agression. Je le soupçonnais depuis longtemps de commercer avec vous. Contrairement à mes sœurs, je ne souscris pas aux âneries qu'on colporte sur votre compte.

— Pourquoi rester au convent dans ce cas ? s'étonna Ibrahim.

— Pour Rim, mes recherches ? C'est le seul endroit où je peux exercer mon art et réparer les gens sans distinction de moyens ou de sexe, sourit-elle sincèrement. Et puis, avant qu'on empoisonne Rim ou qu'on essaie d'atteindre Ulysse dans ma cellule, jamais je n'avais eu vent des agissements de l'Ordre. Vous venez d'en affirmer l'existence. Jusqu'ici, c'était un racontar à peine plus convaincant que la légende de Nomcebo ou la meute mécanique.

Elle marqua un nouveau silence.

— Quand le fléau a décimé notre famille, mon frère et moi savions juste que nos véritables liens devaient rester secrets. Il y a quelques années, Ulysse a eu vent de rumeurs sur l'Ordre. Impossibles à vérifier, bien sûr. Le plus amusant, c'est que nous n'aurions jamais pensé à jouer les amoureux si les gens ne l'avaient pas induit ! Vous imaginez bien que les mauvaises langues se sont empressées de m'avertir qu'il avait été vu en compagnie d'une autre.

Ibrahim lâcha une interjection méprisante.

— Ce matin, j'ai pris une coquille funéraire et... vous connaissez la suite. Il a suffi que je passe devant la porte du réfectoire au bon moment pour que le bruit coure tout seul. Le temps que la rumeur atteigne Tidiane, je l'avais enterré.

— Brillant, sourit Ibrahim.

De nouveau, Antho ressentit un éblouissement fugace.

— Ulysse est toujours dans le coma et je ne peux pas promettre qu'il se réveille ni savoir dans quel état.

Meriem n'avait plus desserré les dents de tout le trajet, luttant pour déloger l'espoir qui s'agrippait quand elle le repoussait de toutes ses forces. *Hallucinant. Il se cramponne encore comme une saloperie de tique.*

Ibrahim reporta son attention sur la sorcière, que son art intriguait au plus haut point, d'autant que sa réputation la précédait de loin.

— Comment respire-t-il ?

Déjà, la carriole dépassait les premiers arbres et les hauts cactus du cimetière. Meriem tendit l'oreille.

— J'ai lié un tuyau de gros diamètre au tronc de l'arbuste planté sur sa tombe. Un moteur miniature le ventile grâce à des cellules bioélectriques. Pour faire simple, j'ai adapté en urgence un projet de climatisation, mais comme ça fonctionne à la lumière et qu'il fait nuit…

Elle compta et recompta les arbustes.

— Nous y voilà !

L'âne s'arrêta devant un petit arbre que rien ne distinguait des autres. Sans attendre, Meriem s'agenouilla au pied de la sépulture et entreprit de creuser à mains nues. Ibrahim se tourna vers cette sorcière si brillante.

— Je suppose que tu as une pelle ?

Le tutoiement n'échappa pas à l'intéressée qui lui tendit l'outil sans relever. Elle n'aimait rien tant qu'être surprise même si cela risquait de ne pas être agréable chaque fois.

— Quand vous aurez fini de minauder, chef, vous pourrez peut-être venir m'aider !

— Cesse d'essayer de me faire sortir de mes gonds, Meriem.

La norne lui arracha la pelle des mains.

— À vos ordres !

Anthoïna ne l'avait pas enterré bien profond et l'œuf fut vite dégagé de sa gangue de sable. Le colporteur placé dans la charrette, ils remplacèrent le corps par le fumier d'Enora puis replacèrent l'arbre.

Rattrapée par son épuisement, Anthoïna cédait de nouveau à la manie de pincer le malade qui répondait chaque fois par un réflexe rassurant.

— Toujours en coma léger.

Comme Meriem couvait le blessé d'un regard jaloux, Ibrahim prit la tête. Antho le rejoignit en trois pas courroucés, la main tendue, paume ouverte.

— Perspicace, avec ça !

De bonne grâce, le norne lui restitua le dispositif qui avait maintenu Ulysse en vie.

— Il aurait peut-être suffi de demander gentiment. Et maintenant, rendez-moi mes doigts.

— Je m'en souviendrais.

Elle glissa le microprototype dans la poche de son ample vêtement. *Depuis quand les hommes draguent-ils aussi effrontément ?* s'énerva la petite voix dans sa tête.

Ses habitudes protestaient mais un sourire amusé ralluma une part d'elle-même longtemps négligée.

Vaincus par les excès d'émotion, le manque de sommeil et l'ennui, Alex et Rim s'étaient assoupis l'un contre l'autre, à même le sable poussiéreux de leur réduit. À force de se tortiller, il la réveilla.

— Queskispass ?

— Pipi, susurra-t-il, mal à l'aise.

— Y a pas de seau ?

— D'après toi ?

— Ben pisse debout, répondit la jeune femme, tout à fait éveillée.

— Mais c'est dégueulasse ! Puis c'est interdit.

— Qu'est-ce qu'on s'en tape ! Personne ne va venir vérifier. Ne me dis pas que tu ne t'offrais jamais ce plaisir quand tu gardais tes chèvres ?

Alex ne répondit pas.

— Quoi ? Vous êtes tellement conditionnés que vous n'enfreignez pas les tabous ? Jamais ? Pourtant, s'il y a un truc que je vous envie parfois, c'est bien de pouvoir pisser debout !

— J'aimerais t'y voir ! Toi, personne ne risque de te choper à l'improviste. Tu parles seins, masturbation et accouchement, peut-être ? Tu confies tous les détails à tes copines ?

— Ben non !

— Et ce n'est pas du conditionnement, ça ?

— Y a rien à raconter, maugréa Rim, vexée.

— Un peu plus qu'avant, j'espère, se radoucit Alex.

— Tu n'as qu'à te soulager dans la gourde.

— C'est pas toi qui nettoies…

— Bon, ça y est ? On arrête les procès d'intention ?

Rim se jeta sur sa bouche en singeant une incantation.

— Anthropiste, sors de ce corps !

— Arrête de me faire rire, c'est un supplice !

— Attends, je vais te sauver !

Et elle tambourina comme une folle au battant.

— Ouvrez, c'est une urgence sanitaire.

Elle en riait encore quand Meriem les libéra.

De retour à la sécurité du convent, Olympe s'était allongée dans son hamac. Les mains derrière la tête, elle repassait sans relâche les événements des douze dernières heures. Magda et elle avaient informé Tidiane que les nornes détenaient les deux novices, mais son petit doigt lui serinait qu'elle manquait l'essentiel. Agacée par le balancement de sa couche, elle fila vers la ménagerie. Un bon galop débloquerait sûrement ce que lui refusait l'immobilité.

Complice, le désert lui fournit le répit dont elle avait besoin. La vitesse était enivrante et la jeune femme s'abandonna à la puissance de Belladone. Le rythme régulier martelé sur la terre dure de l'erg l'aidait à rembobiner sa mémoire visuelle et, quand elle parvint à la fin de l'interrogatoire, elle revit l'inexplicable agressivité de Rim, son mouvement instinctif pour protéger Alex... *Pourquoi la fileuse éprouvait-elle le besoin de protéger une sœur ? Alex est parfaitement capable de se défendre seule. De quoi cherchait-elle à la préserver ? Pourquoi tant insister pour qu'on m'éloigne ?*

Olympe scruta les images des visages gravées dans sa rétine.

Enfin, elle *vit* la barbe naissante d'Alex.

Son hurlement de victoire effraya si bien Belladone que la jument rousse faillit la jeter à terre. Dans sa hâte à partager cette révélation, elle rentra ventre à terre à la ménagerie.

Après un passage aux toilettes, Meriem avait précédé les ados dans les couloirs volontairement tortueux du repaire norne. Malgré ses cernes, la guerrière exhalait une énergie si chatoyante qu'Alex se demanda ce qui pouvait la transfigurer de la sorte.

La réponse les attendait dans un petit salon tendu de motifs géométriques colorés.

Ulysse reposait sur une couverture.

— Entrez, proposa Meriem.

Assis en tailleur autour d'une théière fumante, Antho et Ibrahim regardaient Rim danser d'un pied sur l'autre.

— Vas-y, l'incita Ibrahim. Personne ne te jugera.

La jeune fille hésita encore un instant puis se jeta au cou d'Antho.

— Il n'est pas mort ! s'émerveillait-elle en boucle.

— Mais il n'est pas tout à fait là non plus, temporisa la biotaniste.

Alex rompit le charme :

— On ne sait rien de vous. Comment vous faire confiance ?

Ibrahim servit le thé.

— Dans ce cas, laisse-nous une chance de prouver le contraire. Vous déciderez après.

Le jeune homme attendit patiemment la fin du glouglou brûlant.

— Les nornes ne sont pas ce que les sœurs aimeraient que tout le monde croie, attaqua Ibrahim. Tidiane a eu la grande intelligence de faire de nous l'ennemi public numéro un, ce qui les conforte dans leur suprématie morale. Historiquement, nous partagions le même but, à UNE différence près…

— … La mixité, spécifia Meriem.

— L'Ordre est né quand il a fallu trouver un bouc émissaire à la pandémie… ou asseoir le pouvoir, c'est selon. Certaines sorcières se sont persuadées que la responsabilité du fléau incombait aux hommes, du moins aux sorciers, et soixante-dix ans plus tard, tout le monde en est persuadé.

— Elles fabriquent et détiennent les archives…

— La faction dont nous sommes les héritiers est passée dans l'ombre quand les chasseresses, les semeuses et la nécessité de préserver l'humanité ont enfermé les hommes au foyer. Au point que nous nous sommes nous-mêmes interdit d'uriner debout, reprit Ibrahim.

Il regarda Alex.

— Parce que ça nous rendait vulnérables. Même chose pour nos barbes, nos moustaches, nos poils, qu'il a fallu cacher ou faire disparaître. Dit comme ça, c'est risible, et pourtant. Il n'y a que l'éducation qui puisse rétablir la balance, mais l'Ordre s'assure de limiter cette possibilité au nom de la rentabilité et de la pandémie.

— Que faites-vous du tourniquet ? protesta Rim.

— Une bonne action de façade, répondit Meriem. Un moyen redoutable de contrôler l'éventuelle apparition de sorciers.

Elle hésita.

— L'Ordre extermine les garçons qui survivent au fléau.

— Vous avez une preuve ?

— Oui, mais elle ne va pas te plaire, Alex. Je t'ai dit que j'avais été recrutée...

— Mais tu n'as pas expliqué pourquoi tu avais quitté l'Ordre, acheva Anthoïna.

La guerrière soupira.

— J'étais excellente, l'une des meilleures au cirque. Mais j'ai été classée en ZI. Je suis donc devenue chasseresse, puis membre de l'Ordre. J'y étais depuis peu lorsqu'un signal nous a attirées hors du convent. Le registre indiquait trois filles et un garçon. Ça valait la peine. Les voisines avaient laissé le couffin bien en évidence. J'ai apporté l'enfant moi-même à l'hospitalerie. J'ai *vu* la sœur le déshabiller, enregistrer le sexe. Sur le moment... je ne sais pas, j'ai pas tilté. J'avais prêté serment, pourtant.

Meriem jeta un regard morne sur le thé oublié.

— Quelques jours plus tard, en apprenant que ce petit garçon était mort, j'ai fini par écouter ce que mon intuition me hurlait. J'aurais *dû* m'en douter.

Elle se frotta le visage pour chasser la vision qui la hantait encore.

— Je me prends souvent à espérer qu'il n'a pas souffert.

Ibrahim prit le relais :

— La plupart des sœurs servent leurs idéaux avec un dévouement sincère. Et nous mangeons à notre faim parce que certaines remplacent les abeilles par de stupéfiants dispositifs...

Il planta son incroyable regard dans celui d'Antho, qui papillonna.

— Mais en sous-main, d'autres abusent de leur position et imposent un ordre qui n'a rien de noble.

Ibrahim agita une main agacée.

— Tidiane incarne parfaitement ce paradigme : votre duègne guérit comme elle tue !

— Elle est redoutable, appuya Meriem. En plus de nous faire passer pour des monstres, elle a renforcé le tabou sur les sorciers.

— Ulysse et ses contes la contrarient au plus haut point, confirma Anthoïna.

Le silence qui suivit cette révélation fut rompu par Alex :

— Je refuse de me fier à une organisation qui traite les hommes comme de vulgaires étalons et prospère sur la misère d'autres êtres humains !

— Les jugements en disent souvent plus long sur la personne qui les pose que ce sur quoi ils portent, contra Ibrahim.

Il pointa les tatouages qui balafraient son magnifique visage.

— Nous ne sommes là que pour les libérer, rectifia-t-il.

— Et ce sont elles qui sèment les pièges…

— Absolument. Le calcul est simple : les sorcières réparent gratuitement les victimes et s'attirent une bienveillance par ailleurs mise à mal par leur statut. Réfléchissez ! Combien d'entre-nous voient et jalousent cette sorte d'immortalité que confère l'immunité au fléau ? C'est e-xac-te-ment la même différence qui a valu aux premières d'entre vous d'être persécutées. Tidiane entretient avec brio l'équilibre subtil entre crainte et admiration, reconnaissance et envie.

— Et elles ont enrôlé Olympe…, grimaça Rim.

— … à laquelle vous m'avez livré sur un plateau, s'insurgea Alex.

— Maintenant qu'elle a compris que tu n'es pas une fille, elle doit être totalement rassurée sur son pouvoir de séduction, ironisa Rim.

— N'empêche qu'elle ne me pardonnera pas de l'avoir repoussée. Si vengeance et avancement se combinent à son avantage, vous pouvez être sûres qu'elle m'a déjà vendu à l'Ordre.

— Nous avons eu un mal fou à collecter ces infos, contra Ibrahim. Trahir ton secret était un sacrifice nécessaire, crois-moi, Alex. Je ne suis pas le premier à prendre la tête des nornes. Il nous aura fallu des décennies avant d'obtenir la confirmation de ce que nous venons de vous raconter. Des décennies au cours desquelles l'Ordre a poursuivi la purge des sorciers… À notre connaissance, Ulysse et toi êtes les derniers.

XVI – L'AUTRE VÉRITÉ

Quand on frappa un code à la porte du salon, Meriem et Ibrahim se levèrent pour accueillir un de leurs lieutenants. Alex profita de l'interruption pour se rapprocher de Rim. Du coin de l'œil, cette dernière guettait Antho, qui lui adressa un sourire tendu. Sa promesse tenait toujours. Elle ne dirait rien tant que les ados ne l'auraient pas décidé.

— Il n'y a qu'un seul moyen de vous mettre en sécurité, chuchota la jeune fille dans son cou.

Il pressa son front contre le sien.

— J'aurais aimé plus de temps.

— Moi aussi.

En les regardant s'embrasser comme si c'était la dernière fois, Antho sut qu'elles allaient parler et l'angoisse qui lui poinçonnait les côtes depuis trois jours la laissa enfin respirer.

— Il y a encore une chose que vous devez savoir, reprit le jeune sorcier quand Ibrahim et Meriem se rassirent. Mais il faut promettre un secret absolu, cette fois.

— Pas question de nous vendre à l'Ordre pour servir vos stratégies, renchérit la jeune fileuse.

Les deux nornes acquiescèrent solennellement.

— Je peux voyager, moi aussi… Mais pas comme les sorcières, s'empressa-t-il de compléter avant que la mâchoire de Meriem ne se décroche tout à fait.

Rim jeta un regard anxieux à Antho, qui approuva discrètement.

— C'est moi qui l'ai transporté. Dès ma contagion, j'ai sauté au présent. Jusqu'à avant-hier, je croyais que c'était un cauchemar de rechute, mais en fait, la fièvre m'envoie chaque fois dans un endroit bien précis. Toujours le même.

Sentant son hésitation, Alex caressa la main abandonnée sur son genou et le débit s'accéléra :

— C'est ainsi que j'ai causé la mort de la famille d'Alex. C'est probablement moi qui ai apporté la maladie chez lui.

— Donc… tu arpentes deux destinations, résuma Meriem qui tâchait d'appréhender ce que la révélation impliquait.

L'ado hocha la tête.

— Donc…, reprit Ibrahim en faisant lui aussi traîner les syllabes, tu pourrais transporter notre jeune sorcier…

— Et Ulysse, coupa Meriem.

— … ailleurs…, acheva Ibrahim, que l'idée plongeait dans un abîme de perplexité.

Antho compléta le chœur :

— La question est : où ? Dans le présent ? Au XXIe siècle ? Est-ce que moi aussi je peux les emmener ? Meriem, sais-tu voyager et, si oui, vers quelle époque ? J'ai eu le temps d'y réfléchir, s'excusa-t-elle face aux mines suscitées par son débit de mitraillette.

— Le souci avec le présent, c'est que je dois avoir une température de cheval pour m'y rendre et, franchement, la dernière fièvre n'était pas des plus agréables. J'ai dû m'inoculer du venin de scorpion, précisa Rim en se frottant le bras.

— Laissons cela pour l'instant, proposa Ibrahim. Où que ce soit, je doute qu'on admette que les hommes se baladent cul nu. Donc la priorité est de fournir à Ulysse une de tes tenues magiques, sorcière, dit-il à Antho.

L'admiration teintée de douceur que contenait la voix de son chef arracha un sourire à Meriem.

— Promettez-moi que vous prendrez soin de mon frère.

— Ce n'est pas nécessaire, mais je promets et je vous accompagne… Si vous le voulez bien, ironisa-t-il en fixant Anthoïna, que ces manières déroutaient par-dessus tout.

— Si vous n'avez pas peur des caracals.

Meriem l'attira à l'écart.

— Hey ! Redescends, chef ! Tu crois vraiment que les sœurs vont vous regarder emporter des tenues sans broncher ? Qu'est-ce que tu as prévu ? D'en braquer une ? Sans oublier que vous ne pouvez pas être vus ensemble. Si Anthoïna n'est pas encore grillée, ta présence la condamne à tous les coups.

— Tu ne peux pas y aller non plus.

— Je sais, mais prenons le temps de réfléchir à un moyen de récupérer ces fichus vêtements. Crois-moi, elles nous attendent de pied ferme !

— Sans oublier qu'on ne sait même pas où aller, grogna Alex.

La pièce était bien trop exiguë pour permettre de vrais apartés.

— Cela nous laisse trois options : la Renaissance, le XXIe siècle ou les Marches contemporaines, énuméra Rim en levant un doigt pour chaque destination. À moins que Meriem consente à nous dire où elle file.

Tous les visages se tournèrent vers la compagne d'Ulysse. Retranchée dans un silence buté, l'intéressée toisait un passé inaccessible, moue boudeuse et sourcils si froncés qu'ils se rejoignaient au-dessus de son regard triste. Un pli douloureux ombrait son nez légèrement camus.

— Je ne suis jamais partie bien loin, soliloqua-t-elle.

Conscients qu'à tout moment elle pouvait renoncer à révéler sa destination, les autres se taisaient, pendus à cette déclaration sur le point de basculer dans le réel.

Insensible à la tension qui saturait le petit salon, Meriem serra un coussin sur son ventre et poursuivit :

— Je rêvais d'arpenter. J'avais construit toute ma vie autour du passage, travaillé comme personne pour me bâtir une mémoire infaillible. J'excellais à la palestre, je dormais quasiment sur commande. Ma mémoire photographique était parfaite. Je voulais être une héroïne... Et il a fallu que j'aie cette foutue cité pour seule destination ! cracha-t-elle. Au XVIIe siècle, certes. En pleine fondation de la ville. Magnifique ! Mais une fois que j'ai eu identifié les puits taris et les trois sources qui intéressaient Tidiane, plus question de filer. Au rebut, la prodige ! Avec les années, j'en ai déduit que tout cela était calculé. Quoi de mieux que la perte de repères et la frustration pour asseoir son emprise sur un jeune esprit ? Et l'Ordre m'a recrutée. J'imagine que je me suis sentie investie d'une mission sacrée : débarrasser l'humanité des sorciers.

Meriem leva enfin les yeux, défiant quiconque d'y trouver à redire.

— Est-ce un endroit sûr ? interrogea Anthoïna.

— Autant que faire se peut, répondit la madone, chavirée.

— Qu'est-ce que tu ne nous dis pas ? demanda Ibrahim d'un ton coupant.

C'était un ordre.

Il ajouta, quelque peu radouci :

— On ne peut pas se permettre le moindre secret.

La jeune femme se resservit du thé. Elle fit amplement chanter l'eau, inspira, puis exhuma son douloureux récit :

— J'ai filé plus longtemps que quiconque. Il s'appelait Nour. C'est l'architecte de la citadelle, celui qui a dessiné le scriptorium.

À part Ibrahim qui n'avait jamais vu le lieu, la révélation fit ouvrir aux autres des yeux énormes.

— On s'est aimés tout de suite. Il m'a montré les plans, tous les recoins secrets de la forteresse qu'est notre convent aujourd'hui. Je suis rapidement tombée enceinte. J'aurais tout donné pour ne jamais rentrer. Les sœurs pouvaient me croire morte, je m'en fichais. Notre bébé est né. Il était parfait, et moi je crevais de terreur à l'idée de filer par accident, de l'abandonner. Il pleurait beaucoup. Je ne savais pas comment le calmer. Et puis… peu avant ses trois mois, il a fait une longue nuit.

Elle lut sur leurs visages qu'ils avaient deviné l'horrible chute, mais se força à poursuivre, pour elle, la voix éraillée par un deuil impossible :

— Il ne s'est jamais réveillé. Nous étions malades de souffrance. Je suis revenue par accident. Le pavot de la sage-femme, sans doute. Les sœurs m'ont dissuadée d'y retourner. Et plus le temps a passé, moins je me suis sentie capable d'affronter Nour. Je ne lui avais jamais confié mon secret. Je craignais qu'il prenne peur... C'était il y a dix-sept ans et ma lâcheté me paralyse encore. Je ne parviens toujours pas à admettre que j'ai pu être manipulée à ce point ! J'ai abandonné mon compagnon, la dépouille de mon fils... Vous comprendrez sans doute mieux pourquoi je me suis préoccupée du sort de ce petit garçon. J'étais consumée par les remords ! Quand j'ai admis que l'Ordre avait tué ce bébé et que j'étais complice, j'ai essayé de me suicider.

Meriem dévoila deux poignets bardés de cicatrices encore laides en dépit de leur âge.

— C'est Ibrahim qui m'a trouvée. Maintenant, tu sais, conclut-elle à sa seule intention.

Ils burent leur thé refroidi sans un mot avant qu'Ibrahim ne mette fin au silence hanté :

— Tu te sens capable d'y retourner ?

Meriem le fixa, hébétée qu'il exige un tel sacrifice.

— J'explique, lâcha-t-il avant qu'elle n'ait le loisir de refuser.

— On pourrait communiquer à travers le temps ! s'exclama Anthoïna. C'est brillant !

Tandis que les trois autres les regardaient comme s'ils avaient perdu la raison, Ibrahim et Antho se dévisageaient, rayonnant du même enthousiasme.

— Cesse de m'éblouir, articula silencieusement Ibrahim.

Décidément.

Le jour déclinait lorsqu'Olympe rentra au box un cheval blanc d'écume. Priant pour ne tomber ni sur Magda ni sur Imogène qui ne lui épargneraient aucun sermon, elle dessella en vitesse et s'empressa de passer Belladone au couteau de chaleur. En quelques gestes amples, la lanière souple évacua des giclées de transpiration dont le parfum âcre la renvoyait à l'enfance. Elle bouchonna la robe encore humide.

— À mon tour d'avoir chaud.

La jeune chasseresse puisa une poignée d'eau à même l'abreuvoir, se rafraîchit le visage et aspergea son vêtement magique. Le cœur en fête, elle hésitait entre passer par Magda ou aller voir Tidiane en personne.

En traversant l'étendue qui séparait la ménagerie du convent, elle se demanda comment sa mère aurait utilisé cette stupéfiante découverte. Voie hiérarchique, pari sur l'avenir ou compromis ?

Elle passa le coche, une certitude fauve chevillée au cœur. Elle dirait à Magda qu'elle détenait une information capitale qu'elle ne révélerait qu'en présence de la matriarche.

Dans le petit salon saturé de tension nerveuse, Antho se leva.

— J'ai besoin d'air. Qui reste au chevet d'Ulysse ?

— Moi ! répondirent Alex et Meriem en chœur.

Rim et Ibrahim leur lancèrent un regard circonspect. La guerrière haussa les épaules. Alex se taisait. Ibrahim offrit à Antho sa longue djellaba indigo.

— La tienne est trop neuve. Il ne fait pas bon porter les couleurs du convent dans le Barrio. Tu ne voudrais pas te faire repérer ?

— Tu m'accompagnes ? osa-t-elle, en plus du tutoiement.

Et comme Rim la dévisageait, bouche bée, Antho lui adressa une grimace et tourna les talons sans attendre la réponse. Sa bonne volonté avait tout de même des limites.

Le soleil se couchait à peine et la rue les cueillit de son haleine chargée. Trop tôt pour que les senteurs capiteuses des bordels et les parfums des étalons en masquent le remugle.

— Capuche, ordonna Ibrahim.

Anthoïna bougonna, mais obtempéra. Il lui offrit le bras, son plus beau sourire en prime.

— M'y ferai-je un jour ?

— J'ai toujours dit que les habitudes étaient mauvaises pour la santé, ironisa celui qui régnait en maître sur les ombres du Barrio.

Elle répliqua d'un coup d'épaule bourru qui fit tanguer leur insolite duo. Il rabattit sa capuche à son tour.

— Que sais-tu de l'Ordre ?

— Pas grand-chose, en vérité. Mais depuis tout à l'heure, je ne cesse de me demander comment elles dominent sans armes.

Au milieu du brouhaha qui annonçait la reprise de la vie nocturne, il balança :

— Grâce aux poisons, bien sûr.

Les premiers noms qui vinrent à l'esprit d'Anthoïna furent Rim et Syahgosh. Et dans la foulée, Iseult et Olympe. Rien de tout cela ne pouvait se faire sans l'accord de la matriarche. Que Magda l'ignore était tout aussi inenvisageable.

— Combien ? demanda Ibrahim, qui suivait attentivement le cours de ses pensées.

— Au moins quatre.

— Comment avez-vous su que vous deviez taire votre parenté, ton frère et toi ?

— Nous n'avons qu'un an de différence. Il est l'aîné. Nous vivions dans les montagnes, loin du convent, bercés par ces mêmes légendes qu'il a passé sa vie à collecter… La mémoire ancestrale, la sagesse populaire – appelle cela comme tu voudras –, nous a sauvés. Quand les chasseresses ont débarqué, je leur ai laissé croire qu'il était mort du fléau. Sans vraiment réfléchir ! Nous avions treize et quatorze ans. Ulysse était parfaitement capable de survivre seul. Il nous a suivies à distance, travesti en femme. D'abord il a mendié, puis il s'est fait colporteur. Sa moustache est plus une revanche qu'une provocation. Je n'ai jamais cessé de le voir ni de lui transmettre ce que j'apprenais, au cirque notamment. Je lui ai fabriqué sa canne… Et il m'a empêchée de devenir aveugle.

Une fois de plus, le sourire d'Ibrahim la fit cligner des yeux, mais elle ne s'en plaignit pas.

Ils s'attablèrent à une terrasse discrète.

— À ton tour.

— Marié de force à douze ans. Répudié. Vendu un an plus tard pour indocilité chronique, résuma-t-il, l'œil farouche.

De l'index et du majeur, il pointa les tatouages qui altéraient ses pommettes.

— Trois évasions. Les campagnes sont la quintessence de ce système, dit-il en désignant la rue d'un coup de menton hargneux. Et encore, j'ai de la chance qu'on ne m'ait pas tout coupé !

Anthoïna encaissa en s'efforçant de ne pas détourner le regard.

— Elles ont tout essayé pour me briser, confia celui que sa propre franchise étonnait. Mais j'avais grandi. J'ai suffisamment intrigué pour qu'une femme en mal de descendance m'achète pour son usage personnel.

Antho reposa sa fourchette et se rabattit sur sa bière.

— Je l'ai tuée. Je me suis approprié ses biens et j'ai acquis ma liberté. Fin de l'histoire.

Ibrahim porta un toast dans le vide, curieux du moment où la biotaniste détournerait les yeux ; heureux qu'il n'advienne pas.

Le scarabée étincela à son oreille.

— Les nornes, c'est venu presque tout seul. J'ai racheté un nombre incalculable de pauvres gosses. Grâce à leurs secrets, je suis passé des petits chantages aux grosses arnaques. Plein de mauvaises combines inavouables dont je n'ai pas honte. Et puis je suis tombé sur Meriem. Toute sanguinolente dans son uniforme. J'ai failli la laisser arriver à ses fins. Qui suis-je pour décider à sa place de ce qu'elle faisait de sa mort ? Je l'ai sauvée par calcul, je ne m'en suis jamais caché. Qu'as-tu versé dans mon verre pour que je m'épanche ainsi ? se coupa-t-il en reposant sa boisson d'un geste brusque.

— Ça t'arrangerait bien !

Un serveur s'approcha dans la minute avec deux bières fraîches.

Anthoïna rajusta l'une des tresses châtaines qui auréolaient son crâne puis, le regard perdu dans la bougie, passa et repassa son index à la flamme, indécise. Enfin, elle releva les yeux sur le visage éblouissant d'Ibrahim.

— Parlons potions. Qu'est-ce qui te permet d'affirmer que l'Ordre règne par le poison ?

— Faut-il que tu sois absorbée par tes abeilles et tes araignées pour ne pas t'alarmer du trépas subit de tes sœurs déviantes. Tu as la chance d'être si incroyablement douée qu'on t'épargne, mais ne confie jamais tes secrets.

Vif comme un crotale, Ibrahim lui arracha un cheveu qu'il passa dans la flamme. Le filament se contorsionna et fut consumé avant qu'elle ait fini de sursauter.

Ce geste lui valut une claque tout aussi véloce sur les doigts.

— Ça suffit ! Je n'ai pas envie de jouer.

Le norne l'emprisonnait si fort dans son regard qu'elle mit un moment à réaliser le silence qui s'était abattu sur la terrasse.

— Excuse-moi, dit-elle trop fort.

Et le brouhaha reprit, au diapason du sourire de son hôte.

— C'est tellement agréable d'avoir affaire à une femme intelligente, concéda-t-il à mi-voix.

— Assez feinté, rétorqua-t-elle sur le même ton. Je refuse d'être le pantin de quiconque, alors, sourire magique ou pas, tu craches le morceau sinon je lève le camp.

— Ton frère est à nos côtés depuis presque deux ans. Il sert principalement de messager entre les factions des différentes oasis.

Il regarda le poing d'Antho réduire d'un spasme le reste de galette qui traînait à droite de son assiette.

— S'il se réveille, il va m'entendre ! Qui a été recruté ?

— Pas ici !

Ils quittèrent la terrasse bondée.

— Quel âge as-tu sous ton déguisement ?

— Devine, puisque tu es si fort.

— Trente et un ?

— Trente-deux.

— Quel intérêt d'en paraître dix de plus.

— Une paix intégrale et l'assurance que personne ne fasse le lien entre mon frère et moi. Aux yeux de toutes, j'étais sa protectrice, un bon parti auquel il réservait sa semence. Bref, on passait pour un couple ordinaire.

À peine les autres avaient-elles quitté la pièce qu'Alex avait demandé à Meriem :

— Parle-moi de ma mère.

— J'avais quatre ans quand je suis arrivée au convent. Alice m'a prise sous son aile, comme c'est la tradition. J'ai dormi dans son hamac pendant des mois avant d'être capable d'affronter mes cauchemars. Les autres me traitaient de mauviette. Elle était brillante, poursuivit-elle après une gorgée de thé. Je voulais lui ressembler. Je me suis jetée dans le travail à corps perdu et mes progrès au cirque ont fini par clouer le bec des brutes. Et puis elle est passée arpenteuse. Elle a quitté le dortoir. À mon tour, j'ai pris soin d'une petite sorcière malheureuse. Je la voyais moins souvent. Elle m'a beaucoup aidée à préparer mon saut, mais je la sentais lointaine, préoccupée. Aujourd'hui encore, je m'en veux de ne pas avoir insisté… Il y a tellement de choses que je regrette…

Meriem jeta un regard de détresse pure vers la paillasse d'Ulysse.

— J'ai filé dix-huit mois. À mon retour, elle avait disparu et j'ai sombré dans le dogmatisme, conclut-elle en se grattant le creux des poignets. De quoi est-elle morte ?

— Cancer.

— Personne ne savait où elle était. J'ai mis des années à saisir qu'elle avait dû découvrir le revers de la médaille. Ta mère était trop fine pour ne pas comprendre que Tidiane monnaie certaines demandes spécifiques des guildes… Elle envoie l'une ou l'autre sœur classée en ZI chercher une technique, un outil précis en se basant sur le registre des destinations. Bien entendu, quand il s'agit de sauts en ZI, la commande ne figure jamais sur la liste, railla Meriem. Ce n'est qu'une fois norne que j'ai compris ce qu'Alice était devenue.

Alex et Rim se penchèrent, impatients de savoir à leur tour.

— J'ai reconnu son sceau dans des manuscrits d'Enora. Elle n'en a jamais changé. Un pied de nez à l'Ordre, sans doute.

Machinalement, Alex caressa le petit objet qui n'avait pas quitté le fond de sa poche.

— Tu lui ressembles tellement qu'en te voyant, la dernière pièce du puzzle s'est mise en place. Elle a préféré partir plutôt que de risquer ta vie. Tu aurais pu servir à faire pression. Et elle n'était pas aussi naïve que moi ! Nul doute qu'elle avait découvert le sort qu'on réservait aux réfractaires...

— Médée, murmura Rim.

— Qui ? demanda Meriem.

— Raconte, l'encouragea Alex.

— J'ai assisté à une scène dans le scriptorium.

— Depuis sa cachette, précisa-t-il.

— Tu as trouvé la niche dans le plafond, comprit la norne, admirative.

— La matriarche s'était déplacée en personne. Elle hurlait et morigénait Médée à propos de la liste en la traitant de criminelle. Quand Magda et Tidiane sont parties, Médée a ramassé des feuillets jetés au sol. Elle est morte quelques semaines plus tard.

— Poison, conclut Meriem au moment où Ibrahim s'effaçait pour laisser entrer une Anthoïna rétive à sa brutale inversion de la galanterie.

— Ce n'est jamais qu'une convention, persistait celui que l'air pincé de la biotaniste amusait au plus haut point.

Antho céda pour se rendre au chevet de son frère.

— Tu sais qui est mon père ? murmura Alex dans l'agitation suscitée par le retour des deux autres.

Meriem secoua la tête, désolée.

Magda posa une demi-fesse sur le banc du réfectoire, juste en face d'Olympe.

— Elle nous attend.

La jeune chasseresse avala une grande lampée pour faire passer ses lentilles et opina sans cesser de la regarder bien en face.

— Tu as terminé ?

Olympe ignora le double sens et se leva. Magda détestait être dévisagée mais la perspective de sa victoire attisait son effronterie.

Les deux femmes patientèrent près de vingt minutes dans l'antichambre avant que Tidiane daigne leur donner l'entrée. Olympe maîtrisait parfaitement le sous-entendu et s'en balançait. Elle était certaine de la valeur de son information. Elle profita même du répit pour admirer la simplicité trompeuse de la coupole. *À l'image de la maîtresse des lieux*. Habilement répartis, les orifices veinés d'indigo diffusaient un éclairage étonnamment exempt de chaleur et le motif répété à l'infini l'hypnotisait.

Enfin, la porte s'ouvrit.

— Je t'écoute, annonça la vieille femme.

Fidèle à son habitude, elle n'invita personne à s'asseoir.

— Un détail m'a échappé hier, commença Olympe.

— Pas d'effet de manches, je te prie.

— Très bien ! Alex est un homme.

La révélation fit son petit effet. Magda se raidit tandis que Tidiane, qui se contrôlait mieux, avança le buste derrière son bureau.

— Quelle preuve possèdes-tu ?

Le flegme de son interlocutrice l'irritait.

— Une barbe de deux jours constitue-t-elle un élément assez déterminant ?

Est-ce si difficile de me féliciter ?

Sans relever, Tidiane porta le coup de grâce :

— Est-ce tout ?

Il y eut un silence douloureux.

— Effectivement, reconnut Olympe en essayant de conserver sa dignité.

— Tu peux disposer.

Alors que la colère menaçait de lui faire proférer les pires horreurs, une intuition parée d'accents maternels lui intima d'obéir.

La mâchoire serrée de fureur, elle traversa lentement le bureau. La sortie était à l'opposé. Tidiane menait ainsi ses affaires sans écorner l'identité de ses visiteuses. Au terme de son pénible chemin, la jeune chasseresse tendit une main tremblante d'humiliation vers la poignée qu'elle eut encore tout le loisir d'abaisser avant que la voix parcheminée de la sorcière n'arrête son geste.

— Ton obéissance t'honore.

Docile, elle attendit sans se retourner.

Pour la récompenser de cette preuve d'humilité, Tidiane lui ordonna finalement de revenir. Et Olympe effectua le trajet inverse les yeux braqués sur ses pieds, le temps d'effacer de son visage toute trace de satisfaction.

Rim s'était assoupie, la tête sur les genoux d'Alex qui gambergeait trop pour trouver le sommeil.

— Tu n'as rien dit à Ulysse, n'est-ce pas ? souffla Anthoïna lorsqu'elle se retrouva seule avec Meriem au chevet de son frère.

Il ne s'agissait pas vraiment d'une question et le regard piteux valait aveu.

— Fais-lui confiance, chuchota sa belle-sœur en changeant le pansement.

— Et si je croise Nour ?

— La vérité est souvent la moins nuisible des options. Tu te sens capable de les emmener tous les deux ?

La norne acquiesça.

— Où as-tu sauté la première fois ?

— Aux abords du caravansérail.

— Quelle est ta potion de sommeil ?

— Griffonia et lavande sur une base de pavot très corsé. Je pense que c'est ce qui m'a fait repasser contre ma volonté. Le pavot.

L'instabilité émotionnelle de Meriem inquiétait Anthoïna. Pourtant, la norne était la seule à pouvoir mettre les deux sorciers en sécurité. *Et cette destination offre l'avantage inespéré de communiquer à travers les âges.*

Les chuchotis des deux femmes l'exaspéraient. Alex explosa :

— Ça suffit, les messes basses ! Je n'en peux plus d'être enfermé dans ce salon. De l'air ! implora-t-il en s'éventant d'une main.

— Viens, proposa la guerrière.

Alex posa la tête de Rim sur un coussin pour les rejoindre.

De près, le tribut payé par Meriem aux quarante-huit dernières heures était flagrant : teint olivâtre, cernes et rides marqués. L'ex-chasseresse l'entraîna jusqu'à un panneau léger qu'elle fit coulisser du doigt.

Ibrahim leva à peine les yeux quand elles entrèrent dans son bureau. Meriem désigna un tabouret au jeune homme qui la regarda piocher parmi les liasses mal reliées entassées sur des étagères. Elle déposa sa collecte devant lui et regagna le salon, précédée de son ombre.

Alex retourna le premier manuscrit avec émotion. Il avait déjà reconnu l'écriture sur laquelle il s'était usé les yeux pendant des heures. À côté d'un cartouche scarabée, la présence du sceau cinabre confirma qu'il tenait une nouvelle contribution de sa mère à la contrebande.

La table des matières renseignait une compilation très personnelle de textes politiques disparates : essais sur l'esclavage, la démocratie, l'anarchie, la participation citoyenne, le sexisme...

Alex ouvrit le premier opus et s'oublia dans les réflexions d'hommes et de femmes en provenance de siècles si lointains qu'il ne parvenait pas à se les représenter. Rim le rejoignit peu de temps après et l'imita.

Quand un gong monta des profondeurs du bâtiment, Ibrahim interrompit leur étude. Ils passèrent prendre Anthoïna dans le petit salon et suivirent leur guide dans les méandres de couloirs et d'escaliers de terre brute.

— Où sommes-nous ? demanda finalement Alex, que la question tarabustait.

— Au cœur d'un îlot de maisons agglomérées par les ans. Nous y avons percé des tunnels et des jonctions pour bénéficier de sorties et d'entrées qui garantissent un maximum de discrétion.

Ils débouchèrent dans un sous-sol qui ressemblait étrangement au lieu dans lequel on les avait enfermés la nuit précédente. La cuisine n'était éclairée que par de rares soupiraux. Il y flottait une fraîcheur bienfaisante et un parfum alléchant d'épices et de coriandre. Ils se lavèrent les mains dans une bassine ouvragée puis s'assirent en cercle sur une natte. Un très vieil homme affublé des mêmes tatouages qu'Ibrahim y déposa un immense plateau.

— Bon appétit.

Tous déchirèrent une lanière de pain qu'ils trempèrent dans les pâtes végétales multicolores.

Alex bouillait. Incapable de patienter davantage, il lâcha la question qui l'obsédait depuis le matin avec plus de hargne qu'il n'aurait voulu :

— À quoi mettrez-vous notre exil à profit ? Parce que je ne compte pas disparaître indéfiniment. Pourquoi se terrer dans un passé où on se retrouvera coincés s'il lui arrive quoi que ce soit ?

Meriem resta de marbre.

— À quel endroit déposerez-vous vos messages ? contra Antho.

La norne répondit aussitôt :

— Le pont. J'y ai beaucoup réfléchi. C'est l'un des seuls édifices à avoir traversé les siècles. Avec le convent.

Rim ne put s'empêcher de demander :

— Il y a encore de l'eau ?

Meriem acquiesça, les yeux perdus sur un fleuve qu'elle seule avait eu le privilège de contempler.

— J'écrirai sur des morceaux d'argile. Ça devrait résister.

— Mais ce sera à sens unique ! réalisa Rim.

Anthoïna opina.

— Partir ne sert à rien, s'entêta Alex. La situation ne va pas se débloquer d'un claquement de doigts et je peux me battre ! J'ai travaillé dur. Je suis meilleur que bon nombre de novices !

— Les guildes et le poids de la tradition sont puissants. Les maîtresses soutiendront les sœurs et l'ordre établi.

Ibrahim coupa court :

— Tu parles arabe ou espagnol ?

— N'oublie pas qui était ma mère ! rétorqua-t-il avec hauteur.

Un de ces sourires dont le norne avait le secret illumina son visage parfait.

Quand le vieil homme apporta du thé et des boulettes de dattes à la pistache, Meriem se leva pour débarrasser. Les deux sœurs réagirent avec un temps de retard et se retrouvèrent les bras ballants. Amusé, Alex désigna la cruche d'un coup de menton discret et la jeune fileuse s'empressa de remplir les rince-doigts.

— Nous déciderons des détails là-haut, trancha Ibrahim, qui s'empara du plateau et ouvrit la marche.

Rim et Alex pénétrèrent bons derniers dans la pièce, yeux brillants et lèvres écarlates. Ils s'assirent tandis qu'Ibrahim attendait, imperturbable, que cesse le raclement des tabourets. Sur le grand plateau du bureau, les manuscrits consultés avaient regagné leurs étagères. À la place, Meriem déroulait un plan du convent, dont la précision laissa la biotaniste sans voix.

Rim se pencha, avide d'y confronter sa propre connaissance des lieux, et ne tarda pas à repérer sa cachette dans la niche du scriptorium et le passage étroit qui y conduisait. Elle siffla d'admiration.

— Ulysse y a largement contribué, indiqua Ibrahim.

— La mission des convents est noble, à la base, poursuivit Meriem. Personne ne le nie, mais nos convictions divergent sur la politique orchestrée par Tidiane ces trois dernières décennies.

— Entre les pièges dont elles nous attribuent la pose et l'usage abusif des poisons, l'Ordre passe les bornes ! martela Ibrahim.

— Pourquoi nous exterminent-elles ? interrogea Alex.

— T'es-tu déjà demandé pourquoi les cellules d'arpentage sont fermées de l'extérieur ? répliqua Meriem.

Ils hochèrent la tête.

— Pour pallier le cas où une voyageuse serait phagocytée par un sorcier. Imaginez le bordel si l'un d'eux se faisait ramener dans notre présent...

La déclaration abattit un silence de mort autour de la table, le temps que chacune envisage les conséquences d'un saut dans une époque où les sorciers risqueraient de les poursuivre dans le futur.

— On ne sait jamais où on file la première fois, commença Antho à voix haute.

— Donc on pourrait atterrir dans un passé récent où les sorciers existent encore, poursuivit Alex.

— Et se laisser convaincre de les ramener au convent, acheva Rim.

— Tout juste !

— Mais… je croyais qu'ils avaient tous été massacrés quand l'Ordre a pris le pouvoir ?

Ibrahim leva un index théâtral.

— Ulysse a déniché une piste qui laisse à penser que tous les sorciers n'ont pas été assassinés.

L'espoir qu'Ibrahim avait allumé sur les visages de ses récentes recrues s'éteignit.

— Ses derniers récits ont prodigieusement déplu à Tidiane. Il serait allé jusqu'en enfer, s'il le fallait, pour obtenir des indices sur ce qu'il appelait le « massacre des vaisseaux ». Mais il ne voulait rien dire de plus sans preuves, l'animal ! Résultat, nous ne savons toujours pas de quoi il est question.

— On l'a piégé, poursuivit Meriem. Quelqu'un a retourné sa légendaire ponctualité contre lui. J'ai su par nos contacts de Samara qu'il avait été appâté par une histoire de manuscrit ancien qui n'a pas abouti…

— … Mais qui l'a obligé à prendre ce maudit raccourci pour arriver à temps ! déduisit Antho.

Un long silence plana sur ces conclusions.

— Bon ! se résigna Alex. Allez-vous enfin me dire ce que vous attendez de nous au XVIIe siècle ?

— Vous n'êtes pas encore partis, éluda Ibrahim. Il vous faut les tenues magiques d'Antho.

L'emploi du diminutif fit tiquer cette dernière, qui fronça les sourcils. Côtoyer cet énergumène n'était pas de tout repos.

— Je peux donner mon vêtement à Meriem, proposa Rim pour détourner l'attention de sa sœur.

— Et moi le mien à mon frère, acheva Antho, qui avait repris contenance. Il y sera un peu à l'étroit, mais ça vaut toujours mieux que de débarquer à poil. Ce serait tout de même dommage de sauter directement à la case prison pour une histoire de mœurs.

— Et ainsi, personne ne se met en danger.

Dans une tentative maladroite de rendre à Ibrahim la monnaie de sa pièce, Antho lança :

— Notre hôte nous prêtera-t-il de quoi nous vêtir ?

La candeur de sa belle-sœur amusait Meriem au plus haut point. Avait-elle oublié face à qui elle jouait ? Jamais elle ne gagnerait cette partie-là !

Pourtant, au lieu de la réponse crue qu'il aurait servie à toute autre qu'elle, Ibrahim lui offrit un sourire qui épargna sa dignité.

Dès qu'Olympe et sa docilité affectée eurent rejoint le centre de la pièce, Tidiane se tourna vers Magda :

— Ils doivent mourir. Tous les trois.

— Se peut-il qu'une des nôtres ait trahi ? osa Olympe.

— Qu'est-ce qui te le fait penser ?

— Un geste. La main posée sur ma nuque. J'avais les yeux bandés, mais c'était le même que durant la cérémonie. Une allusion, sans aucun doute.

— L'as-tu vue ?

— Non. Mais Alex et Rim ont sillonné tout le Barrio à la poursuite d'une certaine Meriem.

Cette fois, la matriarche tressaillit.

Sous le regard attentif des deux chasseresses, elle se rendit à pas comptés jusqu'à une niche dont elle ouvrit le rideau pour que les deux sœurs en admirent le contenu. Un panneau de bois sans âge figurait une jeune femme en pied dans une robe dont l'écarlate magnifiait le ventre épanoui. Un sourire rêveur éclairait son visage lumineux.

Olympe, frappée par la beauté de la peinture, se demanda pourquoi Tidiane la dissimulait alors que les œuvres d'art se faisaient si rares.

Magda coassa :

— Elle ressemble à celle qui a intercepté les filles pendant qu'Olympe était agressée.

— Alors il s'agit bien de Meriem.

— Je ne comprends pas, osa Olympe, mortifiée d'avoir été utilisée comme appât.

— Meriem s'est laissé séduire par l'architecte de ce convent, révéla la matriarche à contrecœur. Son prime saut a duré si longtemps que nous l'avons crue morte. Elle est revenue par accident, ravagée par la perte de son premier-né, et cette fresque est apparue quelques mois après son retour. Meriem ne l'a jamais su et j'ai fait l'impossible pour l'empêcher d'y retourner. Point. Cette peinture en disait assez long sur la manière dont elle avait déjà modifié le passé. Hors de question qu'elle en infléchisse davantage le cours. Le risque que cette citadelle ne voie jamais le jour était trop réel. Or, son existence est capitale, se justifia la vieille femme. Nous l'avons droguée à son insu pour l'empêcher de repartir puis convaincue de rejoindre nos rangs. Je la croyais morte, acheva-t-elle en escamotant le portrait et la fin de l'histoire.

Anthoïna vérifia la solidité du lien qui attachait les trois voyageurs puis tendit à Meriem la potion concoctée selon ses indications.

La panique incrustait les traits de la norne.

— Je ne risque pas de me croiser moi-même, au moins ?

— Aucun danger. Rappelle-toi, nous vieillissons en même temps que le passé qui nous accueille.

— Donc Nour aura vieilli aussi…

— Parle-lui. Libère-vous de ce fardeau, lui enjoignit Antho, qui refoula ses inquiétudes sur son instabilité morale.

— Tu ne peux pas échouer. Le passé est votre seul refuge contre l'Ordre et, accessoirement, vous avez une mission à y remplir.

TROISIÈME VOYAGE

XVII - TRIANGLE

ILS ONT FILÉ.

Tremblante comme un mirage, Rim s'était isolée dans l'un des minuscules jardins suspendus pour mieux profiter de la fraîcheur relative du soir.

Voir Meriem dans sa propre tenue lui avait causé un drôle de choc et, depuis que la norne avait emporté les deux sorciers dans un recoin du passé, elle énumérait de façon compulsive tout ce qui pouvait mal tourner, à commencer par la souffrance que ne manquerait pas de susciter le transport. *Deux personnes.* Elle se frotta vigoureusement l'épaule au souvenir de la cuisante déchirure qu'avait subie son muscle la première fois qu'elle avait véhiculé Alex. *Ne pas y penser. Sa paume au creux de ma gorge. L'arrachement. Les yeux débordants d'eau gâchée.*

Lier les mains des voyageurs était son idée. Pour que les énergies circulent sans interruption. *L'avenir dira si cela fonctionne.*

Harassée par l'absence d'Alex et avide d'apaisement, la jeune fille s'était assise en tailleur et respirait les fragrances capiteuses du jasmin avec vigilance, pour sa côte.

Tendrement, elle repoussa la souffrance grisante qu'elle payait volontiers à la certitude d'aimer et se coula dans une profonde méditation.

Quatre étages plus bas, dans les cuisines, Anthoïna reposa doucement sa bière de sorgho.

— Sait-on à quelle époque aurait eu lieu le massacre des vaisseaux ? Précisément. Mon frère n'y a jamais fait allusion devant moi.

— Les murs du convent ont des oreilles, rappela Ibrahim. Où veux-tu en venir ?

— Imagine qu'on déniche une fileuse qui voyage vers cette époque... qu'elle-même en trouve une autre pour arpenter le passé où les sorciers ont été bannis ?

— Vertigineux ! sourit Ibrahim.

Ulysse fut tiré de son coma par une mélopée si puissante que chaque nerf résonnait des stridulations vibrantes du désert. Avec la sensation de ne plus vraiment habiter son corps, il s'abandonna au chant inconnu.

Quand il s'éveilla de nouveau, la douleur qui lui zébrait les chairs l'obligea à creuser sa mémoire. La chute, les hurlements d'agonie de Merlin achevèrent de le ramener et il ouvrit les yeux.

Aucun des bruits ne lui était familier. Réticent à l'idée de se redresser, il roula de côté mais sa clavicule cassée lui arracha un grognement. *Souffrance.* Il pivota prudemment sur l'autre flanc. *Aucune protestation organique majeure.* Il s'assit après d'éprouvantes négociations avec ses muscles malmenés, ruisselant de sueur malgré son vêtement. *Mais qu'est-ce que je fous dans la tunique de ma sœur ?*

La douleur ne s'estompera pas davantage.

Debout au seuil du cimetière, Nour se laissa gagner par la magnifique sérénité du lieu. Les stèles colorées d'antimoine et de cobalt, la verdure, l'eau en arrière-plan créaient une ondulation apaisante que ses yeux d'architecte percevaient sans que la magie en soit altérée. Cœur tendu vers le minuscule repos de son fils, il parcourut les allées à pas lents. Il ne s'autorisait cette faiblesse qu'à la date anniversaire.

*Est-ce qu'*elle *est encore en vie ?* Il n'avait jamais cru au suicide, et le fleuve n'avait pas rendu de corps.

Sur une profonde inspiration, le parfum aqueux des berges lui arracha un désagréable frisson, comme une goulée de mort liquide. Le crissement des graviers sous ses sandales l'irritait. Il était si concentré sur le contrôle de ses émotions qu'en arrivant aux abords du petit tombeau, il ne comprit pas immédiatement le message désordonné de son cœur. Il s'immobilisa au milieu des stèles et observa, aux aguets, la silhouette agenouillée sur la sépulture de son fils.

Ce ne pouvait être qu'elle mais son esprit réfutait l'évidence. De la main, il chercha l'ancrage rassurant d'une pierre. Il n'avait pas vu Meriem depuis dix-sept ans, et pourtant... Même recroquevillée sur elle-même, il l'aurait reconnue entre toutes.

Désarçonné par sa colère il s'accroupit, pour observer sans être vu.

Meriem s'était levée aux aurores. Elle n'avait dit à personne que ce lendemain de leur arrivée coïncidait avec la date anniversaire. L'urgence l'obsédait au point de lui faire oublier son inquiétude, son amour pour Ulysse, l'enjeu de leur voyage et l'importance de son rôle de passeuse.

Elle avait tant rêvé de se recueillir près de lui.

À son arrivée au cimetière, le soleil levant câlinait les pierres tombales et le fleuve de reflets chauds. Il y avait une étonnante douceur dans cette architecture de perte et de regret. Elle songea à Nour, peu désireuse de se confronter déjà au petit mausolée. *Qu'est-il devenu ? Comment a-t-il fait face ?* Incapable de savoir ce qu'elle éprouverait à sa vue, elle se leva pour éluder la question et descendit la pente douce qui menait aux restes d'un passé qu'il lui faudrait affronter tôt ou tard. Sa terreur et ses doutes la quittèrent devant la sépulture et elle s'abandonna. *Ici, j'ai le droit.*

Une demi-heure de surveillance immobile suffit pour que l'envie de contempler son visage le taraude.

Enfin, elle quitta sa prostration.

Capuchon rabattu sur son turban, Nour emboîta le pas de l'inconnue qui avait été la femme de sa vie.

Au premier appel du muezzin, l'attrait de la nouveauté avait entraîné Alex du caravansérail à la médina sans qu'il s'en aperçoive. Dans les paniers du souk, des fruits et des épices dont il ne connaissait ni la saveur ni le nom. Jarres de miel, bois à profusion. Des plats, d'éblouissants tissus. Un marchand lui avait même offert une pâtisserie qu'il dégustait avec parcimonie.

Transporté par le goût, il avait remercié dans une langue bancale, frustrante. *Était-ce la saveur d'un prime saut ?*

Dans sa poche, il serra le sceau d'Alice et se dirigea vers la citadelle dont la coupole d'azur surplombait la ville. Démesurée et rutilante.

Envoûté par les arbres, les animaux innombrables, les parfums, ce ne fut qu'en atteignant l'enceinte qui n'existait pas encore qu'il prit la mesure de son saut. Rien de ce qu'il connaissait n'était encore sorti de terre. Complètement désorienté, il descendit vers le fleuve dont la majesté l'assomma, le pressant de hurler :

— Mais regardez comme c'est beau ! Regardez !

Dommage qu'Ulysse ne puisse voir ça.

Il rebroussa chemin, manquant Meriem de peu.

Chaque pas attisait en Nour le désir de la regarder.

Et chaque enjambée distillait le doute à parts égales. *Si ce n'est pas elle, serai-je déçu ? Ne serait-ce pas mieux ?* Avant, Meriem devinait quand il la suivait par jeu. Il lui avait donc laissé une confortable avance mais regretta cette précaution dès qu'il la vit escalader le parapet du pont désert. Il courut de toutes ses forces, l'attrapa par la taille et la fit basculer.

De son côté.

Meriem ferma les yeux. Elle aurait reconnu entre mille ces bras qui l'enserraient à lui briser les côtes.

Une larme s'écrasa sur la main de Nour au doigt duquel elle rencontra un vieil anneau dont le jumeau dormait dans un tiroir de Tidiane.

Ils restèrent immobiles, fauchés d'émotion.

La joue contre son dos, Nour écoutait les violentes pulsations de leurs cœurs.

Incapable d'en supporter davantage, Meriem se retourna.

Ils se contemplèrent. Des pattes d'oies habillaient leurs yeux de maturité. Quelques fils gris parsemaient la barbe de Nour. Les pupilles de Meriem étaient plus dures sous ses inoubliables sourcils.

Elle, silencieuse. Lui, avide de toutes ces réponses qu'il pensait perdues pour toujours.

Il lui tendit les mains et elle sauta lestement du muret. Sans se lâcher, ils partirent pour cette promenade qu'ils avaient coutume de faire, avant. Ce ne fut qu'une fois sous les saules de la berge qu'il parla.

— La vérité.

Meriem ouvrit la bouche, incapable de piocher les paroles qui l'aideraient à démarrer.

Il avait tout le temps, désormais.

Les premières phrases le déstabilisèrent. La langue de Meriem roulait des accents âpres dont il avait oublié l'étrangeté.

D'où reviens-tu, bon sang ? Des enfers ?

— Peut-être, murmura-t-elle comme si elle lisait dans ses pensées.

Enfin, elle entama son récit.

À son retour, Alex paniqua. *Où est Ulysse ?*

Il longea la coursive du premier étage au trot, dévala les degrés qui ramenaient dans la cour. *Nada !*

En arrivant la veille, ils avaient prétendu s'être fait détrousser en plein désert. Ainsi que le voulait la tradition, on leur avait offert l'hospitalité. *Cesse de tourner comme une poule sans tête. Réfléchis !*

Enfin, il suivit la piste suggérée par son estomac jusqu'aux cuisines où il trouva Ulysse réveillé, moustache impeccable, en plein conciliabule avec un marchand.

Après un petit-déjeuner frugal mais merveilleux pour qui n'a jamais mangé ni blé ni fruits « exotiques », Ulysse tapota le tapis que le marchand venait de déserter.

Alex remercia l'homme d'un signe de tête.

— Nous avons à parler.

— Pas ici, rétorqua le jeune homme entre ses dents.

— Comme tu veux.

Ulysse se leva.

L'aisance de son aîné l'impressionnait. Le conteur était si aguerri que même après un voyage de plusieurs centaines d'années, il conservait son assurance. Dans la cour, ils s'accroupirent à l'ombre d'une arche éloignée des oreilles indiscrètes.

— On est quand ? attaqua-t-il. Et par quel miracle sommes-nous arpenteurs, toi et moi ?

Alex guettait les signes de panique.

— On n'a pas changé d'endroit, juste de siècle.

Le conteur désigna le décor d'un ample geste du bras.

— Sans blague !

— XVIIe siècle, capitula-t-il.

— Je te tire les vers du nez ou tu te décides à cracher le morceau ?

Alex s'efforça de faire un résumé clair des dernières péripéties autour de l'empoisonnement de Rim.

Ulysse ouvrait des yeux immenses.

— Et à quel moment de ce délire as-tu changé de sexe ?

— J'y viens, grogna-t-il. Est-ce que Rim t'a déjà parlé de ses rechutes ?

— L'endroit où elle retourne chaque fois ?

L'ado hocha la tête.

— Elle sautait, c'est ça ?

Ce fut au tour d'Alex d'ouvrir de grands yeux.

— Moi aussi, je peux être perspicace.

— En fait, elle file deux destinations. Elle a effectué son prime saut juste avant ton accident. On ne peut pas dire que ça se soit bien passé : zone inutile !

— Pauvre gazelle.

— Mais la fièvre des rechutes l'envoie dans notre présent… Chez moi, acheva-t-il en laissant planer un long silence.

— L'empoisonnement lui a donné de la température, comprit Ulysse.

— Et une fois là-bas, je lui ai tout avoué.

Le jeune sorcier tripotait le sceau tiré de sa poche. Ulysse désigna le boîtier carmin.

— Que ne me dis-tu pas ?

— Alice, ma mère, était sorcière. Elle est morte d'un cancer peu avant mes seize ans et j'en ai profité pour me faire passer pour une survivante.

Ulysse se frappa la cuisse du plat de la main.

— De mieux en mieux !

— Ta sœur nous a ensuite largués dans le Barrio à la recherche des nornes. Et puis Ibrahim et Meriem nous ont chopés en même temps qu'Olympe. Quand ils l'ont fait entrer dans notre cellule, Rim est devenue enragée.

Ulysse sourit de toutes ses dents.

— Ma gazelle est amoureuse, on dirait.

Alex piqua du nez et le conteur fronça les sourcils. Cette histoire était des plus farfelues et le récit du gamin partait dans tous les sens.

— Ça ne me dit toujours pas ce qu'on fout en plein XVIIe siècle !

— Meriem nous a transportés.

Alex se gratta le menton.

— Ce n'était plus qu'une question d'heures avant qu'on ne devine mon véritable sexe.

Sur les conseils de la norne, il s'était laissé pousser la barbe mais peinait à s'habituer aux démangeaisons. Il poursuivit :

— Il *fallait* que tu disparaisses. Meriem nous a parlé de tes recherches. Et elle a confirmé que l'Ordre assassine tous les mâles qui survivent au fléau : les sorciers existent.

— À quel moment as-tu compris, pour Antho et moi ?

— Quand Meriem a affirmé qu'elle était ta compagne. Le reste devra attendre son retour.

Ulysse désigna le sceau qu'Alex n'avait cessé de faire rouler entre ses doigts. Le jeune homme le lui tendit de bonne grâce et il détailla l'objet sous toutes les coutures.

— Je pensais que les voyageuses ne pouvaient absolument rien transporter, énonça-t-il lentement.

Alex lâcha un juron tonitruant.

— Voilà la véritable signification de « vaisseau » !

Sur la berge ombragée du fleuve, Meriem se débattait dans sa confession. Elle avait toujours préféré l'action aux mots, mais Nour était impitoyable. Pas une fois depuis le début de son récit, il n'était venu à son secours.

Le teint gris, l'architecte nouait et martyrisait l'un après l'autre des brins d'herbe arrachés à la rive. Tandis que ses doigts travaillaient, les invraisemblables concepts se frayaient un pénible chemin dans son imagination.

— Comment réfuter la démence, Meriem ?

— Je ne suis pas seule. J'ai amené deux personnes.

Nour se frotta vigoureusement le visage et adopta son ton le plus posé.

Ça dépasse l'entendement !

— Donc, non seulement tu traverses le temps mais, en plus, tu peux transporter des gens ? Emmène-moi, alors !

— Impossible ! Seuls les sorciers peuvent voyager. Et il n'en existe que deux, à ma connaissance. Tous les autres ont été assassinés.

Elle laissa s'éterniser le silence et s'étendit complètement dans l'herbe, paralysée par le dernier, le pire des aveux. Les yeux fermés, elle s'imprégna du parfum des saules, des plantes aquatiques, du cancan des canards.

— J'ai rencontré quelqu'un d'autre, murmura-t-elle, les paupières obstinément closes.

Il ferma les yeux pour encaisser la suite.

— Je ne sais absolument pas où tout cela nous mènera. Je ne lui ai encore rien dit.

Il serra les poings, mais ne lui fit pas l'aumône d'une parole.

Bien que Nour lui tourne le dos, Meriem lisait toutes les tensions déchaînées par ses propos mais elle se força à percer l'abcès. Jusqu'au bout.

— Il s'appelle Ulysse. Il est venu avec moi. Il est dans le coma. C'était le seul moyen de le mettre hors de portée des sœurs. Je ne lui ai jamais parlé de nous. De rien. Je ne pensais pas revenir un jour.

Nour se taisait toujours.

— Le caravansérail nous offre l'hospitalité. Nous avons inventé une attaque pour justifier l'état d'Ulysse.

— Venez chez moi.

Il la quitta avant de changer d'avis.

Quand Meriem rouvrit les yeux, la conscience de sa longue absence la rattrapa.

Pour tromper l'attente – et ne plus subir une gazelle désœuvrée –, Ibrahim avait proposé à Rim de s'entraîner au combat. La lente guérison de sa côte ne le lui permettant pas encore, elle s'exerçait au lancer de couteau avec les p'tits chats.

C'est fou les progrès qu'on peut faire en trois jours d'ennui et de frustration !

L'enfermement et l'absence d'Alex pesaient lourd mais chaque ragot rapporté par les p'tits chats confirmait que les sœurs les cherchaient partout. Tidiane promettait même une récompense et, s'il fallait une preuve supplémentaire de sa rage, les patrouilles de rapaces au-dessus de la cité avaient doublé. Ainsi avait-elle découvert qu'en plus de protéger les arbres des rongeurs, les oiseaux étaient dressés à tuer les pigeons qui ne portaient pas le grelot du convent. *Ou comment freiner la correspondance des nornes entre les cités. Combien y ont laissé la vie ? Est-ce que Craco participe au massacre ?*

Encore trempée de sa séance d'entraînement, la jeune fille grimpa dans le pigeonnier où elle attrapa un messager dans ses mains en coupe. Dès qu'il eut cessé de s'agiter, elle lui caressa le dos et, quand il se mit à roucouler, détacha le tube puis fila vers le bureau où elle entra sans frapper.

Antho était plongée dans la bibliothèque. Depuis le départ de Meriem, la biotaniste lisait les travaux d'Ulysse, effectuait des recoupements, traquait une idée qu'elle n'avait toujours pas jugé bon de partager. Rim fit la moue. Elle lui en voulait pour son silence, sa complicité avec Ibrahim, ses secrets.

— Qu'apportes-tu, jeune gazelle ? lança l'homme tatoué depuis son fauteuil.

Rim lui tendit le message qu'elle n'avait pas ouvert. Il le déplia et plissa les yeux pour déchiffrer les lettres minuscules.

— Les registres de Dour et de Samara ne sont pas accessibles non plus.

— À peine surprenant, maugréa Antho. De toute façon, tout porte à croire que le siège de l'Ordre a toujours été ici, donc les archives les plus complètes devraient se trouver au convent. Il n'y a plus qu'à espérer que Meriem réussisse.

Rim se laissa tomber sur un pouf et tira la grimace.

— Je vois mal comment son ancien amoureux pourrait lui pardonner un truc pareil.

Pour l'empêcher de tourner en rond, Ibrahim lui tendit un manuscrit dont elle reconnut aussitôt la facture et le scarabée désormais familier.

— Prends ça ! C'est de la part d'Enora. Peut-être que cela t'évitera de nous rendre tous fous pendant quelques heures ?

— Merci ! J'espère que ce sera moins indigeste que tes anthologies de terroriste.

— Hé oui, jeune fille ! Plus facile de prôner une idéologie que de se l'appliquer, n'est-ce pas ?

Mouchée, elle quitta la pièce, mais le rire d'Ibrahim la poursuivit dans le couloir :

— Sois sans crainte. Elle m'a juré d'avaler son turban si tu n'aimes pas.

Rassérénée, Rim se rendit dans le patio pour attaquer *Les Chroniques lunaires*. L'estampille au scarabée et l'épaisseur de la reliure la rassurèrent. *De quoi tenir un moment ! Sûrement son seul critère*, songea-t-elle, déjà tendue vers ce monde imaginaire qui lui procurerait un oubli aussi bienvenu qu'inoffensif. Elle s'installa dans un hamac et, lorsqu'elle découvrit que l'histoire comprenait plusieurs tomes, son bonheur ne connut plus de limites. Le turban d'Enora avait encore de beaux jours devant lui.

Ibrahim effleura la joue de la farouche biotaniste. Depuis le temps qu'il en avait envie…

Réveillée en sursaut, elle lui agrippa le poignet avec une vivacité de crotale.

— Ce n'est que moi, murmura-t-il.

— Tu as intérêt à avoir une sacrée bonne raison !

Il brandit une tablette sans âge et son éblouissant sourire.

— Fichtrement bonne, même !

Elle s'empara du message datant du XVIIe siècle et sourit à son tour. Ses yeux étincelaient dans la pénombre.

— Il est réveillé !

Le soulagement la privait d'air.

— Et ils sont passés.

Prise d'une joie aussi subite qu'inextinguible, Anthoïna attira le messager par le col et l'embrassa.

Aux anges, Ibrahim repoussa la porte d'un coup de pied adroit.

— Je n'osais plus t'espérer, murmura-t-il contre sa bouche.

— Toi ? Le rebelle auquel rien ne résiste. Peur de *moi* ?

— Tais-toi, sorcière ! chuchota-t-il, ravi.

Ulysse est réveillé. Meriem n'éprouva d'abord qu'un sentiment d'absolue complication. Le piège dans lequel elle s'enlisait écrasa ses poumons déjà malmenés mais que faire ? Fuir ? S'écrouler dans la poussière ?

Mais elle s'enfonça sous les arcades pour renouveler l'aveu.

— Je vous laisse, annonça Alex en voyant la guerrière approcher.

La fuite du jeune homme n'éveilla pas la méfiance d'Ulysse. Tout à son bonheur de retrouver sa compagne, il ne remarqua ni son teint de cendre ni son regard hanté.

Ce fut l'absence de sourire qui l'alerta.

Puis la raideur inhabituelle de ses épaules. La distance qu'elle imposa en s'asseyant face à lui acheva de lui crever le cœur. Il lui offrit ses mains.

Meriem n'eut pas le courage de lui refuser ce réconfort. Elle se saisit des paumes chaudes et vivantes, réalisa combien elle avait craint de le perdre. Le front appuyé contre le sien, elle chuchota tout ce qu'il ignorait encore.

À mesure que les paroles coulaient, maladroites, Ulysse resserrait sa prise sur les doigts calleux.

— Je te demande pardon. Jamais je n'aurais pensé revenir ici, sans quoi je t'en aurais parlé. Un jour... J'attendais le bon moment. Je ne sais plus où j'en suis..., confessa-t-elle en serrant à son tour ses mains dans les siennes. Nour nous offre l'hospitalité, débita-t-elle le plus vite possible.

Ces mots entassèrent une énième pierre sur toutes celles qui alourdissaient déjà l'estomac du colporteur. Il lui caressa la joue. Il était assez près pour sentir son haleine qu'il adorait, voir les larmes affleurer.

Toi qui ne pleures jamais.

— Je t'aime, articula-t-il sans bruit.

Il lui ouvrit les bras mais, brûlée par son propre désespoir, Meriem s'écarta et s'enfuit.

Dévasté par son impuissance, Ulysse errait sans but, en plein soleil.

— Tu le savais ?

Alex haussa les épaules.

— C'est pas franchement mes oignons...

— *Il* nous offre l'hospitalité.

L'ado ne dit rien.

Ulysse donna un coup de pied dans un pauvre caillou.

— Et merde !

Meriem marchait à vive allure dans la vieille ville. La cadence ne pouvait semer sa culpabilité mais l'aidait à lutter contre l'envie de se planquer dans un coin pour bercer sa douleur. *Pas de répit. Aucun. Comment je peux privilégier mes problèmes à ceux des nornes?... Pire ! Être impatiente à l'idée de retourner chez Nour ?*

Cette pensée qu'elle échouait à chasser la torturait plus que toute autre. La tentation de tout abandonner était forte mais comment condamner Alex et Ulysse à une vie d'exil ?

Elle regagna le caravansérail deux heures plus tard, épuisée et morte de soif.

Alex l'attendait près du puits.

— Quand tu veux. Nous sommes prêts.

Reproche ou simple solidarité masculine ?

Meriem but en cherchant Ulysse du coin de l'œil.

— Allons-y, dans ce cas.

La grande silhouette du conteur se détacha de l'ombre et elle fut si déroutée par son soulagement qu'elle prit la tête du cortège.

L'après-midi tirait à sa fin quand Meriem s'arrêta devant une porte que rien ne distinguait des autres. Elle posa la main sur le heurtoir, cogna deux fois. *Comme avant.*

L'attente fut insupportable pour elle autant que pour Ulysse qui n'en pouvait plus d'ignorer à qui il devait se mesurer. *Il y aura forcément un perdant.*

Alex se sentait en trop mais le drame ne faisait que commencer. Trop conscient que la cohésion de leur groupe lui incombait, il s'astreignit au calme.

Enfin, l'architecte ouvrit et les invita à entrer.

— Soyez les bienvenus.

Nour désigna une table à l'ombre d'un citronnier.

— Cette maison est la vôtre. Le repas ne sera servi qu'à la tombée de la nuit. C'est ramadan. Je vous ai fait apporter du thé.

Ulysse détaillait leur hôte, contraint de lui reconnaître un indéniable charisme.

La quarantaine, regard fier, son turban et sa barbe achevaient de lui conférer une prestance impressionnante.

— Le hammam est à deux rues d'ici. Il est ouvert aux hommes jusqu'au coucher du soleil. Je vous prêterai des vêtements, ajouta-t-il avant de les précéder vers un escalier.

— Laissez-moi vous montrer votre chambre.

Meriem s'était réfugiée dans la cuisine. *Enfin seule*. Elle avait toujours aimé cet endroit qui embaumait les épices et le parfum herbeux des jarres d'huile. Il *fallait* qu'elle s'occupe les mains, sans quoi elle allait devenir folle.

Rien n'avait changé. Elle piocha les ingrédients nécessaires à la confection du pain. Au convent, les femmes ne cuisinaient pas. C'était ici qu'elle avait tout appris. Son adaptation ne s'était pas faite sans heurts mais Nour s'était laissé séduire par leurs différences.

Elle se lava les mains, ceignit un tablier et s'affaira à la tâche bienfaisante destinée à lui vider la tête.

Le rasoir crissa le long de la mâchoire d'Alex. Absorbé par ses réflexions, il prêtait à peine attention à ce qu'il se passait autour de lui et la chaleur l'abrutissait si bien qu'il sursauta comme un diable hors de sa boîte lorsque le barbier lui attrapa le nez pour tendre sa peau.

Il risqua un coup d'œil vers Ulysse. Le conteur ne desserrait pas les dents.

Il les revit front contre front, mains nouées. Sa compassion pour Ulysse était immense, mais rien de ce qu'il pourrait dire ne le consolerait et il avait renoncé à se mettre à sa place. Rim lui manquait déjà trop pour s'attarder en spéculations hasardeuses.

Meriem se défoulait sur la pâte. L'un après l'autre, elle fracassait les pâtons contre le marbre où chaque impact exhalait un long spectre de farine. Toujours furieuse contre elle-même, elle s'empara de la boule suivante, la malaxa avec violence. Le yoga d'Ariane n'était d'aucun secours ici. *Juste – envie – de tout – détruire.* Elle leva la main et jeta le pâton si fort que son chignon se défit, libérant à demi l'écheveau d'ordinaire si strict de sa coiffure.

Appuyé au montant de la porte, Nour la regardait s'acharner. La rage qui la consumait n'était pas près de s'éteindre, il était bien placé pour le savoir. *Tant de sauvagerie.*

La liberté de cette femme l'avait toujours attiré et, quoi qu'ils se soient promis, son cœur fit un bond lorsque la dernière épingle rendit les armes. *Si belle !* Les fils blancs qu'il entrevit dans la cascade brune accentuèrent son sourire. *Et bien réelle !*

Lorsque le dépit la fit taper du pied, il ne put retenir un franc éclat de rire.

Surprise, Meriem se retourna d'un bloc, bras armé, prête à lui jeter le pain à la tête. Son regard flamboya encore une seconde puis s'éteignit. Elle lui tourna le dos pour jeter un linge sur la fournée.

Le temps qu'elle se recompose, il s'était enfui. Désemparée, elle quitta la maison pour le hammam. N'importe quoi plutôt que de se morfondre en attendant que ça lève.

Anthoïna claqua le livre. C'était le dernier opus des récits collectés par Ulysse. Tout était là. Ibrahim le lui avait certifié mais après les avoir tous lus, elle restait incapable de déterminer la période à laquelle avait eu lieu ce qu'elle appelait désormais le massacre des vaisseaux, et cette résistance des faits à son intellect la rendait complètement dingue.

Pas le moindre récit qui sorte de l'ordinaire ou dévie des sentiers battus pour lui mettre la puce à l'oreille.

Furieuse, elle décida d'aller consumer sa frustration dans la salle d'armes. Avec un peu de chance, elle croiserait quelqu'un sur qui taper.

XVIII – LE CŒUR DE L'ARCHITECTE

L'EFFICACITÉ AVEC LAQUELLE on lui frictionnait la peau arracha un soupir à la guerrière. Entre inconfort et soulagement.

La vapeur baignait la pièce. Rien à regarder. Elle s'obligea à fermer les yeux et repassa la liste d'arguments qu'elle pourrait faire valoir auprès de Nour. Sachant que les mots n'avaient jamais été ses alliés, Ibrahim l'avait aidée à structurer ses explications. Elle récapitula plusieurs fois, jusqu'à ce qu'il ne subsiste plus la moindre hésitation.

Nour n'avait rien précisé. Meriem se dirigea vers ce qui jadis était sa chambre, entra sans frapper et tomba sur le maître des lieux penché sur des rouleaux de plans. Confuse, elle balbutia des excuses et s'enfuit.

— Attends !

Il la rattrapa, se retint de justesse de la toucher.

— J'ai conservé ceci.

Et de plaquer sur son ventre vide un paquet rouge qu'elle reconnut aussitôt. Sa robe préférée. Celle dans laquelle il l'avait dessinée lorsqu'elle s'arrondissait et que leur vie était belle et facile.

— Il y a certaines choses dont je n'ai pas pu me défaire. Ta chambre est à côté.

Sur un brusque demi-tour, il referma le battant.

Meriem parcourut les quelques pas qui la séparaient de son calvaire. La chambre d'enfant n'était plus là ; pourtant, elle pouvait remettre chaque meuble à sa place rien qu'en fermant les paupières. Une larme coula. Ce ne pouvait qu'être un message : « Vois ce que j'ai eu tout ce temps sous les yeux et souffre à ton tour. »

Elle se frotta les poignets.

Peu désireuse de s'attarder, elle déploya la robe sans délicatesse et le tissu écarlate délivra une paire de boucles d'oreilles qui tinta à ses pieds. Les mains tremblantes, elle pendit à ses lobes la succession de disques brillants. *Pourquoi tu t'infliges ça ? Souffrir ? Expier bêtement ?*

Elle fit la sourde oreille et regagna la cuisine. *Cuire mon pain.*

Mais lorsqu'elle atteignit le patio, le regard ébloui qu'Ulysse posa sur elle la fit vaciller. Pour désamorcer le malaise, Alex désigna les friandises qui accompagnaient le thé.

— Tu as déjà goûté du miel, Ulysse ?

Il secoua la tête.

— Essaie. C'est une tuerie !

— Tu as une stratégie ? demanda finalement le conteur.

Mais elle ne répondit pas.

— Elles ne se sont pas volatilisées ! tempêta Tidiane. Comment autant de personnes pourraient-elles passer inaperçues pendant plus d'une semaine dans cette cité ? C'est invraisemblable !

La tentation de taper sur son bureau grandissait à mesure que ses chasseresses revenaient bredouilles.

— Sauf si elles ont rallié les nornes, murmura Magda lorsqu'elles furent de nouveau seules.

— Évidemment qu'elles ont rallié ce foutu scarabée ! Mais à défaut d'être mieux informées, je vous pensais plus persuasives. Je suis déçue, Magdalène.

La matriarche emprunta à Iseult son geste fétiche.

— Allez, laisse-moi travailler.

L'une de ses prédécesseures avait eu la lumineuse idée de répertorier les sauts selon un classement à entrées multiples. L'encodage s'en trouvait compliqué, mais elle pouvait effectuer des recherches suivant des critères tels que la destination ou l'époque, ZU et ZI confondues. Hélas, qu'il s'agisse de Rim, de Meriem ou d'Anthoïna, personne actuellement ne pouvait se rendre aux mêmes endroits qu'elles ni quoi que ce soit d'approchant.

De peur que la tentation de passer sa rage sur le vénérable registre ne devienne trop forte, elle abandonna. À gestes méticuleux, elle retira un à un ses vieux doigts des gants et remisa le répertoire dans sa cachette, juste derrière la natte qui dissimulait le portrait de Meriem. L'ironie de la situation la fit grincer de plus belle et elle referma la tenture d'un geste si vif que la fibre se déchira. *Plus jeune, j'aurais tapé du pied.* Cette pensée lui extorqua un sourire tordu qu'heureusement, personne ne vit.

Enfin, la nuit autorisa Nour à rejoindre ses invités. L'architecte gagna le patio d'un pas lent, curieux de savoir si Meriem porterait la robe. *Lui montrerai-je son portrait ?*

Il était indécis, préoccupé par cette requête qu'elle avait à lui présenter. *Quelle suprême nécessité l'a convaincue de revenir ?*

Alex regarda leur hôte s'avancer, inquiet. Les possibilités que cette conversation parte en cacahuète étaient innombrables et il s'était promis de préserver leurs intérêts, n'en déplaise aux amants maudits.

Le contenu du grand plat de terre était appétissant. Nour déchira un morceau de galette moelleuse qu'il trempa dans la sauce.

— Merci pour le pain, Meriem.

Ses convives l'imitèrent sans un mot, les papilles aussitôt dévorées par le piment.

Meriem et Nour mastiquaient, impavides chiens de faïence. Alex essaya de relancer la discussion, mais rien n'entamait leur insoutenable mutisme.

Au diable tout ce cirque ! Dans un accès d'exaspération, Ulysse jeta son verre contre le mur. Le fracas éventra la bienséance, éclaboussa de rouge les mosaïques multicolores tandis que les trois autres le dévisageaient, ahuris.

— Mais qu'est-ce qu'il te prend !

Alex traquait l'obscure raison de cet affront tandis que l'autre laissait filer un long blanc.

— Règle de base d'une histoire qui s'enlise. Faites tomber le lustre sur la table et ça repart ! consentit finalement le conteur.

Rien que pour le sourire qui érailla la bouche de celle qu'il aimait, le risque en valait la chandelle.

Piqué par la jalousie, Nour capitula :

— Qu'as-tu à me demander qui exige ce retour contre-nature ?

Quelle est la probabilité de se retrouver assise entre deux hommes que séparent plusieurs siècles ? Il n'y a que moi pour synthétiser cet impossible raccourci ! Contrainte par l'éclat de l'un et la jalousie palpable de l'autre, Meriem se lança :

— J'ai besoin que tu ouvres un passage dans ta forteresse. Un couloir qui m'aidera à accéder au registre susceptible de sauver ceux deux-là.

Il fallait très bien connaître Nour pour capter l'onde qui traversa son maxillaire.

— À condition que tu restes.

L'odieux chantage figea la tablée.

Ulysse serra les poings si fort que ses phalanges craquèrent. Meriem rouvrit les paupières pour le défier.

Aucun des deux ne céderait.

Le cœur du conteur pulsait de sombres prévisions. Les yeux étrécis d'angoisse, il captait chaque détail : des pupilles agrandies d'horreur, les boucles d'oreilles qui ne tanguaient plus, la veine palpitante au cou de son rival. Un insecte grésilla dans la flamme du photophore.

Leur madone attendait, le menton figé dans ses mains. *Seul le désespoir peut l'égarer à ce point. Personne n'aime sous la contrainte et il est trop intelligent pour l'ignorer.*

Terrifié, Alex n'osait plus faire un geste. *Notre sort va-t-il sérieusement se jouer sur un conflit amoureux ?* Il coula un regard inquiet vers Ulysse, qui dessinait des continents avec les miettes du pain.

Perdu dans les reflets cuivrés des boucles d'oreilles de Meriem, Nour cherchait une manière élégante de se tirer du guêpier dans lequel l'avaient fourré son orgueil et son désespoir. *Dieu que cette femme est têtue…* Mais il était trop tard pour s'apercevoir qu'il n'avait chéri et conservé d'elle que les meilleurs souvenirs.

Ulysse souffrait en alignant ses miettes sur les routes imaginaires qui le ramenaient à Meriem. *Leur jeune relation serait-elle assez robuste pour résister ?* Il se sentait démuni mais son intuition se taisait quand il aurait tant voulu qu'elle le rassure. Il convoqua chaque moment spécial, la moindre bribe de tendresse, la beauté de ce qui les unissait. Rien ne paraissait suffisamment solide pour contrer son rival. *Me suis-je bercé d'illusions ces deux dernières années ?*

Il détruisit les arabesques de miettes pour former une ligne rigide qu'il arma d'une pointe de flèche.

Et soudain, Meriem les domina. Dressée sur ses pieds, elle toisa Nour, les traits durcis par l'urgence de partager ce qui tempêtait sous la robe écarlate.

— Tu ne peux pas m'obliger à choisir et tu vas devoir entendre mes raisons. Je ne suis pas une chose, une monnaie d'échange ou un ventre, feula-t-elle. Plus *jamais* je ne laisserai le devoir étouffer mes aspirations, mes envies ou mes droits. Je suis libre. N'est-ce pas ce qui te plaisait tant ? Dis-moi, quelle sorte d'humain es-tu devenu pour tenter de m'asservir ? Non ! Tais-toi ! Tu t'exprimeras quand ce sera ton tour, anticipa-t-elle en fermant le poing avec la maestria d'une cheffe d'orchestre.

Elle s'appuya sur la table pour poursuivre :

— Les femmes de mon époque ont opéré une incroyable volte : faire obéir les hommes en leur laissant croire que leur sexe les détermine et les domine.

Sans même reprendre son souffle, elle enchaîna :

— J'ai un projet de vie, Nour. J'ai engagé mon existence pour rétablir l'égalité et la vérité. Je me suis reconstruite autour de ce que nous avons vécu, énonça-t-elle lentement. Mes propres sœurs ont tenté de me dépouiller de mon sens critique. Rester avec toi leur donnerait raison, annulerait tout ce par quoi je suis passée pour devenir complète, stable. Je n'attends plus des autres ce que je ne peux m'apporter à moi-même. Quand je t'ai rencontré, je voulais un modèle peu compatible avec mes origines. J'aspirais à l'oubli. Je ne renie pas ce que nous avons vécu. Notre bonheur était vrai… Mais il est ancien. Et il était incomplet car tu ne savais pas tout. J'avais trop peur. Ce que j'éprouve pour toi n'est pas mort, mais aujourd'hui, je ne peux plus me couler dans cette robe, accrocher ces disques à mes oreilles et redevenir celle que tu as aimée. Je nous mentirais. À tous les deux.

Bien qu'elle n'ait pas quitté Nour des yeux, Ulysse se sentit regagner en densité. Elle aurait pu invoquer son pouvoir, faire valoir qu'il ne pourrait indéfiniment l'empêcher de dormir et de filer…

— Si en définitive, je restais, ce serait une décision stratégique, reprit-elle. Je me constituerais prisonnière.

La bougie faisait étinceler ses boucles d'oreilles. Elle marqua une longue hésitation. Même Alex était suspendu à ses lèvres.

— Je t'aime, Nour. Mais je fais le choix d'une autre vie. Celle d'un monde où les femmes avancent libres. Je n'ai pas ma place ici.

Elle déposa les disques rutilants sur la table et s'en fut sous le regard médusé des trois hommes.

Plus rien ne bougeait à part les moustiques qui s'immolaient sans relâche dans les flammes des bougies.

Il fallut quelques longues secondes à Nour pour renverser son siège et s'élancer à sa poursuite.

Alex plaqua Ulysse sur sa chaise. Le visage du conteur était déformé par la jalousie.

— Ne gâche pas ton avantage.

Vaincu, il cessa de se débattre.

— Il faut annoncer aux autres que tu es réveillé. Viens, on va fabriquer une tablette.

C'était sorti tout seul. Bouleversée par son aveu, Meriem regagnait sa chambre le regard braqué sur ses sandales. Ses yeux débordants fixaient le pavage flou. Ce qu'elle venait de dire n'était que pure vérité, alors pourquoi ça faisait si mal ? Une graine de cardamome se fendit sous ses dents et la guerrière sut que ce moment conserverait à jamais une saveur anisée.

Nour la contemplait de dos... *Une fois de plus! Suis-je condamné à lui courir après?* Le besoin qu'il avait d'elle le frappa en même temps que la certitude de l'avoir perdue une seconde fois.

Étonné lui-même par la douceur de son geste, il posa une main légère sur son épaule juste avant qu'elle ouvre la porte.

Attendit.

Elle se retourna, les cils emperlés.

Comment peux-tu faire ce choix si tu m'aimes encore? plaidaient ses yeux d'homme blessé.

Il lui prit le visage dans ses paumes en coupe, menton tremblant.

Son haleine suave amplifiait le manque, la nostalgie qui les empoignait tous deux. Portée par les gestes d'alors, la douleur, immense, le besoin vital d'une normalité révolue, elle effleura les mains qui emprisonnaient ses joues, noua ses doigts dans les cheveux noirs.

Une dernière fois, imploraient leurs iris dilatés, leurs lèvres, la pulpe de leurs doigts.

Une dernière fois ils s'agrippèrent l'un à l'autre. En naufragés. S'abandonnèrent à cet ultime baiser aux saveurs de noyade.

À force de chercher des réponses sur l'Ordre, les sorciers, les vaisseaux, Anthoïna s'était assoupie sur un manuscrit.

— J'ai une surprise pour toi, murmura Ibrahim.

Elle sourit avant même d'ouvrir les yeux, s'étira langoureusement, électrisée par le souffle qui se baladait maintenant du lobe de son oreille au creux de son cou. *La sensualité de cet homme est renversante.*

— Tu as un scarabée imprimé sur la joue, s'amusa-t-il. Non ! N'ouvre pas les yeux.

Il la mit sur ses pieds et la guida dans le dédale de son repaire.

À l'odeur, ils traversaient la salle d'armes. Ils prirent ensuite une série d'escaliers si tortueux qu'elle en perdit le nord. Ibrahim la conduisit jusqu'aux caves, où il l'assit sur un tabouret de fortune.

La voix de son amant lui parvint de l'autre bout de la pièce.

— Si tu pouvais rapporter trois choses du passé, que choisirais-tu ?

Ses lèvres s'étirèrent sur un sourire moqueur. C'était un exercice auquel tous les garçons un peu romantiques s'adonnaient à l'adolescence. Les filles y jouaient tout autant, mais seraient mortes plutôt que de l'admettre.

Les réponses les plus convenues étaient : être immunisé contre le fléau, l'éradiquer et faire tomber la pluie, pour les plus altruistes.

— Laisse-moi réfléchir…

Ibrahim la regarda se tapoter la lèvre de l'index, le visage tourné vers le plafond.

— Des abeilles, dit-elle presque aussitôt. Une énorme ruche ! Certains médicaments, peut-être… Mes parents. Et toi ?

Plutôt que des mots, un son d'une richesse et d'une complexité inouïes s'éleva, tendre, sous la voûte de brique crue. Elle ferma les yeux plus fort pour contenir son émotion.

Pendant un moment dont elle ne put évaluer la durée, Ibrahim la régala d'une musique inédite. Les notes s'enchaînaient, vives comme des insectes ou lourdes de mélancolie, pinçaient en son sein une corde dont elle ignorait l'existence. Elle n'avait jamais rien entendu de tel. Transportée, elle se dirigea à pas de loup vers le musicien. Paupières juste assez entrouvertes pour ne pas tomber, elle tendit ses avant-bras hérissés de chair de poule et plaça les mains sur ses épaules.

— Moi, je rapporterais des œuvres d'art, des instruments, du bois pour les fabriquer, confessa-t-il sans cesser de jouer. Les sœurs ont bâti leur empire sur le savoir utile, la technicité. Leur pragmatisme a condamné l'art. Même la musique est fruste, ici. Tout ce qui n'intéressait pas leur survie est tombé aux oubliettes. Je voudrais des partitions, des enregistrements, des poèmes, des statues, des hologrammes ! Tout cet « inutilement beau » dont nous sommes privés.

À le voir caresser les touches, Antho sourit de plus belle. Il jouait les mêmes harmonies sur sa peau.

Elle ausculta l'instrument.

— D'où vient cet artefact ? Qui l'a réalisé ?

— Moi. C'est un piano.

Elle fronça les sourcils. Son évidente perplexité le poussa à s'expliquer.

— J'ai passé un accord avec Guislaine.

— La Guislaine qui nourrit ses machines des doigts de pauvres gosses ?

— Tout juste. Ainsi qu'avec la maîtresse de la guilde des musiciennes.

— Je croyais que personne, à part Tidiane, ne négociait avec les guildes.

Son étonnement fit éclore l'un des éblouissants sourires d'Ibrahim et elle chavira. *(Encore.)*

— Les hommes que nous tirons des griffes des semeuses ont plein de vilains secrets à raconter. J'ai fait du chantage pour que l'une commande les plans d'un piano à Tidiane. L'autre m'a fabriqué les pièces de feutre dont j'avais besoin pour les tampons des marteaux, dit-il en ouvrant le couvercle. J'ai réalisé les cordes moi-même.

— Et la caisse ?

— Plastique, papier, terre. J'ai fait mon possible pour approcher de la densité du bois. La résonnance est loin d'être idéale, mais, à voir ta tête, ce n'est pas si mal. De toute façon, je n'ai aucun moyen de comparer.

— Peut-être qu'un jour, on pourra arranger ça ! lança-t-elle en l'embrassant à pleine bouche.

La majesté du fleuve dégrisa complètement Ulysse. Lui qui n'avait vu de telles étendues d'eau qu'en rêve pila, sidéré, puis dévala la berge herbeuse, impatient de toucher cette vérité du bout du pied.

Peut-être qu'il a pas totalement dessoûlé, grimaça Alex, qui gagna l'endroit du pont où ils devaient cacher leur message. L'idée que la tablette y sécherait de nombreux siècles avant de rencontrer ses destinataires lui faisait tourner la tête. *À moins que ce ne soit la fatigue?* Il s'attaqua au joint de la dalle sans plus se préoccuper des emportements d'Ulysse.

Lorsque ce dernier le rejoignit enfin avec sa cargaison d'argile, il était trempé de la tête aux pieds mais radieux.

— Il faut que tu essaies ! On ne peut pas mourir sans avoir pataugé dans un fleuve. Si on survit à tout ce merdier, j'apprends à nager, jura-t-il au soleil levant.

Alex haussa les épaules et porta à sa bouche un doigt écorché par ses efforts.

— Aide-moi au lieu de débiter tes promesses d'ivrogne !

— C'est comment, le futur ?

Meriem souffla sur son thé. *Que révéler? Le désastre auquel l'humanité s'efforce de survivre alors qu'elle a œuvré, souvent sciemment, à sa propre extinction? Le règne du plastique, la pénurie d'eau, les épidémies, le même éternel schéma des rares privilégiées que leur argent n'a pas épargnées, cette fois; le retour de l'esclavage, la loi du plus fort? Pollution, conventions bidon, montée des eaux, agonie de la démocratie et des abeilles, dictature verte tardive, famines, désertification massive ? Comment peut-il se figurer l'apocalypse que se prépare si amoureusement l'humanité ; le fléau, leur incapacité à en identifier la source et l'insoutenable chaleur qui rôtirait la terre et ses locataires d'ici une dizaine de siècles ?*

Elle aspira une gorgée trop chaude et se lança.

L'esprit industrieux des sœurs était si profondément inscrit en elle que l'inactivité, l'immobilité même, lui étaient insupportables. Pour la millième fois, Rim se demanda ce que devenaient ses compagnons. *Où en est l'avancement de leur quête ? Qu'a dû consentir Meriem pour influencer la décision de l'architecte ? Comment était cette ville, avant ? Que fabrique Antho avec ses hypothèses et ses probabilités dont elle ne me confie rien ?... À moi, du moins.*

Antho et Ibrahim... Une bouffée d'envie lui enflamma les joues. À croire que ces deux-là avaient tout oublié hors ce qui les aimantait.

La jeune fille avait beau savoir qu'elle était injuste, que cette improbable relation n'était pas si simple, elle était un peu jalouse. *Ils sont ensemble, eux.*

Pour cesser d'enrager des confidences dont on l'excluait, elle prit la ferme décision de découvrir ce que la sœur lui cachait.

Sur le chemin de la citadelle, Nour et Meriem marchaient en tête. L'architecte voulait absolument leur faire visiter les lieux et elle comprit pourquoi en découvrant l'immense bassin dans lequel se miraient la coupole et le ciel renversés. Ç'avait été son idée mais la surprise lui fit l'effet d'un piège. L'espace rétrécit autour d'elle. *La cohabitation forcée du passé et du présent va finir par me broyer.*

Ils passèrent sous la vigie dont la vue éveilla chez Alex un désagréable sentiment de perméabilité : Rim si proche et pourtant inaccessible. Il se frotta le visage mais sa barbe ne fit qu'accentuer son malaise.

Ils déambulaient enfin en terrain connu, quoique rien ne ressemble au convent tel que l'avaient transformé les siècles, et Rim occupait toutes ses pensées. *Se sentirait-elle perdue ici, pieds nus sur des dalles encore parfaitement ajustées ?*

Le scriptorium donna à Ulysse le sentiment d'avoir été englouti par un gigantesque instrument de musique. Intuitivement, il en comprenait l'acoustique exceptionnelle.

— Où vous cachez-vous, Rim et toi ?

Pendant qu'Alex lui désignait l'encorbellement presque indécelable qui dominait la pièce, Nour prit le bras de Meriem et la guida vers le futur bureau de Tidiane.

— Je comprends mieux pourquoi tu te repérais sans peine ici, murmura-t-il, vaguement amer.

Elle ne répondit pas. Chaque minute augmentait la pression exercée sur son souffle par l'angoisse.

Toute à sa recherche de repères familiers, elle ne vit pas tout de suite la femme en robe écarlate qui trônait dans une niche qu'elle avait toujours connue fermée.

Moi.

Au chagrin se maria la rage abyssale de comprendre à quel point Tidiane l'avait flouée.

Nour l'entoura de deux bras hésitants et elle le laissa faire.

Meriem sanglotait sur l'épaule de l'architecte quand Alex pénétra dans la pièce. Il ne fallait pas qu'Ulysse les voie.

— C'est là que Tidiane range les registres, lâcha-t-il d'une voix atone.

Sa piteuse diversion tomba à plat et, dès que Nour la libéra, Ulysse se précipita à ses côtés.

Meriem hésita, accepta son bras, le visage vide.

Plus personne ne prêtait attention à la beauté du lieu.

— Tu as des plans ? demanda Meriem.

Le haussement d'épaules de l'architecte faillit embraser Ulysse mais Alex lui jeta un regard d'avertissement et il se retint.

De justesse ! Le jeune sorcier respira.

Tout le chemin du retour, il scruta Meriem. Dans la bataille qu'elle livrait contre elle-même, leur guide avait perdu sa démarche de fauve. Il *fallait* qu'ils trouvent une solution sans quoi elle allait y laisser la raison, et il refusait d'user le reste de son existence ici.

Si seulement Nour pouvait prendre la bonne décision plutôt que de tenter de la reconquérir...

XIX - PASSAGES

RIM S'ÉTAIT RÉVEILLÉE EN MARQUANT d'un énième trait le plâtre de sa chambre. *Deux semaines qu'ils ont filé.* Sa blessure à la joue était presque guérie et les petites occupations capables de la distraire de son ennui se faisaient de plus en plus rares. Elle avait mis à sécher toutes les plantes qu'elle avait pu récolter sur les toits et dans les courettes du repaire norne, préparé des poudres, des teintures et des macérats pour un régiment, terminé sa lecture pourtant rationnée des *Chroniques*.

Priant pour que cela satisfasse son insatiable curiosité, elle poussa l'exploration de sa prison jusqu'aux geôles.

Par nostalgie, elle ouvrit la porte de la cellule dans laquelle on les avait enfermés. L'espoir d'y croiser le fantôme d'Alex fut déçu mais elle reconnut en un clin d'œil l'amoncellement de sacs abandonnés sur le sable sale... Sans compter l'odeur : poussière et sueur animale, ce parfum caractéristique qu'elle chérissait depuis qu'Ulysse l'avait tirée du puits. Sans hésiter, elle s'agenouilla et commença l'inventaire des fontes du colporteur. Elle était forcément sur la bonne voie. *Au pire, ça m'occupera.*

La proximité de l'architecte lui était devenue si insupportable qu'Ulysse avait laissé les trois autres à leurs plans pour rejoindre la beauté paresseuse du fleuve.

La tension baissa d'un cran lorsqu'il eut quitté la pièce et Nour tendit à Meriem un pinceau trempé de carmin.

— Si tu traçais les tunnels et les passages qui existent encore chez vous ?

Pour tromper son ennui, Alex tripotait l'assemblage hétéroclite de presse-papiers qui maintenaient les plans. *Des jours qu'on galère sans trouver d'idée.* Il avait empilé un gros bracelet de cuivre sur un galet et faisait voguer dans les airs un imposant fossile d'ammonite.

Nour pria pour qu'il ne s'attaque pas à la fragile boîte en bois marqueté.

— Joli crabouillage, se moqua Alex quand Meriem eut fini.

Elle lui tira la langue sur un vrai sourire.

— On pourrait aussi marquer les bâtiments tels qu'ils sont dans notre présent, non ?

— Bonne idée.

Nour lui tendit un autre pinceau.

— Je connais encore mal le convent. Tu veux bien le faire, Meriem ?

— Donc je ne gribouille pas si mal en fait ?

Nour était fasciné par le tracé qui faisait surgir sous ses yeux les contours de son palais dans plusieurs siècles. Les ajouts, les disparitions… Il se focalisa sur l'idée que l'œuvre de sa vie serait admirée pendant des millénaires et cette pensée lui arracha un sourire triste. *Les chefs-d'œuvre naissent-ils de la seule souffrance ?*

Ravie de s'être enfin dégoté une occupation, Rim vidait avec impatience les innombrables poches du bagage d'Ulysse. Elle se sentait indiscrète, mais sa curiosité prit le dessus à mesure qu'elle étalait ses trouvailles sur le sable. Un paquet de courrier, une gourde immense à moitié pleine, des sachets de provisions visités par la gerboise, des blocs d'indigo, une fortune de vieux plastique ainsi que des marchandises plus ou moins précieuses constituaient le fonds de commerce de son parrain.

Au bout du chargement, elle n'avait rien exhumé d'intéressant et jura sa frustration.

Réfléchis. Si tu détenais des informations précieuses et secrètes, qu'en ferais-tu ?

— Je ne les laisserais certainement pas à portée de la première fouineuse venue…

Les fourmis déferlèrent dans ses jambes quand elle se redressa pour retourner le harnais. Elle passa les doigts sur le tissu lustré, attentive aux accrocs, au plus petit renflement. À force de persévérance, elle perçut enfin quelque chose sous les coutures géométriques. Fébrile, elle défit un nœud qu'elle se savait incapable de reproduire, écarta le pan de tissu comme si son contenu risquait de lui jaillir au visage et en extirpa un paquet de feuilles mal reliées.

Olympe avait obtenu l'avancement tant espéré et Iseult l'instruisait de la technique de prédilection de l'Ordre.

— Que sais-tu des poisons ? interrogea la vieille femme.

— Pas grand-chose, concéda-t-elle. Ciguë comme tout le monde, digitale, belladone, if, troène... datura...

— Ce n'est pas si mal.

Les deux sœurs se trouvaient dans le laboratoire où l'heure tardive les mettait à l'abri des oreilles indiscrètes. Pour sa première leçon, Olympe voulait faire bonne impression.

— Je me débrouille mieux avec les venins.

— Ce sera pour une prochaine fois, coupa la sorcière.

Iseult poussa dans sa direction le tronçon ratatiné d'une plante qu'elle fut incapable d'identifier.

— Aconit ! claironna sa formatrice. Fulgurante ! Radicale !... Ou très invalidante, selon la dose.

L'air mauvais qui brillait dans les yeux vaguement laiteux de la vieille renarde hérissa l'échine de la chasseresse.

« Les louves ne se mangent pas entre elles », avait coutume de répéter sa mère, mais pour une fois, l'adage ne la rassura pas.

Après la leçon, elle rejoignit Magda qui l'entraîna vers le Barrio pour une nouvelle fouille. Exaspérée par l'absence de piste et les reproches de Tidiane, la borgne avait décidé d'interroger les p'tits chats.

Ibrahim s'assit sans façon à la table de la borgne.

— Alors comme ça, l'Ordre chasse sur mon territoire ?

Elle porta la main à sa ceinture mais il l'arrêta d'un claquement de langue.

— Tu touches à ton poignard, ton apprentie est morte.

La chasseresse guigna la table où deux gaillards tenaient Olympe en respect mais le norne tira sur sa capuche pour l'obliger à l'affronter.

Ses tatouages accentuaient la froideur de son regard et il en jouait.

— Deux capes d'indigo ne suffisent pas à tromper la vigilance de mes hommes.

Elle se crispa à la mention de ses hommes et il sourit de plus belle.

— Il est si facile de te mettre mal à l'aise, chasseresse !

Un jeune éphèbe dont la presque absence de vêtements magnifiait le torse satiné vint les servir.

— C'est ma tournée ! Alors, qu'est-ce qui pousse Tidiane à s'enhardir au point d'envoyer sa Précieuse dans le Barrio ?

Magda croisa les bras et le toisa de son œil unique.

— Parce que chasser est un aimable euphémisme, n'est-ce pas ?

Il se pencha par-dessus la table.

— De toi à moi… Tu as une sacrée chance que je sois contre la torture. D'autres t'auraient arraché ton dernier œil pour moins que ça. Il n'y aura plus personne, désormais, pour te tricoter une aussi jolie prothèse.

Cruel, il caressa l'obturateur dont chaque écaille clamait la patte d'Antho.

L'iris flamboyant de colère, Magda ne lui fit pas le plaisir de s'écarter.

— Si l'une de vous touche encore à mes p'tits chats, je pourrais bien renoncer à mes grands principes.

Pendant que ses sbires reconduisaient Olympe aux frontières du quartier, il but une gorgée et poursuivit :

— Ai-je ta parole que le message parviendra à ta maîtresse ?

Sur un rictus méprisant, elle éclusa sa boisson.

— Au fait, vous n'êtes pas les seules à jouer avec le poison, lança-t-il quand elle claqua son gobelet sur la table.

La chasseresse eut un haut-le-corps et, traquée par le rire tonitruant de celui qui venait de l'humilier, se précipita à l'extérieur pour se faire vomir.

Un étalon avait ramassé le mouflet à l'orée du Passage des Chats. Anthoïna s'accroupit à la hauteur du visage crasseux et tout barbouillé de morve.

— Tu as quel âge, Chaïm ?

— Chais pas. Dans les six ans.

— Personne ne s'occupe de toi ?

— Ben si, Ibrahim !

Elle capitula face à son désir farouche de défendre son protecteur. *Quand vas-tu enfin admettre qu'une pièce et quelques restes représentent le summum de la protection ?*

Sans compter qu'il ne laisserait jamais ses p'tits chats à la merci des mi-cuites.

— Qui t'a fait ça ?

— La sorcière avec son œil cassé, sanglota-t-il.

Anthoïna invoqua dix-neuf longues années de pratique pour maîtriser sa fureur. *Comment a-t-elle pu faire* ça *?!* Elle aurait volontiers fracassé tout ce qui se trouvait à sa portée, mais inutile de l'effrayer davantage. L'estomac tordu par la rage, elle se focalisa sur la réparation des dégâts.

— Fais comme moi.

Elle expira soigneusement. Méfiant, le gamin l'imita et elle réduisit la fracture d'un geste sûr. Il hurla, la repoussa quand elle tenta de l'attirer dans ses bras.

— Désolée, chaton, il fallait que je remette l'os et l'articulation en place.

Chaïm hocha la tête et, de son bras valide, acheva de se barbouiller la figure de morve.

— C'est toi qu'as réparé Bachir ?

— Qui ?

— Bachir. Çui d'la filature.

Le visage d'Antho s'éclaira.

— Oui.

L'enfant se détendit.

— Qu'est-ce qu'elle te voulait, la sorcière ?

— Ibrahim va pas me tuer ?

— Bien sûr que non ! Ce n'est pas à toi d'être puni. Et en ce qui me concerne, je ne donne pas cher de la brute qui t'a fait ça. Alors, qu'est-ce qu'elle voulait savoir ?

— Elle m'a filé des sous pour que j'balance. J'ai dit non. Alors, elle m'a chopé en disant que j'étais trop pauvre pour refuser, que je caftais forcément pour les nornes… Je voulais rien dire, juré.

— Si tu veux que ça s'arrange, il faut que tu me racontes tout.

— Je voulais pas parler alors elle m'a pété un doigt. J'ai résisté, mais au deuxième…

— Tu es vraiment courageux. Il y a plein d'adultes qui n'auraient même pas attendu qu'on leur bousille le premier. Elle a posé des questions sur le colporteur ?

Chaïm secoua la tête.

— Tu lui as dit où on était ?

— J'étais obligé, sanglota-t-il.

Ibrahim entra dans la pièce, royal.

— Moi aussi je l'ai menacée, Chaïm. Maintenant, elle sait ce que ça fait que d'avoir mal et très très peur. Répète-moi ce que tu leur as dit. Mot pour mot.

Le chef des nornes avait l'air si terrible que l'enfant s'exécuta de son mieux.

— C'est bien. Merci beaucoup. Puisqu'Anthoïna a terminé de te soigner, va à la cuisine manger quelque chose et repose-toi. Tu sais, ajouta-t-il, même si tu n'avais pas parlé elles t'auraient relâché et, tôt ou tard, tu les aurais menées jusqu'à nous.

Le visage barbouillé de crasse de l'enfant s'illumina et il détala, sa main blessée plaquée contre son ventre.

Apaisé par la traversée de la médina où tout l'émerveillait, Ulysse atteignit l'eau. Il remplit son pot à même le courant et s'installa dans l'herbe, non loin de la première pile du pont. Les galets de couleur empruntés à Nour disposés près de lui, il observa longuement le fleuve vert-de-gris. La qualité des pigments de l'architecte était remarquable et il enchaînait les croquis.

Avec un bonheur qui transperçait ses dessins, il reproduisit un moulin à aube, des îlots de verdure couverts de lauriers-roses, l'ocre radieux d'une plage. Il s'appliquait à tirer le portrait d'un échassier inconnu lorsqu'une énorme goutte s'écrasa sur sa feuille.

Interdit, il leva le nez vers un ciel gorge-de-pigeon où s'amoncelaient d'adipeux cumulus. Une troisième perle d'eau explosa sur ses lèvres qui s'étirèrent en un sourire immense à mesure que l'ondée s'abattait sur la terre. Songeant tout juste à sauver ses aquarelles, il resta dans l'herbe, visage levé vers les nues et ce miracle qui le trempait jusqu'aux os. *Ma première vraie pluie.*

La coquetterie maniaque dont il entourait sa moustache le sortit à peine de son émerveillement. *Trop tard.* Il ramassa son matériel à la hâte, éclata d'un rire franc et détala sous l'averse. Enivré par le parfum de l'orage, il oublia tout pour sauter à pieds joints dans chaque flaque, fit des détours pour n'en manquer aucune, indifférent aux regards de commisération des passants.

Le heurtoir résonna. *Enfin !* Meriem se précipita.

Derrière la porte patientait un Ulysse radieux et ruisselant. La joie du conteur était si communicative qu'elle sourit en retour et lui planta sur la bouche un baiser impulsif. Stupéfait, il traversa la cour en sautillant comme un cabri et disparut sans chercher à abuser de sa bonne fortune.

Sous le coup de sa découverte, Rim feuilletait le cahier secret avec précaution. Notes d'entretiens et esquisses s'enchevêtraient dans une profusion décourageante. Elle s'attarda en premier sur les dessins : des portraits de Meriem, d'elle ou d'Antho, des paysages, des planches d'animaux qui l'obligeaient à se souvenir qu'Ulysse dessinait très bien. Enfin, calée contre la selle de Merlin, elle attaqua le déchiffrage des graffitis qui enlaçaient les croquis.

Il s'agissait pour l'essentiel de transcriptions extrêmement synthétiques de récits traditionnels mais, parfois, Ulysse reprenait mot pour mot des tournures, des expressions forgées, indiquait des inflexions et des détails dont elle ne comprenait pas l'intérêt. *Pourquoi ne pas noter le squelette nu ? L'art de conter réside précisément dans l'habillage. Et pourquoi consigner des récits célèbres entre tous ?*

Rim était d'autant plus frustrée qu'en matière de contes, elle se targuait d'en connaître un rayon. Pourtant, elle ne trouvait rien dans ces pages qui sorte assez de l'ordinaire pour mériter transcription. Rien, à part la dernière histoire dont il avait compilé plusieurs variantes auxquelles elle accorda toute son attention.

Les notes faisaient référence à *Belle et Beau dormant*.

Elle respira à fond et se concentra sur les mots en faisant abstraction de l'histoire qu'elle connaissait par cœur, pour ne pas perturber son sens critique.

BELLE ET BEAU DORMANT

— TOUTES LES FÉES DU ROYAUME INVITÉES POUR LA NAISSANCE DU PETIT PRINCE + DONS HABITUELS.

— LA REINE ET LE ROI ONT OUBLIÉ LA SORCIÈRE CARABOSSE

— LA SORCIÈRE MAUDIT BEAU. ELLE LE CONDAMNE À SE BLESSER EN TENTANT DE FILER ET À EN MOURIR —

— CACHÉE SUR LE CONSEIL DE SON PETIT DOIGT/INTUITION LA PLUS JEUNE FÉE ENTEND TOUT. ELLE EST IMPUISSANTE À DÉFAIRE LE SORT DE CARABOSSE, MAIS DÉCIDE DE L'ATTÉNUER

— PLUTÔT QUE MOURIR D'AVOIR VOULU FILER, BEAU DORMIRA JUSQU'À CE QU'UNE GUERRIÈRE DU FUTUR VIENNE LE DÉLIVRER

— LA REINE INTERDIT AUX HOMMES DE FILER.

— VIENT LE JOUR OÙ BEAU RENCONTRE LA SORCIÈRE QUI LUI PROPOSE DE FILER AVEC ELLE

— BEAU SE BLESSE ET S'ENDORT POUR UNE DURÉE INDÉTERMINÉE

LES FÉES ENDORMENT [MÉTAPHORIQUE] TOUT LE MONDE.

— [VARIANTE] CARABOSSE ET SA FILLE CHERCHENT BEAU POUR LE TUER, MAIS LES FÉES L'ONT BIEN CACHÉ DERRIÈRE UN REMPART DE RONCES. LES DEUX SORCIÈRES EMPOISONNENT LA FÉE MARRAINE ET JURENT DE N'AVOIR AUCUN RÉPIT JUSQU'À CE QU'ELLES AIENT TROUVÉ ET ANÉANTI BEAU

— UN VIEIL HOMME (PUÉRICULTEUR/PÈRE) DE LA GUERRIÈRE) EST LE SEUL À CONNAÎTRE ET À TRANSMETTRE ENCORE CETTE HISTOIRE. QUAND ELLE L'ENTEND, LA GUERRIÈRE PART EN QUÊTE DU PRINCE.

— BEAU SE MARIE AVEC CELLE QUI L'A RÉVEILLÉ. ILS GARDENT LEUR DESCENDANCE SECRÈTE. JOUR ET AURORE

Rim lut et relut la page, perplexe. Comme tous les contes de tradition orale, la trame avait subi quelques altérations, mais à de rares détails près l'histoire ne changeait guère. *Alors pourquoi l'avoir consignée, marquer les majuscules, souligner certains mots ?*

Le document dissimulait bien plus qu'une énième adaptation, elle en aurait mis sa main au feu mais il fallait pouvoir lire entre les lignes.

Elle s'assit en tailleur dans le sable et disséqua ses questions en s'efforçant de ne rien exclure. Son aveuglement sur les liens d'Ulysse et d'Antho lui avait servi de leçon. Elle laissa donc vagabonder son imagination, filer les métaphores jusqu'à en tirer une série d'hypothèses qui la laissèrent pantoise. Avant qu'elles ne s'envolent, elle les nota sur une page vierge :

→ Sorcière avec majuscule. Fée = antonyme de Sorcière. Fées = Nornes?

→ Endormir tout le monde = métaphore = travestir la vérité?

→ [Variante] très étonnante. La seconde partie de l'histoire était très souvent omise antan déjà, alors pourquoi réapparaît-elle ici?

→ Filer+ majuscule = Arpenter?

→ 100 ans plus tard = le futur, mais mention inhabituelle.

→ Si la guerrière vient du futur, Beau est dans le passé. Beau existe et cache sa descendance! **POURQUOI???**

Soit le conteur n'avait pas donné toutes les clefs, soit Ulysse s'était bien gardé de les écrire. Si la personne qui lui avait confié cette version était un descendant de Beau, probablement vivait-il caché, mais Ulysse seul savait où. *Et si Beau était le seul sorcier à avoir réchappé du massacre des vaisseaux ?*

L'idée était si énorme qu'assommée, Rim tituba plus qu'elle ne monta les escaliers qui conduisaient au bureau.

— Tu as la tête de quelqu'un qui a vu un fantôme !

La jeune détective fourra le carnet entre les mains de son aînée.

— Lis !

Sourcils froncés, Antho commença à feuilleter.

— Ce sont des dessins d'Ulysse !

Ses yeux agrandis de surprise sautaient de Rim aux croquis. Elle parcourut les pages et, comme la jeune fille plus tôt, s'étonna de la présence du conte.

— Ce sont tes notes ? demanda-t-elle en désignant les conclusions griffonnées par la jeune femme.

Rim opina.

Menton dans la main, l'index posé sur le nez, Antho réfléchit plusieurs minutes.

— Je dirais que si Beau cache l'existence de ses enfants, c'est qu'ils portent un secret qui doit se perpétuer sans faille. Si cette histoire vise à transmettre un message à travers le temps… Alors, ajouta-t-elle après un long silence, Beau serait le seul sorcier à avoir survécu au massacre des vaisseaux. Et puis… ? Même si notre hypothèse est juste, on n'a aucun moyen de le localiser.

— Il va falloir attendre le retour de Meriem en espérant qu'Ulysse puisse nous éclairer, sans quoi on est bonnes pour chercher un grain de sable dans une dune.

Nour avait fini par céder à la demande d'Antho et, quoique la nouvelle l'ait soulagé, Alex en avait ras le bol. Des jours qu'ils scrutaient cette foutue carte sans choper la queue d'une idée. À part la panique de Meriem, la visite de la citadelle n'avait rien déclenché. *Pas une idée. Walou !* Une envie folle de passer ses nerfs sur quelque chose ou quelqu'un le démangeait plus encore que sa barbe, c'était peu dire. Tous ces poils lui procuraient un sentiment tenace d'indécence, voire de saleté.

— L'idéal serait d'ouvrir deux passages, murmura Meriem, les yeux perdus dans le tracé du plan. Par l'intérieur ET l'extérieur.

— Ben voyons ! explosa Nour. Et pourquoi pas les clefs de toutes les portes du palais, tant que tu y es ?!

D'un doigt pensif, Alex parcourut la double cloison qui dissimulait un couloir très étroit permettant de circuler tout autour du rez-de-chaussée.

— Pas étonnant qu'elles sachent tout !

— J'ai conçu ce couloir afin que les pièces restent fraîches, grommela Nour.

— Et ta création t'a échappé. Mais n'en va-t-il pas toujours ainsi...

— Et comment cache-t-on la trappe d'un tunnel pendant des siècles ? demanda Alex avant que le débat ne parte en cacahuète.

La question les plongea dans un silence méditatif.

Toujours aussi peu inspiré, le jeune homme tripotait les précieux presse-papiers de l'architecte.

— Une statue ? proposa Nour.

— Jamais elle ne résistera, contra Meriem.

— Sauf si elle est à l'abri.

— Un socle qui pivote ?

Ils regardaient sans le voir le doigt qu'Alex promenait le long de la spirale du fossile. Par association d'idées, ils portèrent bientôt les yeux sur la vigie dont le colimaçon dominait le coche et de chaque côté de laquelle partait le couloir d'aération créé par Nour.

— Il n'y a pas nécessairement besoin de statue…

Meriem et Alex étaient suspendus aux paroles de Nour.

— Il faut un mécanisme qui ouvre vers ce couloir !

Alex ne tenait plus en place. *Enfin un embryon de piste !* Il rafla un galet oblong sur un coin du plan et le fit tourner comme une toupie.

Meriem interrompit la vrille d'une claque brutale.

— Arrête ! Va faire le tour du pâté de maisons, si tu veux, mais arrête de t'agiter !

Les yeux fixés sur Nour, Alex ne lui accordait plus la moindre attention. L'architecte scrutait le galet, la mine victorieuse. Sourire aux lèvres, il tendit une main dans laquelle le jeune homme déposa la pierre de discorde.

Plutôt que de le faire tourner à plat sur la table, Nour saisit le galet à deux doigts et le fit basculer à l'horizontale.

— Et si on changeait d'axe ?

— Mais c'est encore plus lourd ! s'étonna Meriem.

— Pour une porte, oui. Mais si on n'actionne qu'une partie de l'escalier…

— On ne pourra jamais la faire pivoter !

— Je n'ai pas dit que j'allais vous ouvrir une avenue ! Quelques marches, de quoi vous faufiler à quatre pattes devrait suffire, non ?

— Un peu comme une chatière pour humains. À deux, on pourrait déplacer la masse.

— Et tu crois que le mécanisme restera accessible tous ces siècles ? s'enquit Meriem.

— Sans aucun doute. Peut-être devrez-vous dégager la terre accumulée au pied des marches, mais c'est tout.

— Rien de méchant quand on s'attendait à excaver tout un souterrain, s'esclaffa Alex.

— Et les risques d'éboulement sont écartés du même coup !

Pendant que les deux voyageurs se souriaient, ravis de tenir enfin la réponse, les couleurs désertaient le visage de Nour pour qui « solution » rimait avec « départ de Meriem ».

Se sentant de trop, Alex quitta la pièce et à peine fut-il sorti que Nour supplia dans un filet de voix :

— Reste, Meriem. Je t'en prie. Je t'aime.

Plutôt que de polluer l'ambiance pendant que les trois autres fixaient ce stupide plan, Ulysse avait choisi d'entretenir ses aptitudes à la canne. Il achevait de passer des vêtements secs lorsqu'Alex frappa.

— Ça y est ! s'écria-t-il tout heureux. Nour a trouvé la solution !

En le voyant blêmir, le jeune homme n'y tint plus.

— Tu sais quoi ? Vous me les brisez avec votre maudit triangle amoureux !

Furieux de ne pouvoir partager sa joie d'un retour imminent, il quitta la pièce et tourna ses pensées vers Rim. À elle, il pouvait bien annoncer qu'ils avaient réussi.

Les yeux brillants, il partit chercher de l'argile pour lui annoncer son impatience à rentrer.

— Tu as senti ? murmura Elisha.

Malgré les représailles d'Ibrahim, Magda avait brisé bien plus qu'un doigt, et Chaïm ne quittait presque plus l'inexpugnable labyrinthe.

Sans tenir compte de la remarque de son acolyte, il s'écarta du soupirail depuis lequel ils surveillaient la rue pour que l'enfant puisse voir celle qu'il désignait de sa main valide.

— Regarde. C'est elle qu'on doit coller.

Elisha était encore assez petit pour se tenir debout dans le Passage des Chats. Docile, il grimpa sur la pierre destinée aux garçons plus jeunes et grava le visage froissé de haine dans sa mémoire, juste avant que la sorcière ne rajuste sa capuche.

Chaïm lui colla sous le nez sa main torturée.

— Fais gaffe à elle. Tout le temps avec la borgne. Viens, on la suit !

Il plaqua contre son ventre le trésor qu'il rapportait à Ibrahim, et les deux enfants coururent jusqu'à la sortie la plus proche où, couchés dans la poussière de l'ancien réseau d'égouts, ils regardèrent Olympe disparaître au détour d'une ruelle.

— Et là, t'as senti ? répéta Elisha, étranglé d'angoisse.

Cette fois, Chaïm avait perçu le grondement qui montait du sol, et les deux p'tits chats se carapatèrent aussi vite que le permettait l'étroitesse du passage.

Olympe avait quitté le caravansérail la joie au ventre. *La première piste depuis deux semaines, grâce à moi!* Elle tenait enfin sa revanche sur celui qui l'avait humiliée. Restait à décider quoi faire de l'info. *Comment la partager avec Tidiane qui persiste à me traiter comme une vulgaire novice?*

La chasseresse avait tout le chemin du retour pour choisir. Elle passa la porte du Barrio et s'engagea dans les ruelles venteuses. *Temps de semeuses.* Ce qui la ramena à Nadir. Décidément cet enfant était un bon investissement. Son petit espion accomplissait toutes les basses tâches du caravansérail. Mal traité et mal nourri, sa situation était pourtant enviable et il s'y cramponnait. C'était cette rage de vivre qui l'avait distingué. Ajouté au fait qu'il traînait ses guenilles des écuries aux latrines sans que personne lui prête la moindre attention. Elle s'était acquis sa loyauté en apportant régulièrement un petit quelque chose qui, en plus de le nourrir, faisait la preuve éclatante de son pouvoir. La pièce qu'elle venait de lui donner lui garantissait la primeur des infos. Elle rajusta son capuchon déplacé par une bourrasque et rendit grâce à sa mère dont les méthodes appliquées à la lettre l'avaient incitée à développer ce petit réseau d'informateurs.

Le sol s'ébranla au moment exact où Olympe frappait au montant de bois du bureau. Magda ouvrit brutalement la porte et découvrit sa jeune élève saupoudrée de plâtre.

Toute pensée cohérente avait déserté l'esprit des chasseresses.

Seule Tidiane connaissait suffisamment l'échelle de Richter pour situer la magnitude du tremblement de terre. *Entre quatre et cinq*. Des générations de mères supérieures avaient veillé à ce que le scriptorium ne recèle aucun livre capable de mesurer ou d'éclairer la brutalité d'un séisme, et pour cause. Personne à part la duègne ne devait pouvoir en mesurer l'urgence et les implications.

Tidiane soupira. Il ne restait plus qu'à envoyer les sœurs constater l'ampleur des dégâts. Le reste devrait attendre.

— Magda, convoque l'Ordre pour ce soir. Olympe, prends les chasseresses et les sœurs désireuses de porter secours aux blessées et descendez dans la cité. Les hommes et les garçons d'abord. Je veux un compte rendu toutes les heures.

La jeune femme voulut protester, mais le regard dont l'épingla la matriarche lui fit ravaler ses récriminations. L'urgence de sauver ce qui pouvait encore l'être prenait le pas sur sa découverte et, quand la seconde secousse les jeta au sol, elle s'exécuta, définitivement terrifiée.

Sur les ordres de l'architecte, des ouvriers avaient étayé et descellé les cinq premières marches du colimaçon. Bien qu'Ulysse le soupçonne de tout faire pour retarder leur départ, il avait pris son mal en patience. Enfin, Nour les avait invités à venir voir le résultat.

Ils se trouvaient tous les quatre sous le coche lorsque le sol s'ébroua sauvagement. La violence du séisme les jeta à terre, où ils restèrent cloués tandis que des cris de douleur et des appels à l'aide résonnaient derrière un épais brouillard de poussière.

Comme pour jouer, une réplique les faucha dès qu'ils tentèrent de se relever. Des ruisseaux de plâtre et de sable coulaient des plafonds.

Les supplications redoublèrent et Nour se précipita au secours de ses hommes.

— Tu es fou, hurla Meriem.

Mais il s'arracha à son emprise et ordonna :

— Sortez d'ici !

Encore sous le choc, elle le regarda traverser la cour avant de se ressaisir pour lui porter assistance.

Alex ne l'avait pas lâchée d'une semelle. Il la ceintura.

— Tu es notre seul billet de retour. Hors de question que tu te fasses aplatir pour les beaux yeux de qui que ce soit !

Mais la guerrière était redoutable et Ulysse dut joindre ses efforts à ceux d'Alex pour la maîtriser.

Quand la poussière fut suffisamment retombée, ils constatèrent, soulagés, que le dôme bleu avait résisté.

Hors d'haleine, Chaïm et Elisha s'étaient réfugiés non loin du fief des nornes. À l'abri d'un embranchement du passage, ils assistèrent, terrifiés et impuissants, à l'effondrement des édifices les plus fragiles. Chaïm serra les mâchoires de toutes ses forces lorsqu'une longue lézarde défigura ce qu'il considérait comme son foyer, mais la maison tint bon et il se jura d'aller remercier la magie du pont.

Quand la terre se tut enfin, il congédia Elisha, vérifia que personne ne le regardait et se faufila résolument chez son sauveur.

Sous sa chemise, le fragile message trouvé dans la cache.

XX - SOUBRESAUTS

L'ORDRE ÉTAIT RÉUNI ET LES MEMBRES attendaient des explications avec impatience. Sous l'éclairage des champignons qui tapissaient la voûte, les ombres de la crypte affublaient les visages de masques grotesques. Depuis son trône de bois Tidiane observait, impavide, la maigre assemblée de ses fidèles.

Avant de commencer, elle les scruta une par une.

— Je serai brève.

Elle martela son accoudoir d'un index gauchi par l'arthrose.

— L'épicentre du tremblement de terre se trouvait ici même. L'UNIQUE explication d'un séisme d'une telle magnitude à cet endroit PRÉCIS – elle marqua une pause pour ménager son effet –, c'est que le passé a été MODIFIÉ !

Elle laissa s'éteindre les chuchotements avant de poursuivre.

— Ce que je craignais s'est donc produit. Une sœur collabore avec les nornes et, avec l'aide de cette renégate, elles ont pesé sur le temps.

Un silence aux couleurs de peur et de stupéfaction souffla les derniers murmures et s'éternisa sur les colonnes. Personne n'osait demander la parole.

Tidiane, qui n'avait pas jugé utile de préciser qu'elle connaissait l'identité de la traîtresse, examinait les visages. Régner par la suspicion et la crainte était ce qu'elle avait toujours fait de mieux. *Avec les précieux poisons de ma chère Iseult.*

Quand Olympe leva une main timide, la matriarche se maudit. Le séisme l'avait détournée de la prudence la plus élémentaire. Ni Magda ni elle n'avaient interrogé la jeune femme sur la raison de sa présence à la porte du bureau et, si elle en croyait son petit doigt, elle n'allait pas aimer le pavé que la gamine s'apprêtait à lancer dans sa mare.

— Une expédition secrète est prévue au départ du caravansérail, annonça la jeune chasseresse. Sept chameaux, des vivres et de l'eau pour une semaine environ. La date du départ m'est encore inconnue.

Tidiane la toisa d'un regard de fureur pure qui la fit se ratatiner.

— Il me les faut ! Pas de précipitation déplacée, cependant, avertit-elle en dévisageant Olympe qui s'empourpra. Hors de question de les intercepter avant qu'elles n'aient rapporté ce qu'elles cherchent. Me suis-je bien fait comprendre ?

De nouveau, son regard d'aigle transperça la jeune femme qui en conçut un vif ressentiment.

Alors que je lui sers les informations sur un plateau !

Un sourire à peine dissimulé de la borgne déchaîna la fureur d'Olympe mais, dans sa tête, sa mère lui ordonna de la mettre en veilleuse et, comme toujours, elle obéit.

Le cadeau d'Ibrahim pressé contre son cœur, Chaïm traversa la maison dans un état de sidération absolue. L'intérieur était jonché de débris et de murs fracturés. La poussière qui flottait sur le désastre rendait l'air difficilement respirable, si bien qu'il progressait courbé en deux, voire à trois pattes pour ne pas lâcher la fragile tablette. Soulagé de n'avoir découvert ni mort ni blessé, le petit garçon passa une tête prudente dans ce qu'il restait du bureau de son héros.

Les livres et toutes les belles choses accumulées par Ibrahim gisaient en tas sous les étagères et, quoiqu'il les trouve inutiles, il en conçut une vive tristesse. Mais celui qu'il cherchait n'était pas là. Sans se démonter, il s'enfonça dans les entrailles crevées de la maison, jusqu'aux caves où il le dénicha enfin, prostré sur des restes informes.

— Ça va ?

Pas de réponse. Il ne l'avait jamais vu dans cet état.

Bras ballants, mine défaite, Ibrahim contemplait ce qui avait dû être une grosse caisse de papier cartonné et de terre. La chose terrassée vomissait des cordes et des tampons de feutre.

Pour chasser la dérangeante impression de faiblesse sécrétée par son protecteur, le môme opta pour la manière forte.

— Un message du pont ! claironna-t-il.

La nouvelle tira Ibrahim de son abattement. Il se détourna de son piano éventré, saisit la tablette avec précaution et ébouriffa les cheveux du gamin.

— Merci, Chaïm. Comment vont tes doigts ?

L'enfant haussa les épaules.

— Viens les montrer à Antho.

— Elle est entière ?

— Je m'en suis assuré, chaton. N'oublie pas que je vous protège.

Ensemble, ils effectuèrent un parcours du combattant jusqu'au labo de fortune aménagé dans une autre cave où ils trouvèrent la biotaniste en grande conversation avec un bac rempli d'une substance étrange et bourgeonnante.

— Tu n'attends tout de même pas de réponse de… *ça* ? taquina Ibrahim.

— Tu ne voudrais « tout de même pas » que vos futures tuniques succombent au tremblement de terre ? singea-t-elle en lui offrant néanmoins un sourire radieux.

Il poussa gentiment Chaïm vers sa compagne et leva la tablette au-dessus de la tête du gamin. Son regard s'alluma, mais elle se retint de l'interroger.

— Montre-moi tes doigts, petit chat.

Elle défit en douceur le pansement malmené et crasseux.

— Ça guérit bien. Dis à Bachir qu'il peut venir quand il veut pour ses prothèses, ajouta-t-elle en nouant les extrémités d'un bandage propre.

Puis Ibrahim le poussa gentiment hors de la pièce.

— Va chercher les autres. Il faut qu'on organise les secours.

— Montre ! s'écria-t-elle dès qu'il eut disparu.

— Cela va te coûter très, très cher.

— Tiens donc !

La plantureuse jeune femme se pendit à son cou, approcha sa bouche de la sienne avec une lenteur insupportable et, d'une pirouette, lui déroba la tablette sur un grand éclat de rire.

— Il n'est pas né, l'homme qui me fera perdre la tête ! Et tu oublies notre entraînement de pickpockets.

— Menteuse, gronda-t-il en la cueillant par la taille. Ils ont réussi, résuma-t-il pour qu'elle cesse de vouloir déchiffrer le message tout craquelé d'Alex. Et ils ne vont pas tarder à rentrer.

— J'espère.

Ibrahim lui tendit le gros sac qui lui servait de trousse médicale.

— Tu m'aides à soigner les blessées ? On n'a que trop traîné.

Au même moment, Rim les rejoignit. Ses yeux brillaient sous un masque de poussière et de sueur :

— Tu ne pourras plus rien pour le cuisinier, en tout cas.

Dans son cauchemar, le tremblement de terre emmurait Rim dans un linceul de pierre si étriqué qu'elle pouvait à peine remuer les doigts. Enterrée vivante. Elle grattait sans relâche les graviers, la poussière, pour dégager ses mains. Les ongles en sang, elle avait dû s'évanouir : manque d'air, voix cassée par la soif et les appels au secours. Le chatouillis poilu qui lui parcourut le cou la tira de sa torpeur. Croyant à un rat, elle poussa un hurlement si primal qu'il la propulsa contre le plafond de son caveau.

Elle vit trente-six chandelles.

Trop sonnée pour distinguer le rêve du réel, la jeune fille suffoquait de panique, et les grognements de douleur trop près de son hamac l'affolèrent de plus belle.

Sa chute par-dessus bord lui rendit sa lucidité et elle se frotta le front en maugréant :

— Les rats ne grognent pas.

— Les rats !? couina une voix indignée.

À tâtons, Rim fit coulisser le cache de sa veilleuse, et la clarté glauque débarbouilla le visage tout déconfit d'Alex. Piteux, il se pressait le front, comme pour y faire entrer l'énorme bosse causée par leur malheureux carambolage.

— Un rat !? Ce n'est pas exactement comme ça que j'avais imaginé nos retrouvailles, ronchonna-t-il.

Il semblait si déconcerté qu'elle se retint de rire.

— Voilà ce qu'il en coûte de pénétrer par effraction dans les cauchemars d'une femme !

Elle lui caressa la joue.

— C'est cette barbe qui m'a trompée. Tu m'as manqué.

— Toi aussi.

— Je suis désolée.

— Je suis un idiot.

— Comment était-ce ?

— Tu ne veux pas m'embrasser d'abord ?

— Je me suis tellement ennuyée !

Rim désigna son décompte sur le mur.

— Vous êtes partis si longtemps.

— On ne dirait pas !

— Tu es vexé ?

— Un peu.

— On recommence ?

Ils s'embrassèrent avec ferveur.

— Et si nous en profitions ? chuchota-t-elle.

Il frissonna.

— Tu vas pas un peu vite ?

— Je suis certaine qu'on va s'en sortir, sourit-elle contre sa bouche.

Son air bravache cachait mal sa propre appréhension, mais Alex choisit d'en rire. Peut-être que son saut l'avait changé plus qu'il ne le pensait.

— Et... tu as ce qu'il faut ? bredouilla-t-il.

Elle hocha la tête.

La température grimpa.

Elle l'attira contre sa poitrine et, portée par l'élan, il se hissa sur la couche. Agenouillés face à face, ils se dévoraient du regard, se caressaient des mains, des lèvres, le temps que s'apaise le roulis du hamac.

— Tu crois que c'est ce genre de vertige qu'on éprouve en bateau ?

Elle l'embrassa plutôt que de répondre. Lentement. Son haleine l'enivrait.

Alex savourait l'avidité qu'insufflaient dans sa chair les lèvres, la langue, les doigts de Rim. Le désir liquéfiait son appréhension. Le cœur tambourinant, il s'abandonna aux caresses, osa glisser une main timide sous sa tunique pour effleurer un sein.

Comme si elle guettait ce signal, elle le dépouilla de son vêtement en riant de sa maladresse, ôta sa propre chemise qu'elle envoya valdinguer dans la pénombre hors de la moustiquaire.

Le jeune homme tendit vers la veilleuse un bras qu'elle intercepta au vol pour le plaquer au-dessus de sa tête.

— De qui te caches-tu ? murmura-t-elle entre deux baisers affamés. On ne fait rien de mal et j'ai envie de te regarder. Tu es si beau.

Il baissa les yeux et se glissa sous le drap sans répondre. Quand elle se coula sur lui, la rose des sables et la cyanite s'entrechoquèrent.

— Pourquoi te cacher...

Mais il ne l'entendait pas de cette oreille. Pour se soustraire à la clarté des lucioles, il libéra la crinière de Rim dont les cheveux cascadèrent autour d'eux, scellant ce peau à peau électrique.

— Embrasse-moi encore, exigea-t-il.

L'aube les rejeta au rivage du présent, chiffonnés mais resplendissants.

Il n'avait plus été question des aventures d'Alex au passé mais lorsqu'ils descendirent rejoindre les autres, la discorde qui émanait de la cuisine les cueillit longtemps avant qu'ils n'atteignent la porte. Le jeune homme enregistra les dégâts subis par la pièce : malgré les fissures qui couraient du sol au plafond, le tadelakt avait tenu bon.

Ibrahim et Antho déjeunaient côte à côte, cuisses soudées. Meriem et Ulysse campaient aux pôles de la table. La perplexité fronça les sourcils de Rim, dont les yeux revinrent se poser sur son parrain quand elle se rappela qu'il était réveillé et vivant.

En trois bonds, elle fendit la distance qui les séparait. Le fardeau de peur, d'incertitude et de chagrin enduré pendant ces longues semaines d'absence lui arracha un sanglot qu'elle masqua en le serrant à l'étouffer.

— Salut, ma gazelle.

La jeune fille désigna sa bouche, étonnée.

— Qu'est-il arrivé ?

Elle était la troisième à l'interroger sur la disparition de sa moustache, et sa moue réprobatrice manqua de le faire sortir de ses gonds. Il prit une profonde inspiration et articula avec un calme exagéré :

— Pourrait-on, une bonne fois pour toutes, me foutre la paix avec *mes* poils ? J'en fais ce que je veux. Ils ne sont pas tombés dans le domaine public, que je sache !?

Elle lui servit une grimace penaude.

— Vous avez réussi ?

Ulysse approuva mais ses yeux clamaient le contraire.

Voyant que la curiosité de Rim menaçait de la faire imploser, Ibrahim leva une main apaisante et leur tendit des tasses pendant qu'Alex commençait le récit de leur voyage.

— C'était incroyable ! La nature partout, les chèvres dans les arbres, le fleuve, des puits innombrables, la saveur du miel, le bois, les insectes… Le fleuve, bien sûr.

Meriem s'était retirée au fond d'elle-même, absente, et les autres fronçaient les sourcils.

— Le roi des conteurs, ironisa Ulysse.

— Mais je t'en prie, s'énerva le jeune sorcier. Vas-y, raconte.

Il se leva, épaules carrées.

— De toute façon, c'est tout ce que tu sais faire ! Enfume-les donc de ta belle voix mais ne compte plus sur moi pour recoller tes morceaux !

Il leur tira une révérence de carnaval et renchérit :

— Nous sommes rentrés. J'ai fait ma part. Vos pathétiques histoires de cœur ne me concernent plus !

Hérissé de colère, il fourragea dans sa poche et en plaqua le contenu sur la table puis, raflant sa tasse avec une brusquerie qui ne lui ressemblait guère, quitta la cuisine.

— Quand vous aurez terminé de vous comporter comme deux adolescents, hurla-t-il dans la plus grande indifférence, peut-être qu'on pourra sauver le monde.

Pas de réponse. Rien ne pouvait tirer les autres de la fascination exercée par la clef abandonnée dans un rond de bol.

Rim rejoignit Alex jusqu'au patio en pistant les aspersions de chicorée sur le sol.

Le regard d'incompréhension qu'échangèrent les deux voyageurs n'échappa pas à Ibrahim et Antho. Pas plus que la grimace de douleur de Meriem lorsqu'elle tendit la main vers le petit objet. Antho s'inquiéta :

— Ça va ?

La guerrière croisa les bras sur ses épaules meurtries.

— Sauter avec deux passagers, c'est physique, grogna-t-elle.

Sa belle-sœur lui expédia la clef d'une pichenette.

— Quelqu'un vous a-t-il informées que je ne suis pas d'un naturel patient ? lâcha Ibrahim.

Ulysse raconta leur séjour en quelques minutes, limitant le récit aux négociations avec Nour et au percement du passage, mais sa faconde ne pouvait faire oublier qu'il n'avait pas tout dit. Lorsqu'il mentionna le tremblement de terre, sa sœur le coupa :

— Ici aussi !

— Personne n'est blessé ?

— Notre cuisiner n'a pas survécu. Dans la cité, l'horreur. Des mortes, beaucoup de blessées et de dégâts, s'assombrit Ibrahim en pensant aux miettes de son piano.

La tension ensuquait l'atmosphère.

— Rim a trouvé tes notes, confia Antho.

— Parle-nous de *Belle et Beau dormant*.

Le conteur fronça les sourcils.

— De quoi tu parles ?

— Ah non ! Pas de ça, gronda-t-il.

Ulysse regarda sa sœur pousser un carnet dans sa direction. Les feuillets exhalaient un vague parfum de caravansérail. Il parcourut ses propres écrits, s'ébouriffa, perplexe. Il reconnaissait sans peine sa main dans les esquisses, et même les mots jetés sur le mauvais papier, mais sa fidèle mémoire butait sur un vide béant. Il relut une fois encore le petit cahier, plus lentement cette fois, sondant chaque page avec l'attention désespérée de celui qui attend un miracle.

Quand il releva enfin les yeux, il rencontra les visages scrutateurs de sa sœur et de celle qu'il aimait.

Meriem se détourna.

Antho patientait en se rongeant un ongle.

— Je ne me souviens pas, bredouilla-t-il, sans doute plus effaré que son auditoire. De rien...

— Le coma, comprit Ibrahim.

— Tu n'utilises pas un code pour indiquer la date ou les localisations ? demanda sa sœur.

Blême, il secoua la tête et se prit le visage dans les mains.

Le saut et le réveil dans le passé lui avaient caché sa propre amnésie. Leur séjour avait été trop dense, trop dépaysant pour qu'il prenne conscience de la disparition pure et simple des semaines précédant l'accident.

— Tu tiens un autre registre, non ? insista Meriem. On pourrait les comparer.

— Ma sacoche, marmonna-t-il, trop choqué pour faire une phrase.

Il se leva en somnambule et quitta la cuisine pour aller chercher le carnet de route dans lequel il consignait ses trajets officiels. Ce registre devait être présenté aux portes de chaque ville dans laquelle il séjournait, pour preuve d'acquittement de la taxe propre à son métier.

En traversant le jardin, Ulysse passa devant Rim et Alex assis au bord d'une plate-bande surélevée.

Ils ne lui accordèrent qu'un coup d'œil absent. À force de patience, elle avait apaisé la fureur du jeune homme et achevait de le persuader de se confier.

Une larme roulait vers son oreille. Dans l'espoir de le ramener au présent, elle recueillit l'eau avant qu'elle ne se gâche dans cette barbe si déroutante puis le prit dans ses bras.

Alex se laissa bercer, écrasé par ce à quoi Nour avait dû renoncer, la dette immense qu'il avait à l'égard de Meriem : pouvoir embrasser celle qu'il aimait. Il se lança :

— Meriem ne sait plus où elle en est. Elle est déchirée entre les deux, par ce qu'elle leur inflige, et choisir ne résout rien. J'ai dû les surveiller sans arrêt pour qu'ils ne s'entretuent pas, pour qu'elle ne se foute pas en l'air. J'ai cru qu'on ne rentrerait jamais.

Rim le serra plus étroitement encore. Sa patience et sa vigilance leur avaient épargné une séparation définitive.

La détresse de l'architecte ne se laissait pas oublier et, dès qu'Alex ferma les yeux, son visage ravagé s'incrusta dans sa rétine. Nour l'avait choisi pour son empathie, il le savait. L'amant éconduit lui avait confié la clef parce qu'il ne voulait pas la donner à son rival mais, surtout, pour lui arracher la promesse de veiller sur Meriem et trouver un moyen de lui faire savoir qu'elle était en vie ; qu'ils avaient réussi.

Alex avait juré. La main de l'architecte était glacée et tremblante quand il l'avait chargé de sa lettre : « Pour elle. Promets-moi, si elle la détruit avant de la lire… Promets-moi de lui dire que le double l'attend dans le pont. » Nour avait marqué une pause, le temps de reprendre le contrôle de sa voix. « J'y rangerai aussi la robe et les boucles d'oreilles. Je ne peux pas les jeter. »

Meriem lui avait fait savoir sans équivoque qu'il était libre mais l'espoir qu'elle revienne était si vif dans son regard qu'Alex avait détourné le sien, incapable de lui offrir la moindre assurance.

— J'ai peur des conséquences de cette lettre…, confessa-t-il.

— Ce n'est plus ton histoire. Laisse-les se débrouiller. Tu ne peux rien pour eux, de toute façon.

Il haussa les épaules. Sa chicorée froide lui arracha une grimace.

L'heure n'était pas aux débats sur le devoir de mémoire. Rim enroula ses doigts aux siens et déposa un baiser léger dans son cou.

— Viens, il faut qu'on y retourne. J'ai peut-être trouvé un indice sur le massacre des vaisseaux dans la selle de Merlin, mais Ulysse est le seul à pouvoir le confirmer.

Quand ils regagnèrent la cuisine, Ulysse tournait autour de la table comme un ours en cage, hirsute d'avoir fourragé dans ses cheveux, et Meriem était plongée dans un registre, le visage fermé à double tour.

Rim passa le carnet à Alex qui le feuilleta distraitement. L'enveloppe de Nour pesait lourd dans sa poche. *Est-ce que ce sera un jour le bon moment ?*

Une étude de scorpion particulièrement vigoureuse retint son attention. Ulysse avait si bien travaillé les ombres et les contrastes qu'on s'attendait à ce que la bestiole jaillisse de la page.

— Rhaa ! Je ne me souviens plus !

Le cri de frustration du conteur figea les deux ados.

— Il semblerait que notre ami se soit pris un sérieux coup sur la tête…, sous-titra Ibrahim qui déposa un flacon d'alcool au centre de la table.

Un scorpion identique à celui du carnet gisait au fond de la bouteille. Le norne servit le liquide doré avec sa grâce habituelle, mais Alex protesta :

— Euh… Il est pas un peu tôt, tout de même ?

— Je ne t'oblige pas. Mais notre conteur a besoin d'un petit remontant.

L'œil furieux, Ulysse s'expédia l'alcool au fond du gosier. La morsure de l'agave lui fit battre des paupières et, soudain, il se raidit. Quelque chose gisait sous la saveur inimitable du mezcal. Il se concentra sur l'âpreté du breuvage, referma les yeux et, d'une détente, fit gicler son verre à travers la table. Ibrahim l'intercepta et l'emplit sans rien demander. Antho avait posé sur ses lèvres les index de ses mains jointes. Toute la table retenait son souffle.

Le conteur amnésique nageait dans un tourbillon d'images dont son public était privé. Ses yeux roulaient sous ses paupières à la poursuite des souvenirs titillés par l'alcool. Il vida ce deuxième verre cul sec, rouvrit les yeux, s'empara de la bouteille et du carnet. Il examinait son croquis d'un œil trouble, revenait au scorpion noyé dans le flacon dans l'espoir de percer le blanc de sa mémoire. Enfin, la lumière éclata dans sa tête meurtrie par l'accident. Ébloui, il plissa les paupières et se concentra sur le souvenir aussi évanescent que le distillat de cactus dont il l'avait exhumé.

S'il ne savait pas encore ce qu'il faisait dans ce bar de Samara, il se rappelait parfaitement le visage de la femme qui l'avait abordé. Sur le carnet, sa main esquissa un profil.

Elle s'était hissée au comptoir, juste trop près. Petite quarantaine, l'assurance de celle qui a réussi. Quand il avait refusé son verre, elle avait commandé une tournée générale.

Ulysse grimaça.

Il était habitué. C'était son lot d'homme libre que d'apprendre à les repérer et, dans ce genre d'endroit, les côtoyer était inévitable mais sa semence n'était pas à vendre.

Sur ses gardes, il s'était résigné à lui répondre. Quitte ou double. Soit elle prenait ça pour un assentiment et il devrait partir, soit il devenait autre chose que la proie fantasmée qui se dérobe et elle irait harasser un autre homme. Il avait misé sur l'alcool, aussi.

Le brouhaha assourdissant excusait l'annexion de son espace vital, les phrases bateau susurrées à l'oreille, sa poitrine qu'elle lui collait sous le nez. Le souvenir de son parfum remonta en même temps que leur dialogue :

— Tu n'es pas d'ici, je me trompe ?

Il se retint de rire. Si ça annonçait le niveau, il était mal barré.

— Je suis colporteur et conteur, jeta-t-il en guise d'os à ronger.

Comme il ne lui retournait pas la politesse, elle se présenta seule :

— Je suis maîtresse de la guide des mezcaleras, dit-elle en écartant les bras.

Faut que j'applaudisse ?

— Tu es ici pour affaires ?

Ulysse ignora le sous-entendu et opta pour la vérité :

— J'ouvre mes oreilles, j'écoute les histoires des gens, j'en fais des contes.

Comme s'il avait appuyé sur un piston, la femme avait avalé son verre d'un coup et s'était lancée :

— Tu sais pourquoi il y a des scorpions dans les bouteilles de mezcal ?

— Non.

— Pour le différencier de la tequila ! Avant on y noyait un ver, un parasite de l'agave. Mais, contrairement à cette charmante bestiole, les asticots sont une précieuse source de protéines, rit-elle en lui collant sous le nez la fiasque dans laquelle surnageait un énorme spécimen.

— Je l'ignorais, mentit Ulysse. Mais je recherche plutôt des vieux récits, genre « histoires de grand-père », tu vois ?

Une lueur étrange troua le regard déjà vitreux de la femme. Il la sentait réfléchir et son intérêt s'éveilla en même temps que son instinct de chasseur de contes.

— Trinque avec moi. Je te jure que je vais t'en raconter une qui ne te décevra pas !

Il avait trinqué pendant que, dans un coin de sa tête, clignotait déjà sa liste d'excuses toutes prêtes pour lui fausser compagnie.

— Quand j'étais petite, mon grand-père nous en radotait une. Toujours la même : *Belle et Beau dormant*. Il disait que, dans notre famille, ce conte se transmettait de génération en génération depuis des siècles. Il exigeait qu'on le retienne sans en changer un seul mot, tu te rends compte. Un calvaire. J'ai jamais cru à ses foutaises ! cracha-t-elle en buvant une longue rasade.

— Mais tu as éveillé ma curiosité. Tu permets que je note ?

Ulysse se revit, son carnet calé sur un coin pas trop poisseux, commençant à croquer le scorpion noyé. Dessiner l'avait toujours aidé à se concentrer.

Contre toute attente, la version de la femme était si captivante qu'il avait mis un moment à réaliser qu'elle s'était bien trop rapprochée. Du pied, elle lui effleurait régulièrement le mollet.

— Pourquoi me la confies-tu ?

— Hein ? Euh…

— Tu penses que ton grand-père accepterait de me la raconter en détail ? minauda-t-il.

Tu joues un jeu dangereux.

— Il habitait au-delà du salar. Je ne sais pas s'il vit encore.

— Tu viens de loin !

— Percée à jour, ricana-t-elle.

Elle tendit une main incertaine vers son visage dans l'évidente intention d'y poser ses doigts. Il se recula au prétexte d'attraper un petit bol d'arachides qu'il plaça entre eux. *Pathétique rempart.*

Celle dont il ignorait toujours le nom avait son compte, mais il voulait savoir une dernière chose. Il la resservit.

— Comment s'appelle ton grand-père ?

Imbibée de mezcal, elle chancela sur son tabouret, se rattrapa aux cuisses de sa proie et colla ses lèvres à son oreille pour y postillonner un nom. Elle puait la sueur. Il regarda l'index gras dont elle tapotait son croquis en s'extasiant sur son talent d'une voix pâteuse. *T'as l'air malin, maintenant !*

Avec toute la prudence requise, Ulysse avait fini par récupérer son carnet puis l'avait abandonnée aux mains d'un étalon qui les surveillait depuis un moment.

Il leva les yeux du miroir de ses souvenirs et frappa la table du plat de la main.

— Scorpio !

Alex, Ibrahim, Meriem et Rim bondirent à l'unisson.

— C'est le nom de l'homme que nous devons trouver. S'il vit toujours, il habite au-delà de la sebkha[4].

Ibrahim tiqua. Traverser la sebkha asséchée ne s'entreprenait pas à la légère. Au-delà de la soif, cette partie du désert était sillonnée par les chars à voile des semeuses, et mieux valait ne pas s'y risquer par grand vent. Machinalement, il jeta un coup d'œil par la fenêtre.

---

4 – Wikipédia : La sebkha désigne une dépression à fond plat, généralement inondable, où les sols salés limitent la végétation. La sebkha peut être lacustre : les eaux s'évaporent et laissent des sels. Elle peut également être – ou avoir été – en communication avec la mer. Toutes les régions désertiques chaudes présentent des sebkhas.

XXI - DÉSERT

— TU PIQUES !

Deux semaines après leur retour, Alex ne s'était toujours pas débarrassé de ses poils et Rim ne ratait jamais une occasion de le taquiner.

— Ben faudra t'y faire. Les hommes ne sont pas voués à n'être que douceur, figure-toi !

La jeune fille bondit du hamac comme un chat.

— Comme tu voudras.

— Prête pour l'aventure ?

Il déploya sa tenue magique.

— Plus que jamais !

Pour que chacun soit équipé, ils avaient dû ronger leur frein le temps que la pousse s'achève, dans les cuves improvisées par Antho, mais Ibrahim avait mis cette attente à profit et ils pouvaient enfin lever le camp. Après plus d'un mois de confinement, l'impatience du grand air les gagnait tous.

Alex sourit, la mine gourmande.

— Tu es superbe.

Elle paya le compliment d'un long baiser.

— Je pensais que je piquais trop…

— J'essaie de m'habituer, là, monsieur « mon corps m'appartient ».

Il s'esclaffa.

— Parfaitement, je fais ce que je veux de mes poils.

Elle lui lança un regard qui disait : « T'arrêterais pas cinq minutes ? »

— Non, madame. Tu me remercieras un jour…, promit-il en s'enroulant dans un drap que sa compagne s'empressa de lui arracher.

— Commence donc par cesser de te cacher, Alexis l'activiste.

— Ça va mal se terminer…, prédit-il contre sa bouche quand elle le plaqua au mur.

— On bouge, les jeunes ! gronda Ibrahim, nullement trompé par le remue-ménage de l'autre côté de la porte.

Un éclat de rire tonitruant répondit à l'injonction, suivi d'un :

— Oui, chef !

Les tenues d'Ibrahim, de Meriem et d'Ulysse étaient bleues, de facture simple pour mieux se fondre dans la masse. Rim, Alex et Antho masquaient les leurs sous une cape d'indigo usée.

La veille, Ibrahim les avait instruits de son plan et, depuis, un mauvais pressentiment taraudait Ulysse. Bien qu'ils soient à pied d'œuvre dans l'attente du signal de départ, le conteur tenta une dernière fois de les convaincre de la justesse de son instinct.

— Faut pas qu'on se sépare. Si l'Ordre nous prend en chasse, on aura moins de chances de se défendre.

— Il n'y a que le Barrio à traverser, répliqua Ibrahim. Et je te rappelle que c'est mon territoire. Il est désert à cette heure et mes hommes veillent sur nous.

Toujours sceptique, Ulysse serra son bâton, mais n'insista plus. C'était perdu d'avance.

— Et tu devrais laisser ta canne ici, tout le monde la connaît.

Le soleil était encore sous l'horizon lorsqu'ils se mirent en route par binômes, à dix minutes d'intervalle. Ibrahim avait pris la tête avec Ulysse, suivi dix minutes plus tard d'Alex et Antho. Meriem et Rim attendaient pour fermer la marche. Le cœur de la jeune fille tambourinait sous sa côte fragile.

Comme les deux groupes précédents, elles effectuèrent la majeure partie du trajet à l'abri des bâtiments grâce au réseau norne de passages dérobés et de ruelles masquant les allées et venues. Plus qu'un tronçon à découvert jusqu'à la porte, soit deux cents mètres environ.

Un jour gris tamisait le vide caractéristique du quartier noctambule à l'aube. Du porche où elles se dissimulaient, la guerrière et la jeune fileuse avaient une vue imprenable sur la porte. Les alentours semblaient dégagés. Un homme d'Ulysse leur adressa un signe depuis le rempart.

Elles s'avançaient d'un pas prudent vers la sortie quand, dans leur dos, la stridulation immanquable d'une flèche vrilla le silence de la rue. Meriem comprit trop tard. D'une bourrade désespérée, elle écarta Rim de la trajectoire présumée du projectile qui, plutôt que d'atteindre la jeune fille au poumon, creva la chair de son bras gauche avec un bruit mat. L'impact l'étala dans la poussière sans qu'elle ait poussé un cri. La bouche arrondie, elle cherchait l'air, écarquillait des yeux fous.

Meriem la releva.

Aucun abri.

Le souffle coupé, la blessée l'aidait de ses jambes ramollies, effarée par l'urgence de protéger leurs vies. Un second trait se ficha sur leurs talons. La hampe vibrante rendit ses esprits à Rim et elles accélérèrent. La jeune fille formula tout haut ce qu'elle pensait tout bas :

— Elles sont à cheval, on est foutues.

— Cours !

Mâchoires serrées, elles se concentrèrent sur les pierres qui piégeaient leur course éperdue. Galvanisées par le fracas des sabots dans leur dos, elles s'étaient interdit de se retourner.

La joue encore collée à son arbalète, Olympe jubilait. Sous l'impact, le capuchon de celle qu'elle avait embrochée comme un pigeon s'était rabattu, dévoilant les traits ahuris de Rim. Cette double réussite donna des ailes à la chasseresse qui, dès qu'elle fut en bas du toit, courut jusqu'à Belladone pour rattraper ses proies.

Elle passa la porte ventre à terre, talonnant sa jument pour combler l'écart qui la séparait encore des fuyardes.

Lorsqu'elle vit Rim trébucher sur les pierres du reg, elle faillit crier victoire et se mordit la lèvre. Elle ne devait pas être reconnue.

Son humiliation dans la crypte était la goutte qui avait fait déborder le vase. Lassée par la frilosité de Magda, l'autoritarisme de Tidiane et le report de la traque à cause du tremblement de terre, elle faisait cavalière seule.

Elle leva son arme, en parfaite osmose avec sa monture.

Elle avait l'avantage.

Les fuyardes fatiguaient.

La jeune chasseresse ajusta son tir mais, au moment où elle appuyait sur la détente, sa jument trébucha et elle ne dut qu'à son exceptionnelle assiette de ne pas vider les étriers. Le carreau se perdit dans le reg. Elle avait manqué ses proies. Enragée, elle fit une ample volte et regagna la cité à une allure plus raisonnable. Elle était trop à découvert et son insubordination n'allait pas jusqu'à rompre la neutralité millénaire du caravansérail.

Le cœur d'Olympe pompait comme un dément. Elle exultait du sentiment de puissance insufflé par la traque. Chasser en territoire norne et désobéir à Tidiane était une folie mais, rien que pour embrocher Rim, le risque en valait la chandelle.

Lorsqu'elle franchit la porte en sens inverse, les renforts sortaient à peine de l'enceinte. *Piétaille !*

Un téméraire se jeta pourtant à la tête de sa jument qui fit un brusque écart et se cabra. Olympe projeta son pied dans le plexus de l'inconscient qui tentait de lui arracher ses rênes.

Pas Belladone !

Dès qu'elle fut sortie du Barrio, elle repassa au trot et caressa l'alezane.

— On a eu chaud, ma belle !

Elle regagna le convent à une allure plus raisonnable, l'un de ses rares sourires vissé aux lèvres.

Il faudra que je récompense Nadir.

Aiguillonnées par la terreur, Rim et Meriem avaient couru quelques mètres encore dans l'enceinte avant de s'effondrer, pantelantes, à l'abri d'un muret. La main droite crispée sur son bras, la blessée suffoquait de douleur.

Alex la soutint jusqu'à l'abri des arcades où sa sœur l'examina.

— Biceps transpercé. Pointe apparente.

Drapé dans une flaque d'ombre comme dans une seconde peau, Nadir n'en manquait pas une miette. Ce n'était pas tous les jours qu'on opérait au caravansérail.

— Rajustez vos capuchons ! rappela le chef norne.

Meriem pliait et repliait un carré de tissu pendant que la blessée luttait contre l'évanouissement, paupières plissées sur une myriade de points noirs. Antho lui glissa le bâillon entre les dents.

— Mords.

Puis elle saisit la pince que lui tendait son frère.

— Tenez-la.

Alex fit mine de s'interposer.

— Non ! Tu te rends utile ou tu dégages !

Quatre mains immobilisèrent la blessée. Antho trancha l'empennage sans prévenir et, sans lui laisser le temps de reprendre son souffle, retira la hampe. Rim hurla.

La biotaniste porta la pointe à sa bouche, la goûta puis la tendit à Meriem qui reproduisit l'étrange manège.

— Impossible de savoir, déclara la guerrière.

Alex était au bord de l'implosion.

— On ne vous dérange pas ?

— Poison, sous-titra Ibrahim.

Ulysse revint avec une flasque de mezcal, un rouleau de linge propre et s'écarta pour laisser sa sœur travailler. Il n'aurait pas un merci. C'était ainsi. La patiente avant tout.

Profitant de l'état de choc de la jeune fille, Anthoïna lui immobilisa le bras puis replaça le tissu entre ses dents.

— Tu vas morfler.

Sans attendre, elle versa l'alcool.

La coulée acide sur sa chair crue fut un tel supplice que la jeune fileuse vomit de douleur et s'affala contre Alex pendant qu'on lui bandait le bras.

Au moins, maintenant, elle pouvait s'appuyer contre le mur.

Meriem faisait tourner l'extrémité sectionnée devant les yeux de son auditoire.

— Il n'y a qu'au convent qu'on fabrique de tels empennages, lâcha-t-elle. C'est un carreau et c'est signé.

— C'est sûr que celle-là, elles vont avoir du mal à vous la mettre sur le dos ! ironisa Alex.

Le petit palefrenier annonça que le convoi était prêt.

— Charge une ration d'eau supplémentaire, ordonna Ibrahim.

L'homme tatoué l'intimidait terriblement mais Nadir brûlait de savoir s'il était bien cet esclave dont on contait la légende dans tout le Barrio. Quelles que soient les menaces de sa maîtresse, il s'était juré de tout faire plutôt que de finir sur le char d'une mi-cuite.

— Allez, va chaton !

Ou comment se trahir grâce à son expression favorite. Merde !

L'enfant sourit et s'exécuta. *Faire bonne impression.*

— Il faut qu'on démarre, sans quoi je ne donne vraiment pas cher de notre peau, pressa Meriem.

— Mais comment ont-elles su ? s'étonna Alex.

— N'importe qui ici vendrait son père pour une pièce, grogna Ibrahim qui se détourna pour rejoindre la tête de la caravane.

Vexé, le jeune homme retourna auprès de Rim.

— Tu tiens le coup ?

Elle opina, trop obnubilée par la question du poison pour parler. Certains étaient inodores et sans saveur. Elle risquait gros. Alex la hissa en selle et disposa sur ses cheveux le foulard qu'elle était incapable d'ajuster, mais dès que le chameau entreprit de se redresser elle faillit tomber.

— Ça ne va pas être possible… Hé, petit !

Le gamin frêle accourut sur ses jambes cagneuses, chargé de l'outre commandée par Ibrahim.

— Aide-moi, tu veux ?

Nadir posa son fardeau et s'approcha, méfiant. Ce ne serait pas la première fois qu'on lui balancerait une calotte sans crier gare mais le grand frisé aux yeux bleus lui tendit un sac.

— Arrime ça à l'autre chameau, s'il te plaît. Avec l'eau. Je vais m'installer derrière.

Rim dodelinait. Alex noua les bras autour de sa taille et la maintint en selle tandis que l'animal se relevait.

Ulysse observait l'enfant. *Costaud pour un gosse aussi jeune*. Mû par une impulsion, un souvenir de sa propre errance, peut-être, il jeta une pièce que le gamin manqua presque tant le geste le surprit.

— C'est parti !

Déjà, la caravane quittait l'enceinte à l'amble tranquille des bêtes.

Nadir cavala derrière les chameaux pour remercier.

Il avait reconnu le conteur, même sans sa moustache.

L'attaque leur avait fait perdre un temps précieux.

— Est-ce qu'on peut les semer ou les induire en erreur ? interrogea Ibrahim.

— Pourquoi tu demandes ?

Pour repousser son malaise, Ulysse achemina deux doigts vers la pointe de sa moustache disparue et gronda. Alex et lui s'étaient complètement rasés. Inutile de provoquer semeuses et délateurs mais il se sentait nu. Pour tromper son agacement, il réenroula son turban – juste une fente pour les yeux – puis chaussa les lunettes de soleil fabriquées par Antho en invoquant la protection du dernier Merlin.

Ils avaient poussé les bêtes à pleine vitesse, le plus longtemps possible, mais l'horizon fuyait. Rim peinait à distinguer l'endroit de l'envers. Sur cette plaine sans fin ni début, la perte d'orientation était totale et la douleur l'empêchait de conserver ses repères. Le monde oscillait tant, sous l'amble pervers, qu'elle se concentrait sur la présence d'Alex dans son dos pour ne pas sombrer.

Il n'y avait ni voiles ni chasseresses à l'horizon quand ils arrivèrent en vue de la sebkha, aussi convinrent-ils d'une halte.

— Il y a de grandes toiles roulées derrière vos selles, annonça Ibrahim. Drapez-en les bêtes et couvrez-vous. Rim et Antho, vous pouvez enlever l'indigo. Vos tenues suffiront à vous dissimuler.

Alex aida la blessée à retirer sa cape puis habilla leur chameau d'un immense rectangle blanc tout droit sorti du séchoir d'Enora. Les autres firent de même et ils repartirent après cette courte halte. Immaculés sur le désert de sel.

Invisibles.

— Pas mal ! apprécia le conteur.

— Tu n'es pas le seul à avoir plus d'un tour dans ton sac, sourit Ibrahim.

Leur petite caravane progressait depuis des heures vers le lieu de résidence de Scorpio, dont Ulysse avait fini par se souvenir.

Silence.

L'immensité blanche entretenait l'illusion de faire du sur-place et le vent – en plus de menacer des chars – n'accordait aucun répit.

Alex rajusta son foulard comme il put sans secouer sa passagère et bascula son poids sur l'autre fesse. Il avait le dos en compote à force de la soutenir et il n'y avait rien à contempler, rien pour se distraire que cet horizon immobile aux béances duquel il ne cessait de voir des voiles. Et droit devant, le cône d'une foutue montagne.

Immuable.

Il s'humecta les lèvres, grimaça du goût trop salé, rajusta ses lunettes.

— Tu dors, ma belle ?

— Non, trop mal.

— Tu veux que je te raconte l'antan ?

— Mmmm.

Il chuchota pour elle seule :

— Il y a des animaux dans les moindres recoins. Des oiseaux ! Des arbres et de l'herbe où qu'on porte le regard. Certains troncs sont si énormes que quatre personnes ne suffiraient pas à en faire le tour.

La jeune fille pensa aux buissons rachitiques de Calais.

— J'ai pris un bain ! J'aurais bien aimé que tu sois avec moi…

Il déposa un baiser sur sa joue brûlante.

— Mmmm. Et la citadelle ?

— Somptueuse. Tu aurais adoré.

Elle ne répondit pas.

— Ça va ?

— Nausée.

Chameau ou poison ?

Ils partageaient la même question.

— Je vais essayer de te garder éveillée, d'accord ?

— Mmmm.

C'est pas gagné.

Ulysse ralentit jusqu'à se retrouver à hauteur de Meriem. Leurs yeux erraient sur les crêtes de sel qui lui évoquaient l'écume.

— C'est ainsi que j'imagine la mer.

Elle ne répondit pas, mais il savait qu'elle écoutait.

— J'ai vu de très anciennes images, un jour. C'est probablement ce qui y ressemble le plus en ce monde... après la neige. Tu as déjà vu de la neige ?

Elle hocha brièvement la tête et il sourit. Ça se rapprochait presque d'un dialogue.

Pour le moment, il s'en contentait.

Il chercha de nouveau sa moustache, s'exaspéra. La montagne flottait toujours, inaccessible au-dessus de l'horizon blanc de sel. Le sol était si plat qu'on y voyait à des dizaines de kilomètres. Il arrêta son chameau et attendit qu'Ibrahim et sa sœur arrivent à sa hauteur.

— Il faut qu'on dorme et que nos bêtes se reposent.

— Combien de temps jusqu'à l'île ?

— Difficile à dire. Vingt-quatre heures, je pense.

— Je n'ai pas l'impression qu'on nous ait suivis.

— Mieux vaut prendre un maximum d'avance. On aura tout le loisir de récupérer sur place, contra Ibrahim.

— Faisons tout de même une pause. Il faut manger avant la nuit.

— D'accord, mais pas de lumière.

Ils bivouaquèrent, se dégourdirent les jambes et se restaurèrent sans entrain. Antho refit le pansement de Rim et lui servit une potion fébrifuge. La plaie n'était pas belle, mais il n'y avait rien de plus à tenter, hélas, que de concentrer leurs efforts sur la destination.

Ils ôtèrent les camouflages blancs et repartirent au bout d'une heure, mutiques.

Toute la nuit, le vent leur souffla la menace des chars à l'oreille.

Mandatée par le convent cette fois, Olympe revint au caravansérail solidement armée et flanquée de Magda. Sur leur passage, les rues tremblaient encore des événements du petit matin. La rumeur d'une cavalière à la poursuite de deux nornes ne tarderait plus à atteindre Tidiane mais, pour le moment, personne ne l'avait reconnue. Elle était hors de cause…

Nadir avait vu débarquer les chasseresses avec un frisson d'appréhension.

Comment avaient-elles évité l'émeute ?

Avant la pagaille de l'aube, le petit palefrenier n'avait pas réalisé que la sorcière à la queue-de-cheval voulait qu'il trahisse Ibrahim et, à travers lui, le Barrio tout entier. La culpabilité l'accablait. Il s'était laissé transformer en balance… Pour se donner du courage, Nadir serra la pièce offerte par le conteur et quitta la protection de l'ombre.

Quand la sorcière lui fondit dessus, il était déterminé.

— Quelles nouvelles ?

— Partis ce matin.

— Quelle direction ?

— J'ai pas vu. Maîtresse m'a appelé… mais ils étaient six, s'empressa-t-il d'ajouter.

Le front de la sorcière se froissa.

— Pour huit chameaux ?

Il hocha vigoureusement la tête.

— Des hommes ? Des femmes ?

— Les deux. Trois et trois.

Il sentait bien qu'elle s'impatientait, cherchait désespérément quelque chose à lui mettre sous la dent.

— Est-ce qu'il y avait une femme avec des sourcils très rapprochés ?

Il haussa les épaules.

— Un homme noir avec des tatouages faciaux ? T'aurais pas pu le rater !

— On les voyait pas bien sous leurs capuches et ils avaient des bizarres lunettes. Mais y en avait au moins deux, même trois, qu'avaient les mains noires, ça oui.

La moitié de la cité était noire, il pouvait bien lâcher ça. Du coin de l'œil, il vit la borgne interroger les voyageuses et les marchandes. À son grand soulagement, elles faisaient non de la tête.

Olympe se mordit l'intérieur de la joue pour ne pas gifler le môme. À croire qu'il le faisait exprès ! Mais il regardait derrière elle, et son visage avait pris une teinte cendrée. Une vague d'inquiétude enfla, des arcades aux bêtes attachées dans la cour. La main sur la garde, la chasseresse se retourna.

Un gros caracal tournait dans le sable de l'enceinte. Nez au sol, le félin suivait une piste.

Olympe esquissa un sourire carnassier. Sans doute frustrée par les réponses des marchandes Magda avait lâché Syahgosh.

La borgne avait insisté pour amener le familier qu'elles retenaient à la ménagerie depuis la fuite de la biotaniste et, si le trajet n'avait pas été de tout repos, l'idée payait.

Comme Magda enfourchait sa jument, elle l'imita. Le caracal tourna encore un instant autour du puits et sortit vers le désert, narines frémissantes. Aussitôt, elles le prirent en chasse.

Retourné dans sa flaque d'ombre, Nadir s'effondra presque de soulagement, sans réaliser à quel point ça s'annonçait mal pour les fuyardes.

Infection ou poison, le résultat était le même : Rim brûlait de fièvre. Elle luttait de toutes ses forces pour ne pas rechuter mais il n'y avait rien pour la distraire dans ce paysage plat et morne dont le vide menaçait de l'avaler tout entière. Elle s'était épuisé l'imagination sur les motifs des craquelures et des nuages de poussière et, maintenant qu'il faisait nuit, les étoiles se reflétaient sur le sel, diffusant une clarté laiteuse. Sa dernière source de réconfort s'était endormie avec Alex.

Le silence du salar était effarant. Dense. Infini. Son bras la lançait à en gâcher son eau, mais elle résistait alors que la poudre de sel lui brûlait les yeux et attisait les crevasses forgées par les vents sur ses lèvres. Quand elle fut secouée d'un mauvais frisson, elle songea à le réveiller, renonça. Il fallait qu'il se repose.

En queue de caravane, un chameau de bât renâcla. Un son aigu inhabituel. Touts somnolaient à part Ulysse qui maintenait le cap en tête, mais il n'eut pas le temps de réagir quand la panique gagna toutes les montures qui s'éparpillèrent comme on explose, sans égard pour leurs cavaliers.

Quand ils eurent enfin rassemblé les chameaux affolés, Ibrahim et Meriem étaient indemnes. Anthoïna s'était rattrapée in extremis et Alex gisait au sol, sonné, mais conscient.

La biotaniste s'approcha pour caresser les oreilles de la responsable de cette panique.

— Quel bazar tu viens de semer, ma Sissi ! chantonna-t-elle.

La clarté nocturne ricochait sur la patte biotanique du fauve. Sous les yeux ébahis d'Ibrahim, le familier se coucha pour se faire grattouiller le ventre.

— Je constate que certaines légendes ne sont pas usurpées, commenta-t-il, stupéfait. Avons-nous affaire à un membre de la redoutée meute mécanique ?

Antho siffla de mépris, mais Alex ne lui laissa pas l'occasion de répondre. Le jeune homme tournait comme une poule sans tête, la voix fêlée d'effroi.

— Où est Rim ?

Rim délirait. C'était la seule explication. Arrachée à l'étreinte d'Alex, elle s'était sentie décoller de la selle et la chute lui avait soulevé le cœur, aussi rapide et nette qu'une myoclonie. L'intuition et la peur subites d'avoir sauté par réflexe l'extirpèrent de la douleur qui lui dévorait le bras. Elle mobilisa tous ses sens.

L'air était imprégné de parfums artificiels et la sebkha n'avait pas cette odeur. Une myriade de bruits mécaniques saturait l'atmosphère. Couchée sur un support moelleux qui se froissait en crissant, elle entrouvrit un œil circonspect. *Tout ce blanc. Malédiction !* Elle avait filé. Retour à la case départ : dispensaire de la Croix-Rouge.

— Tiens ! Revoilà ma patiente fantôme ! salua une voix masculine en français.

Cette fois, Rim ouvrit grands les yeux.

Deux doigts caoutchouteux examinèrent la cicatrice rosée de sa pommette.

— Eh bien ! Je ne sais pas qui t'a réparée, mais tu aurais mieux fait de rester, poursuivit l'homme.

Rim grimaça un acquiescement, accrocha le regard du jeune médecin et n'y lut que de la bienveillance. Tant qu'à être au pays des anesthésiants, autant en profiter pour faire soigner son bras.

— Détends-toi, Alex, elle arpente ! C'est la seule explication, répéta Anthoïna.

Il se haïssait de l'avoir lâchée au moment du saut. Qui sait où elle avait atterri ? À Calais, dans les Marches ? Inconsciente, de surcroît !

— On ne peut pas changer le passé, renchérit Ibrahim. Concentrons-nous sur l'avenir. D'accord ?

— Le jour va se lever, confirma Ulysse.

Incapable de réfréner son mouvement d'humeur, Alex s'éloigna de sa monture.

— Eh bien ! La suite promet d'être joyeuse, gronda Antho.

— Je ne te suffis plus ? demanda Ibrahim.

Elle lui sourit et s'excusa :

— Tu as raison. Inutile d'en rajouter.

Au bout d'une heure, Ibrahim désigna un point qui incurvait l'aube violine.

— Regardez !

— L'île aux baobabs, confirma Ulysse. Si la maîtresse des mezcaleras n'a pas menti, c'est là que réside notre conteur.

Comme le reste de la troupe, Alex scrutait leur mystérieuse escale. L'amas rocheux semblait flotter sur l'horizon. Au-delà, le cône montagneux qui leur servait de repère depuis deux jours avait vaguement grandi mais, en dépit de leur impatience, les voyageurs n'atteignirent leur destination qu'en fin d'après-midi, contraints de tromper l'attente en dévorant des yeux cette île incongrue, parachutée sur l'infini d'écume.

Enfin, ils distinguèrent les vagues de granit lisse qui conduisaient vers de gigantesques roches fichées à la verticale. Personne encore ne voyait les arbres mythiques, mais tous guettaient leur apparition.

— Là où je sautais, il y avait des constructions très anciennes nommées dolmens, lança Antho. Les gens racontaient qu'ils étaient sacrés, ou maudits. Que c'était le repaire des druides et des sorcières. Cette île me les rappelle.

— C'est peut-être un signe, conclut Ibrahim.

Elle se demanda s'il était sérieux, mais renonça à l'interroger. Après tout, pourquoi pas ? Son inquiétude pour Rim la rongeait quoiqu'elle la masque, alors ce soir, dans le couchant nacré de rose, elle avait envie de croire à la magie. Ils en avaient besoin.

Dans le dispensaire de Calais, le jeune médecin bénévole recommença son examen. Vingt-quatre heures de garde... Il s'était peut-être trompé. Il vérifia deux fois le thermomètre et s'adressa à la patiente sans trop savoir si, avec une fièvre pareille, elle l'entendrait ou le comprendrait.

— Quarante point un... ?! Tu es sacrément coriace ! J'en connais plus d'un qui seraient dans les vapes.

Sa collègue, qui prenait la relève, ne put s'empêcher de le vanner :

— Tu vois qu'on est plus résistantes qu'il n'y paraît !

— Tu veux bien m'assister ?

— On peut faire l'inverse si tu es fatigué, blagua-t-elle.

Mais elle passa des gants et contrôla des yeux le contenu du chariot.

— Ciseaux.

— Ciseaux, s'il te plaît...

Il acheva de découper la manche déjà déchirée jusqu'à l'épaule par Antho. Le pansement posé la veille n'avait pas résisté au saut.

— La vache ! s'écria la jeune femme. Un peu qu'elle est solide.

La gravité de l'infection lui rendit son sérieux et elle prépara une seringue d'anesthésiant. Pendant que son collègue piquait, il demanda, en insistant lourdement sur la formule de politesse :

— Tu peux me trouver des cachets d'antibios et un rappel du tétanos, s'il te plaît ?

Elle ricana.

— ... Et un second jeu de suture. Il faut recoudre le muscle, aussi, *please* !

Rim lorgna son bras à la dérobée avant que les deux acolytes n'y posent un champ stérile verdâtre. Effectivement, c'était pas beau à voir. Les lèvres de la blessure étaient rouges, enflées et suppurantes. Depuis qu'elle s'était réveillée, elle feignait d'être dans les vapes pour éviter les questions, mais il aurait été stupide de ne pas les informer pour le poison, ce qu'elle fit sans pouvoir donner de détails.

Depuis, la doctoresse gardait les sourcils froncés en permanence.

Quoi qu'il y ait eu sur le carreau, elle était contente que la fièvre lui ait permis de filer. Pourtant, elle aurait dû se retrouver chez Alex, pas à Calais ! Elle n'avait aucun souvenir de la myoclonie. S'était-elle servie de sa chute de chameau pour arpenter, comme par réflexe ? Elle repoussa la question et, lorsque la femme en blouse lui offrit un cachet, l'avala avec un sourire reconnaissant.

De l'autre côté du champ, le médecin s'affairait sur son bras sans qu'elle y prête vraiment attention. Enfin, elle n'avait plus mal. Du moins à cet endroit-là.

Au bout d'une vingtaine de minutes, sa migraine n'était plus qu'un souvenir. *Faut absolument que je revienne avec*

Alex pour rapporter ces pilules magiques. Rattrapée par la crainte de l'avoir emmené puis perdu dans la jungle, elle s'en ouvrit à la doctoresse :

— Où m'avez-vous ramassée ?

— Je ne comprends pas.

Elle fronça les sourcils.

— Nulle part ! Mon collègue vous a trouvée sur ce lit...

J'ai filé directement au dispensaire...

— Il n'y avait pas un garçon qui m'accompagnait ? Mon âge, métisse, les yeux bleus.

— Je ne crois pas.

— De longs cheveux bouclés ?

L'air paniqué de sa patiente lui fit promettre de vérifier.

Coincée sur son lit, Rim réfléchissait. *Comment s'assurer qu'il n'était pas passé ? Hors de question de l'abandonner ici !* Elle mobilisa son bras intact à l'affût d'une douleur à l'épaule. Elle n'avait aucun souvenir de s'être sentie écartelée ou retenue, mais Alex lui tenait la taille. Elle s'assit pour éprouver son dos au moment où la doctoresse revenait.

— Bizarre, il n'y a pas de dossier d'admission pour vous ni pour aucun garçon de votre âge.

Incapable de ressentir le moindre soulagement, Rim la remercia. Bien que l'information soit rassurante, la perspective d'abandonner le jeune homme à la « djeungueule » la glaçait.

Magda et Olympe furent rapidement distancées par le familier. Malgré sa patte mécanique, il galopait vite et les chevaux ne possédaient pas son endurance à la chaleur. Magda laissa ralentir sa jument.

— On ne peut pas continuer sans vivres, décida-t-elle. Maintenant qu'on a une idée de la direction, il n'y a plus qu'à les attendre. Elles vont revenir, j'en mettrais ma main à couper.

Olympe tiqua sur l'expression mais ravala ses sarcasmes.

— Qu'y a-t-il dans ce périmètre, à quoi… Disons, cinq jours ? Le gamin m'a dit qu'ils avaient embarqué dix jours de vivres. Si on compte le retour.

— Pas grand-chose à ma connaissance. On sort de nos terres, répondit la borgne. D'ordinaire, ce désert ne nous intéresse pas. Allons poser la question à la maîtresse du caravansérail, conclut-elle en faisant demi-tour. Au pire, Tidiane saura. Elle a TOUJOURS une solution.

XXII - D'UNE ÎLE À L'AUTRE

LE DERNIER RAI DE LUMIÈRE BRASILLAIT à l'horizon quand les voyageurs harassés mirent pied à terre. Abasourdis, ils contemplèrent la langue de granit poli, hantés par l'impression désagréable d'avoir changé de planète. L'îlot semblait désert.

— Si cet endroit est habité, c'est probablement par ici, avança Ulysse.

Ils firent quelques pas prudents en direction des rochers verticaux. Çà et là, des baobabs aux troncs difformes poussaient dans les failles. Ils semblaient si vieux qu'Anthoïna en eut les larmes aux yeux. *Comment ont-ils survécu à l'anéantissement des abeilles ?*

Captivés par les arbres bouffis, ils se trouvèrent brusquement encerclés par une horde d'adolescents armés de sarbacanes menaçantes. *D'où sortaient-ils ?*

Naturellement, le groupe délégua la direction des opérations à Ulysse. Après tout, il avait l'habitude de débarquer dans des endroits inconnus, voire hostiles.

Le colporteur leva les mains et s'avança vers le plus grand des mômes. Jamais il n'avait mis les pieds dans un lieu si improbable.

— Bonjour ! Nous venons en paix de la Cité Ocre.

Sur un signal qu'ils ne perçurent pas, les gamins baissèrent d'un rien leurs armes et l'atmosphère se modifia. Une tripotée d'enfants plus petits surgit de nulle part, criant leur curiosité tous en même temps.

— Nous cherchons un certain Scorpio.

D'une poigne de fer, l'ado meneur stoppa une mioche qui s'apprêtait à détaler.

— Bravo, Peter ! lança une voix mâle. Ne les sous-estimez pas, entendirent-ils encore. Les dards sont enduits de sève de rose du désert. Un alcaloïde puissant et très toxique.

— La graine de baobab est un antipoison, souffla Alex à Antho qui le dévisagea, éberluée. La poudre d'écorce aussi, ajouta-t-il après avoir constaté que les arbres ne portaient pas de fruits.

— Nous ne sommes pas vos ennemis, répliqua Ulysse. Nous venons écouter une histoire.

— Quelle sorte d'histoire ?

— Une version très vieille et très particulière de *Belle et Beau dormant*.

— Mot de passe ?

Ils échangèrent des regards perplexes, haussèrent les épaules.

— Vaisseaux ? tenta Ulysse, perplexe.

L'homme quitta sa cachette.

— C'est bon, les enfants, laissez-les.

Ulysse fut surpris par l'apparence de son interlocuteur. Il avait imaginé un vieillard diminué et se trouvait face à un fringant septuagénaire, démarche alerte et bouc soigné.

— Suivez-moi, dit-il en leur tournant le dos pour ouvrir la marche.

L'algarade avait enfin tiré Meriem de la torpeur dans laquelle elle marinait depuis qu'elle avait quitté Nour. Elle observa. Sous des dehors confiants, les gamins qui les encerclaient n'avaient pas baissé leur garde. À dessein, elle dévoila le long poignard qui pendait à sa hanche. L'effet fut immédiat. L'un des ados s'approcha.

— Comment tu t'appelles ?

— Robin.

Meriem désigna la sarbacane.

— C'est toi qui l'as faite ?

— Ouais ! Épines de cactus et sucs de baobab chacal. La rose du désert possède de nombreux surnoms.

Ravi d'étaler sa science, il les énuméra :

— Lys des Impalas, Kudu, Sabi Star. Fais voir ta dague ?

— Quand on aura fait connaissance, tempéra-t-elle, prudente.

Ce n'étaient peut-être que des gamins, mais ils étaient armés jusqu'aux dents et elle ne se pardonnait pas de s'être laissé piéger comme une débutante.

— Personne ne se méfie jamais des enfants, ricana leur guide. « Que les hommes ne valent rien. Que les hommes ne valent rien. Et les garçons encor bien moins[5] », chantonna-t-il.

5 – *Gentil coquelicot*, chanson française du XVIIIe siècle (règne de Louis XV) in *Les Plus Belles Chansons du temps passé*, Hachette jeunesse, 1997.

Ulysse reconnut le vieil air de *Gentil coquelicot* et le fit savoir en entonnant le refrain puisque, de toute évidence, il s'agissait d'un test.

Les voyageurs laissèrent les chameaux dans l'enclos situé à l'extérieur des pierres levées puis se laissèrent escorter jusqu'au cœur de l'enceinte séculaire.

De près, les fûts de granit étaient encore plus imposants. Des touffes d'herbe ligneuse poussaient dans le sol sableux au pied de baobabs pluricentenaires. Les visiteurs détaillaient voracement le lieu prodigieux. Côté cour, les cônes de pierre percés d'une multitude de portes, de fenêtres et d'escaliers constituaient un spectacle hors du commun.

— C'est un ancien site troglodyte, lâcha obligeamment Robin.

— Époustouflant ! résuma Ibrahim.

Comment ne pas succomber au charme de l'endroit ? Portes et fenêtres dataient d'avant l'effondrement ! Le bois aux couleurs fanées donnait à l'ensemble un air désuet et charmant. En contrebas, quelques volailles s'égaillaient dans une cour aux murs d'argile et de galets blanchis à la chaux.

Scorpio les invita à s'asseoir sous un arbre encore plus mutilé et difforme que les autres. Anthoïna passa un doigt délicat sur les boursouflures à la base du tronc.

— Les baobabs sont des végétaux fascinants, commenta le vieil homme. On en tire des cordes, d'où ces cicatrices, mais aussi une colle puissante, de l'huile, de la farine. On en mange les feuilles, et leurs fruits font cailler le lait. Il fait tomber la fièvre. La graine et la poudre d'écorce servent même de contrepoison !

Alex lui jeta un regard victorieux.

— Mais vous n'êtes pas venus jusqu'ici pour m'écouter pérorer sur les vertus du baobab.

— J'ai tout de même une question, répliqua la biotaniste. Comment ces arbres ont-ils survécu à la disparition des abeilles ?!

L'homme sourit largement.

— Vous n'allez pas tarder à le savoir.

Il frappa dans ses mains comme un vieux maître d'école.

— Allez ! Installez-vous, cria-t-il à la cantonade.

Il faisait nuit depuis quelques minutes lorsque les plus petits disposèrent partout des sphères de verre pleines de champi. Les grands apportèrent à boire et à manger. On leur avait réservé les places d'honneur aux côtés du vieil homme. Ibrahim ajouta une partie de leurs vivres au menu, et la soirée commença par les présentations.

Enfin, Ulysse pouvait poser la question qui le tarabustait depuis un moment :

— Scorpio n'est pas un prénom commun…

— Il n'y a rien de commun ici ! D'abord, parce que nous vivons dans une véritable mixité. J'éduque chaque enfant de ma famille à partir de ses six ans. Vous comprendrez mieux tout à l'heure, mais les histoires tiennent une place prépondérante dans notre lignée. À seize ans, chacun et chacune est libre de changer de prénom. Scorpio est celui que je me suis donné. Robin a choisi le sien en référence à Robin des Bois, mais il y a aussi Arthur, Nils, Isaya, Loup, Simon, Kirikou, Moïra, et j'en passe !

Enfin, Ulysse aborda la raison de leur présence sur l'île.

Scorpio, qui l'attendait au tournant, s'amusait de ses précautions oratoires. À peine avait-il ouvert la bouche que le vieux le coupa net :

— D'ordinaire, la réputation qui te précède t'affuble d'une moustache, conteur. M'aurait-on menti ?

— Démasqué ! grinça-t-il.

— Les chauves-souris ! s'écria Antho qui sauta sur ses pieds.

Scorpio sourit.

— Les pollinisateurs des baobabs sont les chauves-souris ! répéta la biotaniste, le nez vissé au ciel. C'est pour cela qu'ils ont survécu.

— Qu'il est bon d'avoir affaire à des gens observateurs !

— Je rêve ou il flirte avec ma copine, gronda Ibrahim.

Meriem partit d'un tel éclat de rire que les conversations s'arrêtèrent. Tout en pouffant, elle s'excusa de la main pour signifier qu'il n'y avait rien qui mérite d'être partagé.

— Qu'y a-t-il de si drôle ? grommela Ibrahim, vexé.

— Que toi qui passes ton temps à séduire les gens, tu sois jaloux. Je trouve ça adorable !

Vexé, il désigna Ulysse qui ne les quittait pas des yeux et chuchota :

— À ce propos, tu ferais bien de balayer devant ta porte !

Elle haussa les épaules. Elle n'était pas prête.

Les plus petits s'endormaient les uns après les autres. Ulysse fusilla Ibrahim du regard. Meriem lui parlait, à lui. Submergé par la frustration, il n'y alla pas par quatre chemins :

— Alors, ce conte, accepteras-tu de nous en faire un récit de première main ?

— Contre le nom de ta source.

— Elle ne risque rien ?

— Tu as ma parole !

— Une femme, nouvellement maîtresse de la guilde des mezcaleras. On a parlé alcool, scorpions et tradition orale… dont elle faisait très peu de cas, d'ailleurs.

Scorpio fit signe de développer.

— Je lui ai soutiré son histoire, pas son prénom. La petite quarantaine gouailleuse, auburn, entreprenante et très sûre d'elle.

— Sasmira ! Ça alors ! Des siècles de transmission minutieuse pour que vous l'appreniez par la plus galeuse de mes brebis !

Il y avait de l'amertume et de la déception dans la remarque, mais Ulysse ne s'y attarda pas. Ce n'était pas son problème.

— Je ne vous raconterai pas cette histoire.

— Mais…, s'offusquèrent cinq bouches à l'unisson.

— Car ce n'est qu'un leurre, un appât ! s'esclaffa Scorpio. Tout l'art consistait à truffer ce récit de quelques mots bien choisis et à le réciter sans jamais en changer la moindre virgule en le transmettant de génération en génération avec les mêmes expressions, des intonations identiques… Qu'importe si nous n'en comprenions pas la raison. Chaque terme était unique. Irremplaçable. C'est tout ce que nous avions besoin de savoir. Car nous ne sommes que les passeurs d'un récit qui devait vous attirer à nous… à moi qui suis le seul à même de juger si vous êtes dignes d'en recevoir la véritable version. Tout à l'heure, en échange, tu me confieras les mots qui t'ont mis la puce à l'oreille.

Il n'y avait plus le moindre bruit sous l'arbre. Visiteurs et adolescents étaient suspendus aux lèvres de Scorpio, et le vieil homme fut happé par la conscience aiguë d'incarner la fin d'une très longue chaîne. Les plus jeunes réaliseraient, demain peut-être, que leur éducation spécifique ne servait plus à rien... Demain. Pour l'instant, ils vivaient ce moment de toutes leurs fibres, avec cette intensité que procure la certitude d'un instant unique.

— Je vais vous raconter une autre histoire... La véritable histoire du massacre des vaisseaux était une lettre, un récit dont le papier originel est retourné à la poussière, mais que nous nous transmettons depuis plus de cent cinquante ans. Car nous sommes les descendants d'Adrien Lillemer, le dernier vaisseau. Le seul sorcier qui ait survécu au massacre.

Scorpio s'adossa confortablement au baobab, ferma les yeux et se plongea dans la peau de son aïeul pour restituer le texte à la lettre.

« Île du jugement dernier (78° N – 16° E),
le 27 juin 2018

Je m'appelle Adrien Lillemer. Je suis sorcier. Le dernier.

Aussi absurde puisse-t-elle vous paraître, cette lettre doit être transmise jusqu'à ce qu'elle rencontre ceux – ou celles – qui l'attendent, la cherchent, la comprendront.

Inlassablement. C'est la seule chose que je puisse faire pour tenter de préserver le futur, vous protéger, vous, ma descendance ; pour qu'un jour soit rétablie la vérité sur le massacre des vaisseaux.

Cacher la destination du prime saut de Maud Absoul était mon idée. Cela faisait des mois que les tensions et la vindicte montaient dans la Cité Ocre. Tout le monde me traitait de paranoïaque, mais j'avais vraiment peur que l'avenir se dessine sans nous.

En dépit de toute logique, des rumeurs sur l'origine du fléau ont commencé à circuler sous les dômes de pierre, sur la place du marché, dans les couloirs du convent, dans les alcôves du Barrio. Les boucs émissaires étaient tout trouvés. On nous incriminait de tous les maux sans distinction, nous, les sorciers.

Évidemment, l'Ordre se cachait derrière cette vaste entreprise de diffamation. Enfin, "se cacher" est un bien grand mot ! Inutile de creuser très loin pour reconnaître ce groupuscule nauséabond sous chaque "parole décomplexée" à laquelle tout le monde a fini par accorder foi. Nous, les sorciers, étions responsables du fléau et, par extension, de tout ce qui accablait notre époque : la sécheresse, le manque de nourriture, l'état déplorable de la planète. Que sais-je encore ?

À part dans le chef de quelques irréductibles, cette croyance a progressivement noyauté les esprits et, sans en avoir l'air, l'Ordre a fait passer l'impensable pour la vérité… Au compte-gouttes. Pour rendre l'horreur moins grande. Jusqu'à ce que nous éradiquer devienne une évidence ou, du moins, une solution contre laquelle personne ne s'est élevé. Celles et ceux qui s'étaient à peine insurgés, pensant qu'il était impossible d'en arriver là, se sont trouvés devant le fait accompli. Trop tard pour faire marche arrière. Nous sommes tous morts.

Les opposants.

Les sorciers.

Tous.

Sauf moi. »

Scorpio balaya son public des yeux. Satisfait de leurs mines consternées, il reprit :

« Nous avions laissé faire et dire une minorité, pensant que l'infériorité numérique rendait négligeables leurs propos abjects… Mais rien n'est moins insignifiant que les idées rampantes et sournoises qui s'implantent comme un cancer. Le mécanisme est toujours le même, et pourtant le piège se referme. Chaque fois.

De plus en plus méfiant à l'égard de ce groupuscule mené par Lilith, notre matriarche, j'avais donc décidé Maud à cacher la destination de son prime saut. Elle se fichait d'arpenter. Elle mentit et son voyage fut classé en ZI. Ce sacrifice nous ménageait une échappatoire au cas où les choses dégénéreraient.

Bien que refuser d'adhérer à l'Ordre soit de plus en plus dangereux, Maud parvenait encore à s'en tenir à l'écart. Rapidement, le mouvement se radicalisa. Certaines, alors même qu'elles y adhéraient, moururent subitement après s'être insurgées devant témoins contre des décisions excessives telles que l'exclusion des sorciers, le recensement obligatoire, la transformation des chasseresses en une milice d'élite, etc. Quand cette logique poussa l'Ordre au meurtre, seules restaient les sœurs qui trop terrifiées se turent, conscientes qu'il était trop tard.

C'est à cette époque que nous décidâmes qu'il était temps pour moi de fuir. Mais que pouvions-nous inventer pour rendre ma disparition crédible ? Nous étions en couple depuis toujours et Lilith se méfiait de tout. Finalement, nous orchestrâmes des scènes de ménage semi-publiques, de fausses tromperies colportées par le Barrio et je quittai le convent avec perte et fracas. Maud n'eut plus qu'à me transporter dans le passé.

Juste à temps.

Mon départ a-t-il précipité les choses ? Je ne le saurai jamais.

Je m'en fus juste avant que Lilith ne décrète l'irresponsabilité des sorciers et qu'elle ne les prive de leur liberté de mouvement "pour leur sécurité". Et ils le crurent !

Certains partirent tout de même et en moururent, poursuivis par les chasseresses, avec le concours des semeuses et de leurs chars, murmurait-on. Je n'ai pas de preuves, mais je suppose qu'une ou deux rafles par grand vent ont dû suffire à convaincre les hommes de renoncer à leur liberté comme des grands. Ainsi les chasseresses assirent-elles leur redoutable réputation.

Maud me rendait visite dès qu'elle pouvait. Un jour, elle revint en larmes, complètement incohérente, et je sus que le pire était arrivé. »

Scorpio marqua une nouvelle pause, le temps de boire un peu puis reprit :

« Mes frères avaient tous été envoyés en voyage le même jour. Aucun d'eux n'en réchappa.

En dehors du convent, la disparition des sorciers passa inaperçue. L'Ordre poursuivit son travail de distorsion et, bientôt, mes frères devinrent légende. Tout le monde préféra croire au mythe plutôt que d'admettre la complicité d'un génocide. En l'espace de dix ans, l'Ordre noyauta les autres convents, et ce qu'il restait d'humanité en cet hémisphère se convertit à leur version de l'histoire.

Vous qui m'avez cherché, vous savez.

Je me détestais d'avoir fui. Retranché dans mon exil de glace, je ne pouvais rien faire qu'attendre Maud. Je l'avais suppliée de rester à l'abri du temps, mais elle refusait d'abandonner la résistance. Elle fonda les nornes. Trouverez-vous ce nom moins étrange si je vous dis que c'est une allusion à la Norvège, un indice parmi tous ceux que nous avons semés. Les nornes sont l'équivalent des Parques dans le panthéon nordique : la trinité du destin. Maud voulait y voir le signe qu'un jour nous pourrions modifier les forces en présence, peser sur le temps pour infléchir notre avenir et celui de nos descendants.

Notre premier enfant vint au monde. La beauté des aurores boréales nous avait tant frappés que nous la prénommâmes Aurore. C'est sans doute ce qui me donna l'idée, plus tard, de *Belle et Beau dormant.* Nous eûmes rapidement un second bébé que nous appelâmes Dag, ce qui signifie "jour" en vieux norrois.

J'espérais que l'éloignement pèserait assez à Maud pour nous la ramener. D'une certaine façon, c'est ce qui arriva. Elle nous rejoignait de plus en plus souvent. De plus en plus longtemps. Nous n'en pouvions plus de cette vie en pointillé. Enfin elle promit de rester toujours, après un dernier saut pour veiller à ce que les nornes continuent sans elle. J'avais un mauvais pressentiment.

Elle revint le 4 mars 1986, empoisonnée et agonisante, mais il n'y a pas d'hôpital sur Svalbard. Maud arpentait le seul lieu au monde où il est interdit de mourir[6] ! Trahie ? Je ne le saurai jamais. Le temps de parvenir sur le continent, à plus de deux mille kilomètres, il était trop tard pour la sauver. Le jour où nous dispersâmes ses cendres dans la mer, je révélais la vérité aux enfants et nous nous jurâmes de lui faire traverser les époques.

Jusqu'à vous.

Les divinités nornes ont-elles présidé aux voyages de Maud en Norvège ? Moi qui ne crois en rien, je me plais à l'imaginer, car l'archipel arctique du Svalbard abrite la banque mondiale de semences. Cette réserve est située sur

---

6 – À Longyearbyen, capitale de l'archipel de Svalbard, il est interdit de mourir depuis 1950. En raison du froid, les corps ne se décomposent pas et les autorités craignent la propagation de virus et de maladies provenant des cadavres. L'hypothèse s'est vérifiée dans les années 2000 avec le virus de la grippe espagnole.

l'île du Spitzberg, dans une ancienne mine de charbon où les températures permettent de sauvegarder des échantillons de graines de toutes les cultures vivrières du monde. Les premiers stocks ont été constitués en 1984. Maud a été assassinée en 1986, et la première pierre du centre tel que je le connais n'a été posée qu'en 2006. Depuis que j'ai découvert cet endroit, je me demande si l'Ordre en a jamais entendu parler… Maud a confié aux nornes la genèse de ce projet. En tout cas, je ne suis pas pour rien dans son envergure mondiale. J'ignore si cette information vous est parvenue. Le réservoir est-il toujours accessible à votre époque ? À défaut de convaincre les autorités actuelles de l'urgence écologique, je suis fier d'avoir – peut-être – contribué à vous aider avec ce trésor de deux millions de semences. La mine dans laquelle sont installés les silos étant à cent trente mètres au-dessus de la mer, j'espère qu'elle vous sera encore accessible – et toujours intacte – quand vous parviendra cette lettre.

La Réserve est enterrée sous la montagne de Platåberget, Svalbard, latitude : 78.221111 – longitude : 15.403611.

Puissent les nornes vous être favorables !

Adrien Lillemer pour Aurore, Dag Lillemer et leurs descendant·e·s.

P.-S. : À deux jours de chameau de la Cité Ocre, dans la sebkha, se trouve une île surprenante. Elle est couverte de baobabs et cache une source minuscule mais profonde qui permet aux arbres et aux chauves-souris qui s'y abritent de survivre. Je crois pouvoir avancer que, du temps de Lilith, personne n'en avait jamais entendu parler. Si, comme je le pense, il ne pleut toujours pas, elle fera un formidable refuge.

P.P.-S. : Que cette lettre tombe à jamais dans de bonnes mains. Je vous en conjure, transmettez le conte mot pour mot. Aussi bizarre vous paraisse-t-il, il vous amènera un jour, je l'espère, celles et ceux qui seront prêt·e·s à entendre la vérité et, qui sait, à renverser l'Ordre.

Donnez-nous les moyens de rétablir la vérité à travers le temps. Faites que la femme de ma vie ne soit pas morte en vain. »

Le vieil homme rouvrit les yeux.

Était-ce la lumière du champi ou le long testament de l'aïeul qui conférait à son auditoire ce teint verdâtre ?

Personne n'osait abîmer le silence; poser une question aurait fait basculer ce récit dans le réel.

— Pourquoi ne pas vous être dévoilés plus tôt ? s'étonna Ibrahim. Les nornes vous auraient accueillis avec bienveillance.

— Nous avons choisi de ne pas forcer le destin, de rester à l'abri de l'île et de protéger notre secret. Nous ne pouvions révéler notre refuge. Les sœurs ont suffisamment prouvé leur capacité de destruction, et tout le monde finit par parler...

Leur matriarche possédait effectivement la solution promise par Magda. Grâce aux chars des semeuses et au vent favorable, elles avaient avalé une distance phénoménale et rattrapé leur retard en un temps record. Quatre chasseresses, quatre semeuses. De quoi effrayer les spectatrices plus sûrement que les pires légendes sur la meute mécanique.

Dominer son impatience exigeait d'Olympe tout ce qu'il lui restait d'énergie. Pour la cinquième fois au moins, elle vérifia du doigt que ses munitions étaient correctement alignées sur le rebord de la fenêtre et sourit dans l'obscurité. Les instructions étaient claires. Tuer un maximum de sorciers et faire quelques prisonnières choisies. Alors pourquoi l'autorisation de tirer était-elle si longue à venir ?

De l'autre côté de l'enceinte de pierre, un chameau renâcla. Meriem tendit l'oreille, Antho fouilla la nuit à la recherche de son familier.

Alex avait encore l'esprit en Norvège et s'inquiétait pour Rim. Même les grands piquaient du nez.

— J'ai l'impression qu'on nous a peint une cible sur le front, murmura Ulysse dans le silence épais.

— Une demi-cible, plaisanta Alex. Je te rappelle qu'aux yeux de tous tu es déjà mort.

Meriem écoutait le silence trop grand. Quelque chose ne tournait pas rond.

— Où sont les chauves-souris ? chuchota-t-elle.

Des cordes vibrèrent en se détendant depuis les orbites vides des fenêtres.

Magda avait cloué le conteur au baobab d'un carreau en plein front. *Le signal!*

Une voix hurla : « Éteignez tout! » Galvanisée par l'adrénaline, Olympe tira trois carreaux coup sur coup et fit mouche deux fois avant que la panique et le noir complet n'obligent les attaquantes à quitter leur position.

Le cri d'alarme de Meriem s'était mêlé à celui de Syahgosh, masquant aux autres les chuintements mortels de la volée qui s'abattit sur eux et rafla son tribut de sang et de morts.

Les assaillantes visaient les hommes. Quand leurs traits avaient fauché Robin et crucifié Scorpio, Meriem s'était jetée sur Ulysse pour le protéger.

Réveillés en sursaut, les enfants qui n'avaient pas été tués avant que les loupiottes ne soient masquées ou écrasées hurlaient de terreur. Peter les rassemblait tant bien que mal derrière le mur du poulailler, secondé par Ibrahim.

Horrifiée, Antho se détourna de ceux qui ne se relèveraient pas.

— Alex, appela-t-elle à mi-voix.

— Ici!

À tâtons, elle trébucha sur un corps et se retrouva à quatre pattes dans une flaque de sang déjà presque avalée par le sol sableux.

— Tu es entier?

Alex s'essuya les yeux.

— Ça pisse, mais c'est rien, murmura-t-il.
— Où est Ibrahim ?

Puis le silence écrasa l'amphithéâtre de pierre.

Tétanisés par la peur de se trahir, Ulysse et Meriem écoutaient de toutes leurs oreilles. Ils n'en étaient pas à leur premier combat mais l'issue de celui-ci était de loin la plus douteuse. Elle referma les doigts sur les siens. À pas de loup, ils se réfugièrent à l'abri du baobab sur lequel le corps de Scorpio restait cloué, obscène.

Quelqu'un fit crisser du verre brisé. Aussitôt, Meriem se redressa pour frapper. Fluide et silencieuse, sa dague se posa sur une carotide.

— Non !

Anthoïna n'eut que le temps de murmurer son prénom pour qu'elle ne lui règle pas son compte. Dans le noir complet, la biotaniste haletait de peur et d'angoisse.

— Ibrahim ?

— Avec Peter et les enfants. Coupure à l'épaule, chuchota Meriem. Restez là. Je vais les chercher.

Sans leur laisser le loisir de protester, elle s'en fut, silencieuse, en direction du muret où elle les avait vus s'abriter.

Le cœur d'Alex battait une chamade qui le rendait sourd. S'efforçant de maîtriser son souffle, il écoutait si fort qu'il lui semblait que ses oreilles avaient triplé de volume sous son crâne sanguinolent. Il s'épongea le visage, gêné par l'accumulation du sang dans ses sourcils. Antho palpait le sol à la recherche d'une arme mais ses doigts fébriles ne rencontraient même pas un caillou.

— Sable, murmura Ulysse.

Elle en ramassa deux poignées. *Dérisoire, mais mieux que rien.* Son cerveau moulinait à la recherche d'une échappatoire. Leurs assaillantes bloquaient la sortie. Sans Peter, impossible de se repérer. Si au moins Ibrahim était en sécurité.

Un craquement.

Une sœur ou une semeuse venait de trahir leur position. Olympe la maudit.

Pour conserver un peu de l'effet de surprise, les attaquantes déboulèrent mais, malgré leur nombre, encercler le baobab n'était pas chose aisée tant il était énorme.

Ils ne pensaient plus qu'à leur survie. Sous les branches, l'obscurité semblait presque compacte. À quatre pattes, Ulysse, Alex et Antho progressaient à une lenteur terrifiante dans le filet qui se refermait inexorablement. *Qui et combien sont-elles ? L'aube n'est plus très loin. À la lumière, on n'aura plus la moindre chance.*

Soudain l'une de leurs poursuivantes fut sur le chemin d'Antho. *L'épargner ? Venger les morts ?* Tuer lui répugnait. *Mais c'est peut-être une victime de moins.* Écœurée, elle tira l'épingle de son chignon et la lui planta dans la carotide. Son hésitation n'avait pas duré. En douceur, elle coucha sa victime dans le sable. *Merde, elle n'a qu'un foutu lasso et j'ai perdu les autres. Il me faut une arme !*

À mesure qu'elle quittait les frondaisons, la densité poisseuse cédait du terrain. Déjà, elle distinguait la dentelle sinueuse des cônes de pierre sur le ciel anthracite. *Pourquoi l'aube est-elle si pressée ce matin?* Elle jeta un coup d'œil prudent en arrière. Personne. Des cris et un grand remue-ménage lui permirent de s'engouffrer dans la dernière maison avant le passage étroit qui conduisait aux chameaux.

Crevant de trouille, Alex avançait plus lentement qu'un vieillard. Certain d'avoir largué le cordon humain qui tentait de les piéger, il se redressa à demi afin de progresser un peu plus rapidement mais une masse s'abattit sur son dos. Il roula dans la poussière, le souffle coupé par la terreur.

Deux mains le retournèrent.

— Tiens, tiens, comme on se retrouve, grinça Olympe.

Sa voix dégouttait de haine et de satisfaction mêlées.

Dans cette position, impossible de se libérer de l'emprise de la chasseresse, mais une pensée pour Rim ranima sa combativité.

— Elles sont huit! hurla-t-il aussi fort que le lui permettaient ses poumons compressés.

Une gifle retentissante lui fit éclater la lèvre, mais il se sentit étrangement rasséréné.

Comme Antho juste avant, Ulysse passa devant le corps démantibulé du jeune guetteur abandonné à l'entrée du cercle de pierres. Il n'avait eu aucune chance! Le conteur se faufila sans bruit dans l'enclos des chameaux à la recherche de sa sœur, une main pressée sur la bouche pour ne pas vomir.

Dès le début de l'attaque, Peter avait appliqué les instructions maintes fois répétées avec les petits. Maintenant, ils progressaient dans le boyau en silence. Il connaissait le chemin par cœur, grand-père y avait veillé. Les enfants le suivaient sans un reniflement. Il avait été très clair. Ce n'était plus un jeu, d'autant que les chasseresses les prenaient pour des sorciers.

Sombre, Ibrahim fermait la marche, attentif à ce que Meriem ne leur fausse pas compagnie. Ils avaient eu un mal fou à la retenir lorsqu'elle avait voulu faire demi-tour pour aller chercher les trois autres. Ils s'étaient affrontés en chuchotant et, en désespoir de cause, Ibrahim avait menacé de l'attacher.

— Ils sont trop précieux pour qu'elles les tuent tout de suite, avait-il avancé, horrifié par ses propres arguments. Nous trouverons un moyen de les délivrer, je te le promets.

Meriem flamboyait de colère et de désespoir. Elle avait ouvert la bouche pour protester quoique ce soit inutile.

— Avant de dire quelque chose que tu vas regretter, n'oublie pas que tu n'es pas la seule à abandonner quelqu'un.

Elle avait rendu les armes et, depuis, chaque pas était un combat pour ne pas rebrousser chemin. Chaque minute, une torture.

Pour eux deux.

Quand elle s'arrêta pour la troisième fois, Ibrahim sortit de ses gonds.

— T'es bouchée ou quoi ? Elles sont huit avec des arbalètes. C'est pas en nous faisant choper qu'on pourra les aider alors avance !

Elle cracha dans le sable.

Ibrahim savait combien elle se dégoûtait. Il éprouvait la même chose.

— Trouvez les autres, gargouilla Magda. Intacts.

Chasseresses et semeuses s'éparpillèrent.

Dans l'aube grise, Alex dénombra six assaillantes qui convergeaient vers l'enclos. Profitant d'un relâchement d'Olympe, il la mordit à sang.

— Elles arrivent ! fut le seul avertissement qu'il parvint à hurler avant qu'elle le réduise au silence d'un coup de genou bien ajusté.

La douleur éclata, si vive que les yeux du jeune homme se révulsèrent.

Certaine qu'il serait incapable de bouger pendant les cinq minutes suivantes, Olympe le lâcha en tas dans la poussière et ôta son gant d'archère pour constater les dégâts. La morsure était profonde, si cuisante qu'elle lui administra un coup de pied supplémentaire pour faire bonne mesure.

— Pauvre chose. Quand j'en aurai fini avec toi, même ton père ne te reconnaîtra pas !

Recroquevillé en position fœtale, Alex la brava :

— Je le connais pas !

Entre ses bras repliés, il guettait, priant pour qu'Ulysse et Antho parviennent à fuir.

L'enclos aménagé dans un renfoncement rocheux formait un irrémédiable cul-de-sac. Accroupis dans les pattes de leurs montures, tout au fond, Ulysse et Antho cherchaient une issue en vain. Escalader la paroi les rendait vulnérables et ils n'avaient aucune envie de se voir clouer à la falaise et choir de plusieurs mètres. Impossible de forcer le passage, et les fontes des chameaux ne contenaient aucune arme. Antho avait cherché.

— Sortez ! cria une voix. Vous êtes déjà mortes.

Ulysse et sa sœur étaient arrivés à une conclusion identique. Ils échangèrent un long regard et s'avancèrent, déterminés.

Maintenant qu'elle le pouvait, Antho scrutait les visages. Cette alliance de ses sœurs avec les mi-cuites la dégoûtait.

Risquant son va-tout, elle détala vers le cercle de pierres. L'effet de surprise lui permit de renverser la semeuse qui lui faisait face. Elle accélérait encore quand un sifflement inconnu zonzonna dans son dos. La terreur de prendre une flèche lui fit faire un écart puis un autre, mais le ronronnement s'accentua. Antho n'avait pas fait dix mètres qu'un lasso se referma autour de sa taille et de ses bras. D'un mouvement sec, la semeuse la jeta au sol. Quand sa pommette heurta la roche, des étoiles noires constellèrent l'intérieur de ses paupières. Le souffle coupé par l'impact, elle suffoquait. La semeuse au lasso la retourna du pied.

— Respire !

L'air qui s'engouffra dans ses poumons carencés lui parut magique, juste avant que la bile ne lui poisse le palais. *Est-ce ainsi qu'elles chassent ?* Mais elle connaissait la réponse...

On lui entrava les poignets et les chevilles avant de la relever.

Sa geôlière jeta un regard malveillant vers Ulysse et cracha :

— Tu traînes avec des animaux, tu seras traitée comme telle.

L'arrivée de Magda lui épargna un coup supplémentaire. La borgne se planta devant Ulysse.

— En voilà un qui se porte à merveille pour un mort !

Olympe les rejoignit. Elle maintenait Alex contre sa poitrine d'une clef de bras musclée qui laissait présager de sombres perspectives.

— Allons-nous-en ! ordonna Magda.

— Et les autres ? chuchota Olympe, attentive à ne pas remettre son autorité en doute.

— La résurrection de celui-ci change la donne.

Une fois les prisonniers juchés sur leurs chameaux et solidement attachés à leurs selles, chasseresses et semeuses lancèrent leur caravane atypique vers la Cité Ocre sans se soucier ni de la chaleur ni de la lumière réverbérées par l'implacable miroir de sel.

— Elles sont parties !

Les fuyards encadrés par trois adultes quittèrent leur refuge.

— Nous n'avons pas le temps de vous aider à enterrer les morts, Peter, plaida Ibrahim. Tu t'en sortiras ?

L'adolescent hocha la tête pour masquer son chagrin.

— Tu sais retourner auprès des vôtres ?

Second acquiescement silencieux.

Meriem lui pressa l'épaule tandis qu'Ibrahim serrait chaque petit contre lui.

Syahgosh les retrouva alors qu'ils s'engageaient sur l'étendue blanche, juchés sur un chameau cédé par Peter. Le caracal arborait une vilaine plaie à l'épaule mais refusait de se laisser approcher. Meriem espéra qu'il pourrait les suivre. Ils levèrent la main en signe d'adieu et se tapirent dans leurs foulards pour affronter la lumière ahurissante et les tourbillons de sel qui s'agitaient entre les pattes de leur monture.

XXIII – RETOUR DE BÂTON

RIM BÉNISSAIT L'EFFICACITÉ DU XXIe siècle quoique, malgré ses refus, le jeune docteur n'en ait fait qu'à sa tête avec les bandages. *Tu n'aurais pas pu le lui expliquer de toute façon.*

Calée sur son lit de papier craquant, elle savourait ce répit. Son bras ne la faisait plus souffrir, l'infection n'était qu'un mauvais souvenir et la perspective du pansement arraché par le saut, un détail.

En revanche, on lui avait pris sa tenue magique et elle n'avait aucune idée de l'endroit où la trouver. Elle avait fouillé le dispensaire jusqu'aux tréfonds répugnants des poubelles et, maintenant, il fallait se décider.

La doctoresse apporta un nouveau cachet au moment où elle se rasseyait sur son lit. Le pli qui incrustait les sourcils de la femme s'accentuait à chaque visite. *File avant qu'elle ne prenne ton avenir en main « pour ton bien »*, murmura son petit doigt.

Elle souffla par réflexe sur la chose qui lui arpentait le nez, sentit l'animal tomber dans le sable, ouvrit les yeux, tétanisée. Un énorme scorpion gambadait à dix centimètres de son visage. Accessoirement, elle était allongée en plein désert, à poil.

Focalisée sur sa peur, elle s'écarta à pas de loup de la menace et du caillou qui lui entrait dans les côtes.

J'ai sauté. Sans doute les médocs.

En attendant, ce retour à la case départ au milieu de la nuit n'avait rien de réjouissant. Elle n'avait rien sur le dos et il faisait un froid polaire.

D'après ses souvenirs, elle avait passé au moins une journée et une partie de la nuit à délirer dans les bras d'Alex. Elle scruta les alentours, mais les chameaux n'avaient laissé aucune trace sur le sol appauvri. Ibrahim et Ulysse y avaient veillé, sans doute.

La jeune femme serra ses bras hérissés de chair de poule autour de sa poitrine, observa sa plaie débarrassée du pansement. Le médecin avait fait du bon boulot, mais les sutures n'avaient pas résisté non plus. Maintenant, il fallait qu'elle avance un maximum avant que le soleil ne se lève. Quant à ce qu'elle ferait après, sans eau et nue comme un ver… autant ne pas y penser.

Quand Rim se réveilla pour la seconde fois, sa peau lui cuisait à un point inimaginable et des voix assourdies par le vent discutaient non loin, sans qu'elle en saisisse un mot. Elle avait dû perdre connaissance après tous ces kilomètres pieds nus. Elle voulut prendre appui sur ses jambes pour se lever. Rien ne répondit. L'adrénaline et la peur lui fouettèrent si bien les sens qu'elle retrouva sa lucidité d'un seul coup et, avec elle, l'ouïe.

— Tu vois, on avait raison de les suivre de loin. Rien que pour ramasser ce qui traîne, ça valait l'coup, ricanait une voix.

— Et si c'est une des leurs ? On vend des hommes, j'te signale, pas des gonzesses. Tu veux qu'on en fasse quoi ?

— « J'te signale » qu'il y en a qui crachent pas sur les nanas. Au pire on la fourgue comme esclave. Chais pas moi, à Dour ou à Cordoba. Y a de la place sur le char, t'façon. C'est quoi le problème ? On la marque et basta.

— Et si c'est une sorcière ?

— Ben on dira qu'on n'avait qu'ça pour cautériser c'te vilaine plaie.

La claque qui s'abattit sur son bras pour ponctuer la tirade fit gémir Rim, et un masque surmonté d'un teint de brique lui boucha la vue.

— Il m'semblait bien que t'écoutais aux portes, toi ! Alors, tu sors d'où ?

L'esprit de Rim turbinait à fond. Que pouvait-elle se permettre de dire aux semeuses ? Revendiquer son appartenance au convent était la garantie de finir entre les pattes de l'Ordre, mais nier la menait droit vers l'inconnu et, une fois esclave, comment regagner la Cité Ocre. À moins que…

— Je suis de Samara. Je crois que j'ai eu un problème au retour de mon prime saut.

L'œil de la semeuse s'enrichit d'une vilaine lueur quand elle tapota le masque sous lequel se trouvait son nez.

— Tu mens...

Puis elle se tourna vers les deux autres.

— On la marque ! Soit elle dit vrai, on obtient une rançon au convent de la Cité Ocre et les trifouilleuses se chargeront bien de la réexpédier à Samara. Soit elle n'est pas celle qu'elle prétend et on pourra la vendre au marché aux esclaves le plus proche.

L'impuissance de Rim la rendait dingue, mais elle était si bien ligotée qu'elle pouvait à peine remuer. Avant qu'elle n'ait pu trouver une parade, la cheffe tira de son cuir un tube métallique gros et long comme trois doigts. Interloquée, elle cessa de s'agiter et son immobilité soudaine fit ricaner ses ravisseuses.

— R'gad-moi ça. Un vrai lapin d'six s'maines pour qu'elle se calme quand on dégaine le sceau.

La meneuse lui colla l'extrémité du cylindre sous le nez et Rim loucha pour distinguer ce qu'il représentait.

Le disque d'environ trois centimètres de diamètre figurait une silhouette ciselée de trois quarts dos coiffée d'un drôle de bonnet. Cheveux et toge au vent, la femme portait sous le bras gauche une lourde besace et tendait le poing droit au-dessus d'une terre encore vierge, sur fond de soleil... *levant ou couchant ?*

Rim fronça les sourcils, ce qui redoubla l'hilarité des semeuses.

— Elle a pas l'électricité à tous les étages, ou quoi ?

La cheffe tourna une bague sur le corps du tube. En une minute à peine, le disque se mit à rougeoyer, évoquant à Rim une obscure invention étudiée lors d'une partie de Destination... *Allume-cigare*, exhuma sa mémoire tandis que son cœur s'affolait à la perspective de l'usage que la mi-cuite comptait en faire.

— Attends... On dirait qu'elle percute, finalement.

— C'est notre sceau, expliqua la cheffe sous son masque fripé par le soleil. La p'tite dame, dans sa toge, là, elle sème. Tu piges ?

J'ai déjà vu ce symbole. Soudain, la lumière perça ses pensées évaporées. Entre onze et quatorze ans, toutes les novices se familiarisaient avec les monnaies de pays et d'époques diverses. Elles « achetaient » leur nourriture au réfectoire, « payaient » leurs vêtements, leur eau ou leur savon. Certaines monnayaient même les corvées, leurs connaissances ou les tours de garde. Le disque incandescent que la semeuse lui agitait sous les yeux était une pièce de cinq francs en circulation au XXe siècle.

La compréhension soudaine de ce qui l'attendait lui trempa instantanément le dos. Les gouttes ruisselaient sur ses fesses vers le creux de ses genoux. Une ligne salée dévala ses sourcils. Elle mourait d'envie de s'essuyer le nez sur l'épaule, mais un geste de sa part risquait de précipiter le cauchemar, et elle savait d'avance que supplier ne servirait à rien.

La cheffe cueillit la sueur qui lui perlait au bout du nez.

— On dirait qu'elle est pas si bête, en fin d'compte.

Et le tube s'abattit sur son bras.

En deux applications de trois secondes chacune, la semeuse plaqua le sceau brûlant sur les lèvres de sa plaie.

Son propre hurlement lui déchira la gorge et les tympans et, quand ce fut fini, elle ne songea même pas à essuyer la morve et les larmes qui lui engluaient le visage.

Sans attendre qu'elle reprenne ses esprits, l'une des deux femmes lui fit avaler un gobelet d'eau puis elles la couvrirent d'un mauvais morceau d'indigo et la transportèrent, solidement ligotée, à l'arrière d'un char à voile.

La douleur pulsait un chahut sauvage sous sa chair brûlée au fer rouge. En baissant les yeux, Rim ne distinguait rien de la semeuse de cinq francs mais elle comprenait que le chou-fleur qu'elle portait désormais sur le bras était le symbole des trafiquantes d'êtres humains.

La vitesse des chars à voile était grisante et ces femmes les conduisaient avec une aisance et une audace qui auraient fait pâlir d'envie les chasseresses les plus téméraires, mais Rim était trop abattue et elle avait trop mal. Le vent et le sable lui cinglaient le visage, et elle saisit enfin l'utilité des masques et des lunettes dont on s'était abstenu de l'équiper.

Pendant les premières heures, elle crut que les roues allaient se briser sur chaque pierre. Elle l'espérait même, mais les pilotes connaissaient leur affaire, et Rim endura les cahots en essayant de ne pas céder au découragement. Il fallait qu'elle se libère avant d'arriver au convent.

Pour lutter contre la fatigue, elle étudia le fonctionnement des chars, la manière dont les conductrices jouaient des vents, mains à la voile et pieds à la barre. Elle finit par s'endormir, épuisée.

Le lendemain, à l'aube, elle aperçut le dôme bleu. Au moins, elle serait en terrain connu. *Mon unique atout.*

Les semeuses entrèrent dans la cité par la porte du Barrio. Elles traînaient leur prisonnière au bout d'une corde sur laquelle la cheffe tirait à intervalles réguliers, histoire de lui rappeler son emprise.

Au prétexte de découvrir une ville inconnue, Rim jetait des regards de tous les côtés dans l'espoir d'apercevoir un visage ami, mais il n'y avait jamais personne ici, d'aussi bon matin. Pas un p'tit chat dans les soupiraux, pas un seul lieutenant d'Ibrahim. La panique montait. Il ne fallait surtout pas qu'elle soit enfermée avant d'avoir attiré l'attention. Elle se mit à traîner les pieds, ce qui lui valut une bourrade.

— Avance ! Y a pas que toi qu'es fatiguée.

Rim fit quelques pas sous la contrainte. La corde lui sciait la peau. N'importe quoi pour gagner du temps, se faire remarquer. Une rue plus loin, elle s'affaissa.

— Lève-toi !

Un coup de botte la cueillit au ventre, mais elle tint bon.

Elle s'était effondrée devant un soupirail du Passage des Chats. Avec un peu de chance, un gosse faisait le guet ou dormait dessous.

— Allez, debout !

Au second coup de pied, elle hurla de toutes ses forces. La mèche du fouet qui claqua juste à côté de sa chair vulnérable lui fit ravaler le cri suivant.

— J'ai pas envie de t'abîmer, chérie, mais soit tu bouges et tu la fermes, soit tu prends un ramponneau, pigé ?

— Soif.

La jeune fille se mit à quatre pattes aussi lentement qu'elle le pouvait sans déclencher la fureur de sa ravisseuse. Le désespoir la gagnait.

Elle jeta un dernier regard au soupirail et dut faire un effort pour masquer son soulagement quand elle reconnut la bouille crasseuse plantée d'yeux vifs.

— E-NO-RA, articula-t-elle en silence.

Chaïm fit signe qu'il avait compris et disparut.

Pourvu qu'il nous suive avant d'aller la chercher.

— On n'est plus très loin. T'auras à boire en arrivant, comme tout le monde ! Avance.

Chaïm n'eut que quelques mètres à parcourir pour trouver Bachir et Elisha.

— Secouez-vous, les razibus, on s'fait de la mi-cuite au p'tit-déj !

Les enfants perdus du Barrio haïssaient les semeuses à hauteur de la terreur qu'elles leur inspiraient. Conscients du sort qui les guettait à l'adolescence, ils étaient toujours ravis de leur nuire.

Chaïm les lâcha sur la piste de Rim et courut de toute la force de ses jambes jusqu'à la boutique d'Enora.

La cheffe n'avait pas menti. Elles n'étaient plus très loin, si bien que les deux chatons identifièrent le bordel où les mi-cuites faisaient escale en un temps record.

Quand ils entrèrent, fiers et tout essoufflés, chez Enora, l'apothicaire avait déjà rameuté les cinq meilleurs lieutenants d'Ibrahim, anciens étalons pour la plupart ; de ceux qui avaient donné du fil à retordre à Antho pendant ses entraînements.

Chaïm, Bachir et Elisha suivirent leurs cinq héros jusqu'au bordel. Prudents, mais désireux d'être aux premières loges d'une histoire qui, pour une fois, se terminerait peut-être bien, ils se planquèrent à l'abri du passage pour assister au spectacle.

Au grand désespoir des gamins, l'affrontement se déroula à l'intérieur, poussant le suspense à son degré le plus insupportable puisqu'ils n'avaient que les bruits assourdis de casse et de coups pour en deviner l'issue. Un fouet claquait de temps en temps, mais l'essentiel du combat se déroulait à mains nues, en silence.

Tous sens aux aguets, ils se disputaient la vue du soupirail comme les chatons qu'ils étaient.

Enfin, les trois mi-cuites furent jetées dans la rue. La réputation des séides d'Ibrahim n'était pas usurpée, mais ils étaient bien abîmés. Les semeuses se défendaient comme des tigresses.

— Tu crois qu'ils vont les tuer ?

— La ferme, Elisha, on n'entend rien.

Les mômes applaudirent de soulagement quand, enfin, les trois femmes furent encerclées et désarmées. Le plus imposant des cinq les dominait de toute sa taille. Il cracha à leurs pieds et fit claquer le fouet dont il avait dépouillé sa propriétaire.

— Je ne sais pas ce qui me retient de vous tuer. Maintenant, disparaissez et ne remettez jamais les pieds ici.

La cheffe voulut lui tenir tête, mais il lui fit mordre la poussière avec une facilité effrayante.

— Cassez-vous ! C'est bientôt l'heure de la première rotation et, si les étalons vous trouvent ici, personne les empêchera de vous lyncher.

Lorsqu'elles détalèrent sans demander leur reste, des hurlements de joie s'élevèrent du Passage des Chats, immédiatement suivis d'une bordée d'insultes qui firent rire les hommes aux éclats. Enfin, le plus grand rentra dans la maison pour en ressortir avec Rim.

— Je sais pas ce qu'elles ont noyé dans sa flotte, mais c'est du costaud. Regarde-moi ça, elle est toute flagada.

— Sans doute la même mixture que celle dont elles nous assomment, conclut un autre, fataliste.

Rim mit plus de deux heures à reprendre connaissance. Quand elle ouvrit enfin les yeux, elle détailla le turban impeccable et le ventre énorme de sa sauveuse avant d'admettre sa bonne fortune.

— Merci, Enora !

— Quelles nouvelles ? la pressa l'apothicaire.

— À toi de me le dire ! La fièvre m'a fait sauter il y a trois jours environ.

Elle désigna son bras bandé.

— Merci pour tout, vraiment ! Tu pourras transmettre à Chaïm et aux autres ?

— Ne t'inquiète pas, tu auras l'occasion de le faire.

— Chuis là ! claironna le gamin.

— Merci, Chaïm. Je t'en dois une !

Heureux qu'elle l'appelle par son prénom, il rayonnait autant qu'Enora s'était assombrie.

— Hormis ton sauvetage, les nouvelles ne sont pas bonnes. On a vu partir un groupe de chasseresses et de semeuses aux trousses de votre caravane et depuis, rien.

Elle caressa machinalement son ventre qui se déformait sous les coups de son bébé.

— Elles ne sont pas encore revenues. Moi, Bachir et Elisha, on guette.

— Je vais vous aider.

Enora posa les deux mains sur son bébé pour le calmer.

— Saïd vous laissera à manger et à boire dans son arrière-cour. Glissez vos messages sous ma porte. Au besoin, je ferai déposer les miens dans une niche de son mur. Celle qui est marquée d'un pochoir scarabée, à gauche des figuiers de barbarie. Il y a un carré d'indigo décent dans la salle de bains, Rim. Soyez mes yeux et mes oreilles, car ce qui se murmure ne laisse rien présager de bon.

Rim et les p'tits chats passèrent le reste de la journée à traîner dans les rues. La tempête qui se préparait était sur toutes les langues, volant la vedette aux chasseresses et aux racontars déjà éventés sur l'épouvantable meute mécanique, mais personne ne parlait du retour de la caravane.

Quand la jeune fille s'endormit, elle pria pour qu'Alex et les autres aillent bien. Les derniers mois lui avaient fait trop bien comprendre ce qui différenciait la théorie du réel.

La montagne de poussière et de sable ondoyait avec une régularité terrifiante. Où qu'ils portent le regard, le nuage de plusieurs dizaines de mètres de haut se ruait dans leur direction et Ibrahim aurait volontiers affirmé qu'un tel maelström en mesurait même plusieurs centaines si la platitude de la sebkha ne l'avait pas fait douter de ses perceptions. Signe qu'ils n'y échapperaient pas, la masse tempétueuse força Syahgosh à se rapprocher.

Quand le chameau se coucha de lui-même, Meriem et Ibrahim sacrifièrent l'eau pour humidifier des foulards qu'ils nouèrent sur leurs visages. Résignés et tremblants de peur, ils s'assirent à l'abri de l'animal et se couvrirent d'une toile pour se protéger.

Sissi se faufila contre eux quand la catastrophe s'abattit.

Pour contrer les sifflements de l'ouragan, la plus vieille semeuse hurla :

— Impossible de l'éviter ! Utilisez les chameaux.

Les trois bêtes s'étaient déjà couchées contre le vent tandis que les pirates du désert rembobinaient les voiles et arrimaient leurs chars dématés.

Un regard avait suffi aux trois prisonniers pour renoncer à s'échapper. Du pur suicide.

— Ça vous tuerait de nous donner de quoi nous protéger ? cria Antho. Sinon, ce n'était pas la peine de nous garder en vie !

Magda rabroua Olympe.

— Secoue-toi !

Quand enfin, on leur couvrit les voies respiratoires, Ulysse, Alex et Antho avaient avalé plus que leur content de sable et toussaient à s'en déchirer les poumons.

— Si on a moins de valeur que leurs chars, c'est mal barré, cria Ulysse.

La vague s'abattit sur les humains blottis les uns contre les autres. Malgré les visages dans les bras et les yeux résolument fermés, des particules râpeuses s'insinuaient dans leurs oreilles et jusque sous leurs paupières. Une version plausible de l'enfer.

Sur le chameau qui les avait portés jusqu'à la cité, Ulysse s'agitait comme un possédé dans le dos d'Antho.

— Mais qu'est-ce que tu fabriques ? grogna-t-elle.

— J'essaie d'ôter ce foutu foulard pour qu'on me reconnaisse. Et tu ferais bien de m'imiter. Regarde, Alex a eu la même idée.

Leurs mains attachées ne facilitaient pas la tâche, mais ils y parvinrent en doublant la porte du Barrio.

Après une nuit et une demi-journée d'attente, Rim et les trois gamins virent enfin le retour de la caravane.

— Ben, elles font moins les fières ! ricana Bachir.

Ce qui résumait assez bien l'allure défaite de la colonne.

— La tempête a pris tous les chevaux, s'exclama Elisha.

— Je ne crois pas, contra Rim. Elles ont voyagé sur les chars des semeuses. Elles ont dû les garer sous les remparts.

Rim scrutait les passagers de tous ses yeux. La tempête avait marqué prisonniers et ravisseuses sans distinction, mais elle se fichait de leur aspect. Elle avait beau compter et recompter, il en manquait deux. *Ibrahim et Meriem sont-ils morts ? En cavale ?*

Ses cheveux se hérissèrent sur sa nuque quand elle reconnut Alex sous un masque encroûté de sang séché. Devant lui, Olympe dirigeait leur monture avec une morgue qui ne pouvait dissimuler sa satisfaction. Sur un autre chameau, deux semeuses se tortillaient, mal à l'aise d'être juchées sur des bêtes plutôt qu'aux commandes de leurs chars. Le troisième animal portait Ulysse et Antho, droits et fiers. En ce milieu de journée, le Barrio commençait à se remplir, mais les passantes, animées d'une saine prudence, s'écartaient à l'approche des chasseresses et de leurs alliées.

Rim griffonna un message.

— Cours glisser ça à Enora, s'il te plaît, Chaïm. Et surtout, surtout, ne te fais pas prendre.

L'enfant détala, heureux de se dégourdir les jambes après tout ce temps rencogné dans un tunnel à scruter la rue par un soupirail.

Bien que Tidiane sache que la tempête n'avait rien à voir avec le séisme, ses difficultés respiratoires ternissaient dangereusement son humeur et, depuis deux jours, la vieille matriarche pestait sans relâche contre la poussière et le coût exorbitant de ce virage politique avec les semeuses, qu'elle aurait aimé plus discret.

Il faudrait des heures avant que les particules de l'ouragan ne retombent tout à fait, mais malgré l'insistance d'Iseult, elle refusait de se ridiculiser en portant un masque. Elle froissa une note : pois chiches, kernza, arachides et sorgho étaient presque anéantis.

— Apporte-moi l'état des lieux des réserves puis va inspecter le zaï, ordonna-t-elle finalement à Imogène.

Dès que la porte se referma, Tidiane laissa libre cours à sa colère et frappa le bureau du poing.

— Ce n'est pas bon pour tes articulations, ma sœur, susurra Iseult.

La matriarche tressaillit. Tapie dans l'un des deux fauteuils, sa vieille complice avait encore réussi à se faire oublier.

— Toujours pas de nouvelles de Magda ?

Iseult ne répondit pas.

— Tout est prêt pour leur retour ?

La minuscule bonne femme campa sur son silence. Son amie de toujours le savait très bien.

Rim faisait les cent pas dans l'arrière-cour de Saïd en partageant ses angoisses avec Bachir et Elisha.

— Pourvu que Chaïm revienne vite ! Vous avez vu la tête d'Alex ? Et si Ibrahim et Meriem étaient morts ?

— Mais nous sommes bien vivants, jeune gazelle.

— Ibrahim ! Meriem ! Où vous étiez passés ? Comment vous leur avez échappé ? Alex est blessé.

Ibrahim ébouriffa sa tignasse déjà emmêlée avant qu'elle ne déverse un second tombereau de questions.

— Content de te retrouver aussi. Chaïm est arrivé en même temps que nous chez Enora.

— Et on a ramené Sissi. Elle a sauvé la vie d'Antho.

Couché non loin des jarres de bière, le familier léchait une plaie encroûtée de sable.

— Enora m'a raconté tes exploits. Bravo, Chaïm !

L'enfant sourit de plaisir et de fierté.

— Et j'ai Bachir et Elisha avec moi, capitaine !

— Capitaine, maintenant ?

Mais le sourire éblouissant d'Ibrahim démentait sa réticence.

— C'est mieux que prince, je trouve, expliqua le gamin. Et pis ça sonne pas que pour les filles.

Rim s'approcha à croupetons du caracal.

— Laisse-moi regarder, ma belle...

Sissi leva brièvement les yeux puis se remit à son impossible toilette. Tandis que les autres se raidissaient, la jeune fille examina la plaie, grattouilla le fauve puis recula.

— C'est profond. Je vais nettoyer et ça guérira tout seul. De toute façon, sans Antho, impossible de la recoudre. Et après ce qui s'est passé dans la cellule, elle n'avalera jamais de pavot.

La mention de la biotaniste assombrit Ibrahim.

— Rentrons. Et cachez vos visages. Moins les sœurs en sauront, mieux cela vaudra. Nous avons besoin d'avantages. Compris, Chaïm ? Pas un mot sur notre retour pour l'instant.

L'enfant haussa dédaigneusement les épaules, mais plaqua sa main contre son ventre.

— Chuis pas une balance, capitaine.

— Je sais.

Depuis un nombre d'heures impossible à déterminer, Alex, Ulysse et Antho marinaient dans le noir sans pouvoir mesurer le temps. Et la faim, la soif surtout, les harcelaient quand ce n'étaient pas les démangeaisons provoquées par le sel et les résidus de la tempête ou leur vessie. Antho se creusait la tête, écoutait de toutes ses oreilles sans deviner où se trouvaient les cachots, ce qui la rendait folle. Elle n'avait jamais eu vent de leur existence alors qu'elle pensait connaître le convent sur le bout des doigts ! Elle secoua ses chaînes.

— Bande de chacals !

Elle souffla une fois de plus dans le tube qui lui servait à appeler Sissi. Au moins, elle avait l'impression de tenter quelque chose.

— Tu as tes piques à cheveux ? demanda Ulysse. On pourrait crocheter les serrures…

— Magda les a prises. Elle me connaît trop bien…

— Au moins, il fait frais, chuchota Alex, qui s'engouffrait dans chaque prétexte susceptible de repousser ses angoisses.

Ils étaient attachés aux chevilles et aux poignets par des fers datant de l'esclavage, à ceci près que leur excellent état témoignait d'un usage régulier.

— Une idée de ce qu'elles veulent ? Je ne suis pas sûr de résister, confessa piteusement Alex après un autre interminable silence.

— Personne ne le peut, assura Antho, la voix rauque de certitude. Ce n'est jamais qu'une question de temps. Trouve-toi des pensées heureuses et tente de les garder à l'esprit le plus longtemps possible. C'est tout ce que je peux te conseiller.

Comme si elle avait attendu ces mots, la porte s'ouvrit sans grincer.

Lavées, reposées et restaurées après leur équipée, Olympe et Magda avaient pris les ordres de leur matriarche.

— Vous vous débrouillez comme vous voulez, mais IL-EST-HORS-DE-QUESTION qu'Anthoïna dorme. Est-ce clair ? martela Tidiane entre chaque syllabe.

— Limpide, répliqua Olympe.

— Pas plus qu'elle ne doit s'évanouir, compléta Iseult qui disparaissait dans les profondeurs de son fauteuil.

Le sursaut des chasseresses fit ricaner la vieille biotaniste qui désigna la trappe à ses pieds.

— Allez-y, dit-elle en accompagnant l'injonction de son agaçant mouvement de balayette.

Les prisonnières se turent pendant qu'Olympe accrochait une lanterne au plafond rien que pour les voir sonder l'épaisseur des murs.

— Vous pouvez crier tout votre soûl…

— Qu'est-ce que vous voulez ? abrégea Anthoïna, que ce petit jeu insupportait.

— D'abord…

La chasseresse tendit les chaînes d'Ulysse et d'Alex qui se retrouvèrent pendus par les bras, les pieds touchant à peine le sol.

— D'abord, disais-je, prouver que notre chère sœur n'en est pas une.

Elle déboutonna lentement la tenue d'Alex et, comme il se rebiffait, arracha le vêtement d'un coup sec, exposant ainsi l'entrejambe du jeune homme humilié et incapable de se couvrir.

— Et voici donc le sexe véritable de notre sœur, triompha-t-elle.

— Magda…, tenta Anthoïna. Ne la laisse pas faire, s'il te plaît.

— C'est beau, l'amour. Ça exacerbe ma créativité ! Et c'est aussi un truc qui semble en pousser certaines à trahir leurs sœurs et leur convent, gronda-t-elle. Souvent, je me dis que ça devrait être interdit.

Derrière ses tresses, la borgne n'esquissa pas un mouvement quand Olympe gifla Antho du dos de la main.

Tant de véhémence tétanisait Ulysse et Alex. Plus un seul maillon ne cliquetait sur leurs chaînes.

— Alors ? Pourquoi faire passer Ulysse pour mort ?

Anthoïna reçut une seconde taloche qui tenait moins de la gifle que du coup de poing, puis la jeune femme reporta son attention sur le conteur dont elle tapota la joue râpeuse.

— À nous deux, monsieur l'isocrate. Et, quand on en aura fini, rappelle-moi de remercier celle qui a rasé ton horrible moustache. Ça te donne tout de même l'air plus convenable.

— Abrège ! provoqua Anthoïna.

— Regarde, faible créature. C'est beau les principes, mais ta femme essaie quand même d'attirer mon attention pour te protéger.

Alex faillit ouvrit la bouche, mais Antho le fit taire d'un regard impérieux.

— Qu'êtes-vous allés chercher dans la sebkha ?

— Mais il suffisait de demander ! Il faut être sage pour avoir une histoire, et tu ne la mérites pas. Mais je vais te le dire quand même.

Il chuchota :

— Nous sommes allés écouter un conte. *Belle et Beau dormant*, si tu veux tout savoir ! Après tout, c'est mon métier.

— Avec toute une caravane... Ça fait cher le conte, rétorqua la jeune femme, que cette franchise déstabilisait.

— Par passion, on ne compte pas...

— Qui étaient ces gens, sur l'île ?

— Il aurait peut-être fallu le leur demander *avant* de les embrocher comme des insectes, s'insurgea Anthoïna. Assassiner des enfants et un vieillard. Quel courage !

Magda bloqua le bras que levait la jeune chasseresse pour corriger tant d'insolence.

— Pas d'évanouissement ! Bien tenté, ma sœur.

— Elles se servent de toi, Olympe, cria encore la sœur. Elles abusent de ta colère pour te faire faire le sale boulot. Tu penses vraiment que tu t'es échappée seule des geôles nornes ?

Mais la poigne de Magda avait allumé une autre réminiscence. Olympe n'écoutait plus. Elle se revoyait, l'année de ses treize ans, le jour où mère l'avait traînée au cachot pour qu'elle assiste à la correction d'un ouvrier coupable de vol. Une fois de plus elle avait tenté de se dérober, en conséquence de quoi sa mère l'avait obligée à administrer le châtiment elle-même.

À cheval sur sa mémoire, elle décrocha le fouet pendu au mur.

— Et si ça me plaisait de faire le sale boulot ? crâna-t-elle. Voyons voir...

Les reliefs du manche étaient familiers dans sa paume. Elle fit sinuer la mèche sur le sable qui absorbait si bien la saleté du lieu.

— Tu tournes autour du pot...

Olympe leva l'index.

— Tais-toi ! Voyons... Je ne peux pas t'assommer, il ne faudrait pas que tu files...

Elle brandit le pouce.

— Donc si je ne peux pas me défouler sur toi, je vais cabosser celui qui t'est cher..., conclut-elle en dépliant le majeur.

Antho jeta un regard implorant à Magda.

— Après tout ce que j'ai fait pour toi...

Adossée contre le mur, la chasseresse respirait avec peine.

Encore à moitié immergée dans le souvenir de sa mère, Olympe lui lança le fouet avec un rire mauvais.

— Une petite faiblesse, Magda ?

Mot pour mot ce que lui avait dit mère, réalisa-t-elle avant que sa mentor ne la plaque au mur.

— Tu t'égares, ma sœur. Fais ton office et garde ton fiel pour tes prisonnières.

Antho tremblait de rage. Elle savait la répulsion de la borgne pour le fouet. *Œil pour œil…* L'occasion était trop belle. Elle s'engouffra dans la brèche.

— Je suis certaine que tu t'es toujours demandé comment cette pauvre Magdalène avait perdu son œil…

— Tais-toi ! aboya Magda.

— Ou quoi ? Tu devrais m'assommer…

— Ou te tuer…

— … sinon je livre ton secret.

Anthoïna marqua une pause pour lui laisser le temps de changer d'avis. Peine perdue.

— Notre chère Magdalène… a eu l'insigne honneur d'arpenter les cales d'un négrier.

Elle avait beau être préparée, l'aveu public de son calvaire la replongeait dans le cauchemar qu'elle s'évertuait à fuir. Horrifiée par la vague de souvenirs refoulés, elle ne songea même pas à bâillonner celle qui l'avait réparée après le fiasco de son prime saut au cours duquel une mèche perdue avait suffi pour qu'elle y laisse un œil.

La borgne revint dans la geôle alors qu'Antho achevait un récit qu'elle n'avait pas écouté.

— Celui qui l'a abîmée a payé, mais comme elle n'avait plus aucune valeur, le capitaine l'a donnée aux matelots.

Le silence navré fut pire que tout ce qu'elle avait imaginé.

Magda sortit en claquant la porte, aussitôt rouverte par Iseult.

— Ne me dis pas que tu te commets avec ces fanatiques, Iseult ? Pas toi !

— Laquelle de nous deux se commet-elle, ma sœur ? demanda suavement la vieille femme. Réfléchis bien à cette question. Olympe meurt d'envie de tâter du fouet la peau de ton conteur, et je suis bien trop petite pour l'en empêcher, n'est-ce pas ?

— C'est le secret du tissu magique, que tu veux ?

— Regarde, minauda Iseult. Notre irréductible et radicale biotaniste s'attendrit.

— Ne te laisse pas conseiller par la frustration et la rancœur, tenta Antho. Elles te manipulent ! Tu as été classée en ZI... Ou peut-être n'as-tu pas pu filer, mais t'es-tu demandé si la potion qu'on t'avait donnée ne t'en avait pas empêchée ? Tidiane a besoin de chasseresses, pas d'arpenteuses. Pourquoi crois-tu t'être si facilement enfuie de ta prison ? Pourquoi t'ont-elles envoyée dans la gueule du loup ? Tu n'as *aucune* de valeur aux yeux de l'Ordre. Pas plus qu'à ceux des nornes. Un pion. C'est tout ce que tu représentes.

Déstabilisée, Olympe jeta un regard aigu à la vieille femme.

« Ne laisse jamais personne semer le doute dans ton esprit... » murmura sa mère dans un recoin de sa tête.

Sans prévenir, Olympe asséna le premier coup de fouet.

Le cri d'Ulysse déchira le silence, et sa sœur se recroquevilla de honte et de colère dans le mou de ses entraves.

— Enlève-lui le haut, indiqua obligeamment Iseult. Ça réduira les risques d'infection. Tu travailleras mieux et il durera plus longtemps si le tissu ne s'incruste pas.

La jeune femme s'exécuta, les sourcils de plus en plus froncés à mesure qu'elle déchiffrait le tatouage, sur le dos de sa victime. Quand elle jeta un peu d'eau pour rincer le sang qui l'empêchait d'identifier formellement le visage, Alex laissa échapper un hoquet de surprise et Antho baissa la tête, vaincue.

— Tiens, tiens ! Qu'est-ce que je disais sur l'amour ? Une femme dans chaque oasis, on dirait ?

Les traits crispés de souffrance, Ulysse cracha :

— Tu es décidément trop conne.

En représailles, le fouet chuinta une seconde fois.

— Tu oublies qui a le pouvoir, conteur ! Tu es un âne.

— Attends, ne l'abîme pas trop ! ordonna Iseult qui ne parlait pas d'Ulysse, mais du dessin.

Elle clopina pour regarder le portrait de plus près.

— Je connais ce visage... Maudits yeux. Approche la lanterne, petite. Allez !

Iseult fit pivoter Ulysse qui pendait au bout de ses chaînes comme un rôti, et Antho ferma les paupières sur sa défaite imminente. Au moins, l'interlude laissait son frère respirer.

— Par la déesse ! Meriem ! Que fais-tu avec le portrait d'une renégate tatoué dans le dos, conteur ? Olympe, va chercher Tidiane !

À l'abri de l'officine d'Enora, les nornes rassemblaient leurs forces autour de leur chef retrouvé.

— Et comment comptes-tu endormir la vigie ? demanda Rim.

— Je ne suis pas capitaine du Barrio pour rien, tout de même !

La lumière ne montait plus jusqu'à ses yeux.

L'Ordre allait payer. Cher.

Il était l'heure.

Les deux minutes qu'il fallut à Tidiane pour les rejoindre poussèrent Antho à reconsidérer la configuration des lieux.

— Quelle imprudence, jeune homme, minauda la matriarche, sentencieuse. Tatouer sur votre dos la preuve de votre attachement, tss-tss ! Ah, les hommes ! Votre romantisme vous perdra.

Alex leva les yeux au ciel, mais Antho lui jeta un regard d'avertissement.

Paumes jointes, index collés sur les lèvres, Tidiane réfléchissait.

— Si j'en crois ma pauvre intuition et les quelques neurones qu'il me reste, ma première conclusion serait que notre fringant colporteur broute à tous les râteliers.

La grivoiserie fit pouffer Iseult.

— Mais...

Elle leva un index tordu et toisa son auditoire.

— … notre isocrate rebelle a des principes. C'est tout le problème de cette engeance, d'ailleurs ! Donc, si notre talentueuse biotaniste n'est pas sa compagne, qui est-elle, Olympe ? À qui tient-on le plus après sa femme ?

— À sa famille ?

— Bien ! Je vois que tu suis. Et quelle sorte de famille notre sémillant colporteur pourrait-il être pour Anthoïna ?

— Son… frère ?

— Et si c'est son frère, il est…

— Non !

— Bien sûr que si ! Cet aimable guignol qui me nargue depuis des années avec ses petites provocations et ses théories révolutionnaires fumeuses est SORCIER !

Tidiane fit face à Antho.

— Je t'ai sous-estimée.

— Je viens moi-même de le découvrir, si ça peut consoler votre ego.

La bravade coûta un troisième coup de fouet à Ulysse.

— Doucement, Olympe ! Ne le tue pas trop vite. Ils n'ont pas répondu à toutes mes questions.

Elle retroussa ses manches.

— Et puisqu'à mon âge, il faut encore que je me salisse les mains, allons-y ! Qu'avez-vous modifié dans le passé pour générer un séisme d'une telle magnitude ? Je vous préviens, je ne me répéterai pas !

— Vous, les sorciers, vous êtes comme le fléau. Nuisibles, funestes et redoutables. Puisqu'on vous doit d'avoir rapporté la maladie, n'est-il pas juste que vous périssiez par le fléau ? Car tel est le nom de ce bel instrument, cria Olympe qui, portée par l'approbation muette de sa supérieure, asséna un quatrième coup sur le portrait de la traîtresse.

Ulysse hurlait moins fort déjà. Il avait la voix trop cassée. Trop mal.

Olympe avait enfin trouvé un exutoire à la mesure de sa colère. À défaut de l'avoir sous la main, elle allait abîmer l'image de celle qui l'avait poussée à se trahir jusqu'à la rendre méconnaissable… ou jusqu'à ce que le sorcier succombe.

— Tu crois vraiment tout ce qu'on te raconte, n'est-ce pas ? balbutia Ulysse. C'est quand même débile cette histoire de fléau.

— Explique-moi ça, *conteur*.

— Critique historique, haleta Ulysse.

Antho prit le relais.

— Comment veux-tu qu'ils aient rapporté une maladie avant laquelle ils étaient incapables de voyager, hein ? Sans compter que les sorciers ne peuvent pas filer seuls. Médite donc là-dessus avant de le frapper encore.

Ce qu'elle ne fit pas, car le portrait sanguinolent la narguait. Elle cribla de deux autres coups le visage de Meriem, avant que Magda ne lui arrache le fléau des mains.

— Tu vas le tuer.

Olympe essuya ses yeux brouillés. *D'où vient cette eau ?*

— Tu enterres ton humanité, répondit Anthoïna à sa question muette.

— Ta gueule !

Elle cloua le bec de l'arrogante d'une droite bien ajustée.

— J'avais dit : PAS d'évanouissement ! tempêta Tidiane.

Mais il était trop tard.

Antho émergea de son saut la mâchoire tuméfiée, une dent déchaussée. Encore sonnée par le coup de poing, elle redoutait d'ouvrir les yeux, mais le froid sur sa peau nue acheva de la convaincre qu'elle était passée. Comme un animal traqué, elle s'accroupit dans l'herbe, à l'affût. Parfaitement immobile, elle stressa une longue minute avant d'expirer doucement. La clairière était déserte. Elle leva les yeux vers le soleil. *Bientôt nuit. Trouver un abri.* La voyageuse se redressa et prit la direction de la masure d'Agnès avec une certitude que les années n'avaient pu altérer.

La charpente argentée par les intempéries évoquait une cage thoracique béante. Elle frissonna d'horreur aux souvenirs ravivés par l'image et poussa la porte dégondée. Rien ne bougea dans la pénombre. Elle survola la pièce unique. Le foin de la couche crevée boursouflait par endroits. Un lambeau de couverture décomposée pendait piteusement. Difficile de déterminer avec certitude si les ustensiles d'argile et de bois avaient été saccagés par des hommes ou les animaux. Les deux, peut-être ? Sa mâchoire pulsait une douleur lancinante.

La ruine ne pouvait l'abriter et elle doutait qu'il y subsiste une quelconque parcelle de nourriture mais comme elle n'avait rien avalé depuis l'île aux baobabs, la faim la poussa tout de même à examiner les rares bocaux intacts.

La cache dans le sol la toisa de son orbite vide. *Ta faiblesse te met en danger.* Renonçant au comestible, elle chercha de quoi se couvrir puis quitta les lieux par la sente qui menait au ruisseau, un pagne moisi pour tout vêtement.

Enfin, désaltérée, elle plongea dans l'eau froide, puis frotta et battit le tissu puant. Le reste de jupon d'Ysabeau partait en lambeaux, mais il était rassurant quoiqu'elle ne puisse se rendre nulle part dans cette tenue.

Elle posa une main tremblante sur son estomac crispé de faim malgré le liquide dont elle s'était remplie. En furetant de taillis en buissons, elle dégusta quelques fraises minuscules, des merises dont l'acidité lui tordit la bouche. Les pommes trop vertes indiquaient la fin du printemps. Enfin, la chance lui sourit et elle goba sans remords trois œufs de cane. Vaguement requinquée, elle poursuivit son chemin. Trouver un abri et se fatiguer assez pour repousser la douleur, la pensée de la geôle, du dos lacéré de son frère. Filer.

Le soulagement d'avoir quitté sa prison le disputait au souvenir de sa lâcheté d'alors. Harcelée par le besoin de réparer ce qu'elle n'avait pu faire pour Agnès et sa fille, elle chercha un refuge contre le noir et l'orage qui menaçait.

Une parcelle jonchée de meules pimpantes lui offrit un abri. Rattrapée par le choc des dernières heures, elle se ménagea un espace dans le foin dont les tiges acérées ravivaient les blessures creusées par les fers et sa culpabilité.

Un renard la réveilla en sursaut. *Merde, la myoclonie !*

Leurs aboiements nocturnes étaient particulièrement sinistres. Même à l'abri, tous ses poils se hérissèrent à écouter ce qui ressemblait aux hurlements d'Ysabeau.

Elle reçut ensuite la visite d'un sanglier qui grommelait. Bien trop près.

Quelques heures plus tard, l'effleurement d'un rongeur contre sa peau nue eut raison de ses derniers remparts et elle fondit en sanglots silencieux, grelottante d'angoisse.

XXIV – OBSCURITÉS

SYAHGOSH TOURNAIT SANS RELÂCHE autour du convent.

Elle n'entendait plus les appels de sa maîtresse.

Trop de murs.

Tant de portes.

Pas d'odeurs.

Elle gronda et reprit son va-et-vient en dépit de son épaule blessée.

Au creux de sa meule, Antho dérivait, méprisée par l'espoir. *Combien de coups Ulysse devra-t-il encore endurer ? Est-il seulement en vie ? Et Rim ? Et mon prince ?* Peu lui importait de mourir de la main de ses sœurs pourvu qu'Ibrahim ne subisse pas le même sort pour la sauver.

Elle avait renoncé. Aucun plan. Trop de victimes. Mais plutôt crever que de laisser quelqu'un payer à sa place une fois de trop.

Quand enfin la myoclonie revint, elle s'y abandonna. Par habitude. Sans conviction. Où se réveillerait-elle ?

La jambe d'Olympe tressautait d'impatience et de frustration. Depuis le malheureux coup de poing qui avait fait filer la biotaniste, elle était consignée dans le réduit de Magda. Le seau d'aisance empestait et il n'y avait pas eu la moindre sonnaille pour la distraire.

La rage lui rongeait les tripes : elle s'était encore laissé manipuler. À croire que tout le monde faisait d'elle ce qu'il voulait : mère, Tidiane, et maintenant cette maudite trifouilleuse ! Au souvenir du regard meurtrier de la matriarche, elle frissonna. *Si je suis pas empoisonnée sous peu, je pourrais m'estimer heureuse !*

L'une des bestioles mécaniques d'Iseult s'avança sur son rail. Sourde. Aveugle. Disciplinée. Les créations de la vieille renarde n'avaient pas l'élégance de celles d'Anthoïna, mais elles étaient efficaces et discrètes. À son image, en somme.

Dire que je me suis interrogée des mois sur l'acheminement de ces messages et la réponse ne me déride même pas... L'envie furieuse d'aplatir la bestiole lui déplia brusquement les doigts. Elle réprima la pulsion avec peine tandis que la petite chose métallique se logeait dans sa case, docile.

Olympe collecta la missive roulée sous les élytres et l'ajouta à la pile de ses semblables après y avoir inscrit la date et l'heure.

Pour tuer le temps, chasser les vilaines similitudes qu'elle voyait entre son cas et les insignifiantes créatures bien huilées, elle referma le poing sur le manche de fouet imaginaire et reprit sa flagellation virtuelle du conteur. Mais le petit jeu était trop désincarné pour l'occuper vraiment. Aucun cri, pas de fluides. Pas d'odeurs ni de sang.

Quand cette maudite biotaniste va-t-elle se décider à rentrer ?

Et si elle ne revenait pas ? s'alarma la petite voix dans sa tête.

— Oh toi, la ferme !

Avoue que tu préfères être coincée là que six pieds sous terre, après une lente et douloureuse agonie à la sauce Iseult.

— …

La sonnaille d'Anthoïna la tira opportunément de son soliloque morbide.

Depuis le départ d'Antho, Alex retenait ses sanglots avec peine.

— Pssst. Ulysse, tu tiens le coup ?

Pas de réponse.

— Ulysse ! S'il te plaît.

Soif. Ça pue la pisse. Il éprouva un regain de honte. *T'as rien. Pleure pas.*

— Ulysse. Réponds, bordel !

Qu'est-ce qu'elles vont me faire ? Pourquoi on est toujours en vie ? Pourvu qu'il respire toujours. Putain, l'état de son dos ! Ce sera quoi après ? C'est où le pire endroit ? Où s'abattra le premier coup ? Ça fera mal comment ? Qu'est-ce que je peux encaisser ?

— Me laisse pas tout seul !

Conscient que cette boucle de questions servait les buts sadiques de l'Ordre, il était néanmoins incapable d'y mettre fin.

— Ulysse, tu peux pas mourir !

Pas tout seul dans le noir avec un cadavre. Un ami. Mort. L'idée remuait une terreur indicible. Même en écarquillant les yeux de toutes ses forces, le jeune homme ne distinguait pas le plus petit soupçon de clarté. *On est forcément sous terre...*

Un mouvement involontaire lui tira un hoquet de douleur. Des heures qu'ils étaient pendus par les bras. Il avait du mal à respirer. Son inquiétude pour Ulysse s'aggrava encore. *S'il s'étouffait ? Je peux même pas le voir ! Elles nous ont laissés dans le noir exprès. Personne ne se salit les mains, très efficace !*

Désespéré, il secoua ses chaînes de toutes ses forces malgré la souffrance que les mouvements désordonnés allumaient dans ses épaules. Juste pour faire du bruit. Mais le cliquetis furieux n'entama pas davantage l'affolant silence.

De guerre lasse, Alex libéra le hurlement de terreur animale qu'il muselait pour éloigner la folie, cria au secours jusqu'à ce que sa voix se brise, que le manque d'air et la soif lui soufflent la raison.

Ibrahim venait de résumer pour Rim : Scorpio, l'attaque et l'abandon nécessaire de leurs compagnons.

— Voilà, tu sais tout, conclut-il d'une voix atone.

La douleur et la culpabilité fanaient leurs yeux, déviaient la courbure de leurs épaules. Ibrahim n'éblouissait plus, Meriem avait perdu son aura fauve. En Rim la gazelle se taisait.

Tous les trois amputés de leur amour, pensa Enora qui tripotait sa boucle scarabée en se faisant aussi petite que son ventre le lui permettait.

Chaïm tira son capitaine par la manche. Le voir si apathique le terrifiait. Pire qu'après le tremblement de terre. Comme il ne réagissait pas, il le secoua si fort que l'homme tatoué baissa sur lui un visage aux yeux morts. Le gamin aurait fait n'importe quoi pour sortir son héros de cet abattement.

— Le pont, souffla l'enfant, persuadé qu'un ouvrage de pierre qui restituait des trésors qu'on n'attendait plus était forcément magique. *Ça avait bien marché sur Anthoïna, le jour où elle lui rafistolait les doigts. Elle brillait comme un bocal de champi quand Ibrahim avait rapporté la tablette.* Chaïm voulait rallumer son capitaine, mais personne ne réagissait.

Même pas Meriem.

Le découragement tourbillonnait entre les coussins du salon, le long des motifs géométriques des nattes, ployait les nuques accablées, mais Chaïm refusait de se laisser contaminer.

Il se leva et quitta ce salon où rôdait la défaite.

— Pisque personne m'écoute, j'irai moi-même tout seul !

Anthoïna cligna des paupières, sidérée d'être dans sa cellule plutôt qu'aux fers comme elle l'avait anticipé. *Et si ma chambre se trouvait juste au-dessus de la prison ?* Incorrigible, son esprit entreprit d'échafauder des hypothèses mais elle le remit au pas en secouant la tête. *Franchement pas le moment.* Si elle s'en sortait, elle aurait de nombreuses années à consacrer aux exceptions du voyage et au cas de Rim.

Elle examina sa cellule. La fragrance fauve de Sissi s'attardait dans l'air. En apparence, rien n'avait bougé, mais l'Ordre possédait certainement un double de sa clef et empoisonner les étoffes ou la nourriture n'avait rien de sorcier. Pour ne prendre aucun risque, elle dédaigna l'eau et les vêtements, mais piqua dans ses cheveux l'une des longues épingles qui ressemblaient à s'y méprendre à des aiguilles d'horloge. Enfin, elle fit deux pas vers la fenêtre d'où elle tira d'un joint abîmé son sifflet de rechange. Avant même de décider de la suite, elle y souffla de toute la force de ses poumons puis passa le lacet autour de son cou et attendit, le dos contre la porte.

D'une manière ou d'une autre, l'Ordre n'allait pas tarder à détecter son retour et, puisque l'arpentage l'avait tirée d'affaire, hors de question de moisir ici. *Quant à me déplacer nue en plein jour, ai-je vraiment le choix ?*

Un grattement l'avertit que Sissi se trouvait derrière la porte. Après un rapide coup d'œil dans le judas, elle ouvrit et s'accroupit aussitôt pour examiner la blessure à l'épaule.

— Je vois qu'on t'a déjà soignée. Merci, ma grande, ronronna-t-elle. Tu m'as sauvé la vie.

Un dernier regard. Rien à emporter.

Elle passa la tête par la porte entrebâillée.

— Au diable la pudeur. En avant, ma Sissi !

Le familier et sa sorcière en tenue d'Ève s'élancèrent à travers le cloître.

Pour la millième fois au moins depuis qu'il était sorti de chez Enora, Chaïm vérifia qu'il n'était pas suivi. Ses pieds nus ne faisaient aucun bruit sur le sable des ruelles, mais il se sentait terriblement vulnérable loin du Passage.

Une fois sur le pont, il progressa de flaques d'ombre en encorbellements jusqu'à la cache dans laquelle il avait déjà trouvé une tablette. Tout en introduisant sa lame dans le joint, il pria pour que la magie qui dormait là réveille le cœur de ses amis. Il y croyait si fort qu'avant de l'ouvrir il posa sa main presque guérie sur la pierre tiède et formula un vœu silencieux.

La lune basse et grasse n'éclairait pas assez et il n'osait pas décapsuler son champi. Pour ne pas penser aux scorpions et à tout ce qui pouvait grouiller dans le trou, il tâtonna du bout de sa dague. *Poussière, toiles d'araignée et… un machin fragile ! Comme la dernière fois.*

Certain que le vieux bidule illisible était assez magique pour rallumer Ibrahim et tirer trois adultes de prison, il l'enveloppa dans un chiffon et refit le chemin inverse, fier de son courage.

Si ça, ça ramène pas mon capitaine...

Et ces maudites sonnailles qui tintent sans renseigner l'endroit où se rendent celles qui les actionnent à leurs dépens... Anticiper. Toujours anticiper. Olympe palpa la dague attachée à sa cuisse et courut vers la cellule aux abords de laquelle un éclat de peau nue lui arracha un rictus satisfait. *Quand je la rattraperai, je ne me contenterai pas de lui rectifier le portrait.* Échaudée par ses précédentes déconvenues, elle tira sa lame et suivit la fuyarde à pas de loup. *Quelle abrutie ! Elle fonce droit vers le bureau de la matriarche... Tout le monde sait qu'elle ferme sa porte à clef.*

Derrière les colonnes ouvragées du patio, la jeune chasseresse attendit qu'Anthoïna entre dans l'antichambre. *Elle s'accule toute seule !*

En quelques foulées silencieuses, elle fondit sur son gibier.

Quand elle fut surprise accroupie devant la serrure de Tidiane, une épingle à la main, Anthoïna se mit en garde face à son assaillante, que tant de vulnérabilité ravissait.

Olympe s'attarda sur l'hématome qui s'étalait sur la joue gauche de sa proie. *Au moins, je ne l'ai pas ratée.*

— Pas très malin de te piéger toute seule ! siffla-t-elle.

— J'ai plein de défauts, mais « pas très maligne » n'en fait pas partie.

La chasseresse leva un sourcil ironique et détailla le corps nu avec une grossièreté délibérée. *Pourquoi ne tremble-t-elle plus ? Elle semble si assurée, soudain.*

Un grondement menaçant s'éleva dans son dos.

— Pas très malin de te piéger toute seule ! Si je le lui demande, elle te réduit en charpie.

Anthoïna tendit la main.

— Ta dague ! Et n'essaie pas de me flouer. Rien ne te protégera des griffes de Syahgosh.

En entendant son nom, le familier agita les oreilles.

— Et maintenant, à poil !

Menton pointé, Olympe leva un sourcil aristocratique.

— Je ne plaisante pas. Déshabille-toi et donne-moi tes affaires. Et que ça saute !

Mortifiée, la chasseresse capitula.

Anthoïna ne la quittait pas des yeux, insensible à son malaise flagrant, et quand Olympe lui jeta son pantalon, elle la rabroua vertement :

— Tu n'espères tout de même pas que je vais me baisser pour le ramasser ? Donne. Et si tu bouges, Sissi te bouffe. Compris ?

La mauvaise volonté évidente que mettait Olympe à retirer le haut l'exaspérait.

— Cesse de jouer les effarouchées ! Il n'y a rien là-dessous que je ne connaisse pas.

— Tu ne doutes jamais de rien, n'est-ce pas ?

— Dans ta bouche, c'est hilarant !

Quand Olympe retira finalement le haut, ses yeux défiaient Anthoïna de proférer la moindre remarque. La voir blêmir lui permit de reprendre contenance.

— La prochaine fois, réserve donc tes grands discours à une autre !

Anthoïna avait trop de poitrine pour boutonner la veste qu'elle laissa bâiller sur un vertigineux décolleté. *Tout de même plus pratique que d'aller nue.*

Face aux courbes avantageusement comprimées, Olympe ne put s'empêcher de la provoquer.

— Tu cachais bien ton jeu.

— Toi et ton arrogance. Irrécupérable !

La porte s'ouvrit dans le dos d'Anthoïna.

Merde.

— Si tu n'existais pas, il faudrait t'inventer !

Le compliment fit rosir Chaïm. Il avait réussi ! Ibrahim éblouissait de nouveau !

Par contre, pour Meriem, c'était pas gagné…

Chaïm lorgnait avec inquiétude la plaquette d'argile qui pendait dangereusement des mains de la madone. Accablée par un invincible chagrin, elle était à deux doigts de lâcher le précieux objet. D'un même élan, Ibrahim et Rim se précipitèrent pour le lui ôter.

La missive de Nour constituait un petit miracle, car la clef rapportée du passé par Alex était toujours dans la poche de ce dernier.

D'un doigt, Enora effleura les deux empreintes figées dans l'argile. L'ingénieux architecte leur avait donné les moyens de fabriquer un nouveau moule. L'apothicaire jeta un regard attendri au p'tit chat favori d'Ibrahim. Rassuré sur la magie du pont, Chaïm s'était roulé en boule et ronflait doucement sur ses coussins aux motifs de coléoptères.

Quelqu'un lui maintenait le menton. Un outil lui écartait les mâchoires.

Brutalement ramené à lui, Alex paniqua.

— Cesse de gigoter, mauviette ! C'est que de l'eau.

Il serra les lèvres malgré sa soif.

— Si on voulait t'empoisonner, ce serait fait depuis belle lurette. Ne fais pas l'enfant sinon tu l'avaleras de force. Je souhaite seulement que tu restes en vie pour répondre aux questions de notre mère supérieure, expliqua Iseult.

Magda lui lâcha le visage.

Épuisé d'horreur, le prisonnier ouvrit la bouche.

Il crevait de soif, alors, de gré ou de force… *Autant conserver mes dents le plus longtemps possible.*

Revenu de sa terreur, le jeune homme jeta un regard à la cellule. Les sœurs avaient apporté un pot à champi qui éraillait juste assez les ténèbres pour qu'il constate qu'Ulysse était toujours inconscient.

Il aurait dû se demander pourquoi la vieille et la borgne étaient reparties sans leur veilleuse, mais il ne cherchait plus. En revanche, il aurait payé cher pour savoir depuis combien de temps il était enchaîné. *Dix heures ? Trois jours ?*

Quand Magda avait donné un peu de mou à leurs entraves, il s'en était réjoui avant de comprendre que le changement de position lui réservait un supplice inédit et au moins équivalent. Sous le relâchement, les muscles martyrisés de ses épaules palpitaient de souffrance, mais au moins il respirait mieux.

Alex tenta encore une fois de ramener Ulysse.

Il n'avait plus que ça.

Il supplia, houspilla, invectiva son compagnon d'infortune avec toute la conviction dont il était capable, mais rien ne tirait le conteur de sa bénéfique inconscience.

Sa gorge le brûlait d'avoir tant crié et son cœur pompait soudain à une vitesse alarmante. Pourquoi se faisait-il brusquement chahuter par ses émotions ? *Je suis trop con d'avoir cru cette vieille carne ! Qu'est-ce qu'elle a versé dans la flotte ?... Putain, ça y est.*

Dans une tentative dérisoire de ne pas perdre pied, il fixa le dos d'Ulysse de ses pupilles dilatées et respira profondément pour contrer l'afflux de poison qui lui déchirait les veines.

Les coups de fouet avaient saccagé le tatouage de Meriem. Seuls ses yeux demeuraient intacts au milieu de la bouillie sanguinolente.

Qu'est-ce qu'elles m'ont fait boire ? Par où ça va commencer ? Étouffement ? Hémorragie interne ?

Il cherchait une réponse dans le regard qui le dévisageait quand la madone lui adressa un clin d'œil. Il secoua la tête et les yeux lui sourirent.

Logique, elle n'a plus de bouche.

Mais quand le visage saccagé se décolla délicatement du dos d'Ulysse, Alex se mit à trembler de tous ses membres.

Elle prenait touuuuut son temps…

La bile lui rabota la trachée. Il cracha.

Quelle horreur… Impossible de détourner les yeux.

Meriem s'approcha, encore. Elle le collait presque.

— Qu'est-ce que tu veux ? chevrota-t-il.

— À quoi avez-vous touché pour ébranler les fondations du monde ? chuchota l'apparition.

Le fantôme s'écarta pour écouter la réponse, et l'un de ses yeux quitta son orbite.

Alex hurla, suffoquant de terreur. Son cœur tambourinait comme un dément.

Je vais crever si ça continue ! Ça pue le sang, la sueur, la pisse et le cheval. L'odeur incongrue lui rendit quelques secondes de lucidité au cours desquelles le visage borgne de Magda se superposa à celui de la Meriem mutilée du tatouage.

La chose terrifiante qui guettait au plus noir de lui-même s'ébroua.

Retroussa les babines.

Gronda.

Du fond de son délire, ses canines s'allongèrent pour obéir à cet incroyable désir de mordre l'humaine qui le séquestrait. L'écume aux lèvres, le loup doré qui l'habitait aboya comme un dément.

— Mais qu'est-ce que c'est que ce cirque ! fulmina Tidiane.

Faussement contrite, Iseult sortit de l'ombre.

— Il se pourrait que j'aie un peu forcé sur la belladone.

— Vous êtes complètement abruties ou quoi ? éructa la matriarche. Entre Olympe et toi, je ne suis vraiment pas gâtée !

— Si on ne peut même plus s'amuser…, grommela Iseult.

Ses mines de petite fille punie sonnaient terriblement faux sur son visage tout ridé.

— Épargne-moi ton numéro, Iseult. Ça fait cinquante ans qu'on partage le même hamac. Je te connais par cœur ! Combien de temps avant qu'il ne redescende ?

Alex se mit à convulser.

— Réveillez-moi l'autre saltimbanque et gardez-les en vie. Je *veux* des réponses ! hurla-t-elle. Et vite.

Tidiane quitta la cellule et remonta péniblement les trente-sept marches du colimaçon qui ramenait à son bureau. Ses articulations la mettaient au supplice. Il lui fallait du cannabis ou elle ne jurait plus de rien mais avant qu'elle n'ait pu prendre ses pilules, son petit doigt tira la sonnette d'alarme. Après tant d'années passées dans cette pièce, elle avait aiguisé son intuition au point de savoir à coup sûr si quelqu'un attendait à sa porte.

Elle marcha à pas de loup jusqu'au capiton qui l'empêchait d'entendre ce qui se tramait de l'autre côté.

Quelque chose obstruait le judas.

Résolue, elle décrocha la dague pendue au chambranle et ouvrit d'un geste sec.

— Merde ! s'exclama sa biotaniste la plus brillante quand elle lui piqua les côtes.

— Tu bouges, je te perce un rein.

Antho leva les bras.

— Et renvoie ton familier, compléta Olympe.

Tidiane jeta un coup d'œil de l'autre côté de sa prisonnière et ses yeux s'écarquillèrent. Les sous-vêtements d'Olympe ne dissimulaient rien… *de ce qu'elle a subi ou de ce qu'elle s'est infligé ?*

Quand elle feignit de ne rien voir, la guerrière serra les mâchoires pour ne pas se mordre la joue. *Toujours pareil ! Ça déborde de principes, mais quand tu leur fourres ton enfer sous le nez, ça ferme les yeux.*

Elle musela un violent tremblement et sa vieille envie de tout péter. Puis, pour dissimuler les scarifications anciennes et récentes qui lui zébraient le ventre et la partie tendre des cuisses, elle enserra le cou d'Anthoïna, la plaqua contre sa poitrine et s'empara de la dague que lui tendait la mère supérieure.

Le corps de la biotaniste occultait désormais ce que personne n'acceptait de voir.

Elle prit une grande inspiration et poussa sa prisonnière dans le bureau où la trappe qui menait au cachot était grande ouverte.

Chaïm regarda Enora verser le métal bouillant dans le moule. On était en fin d'après-midi et l'enfant mourait de faim, mais les adultes étaient si concentrés sur la fabrication de la clef qu'ils en avaient oublié le repas. Finalement, il osa la question qui le tarabustait depuis un moment :

— Et par où elles passent, la borgne et la vieille tordue ?

Les quatre adultes médusés le fixèrent, ce qui le poussa à reformuler.

— Ben oui. Depuis la construction d'ici, quelqu'un a peut-être percé une autre porte dans vot' cloison, là.

Chaïm désigna de sa main abîmée la carte déroulée depuis le matin sur la table d'Enora. Il n'avait jamais rien vu de tel jusqu'alors et, longtemps après qu'il se fut familiarisé avec le réseau de lignes, le concept de plan avait continué à le fasciner. Pour tromper l'attente et la faim, il avait imaginé ceux du Passage une bonne partie de l'après-midi.

— De toute façon, on emporte de quoi crocheter, trancha Ibrahim. Mais t'as raison, p'tit chat, il ne faudra pas oublier qu'on risque de ne pas être les seuls dans ce couloir. Tout le monde est prêt ?

Chacun savait ce qu'il avait à faire. Il était temps d'y aller. Ibrahim, Meriem et Enora quittèrent la maison, le visage gris d'inquiétude. Rim était partie devant.

La jeune fileuse monta les marches de la vigie de son pas le plus assuré. Elle se devait d'être convaincante. C'était le rôle de sa vie. *Ou plus exactement, la vie des trois prisonniers dépend de ma prestation.*

Elle prit une mine renfrognée et se dirigea droit sur les sièges pivotants. Les deux novices étaient encore jeunes. C'était sa chance.

— Que fais-tu là ? interrogea l'aînée d'un air important.

— Je n'ai pas de comptes à te rendre, je suis passée, répondit Rim.

Mais l'autre hésitait.

— Ordre de Tidiane. Tu veux aller lui demander confirmation, peut-être ?

La plus petite ouvrait des yeux comme des soucoupes. Rim lui fit un clin d'œil et se força à sourire.

— Allez vous coucher, je prends la relève jusqu'à demain matin.

La plus grande avança vers le registre pour noter l'heure. Rim la laissa faire. Ce n'était pas important. Elle adopta un air supérieur et se jucha sur le siège, ignorant les deux autres. L'aînée entraîna la cadette par la main.

— T'as fait quoi ? demanda la petite, le regard braqué sur sa cicatrice à la pommette.

— Cadeau du prime saut…

La gamine lui rendit un sourire admiratif, mais la grande la tira vers les escaliers : elle avait sommeil.

Rim compta cinq interminables minutes et bondit du siège. Impossible de calmer ses battements de cœur. Dans sa précipitation, elle trébucha. *Imbécile ! C'est bien le moment !*

Penchée au-dessus du parapet, elle lâcha un morceau de cuir coloré, puis dévala la vigie. *Pourvu que ça ait marché !*

Meriem et l'apothicaire l'attendaient en bas. Ibrahim entra à son tour.

Les trois femmes le scrutaient, tendues.

— C'est bon, elle en a pour un moment, chuchota-t-il, tout sourire.

Dans l'obscurité, ses dents parfaites brillaient comme un fanal. La sœur de garde allait se réveiller ligotée, bâillonnée et frappée d'un terrible mal de tête. Exactement comme Olympe quand elle avait eu le malheur de se mettre en travers de son chemin.

Enora fit le guet pendant que les trois autres suaient. Sa pioche était une bénédiction contre la terre battue par des siècles de passage intensif mais creuser rappelait à Meriem le faux décès d'Ulysse. *Pourvu que personne ne meure !* À grands coups sourds, elle plantait dans le sol son espoir d'un heureux dénouement. L'outil massif était trop lourd pour le bras abîmé de Rim, qui déblayait. Bien qu'ils ne ménagent pas leur peine, Meriem, Ibrahim et Rim se relayèrent sans bruit pendant une bonne demi-heure avant de pouvoir ouvrir les marches.

Olympe fit descendre sa prisonnière.

La puanteur était insoutenable. Aucune ouverture pour renouveler l'air vicié par les remugles des corps blessés et des excréments. Anthoïna embrassa la scène d'un regard.

Alex et Ulysse ne pendaient plus à leurs chaînes. Son frère était inconscient mais le dos lacéré se soulevait de temps en temps. *Il n'est donc pas mort.*

Accroupi dans l'autre coin, Alex jappait des sons sans suite entrecoupés de grondements.

— Qu'est-ce que vous lui avez fait ?

Olympe la poussa vers un angle inoccupé, claqua le collier de fer autour de son cou.

Pétrifiée par le métal froid, Anthoïna refoula les souvenirs de son séjour dans les cachots du roi Henri.

— Rends-moi mes vêtements avant que je finisse de t'attacher, ordonna Olympe.

Magda décapsulait d'autres lanternes. La lumière crue et sa nudité firent reculer Anthoïna.

Sans élever le ton, Tidiane pointa le dos massacré de son frère.

— Tu nous dis ce que vous avez fait au passé ou je l'achève, promit-elle.

Déjà, Olympe décrochait le fouet.

— Vous allez quand même nous tuer…

— Mais ça fera plus ou moins mal…, avertit Iseult.

Précédant Tidiane, la vieille sœur trottina vers la sortie.

Assis sur son arrière-train, Alex les suivait du regard. Soudain, il leva le menton et se mit à hurler à la mort.

— Mais qu'est-ce que vous lui avez fait ?

Olympe cingla l'air.

— Silence ! ordonna-t-elle.

Alex claqua des mâchoires.

La chose qui possédait son délire s'aida de ses bras, se hissa sur ses pattes et tira sur la chaîne pour aboyer au visage de la chasseresse.

Ses yeux brûlaient de fureur pure.

Incapable de résister, Olympe s'approcha.

— J'ai dit : silence !

Ils avaient dû s'y mettre à trois, mais l'escalier avait pivoté sur son axe.

Rim prit la tête de leur petite colonne. Ibrahim et Enora suivaient, Meriem fermait la marche.

À intervalles réguliers, de minuscules œilletons de clarté perçaient la paroi de l'étroit et interminable couloir : des postes d'espionnage vers la réserve, les salles de classe et le réfectoire. Pas étonnant que les matriarches en sachent tant !

Ils progressaient en file indienne vers le bureau de Tidiane quand un bruit inconnu figea Rim de façon si brusque qu'Ibrahim l'emboutit. Elle décapsula son champi, l'oreille tendue.

À mi-hauteur du mur extérieur courait un rail métallique sur lequel ricochait la chiche lumière. La jeune fille s'approcha pour lorgner l'insecte qui s'y déplaçait. Un minuscule rouleau de papier reposait sous les élytres en biomatière de la bestiole. D'une main d'escamoteur, Ibrahim fit disparaître le mécanisme au fond de sa poche quand un long hurlement leur parvint, une plainte primale qui leur hérissa l'échine.

— Alex, affirma Rim qui s'élança, lanterne au clair.

Des spasmes violents lui compressaient l'abdomen. Alex vomit.

— Mais qu'est-ce que vous lui avez donné ? brailla Anthoïna, paniquée.

— Morelle furieuse, consentit Magda.

Les mots « psychotrope » et « hallucinogène » clignotèrent aussitôt dans son cerveau de biotaniste.

— Iseult a eu la main un peu lourde, s'amusa Olympe.

La démence provoquée par la belladone avait quelque chose d'hypnotique. En plein délire, le jeune homme aboyait sans relâche et, toute pudeur envolée, étirait sa chaîne pour s'approcher des chasseresses, la bave aux lèvres.

— C'est un cauchemar ! murmura Antho.

Fascinée, Magda observait celui qui semblait possédé par l'esprit d'un loup. Plus Olympe lui criait de se taire, plus il se rebiffait. Fouet au poing, la mèche traînant au sol, sa tourmenteuse avançait pas à pas. L'homme-loup cédait du terrain mais il ne la lâchait pas des yeux et, de sa voix enrouée, jappait toute sa haine et sa fureur.

— J'ai dit : silence !

Mains écorchées, doigts noués à la chaîne tendue au-dessus de sa tête, leur prisonnier se cramponnait à ses entraves. Les muscles de ses bras saillaient sous l'effort. Comme au ralenti, Antho vit le fouet entamer le torse du jeune homme qui recula de trois pas puis, ses entraves pour balancier, se précipita sur Olympe. Profitant de son élan, il lança les jambes vers le cou de la bourrelle qu'il enserra de ses cuisses. À mi-chemin entre l'homme et la bête, il promit :

— Tu bouges, je te brise la nuque.

Le nez dans les parties génitales du forcené, Olympe acquiesça. L'idée de mordre l'avait bien effleurée, mais Iseult lui avait enseigné les effets dévastateurs de la solanacée.

Magda se précipita sur Ulysse dans l'espoir de reprendre l'avantage, mais avant qu'elle ne l'ait atteint, une longue tige en forme d'aiguille d'horloge lui transperça l'épaule.

— La suivante sera pour ton œil ! affirma Anthoïna.

Elle scruta Alex. Il n'y avait presque plus trace de l'animal dans ses pupilles dilatées. *Il nous a toutes bernées !*

L'écheveau de son chignon se déroula, signe qu'elle avait ôté d'autres épingles, mais là où elle se trouvait, personne ne pouvait évaluer son arsenal.

Les bras d'Alex tremblaient sous l'effort. Antho ordonna :

— Magdalène, attache Olympe avec la chaîne qui reste et libère-moi. Tout de suite.

Ces cris sont produits par Alex! Rim n'arrivait pas à croire ce qu'affirmaient ses oreilles. *Un être humain peut-il vraiment moduler de tels sons?* Sa course effrénée à la poursuite de la voix la projeta presque contre l'angle du couloir. La jeune fileuse leva son champi.

— On est trop loin! La porte devrait être dans ce mur, chuchota-t-elle.

Les autres l'imitèrent et, sous les lumières conjuguées, une ouverture se découpa dans la paroi. Meriem scruta les briques crues.

— La niche devrait se trouver par ici, murmura-t-elle.

La lanterne éclairait mal, mais la guerrière repéra un moellon saillant dans lequel était incrusté le fossile d'ammonite qui leur avait inspiré l'idée du passage. Le symbole de la vigie!

Elle introduisit délicatement son couteau sous la brique et son cœur la pinça. *Un mur sans mortier! Sacré Nour.*

À une vitesse ahurissante, elles défirent les briques et les entassèrent à la chaîne dans un angle, à l'endroit où le passage bifurquait pour longer le scriptorium.

Le silence était retombé, plus alarmant encore que les plaintes bestiales qui l'avaient précédé. En quelques minutes, les quatre intruses dégagèrent la niche dans laquelle Nour avait même laissé des poignards à leur intention. Meriem appliqua une généreuse couche de graisse sur la clef et l'introduisit dans la serrure. Le mécanisme joua en douceur. Avec d'infinies précautions, elle actionna la poignée de la porte.

— Attends, murmura Ibrahim, qui faisait le guet à l'angle.

La guerrière suspendit son geste. Dans l'autre couloir, préservé des lanternes, un rai de lumière découpait une porte sur ce qui devait être le bureau de Tidiane.

Les jappements furieux cessèrent.

— Pas trop tôt ! soupira Iseult depuis son fauteuil.

La vieille biotaniste posa son arbalète et se massa les genoux.

— J'ai passé l'âge de ce type de réjouissances. On ne peut pas rabattre cette trappe, à la fin, ça empeste !

— Tu n'es pas obligée de rester, sorcière, rétorqua Tidiane, qui usait rarement de ce surnom ailleurs que dans l'intimité.

Mais sa vieille compagne n'en ferait rien. Elle adorait les crises et toutes deux savaient qu'elle ne manquerait celle-ci pour rien au monde.

— Je te rappelle que c'est toi qui as eu la riche idée de lui administrer de la belladone.

— Il a surréagi… Et ta fierté mal placée nous prive du soutien des chasseresses de Dour et de Samara.

— Elles n'ont pas à être informées de notre faiblesse passagère. N'empêche que, grâce à ta fabuleuse initiative, on ne sait toujours rien de ce que les nornes ont trafiqué !

— Chut ! intima soudain Iseult qui compensait par l'ouïe ce qu'elle avait perdu en vision.

Quelque chose venait de l'alerter. Concentrée sur le silence du bureau, elle tendit le doigt vers la porte secrète qu'elles gagnèrent en quelques pas.

La matriarche ouvrit le battant d'un coup sec.

— Rim ! Comme c'est aimable de nous rendre visite. Entre, je te prie.

La jeune fileuse avança dans la pièce, bras levés, droit sur la niche qui abritait le portrait de Meriem. Iseult abaissa légèrement son arbalète, sans désarmer.

— T'aurait-on parlé de ce qui s'y cache ?

La jeune fille opina.

— Tu veux voir ?

Les yeux braqués sur le visage de leur visiteuse surprise, Tidiane ouvrit la natte qu'elle avait fini par faire remettre, mais aux côtés de l'intruse, sa vieille Iseult eut soudain l'air d'avoir mordu dans un citron et Rim affichait un sourire si incongru que la matriarche se laissa rattraper par l'inquiétude. *Qu'est-ce qui peut encore surprendre celle qui a élevé la stupeur au rang de performance ?*

Lentement, elle se tourna vers la niche dans laquelle, à la place de la version gironde et épanouie d'origine, trônait une Meriem sèche toute de bleu vêtue, arc bandé.

Ibrahim surgit dans le dos d'Iseult par la porte du couloir.

— Lâchez vos armes !

La vieille biotaniste appuya sur la détente.

Meriem ne dut la vie sauve qu'à l'éclat de malveillance qui précéda le tir d'Iseult, à son entraînement de guerrière, aussi. Elle bondit hors de la niche et amortit sa chute sur

Tidiane, pas fâchée de malmener l'antique carcasse. Le carreau qui aurait dû se loger dans son cœur lui érafla les côtes.

Elle se releva tout de suite, pantelante de douleur.

— Pas mal pour une carne de ton espèce, mais je suis plus coriace que toi !

C'était une promesse.

Paume pressée sur sa blessure, elle arracha l'arbalète des doigts abîmés de l'empoisonneuse.

De son pas placide de canard, Enora entra par la porte qu'avaient empruntée Rim et Ibrahim.

— Un coup de main pour ligoter la racaille ?

— Pas la peine, cria une voix fatiguée venue du sol.

Anthoïna passa son visage tuméfié hors de la trappe.

— Une cellule les attend en bas mais faut faire de la place. Ulysse est dans un sale état. Un costaud pour le remonter ? souffla-t-elle en auscultant Ibrahim des yeux.

Meriem arracha le tissu qui couvrait le fauteuil favori d'Iseult et le lui tendit. La biotaniste s'y drapa, pleine de reconnaissance.

— Il en faudrait un pour Alex, conseilla-t-elle avant de porter son sifflet à ses lèvres.

Deux minutes plus tard, Sissi grattait à la porte du bureau. Dès qu'on lui eut ouvert, le caracal rejoignit sa sorcière qui l'attendait de pied ferme près d'Iseult et de Tidiane.

La biotaniste désigna les deux inséparables d'une voix fatiguée :

— Garde ! ordonna-t-elle.

Le caracal retroussa les babines sur ses crocs effilés, coucha les oreilles et plissa le museau. Confiante, Antho s'engouffra dans les escaliers avec la nette impression de replonger en enfer. *Mais cette fois, personne ne va mourir.*

Et la folie reflua, emportant dans son sillage une culpabilité ancienne. Elle n'avait plus seize ans.

Jamais je n'aurais pu être aussi convaincant sans belladone. Vidé par son numéro de loup enragé, Alex attendait, accroupi à l'entrée de la cellule. La tête cachée dans les mains, il surveillait le reflux de la bête. Même s'il était parvenu à la garder en respect, elle rôdait. Juste sous la surface.

Son odorat surstimulé reconnut Rim bien avant qu'elle ne s'accroupisse devant lui.

— Alex ?

Un grondement menaçant faillit lui échapper quand elle osa deux doigts légers sur son genou crasseux.

— Je t'ai apporté de quoi te couvrir.

Elle déposa le tissu à ses pieds comme une offrande et attendit.

Rassuré, le loup se tapit et il put la regarder dans les yeux.

— Voilà ce qui justifiait une telle magnitude, râla Tidiane dans la semi-obscurité du cachot où on les avait enfermées à leur tour. Ils ont carrément trafiqué les plans de la citadelle !

Olympe et Magda grognèrent leur assentiment. Iseult ne répondit pas.

Une angoisse soudaine comprima la poitrine de la matriarche épuisée. Sa sœur devait être bien mal en point pour se priver de ces remarques piquantes dont elle avait le secret. *Pourtant, ce sont* MES *vieux os qui ont amorti la chute de l'autre renégate.*

Tidiane chercha la main de sa compagne anormalement silencieuse.

Et pour cause.

Iseult n'était plus.

L'empoisonneuse avait choisi de périr par ses propres armes.

Recroquevillée dans sa flaque d'ombre, elle fondit en larmes.

— Pourquoi tu n'as pas partagé, sorcière ?

XXV - VERTIGES

LORSQUE LES RENFORTS ARRIVÈRENT du Barrio, l'effervescence gagna l'ensemble du convent. Même Chaïm avait intégré les rangs à la tête des p'tits chats. Avant que la nuit s'achève, les hommes d'Ibrahim bouclèrent les deux dortoirs et la nurserie sans effusion de sang mais, à l'aube, toutes les sorcières n'étaient pas encore consignées.

— On se déploie par groupes de trois et on ratisse, ordonna Ibrahim.

— Miezi manque à l'appel, je prends le cirque, décréta Meriem. Tu viens, chef ?

— J'assure la garde avec Rim et Alex, offrit Enora.

L'une des cinq armoires à glace qui avaient chassé les semeuses couvait l'apothicaire du regard. Rien à craindre de ce côté. Il se tourna vers Antho.

— Tu nous accompagnes ?

— Je ne te lâche plus d'une semelle, sourit-elle en serrant brièvement sa main. Surtout qu'on parle de Miezi, là.

La maîtresse d'armes leur tomba dessus sans bruit. Elle bouillait de fureur mais ses coups étaient aussi froids que sa lame. Depuis le temps qu'elle attendait l'occasion de venger sa jambe... Deux nornes pour le prix d'une !

Elle attaqua d'abord Meriem, que sa blessure affaiblissait.

— Je n'oublie aucune de mes élèves.

Coup de pied. Scriiiitch ! La prothèse découpa une diagonale écarlate du torse à la cuisse, et la madone tituba, mains pressées sur le ventre. Alors que Miezi bondissait pour porter le coup de grâce, Anthoïna s'interposa.

— STOP ! Je ne répare pas les gens pour qu'ils en tuent d'autres.

— Dégage, je ne te veux aucun mal. Par contre, ces deux-là vont payer pour ma jambe.

Pourtant, la biotaniste refusait de céder.

— Tu fais partie de l'Ordre ?

— Qu'est-ce que ça peut te faire ?

Comme un feu follet, elle se remit en mouvement. Ibrahim et Anthoïna faisaient pleuvoir les coups sur la maîtresse d'armes qui se démenait, parait, contrait, attaquait sans relâche, si bien que ni l'un ni l'autre ne parvenait à percer sa garde.

La nuit sans sommeil pesait lourd sur les corps malmenés. À mains nues contre la lame qui remplaçait sa jambe, la lutte était inégale et, quand Miezi blessa Ibrahim, Antho vit rouge. Mais avant qu'elle ne se mette en danger, le chef des nornes lança :

— Tu ferais mieux de passer ta rage sur Magda.

La remarque déstabilisa leur adversaire qui cessa de frapper sans baisser ses défenses. Ibrahim poussa son avantage :

— Ce sont les sorcières de l'Ordre qui posent les pièges pour nous discréditer.

— ... Et quoi de plus crédible que de faire des victimes dans leurs propres rangs ? ponctua Meriem.

— Impossible !

— Oh que si ! Moi aussi, elles m'ont flouée. Si tu te souviens si bien de la chasseresse que j'étais, comment justifier mon changement de camp, sans ça ?

Assommée, Miezi s'adossa à une colonne.

— Nous laisseras-tu t'enfermer ?

Elle hocha la tête.

— Elles seront jugées, promit Antho. Mais pas question de faire justice toi-même.

Ulysse avait été déposé sur un lit de fortune dans un coin du vaste bureau. L'apothicaire au scarabée le garda à l'œil, le temps que les nornes sécurisent le convent.

En fin de matinée, Antho entra avec une bassine d'eau bouillie. Elle avait mis son frère sous sédatifs, et il n'avait pas repris connaissance.

— Donne, je m'en occupe, proposa Meriem.

La biotaniste scruta la mine épuisée de celle qu'elle venait tout juste de recoudre du pubis à la naissance des seins.

— S'il te plaît.

Antho lui céda les linges.

Les nerfs à vif, Meriem commença le nettoyage du dos d'Ulysse. Le sang avait coulé jusqu'aux chevilles et la chair lacérée lui retournait l'estomac, mais elle s'obligea à affronter le massacre et sa culpabilité. Sans faiblir mais les mains tremblantes, elle lava, épongea. *Sa vie s'enfuit-elle avec l'eau qui dégouline en chemins rosâtres ?* Quand elle eut ôté la majeure partie du sang, son visage se reflétait dans le bassin saturé de rouge mais le long rinçage avait ramolli les croûtes.

La mâchoire crispée à la perspective de la souffrance qu'elle allait lui infliger, Meriem commença à frotter. Il le fallait. Pour que rien ne reste incrusté dans les plaies. À mesure qu'elle dégageait la peau, elle fronçait les sourcils. *À quel moment s'est-il fait tatouer ?*

Une paire d'yeux la toisait. *À qui appartient ce regard cloîtré sous une burqa de boursouflures ?*

Ses entrailles convulsaient de jalousie.

— Tu la connais ?

Bien qu'il détienne la réponse, Alex se pencha par-dessus son épaule pour contempler le carnage.

— Tu doutes à ce point que tu ne reconnais pas ton propre regard ?

Le croire. À tout prix. Qu'enfin cette vérité chasse toutes les autres.

— C'est toi ! insista-t-il. Je t'ai vue avant que l'autre malade... Il t'a dans la peau. Qu'est-ce qu'il te faut de plus ?

— Je vais la tuer !

— Dans ton état ? Parle-lui, ça vaudra mieux. Il a morflé là-dessous...

Alex hésita. Le passage par la salle de bains n'avait lavé que la crasse.

— ... Je ne sais pas comment j'aurais fait à sa place.

— Elles ne t'ont pas loupé non plus.

Il grimaça pour éloigner le loup en maraude sous ses côtes. La bête avait failli lui chavirer la raison.

— Il ne s'agit pas de moi ! Décide-toi. C'est pas parce que tu as rejeté Nour qu'il sait que tu l'as choisi, lui. Qui peut supporter ça ?

Ibrahim apporta fort à propos un creuset d'onguent au parfum capiteux.

— Tiens. C'est ce qui se fait de mieux en matière de coups de fouet.

Meriem lui adressa une œillade circonspecte.

— Tu veux voir mon dos ou ma parole te suffit ?

Elle pâlit, bredouilla des excuses et entreprit d'étaler la pâte sur les lacérations creusées dans la peau d'Ulysse.

Dans plusieurs mois, les cicatrices emprisonneraient son regard d'une résille dure de crêtes sombres mais, en attendant, incrustée dans les boursouflures, sa propre image ne la quittait pas des yeux.

Éreinté, Ibrahim s'effondra plus qu'il ne s'assit derrière le bureau de Tidiane. *Comment résister davantage ? Je dormirai plus tard.*

— Nous révéleras-tu les secrets du massacre des vaisseaux ou faudra-t-il te les soutirer ? demanda-t-il au vénérable registre.

Alex s'approcha, curieux d'assister aux retrouvailles avec Adrien Lillemer et Maud Absoul. Le norne frappa dans ses mains puis les frotta l'une contre l'autre.

— À nous deux, mon vieux !

Le jeune homme regarda les longs doigts s'approcher de la couverture renforcée mais juste avant qu'ils ne touchent le vélin de champignon, il arrêta le poignet au vol.

— Attends ! aboya-t-il.

Ibrahim le dévisagea, interloqué.

— Mais qu'est-ce qu'il te prend ?

— Il y a un truc qui cloche, j'en suis sûr. Deux secondes.

Bouillant de curiosité, le norne s'éloigna du contenu si tentant pendant qu'Alex remontait ses souvenirs jusqu'au jour où il s'était choisi le nom inscrit à même ces pages. Tandis qu'il réfléchissait en tambourinant sur le bureau, un fracas de cris et de chaînes s'éleva de la geôle.

— Mais c'est pas vrai !

Ibrahim se pencha sur la trappe laissée ouverte pour renouveler l'air.

— Quoi encore !?

Mais comme personne ne répondait, il descendit pesamment jusqu'à l'origine du tapage.

Antho entra comme il remontait et annonçait sans ambages :

— La vieille Iseult s'est suicidée avec son propre poison.

Elle sursauta.

Pour la dernière fois.

Puis se concentra sur l'examen minutieux d'Ulysse. *Iseult ne mérite pas mon chagrin.*

Enora tint la porte pour Rim, chargée d'un lourd plateau de nourriture.

À son tour, Alex frappa dans ses mains et se toucha la tempe de l'index.

— Les gants ! Voilà ce qui cloche. Tidiane portait des gants pour manipuler son bouquin chéri.

Meriem et Antho approuvèrent à l'unisson, si bien qu'Ibrahim ouvrit les tiroirs du bureau les uns après les autres. Le plus profond d'entre eux recelait tout un assortiment de gants propres ainsi qu'une corbeille pour collecter les exemplaires salis.

Avec l'assurance qu'offrent les plus fulgurantes intuitions, Alex affirma :

— Les pages sont empoisonnées !

— Mais quelle bande d'hypocrites ! s'exclama l'apothicaire.

— Quoi ?

— C'est une idée qu'elle a volée dans un de ces romans supposés « inutiles[7] », gronda-t-elle.

Ibrahim ouvrit le registre, les mains bien protégées cette fois.

— Enfin ! tonna-t-il.

Assise à ses côtés, Anthoïna analysait le contenu en silence tandis que Rim et Alex trépignaient à bonne distance.

---

7 – *Le Nom de la rose*, Umberto Eco.

— En s'y penchant à quatre, on risque de s'entretuer avait-elle averti…

Ibrahim parcourut les pages pour en saisir la logique. Le début du livre était un index perpétuellement mis à jour selon des critères de siècles et de zones géographiques.

— C'est tout de même bien pratique, cette histoire de zones. Quoi de plus efficace pour faire le ménage que d'attribuer la mort d'une sœur au danger d'une destination ou pour écarter des novices indociles de l'arpentage ?

— Quand on ne les empêche pas tout simplement de filer parce qu'on a besoin d'elles au présent, acheva Antho, qui eut une pensée compatissante pour Olympe.

Ibrahim glissa l'index le long d'une liste.

— Et les périmètres des zones sont inconstants. Purement politique ! exulta-t-il.

— Exact.

— On fait gober tellement d'âneries aux gens sous couvert de sécurité ! C'est vieux comme Hérode et ça continue à fonctionner ! Ça me dépasse…

Antho s'écarta de lui en sursaut. Quelque chose bourdonnait contre sa cuisse.

— C'est quoi ce truc ?

Il lui sourit, fourra une main dans sa poche et demanda :

— Qui connaît bien les écritures des sœurs ?

L'idée le grattouillait depuis un moment.

Sous le regard suspicieux de sa compagne, il tira de son vêtement une bestiole mécanique qui ressemblait aux inventions d'Antho, à ceci près qu'elle était dépourvue de toute préoccupation esthétique. Ibrahim ôta le petit papier coincé dans les élytres artificiels et le déplia avec soin tandis qu'elle lui chipait la créature et maudissait Iseult pour ce plagiat.

— Si, comme je le pense, ce truc est bien un système de renseignement, on devrait trouver où il aboutit et, à défaut de confondre les membres de l'Ordre, identifier quelques délatrices à leur écriture.

Chaïm ne mettait jamais longtemps à répondre à l'appel de son capitaine. Cette fois, pourtant, Ibrahim eut le temps de se faire un sang d'encre.

— T'étais où ? s'étonna-t-il quand le gamin les rejoignit enfin dans le bureau.

— Je regardais les jardins, confessa-t-il, piteux. C'est troooop beau !

Touché, le norne gratifia son protégé de l'un de ses sourires magiques.

— T'as raison, la beauté, c'est très important. J'ai une mission pour toi, p'tit chat !

Chaïm se redressa et s'essuya le nez dans sa manche, son garde à lui.

Ibrahim réprima son amusement.

— Tu vois cette bestiole ?

L'effroi fit reculer l'enfant.

— Ce n'est qu'une machine minus', aucun rapport avec la meute mécanique, le rassura-t-il, conscient de l'aura de peur qui planait autour des créations taxi'. J'ai juste besoin de savoir d'où elles partent et où elles vont.

Il désigna le passage secret.

— Derrière cette porte se trouve un couloir qui fait tout le tour du convent. Un peu comme votre Passage. Sur le mur extérieur court une sorte de route métallique qui permet à ces trucs de circuler. Je voudrais que tu l'explores avec un ou deux copains et que tu me dises où ça arrive.

— Et je fais quoi quand j'ai trouvé ?

— Tu viens me raconter. Rien qu'à moi, à Antho ou à Meriem, compris ? Et soyez prudents ! Il y en a encore quelques-unes qui vadrouillent en liberté.

Mais comme à son habitude, l'enfant avait déjà détalé.

Pour se distraire de sa colère posthume contre Iseult, Anthoïna lorgnait les pages du registre et martyrisait ses gants tant l'envie d'en connaître le contenu la brûlait. Pourtant, elle réfrénait de son mieux les insanités qui bousculaient son cerveau au chômage. Finalement, elle n'y tint plus :

— Ibrahim, peut-on en revenir à nos vaisseaux ?

Ulysse avait été transporté dans une cellule que Meriem avait verrouillée. Elle crevait de douleur et il fallait qu'elle dorme mais avant, une main sur sa joue râpeuse, elle déversa à l'oreille de son conteur ce qu'elle n'avait jamais été capable de lui dire en face. Elle imagina sa voix rauque d'épuisement couler comme un torrent dans la tête d'Ulysse en quête d'une étincelle de conscience à laquelle s'amarrer. *Quel que soit notre avenir, il mérite la vérité.*

— Reviens. Je n'avais pas l'intention de te mentir, de te faire attendre. C'est ma manière d'être honnête. J'ai essayé de me mettre à ta place et je me donne des envies de meurtre. Il devait être beau, ce tatouage. C'est un de tes croquis, n'est-ce pas ? Je n'imaginais pas que tu m'ancres ainsi…

Elle renifla.

— Il faut que tu comprennes. Il n'y a pas de mot, dans aucune langue, pour désigner le parent qui perd son enfant. Parce que ça ne devrait pas être. En plus, Nour n'est pas plus mort que je suis veuve, et je traîne cette vieille culpabilité depuis tant d'années que je m'y étais habituée… Je porterai toujours ce lambeau d'obscurité… Cruel… Comme le parfum des citrons, le plaisir d'une pâtisserie au miel. La tentation d'y retourner me hantera pour l'éternité. Tu n'es pas – tu ne seras jamais – de taille à lutter contre ça. N'essaie pas, je t'en prie. Accepte.

Elle balança longtemps avant de se délivrer du pire. *Plus rien qui puisse me rattraper à mon insu.*

— Encore une chose… Nous avons fait l'amour.

Ulysse tressaillit.

— Une dernière fois.

Deux mains emprisonnèrent les siennes, trop fort.

— Pour quelqu'un qui n'aligne jamais plus d'une phrase…

Son soulagement fut tel que Meriem fondit en larmes.

— Je croyais que les filles ne gâchaient pas leur eau…

La barbe d'Ulysse râpa son sourire de madone.

— Mais ne faut-il pas que certaines choses changent ?

Chaïm et Bachir avançaient avec une prudence de félin dans le couloir étroit et sombre. Les éclats fades des lanternes de champi ricochaient sur le guide à bestioles et, malgré des explications rassurantes, les récits horrifiques sur la meute mécanique agrippaient l'imagination des garçons. Ils se seraient bien murmuré quelques paroles de réconfort histoire d'éloigner ces créatures de leurs rétines ensorcelées par la peur et les ténèbres, mais ils n'échangèrent pas un mot. Ils avaient appris trop jeunes que le silence est survie.

Ils avaient longé deux ailes du convent, tourné deux fois. Le couloir débouchait sur un cul-de-sac au fond duquel la route mécanique disparaissait dans le mur. Chaïm mit un doigt sur ses lèvres. Une lumière tremblotante filtrait depuis l'autre côté de la paroi, là où s'enfonçait la ligne de vie. L'enfant serrait les mâchoires à s'en faire mal pour ne pas que sa peur le fasse claquer des dents. Pas le moment de se trahir.

Bachir et lui levaient leurs lanternes bien haut vers la cloison pour tenter d'en distinguer l'ouverture lorsqu'un tintement puissant explosa dans le couloir. Frappé de stupeur, Bachir lâcha la poignée qu'il tenait de sa mauvaise main et le bocal de champi se fracassa au sol qu'il éclaboussa d'une traînée luminescente.

Aussitôt, la cloison coulissa et découpa le fond de l'impasse d'un rectangle éblouissant dans lequel une silhouette s'encadrait à contre-jour.

— La borgne, bredouilla Chaïm, épouvanté.

Ils détalèrent comme des gerbilles, Bachir en tête, mais les spores fluorescentes les trahissaient. Quand l'éternel complice de Chaïm déboula dans le bureau d'Ibrahim, hors d'haleine, il était seul.

Pendant quelques secondes suspendues, les adultes fixèrent le gamin paniqué qui tournait sur lui-même, pointait le couloir, bégayait des mots incompréhensibles, mais sa terreur était si éloquente qu'Ibrahim s'engouffra dans le passage dont il ressortit avec Chaïm. Un couteau dépassait entre ses omoplates, obscène.

— Je vous avais pourtant dit d'être prudents, les mômes ! Vous n'êtes pas immortels !

— Au labo ! ordonna Anthoïna d'une voix polaire. Vite. Bachir, tu racontes en route. Rim, Alex ! Trouvez-moi celle qui a fait ça. Et surveillez vos arrières !

Un pointillé écarlate soulignait la course d'Ibrahim :

— Tiens bon, mon chat !

Dès qu'ils eurent débrouillé les explications de Bachir, Rim et Alex remontèrent la piste sanglante laissée par Ibrahim, indifférents aux regards des nombreux spectateurs.

— On se sépare ?

— Il nous faut des armes.

— Pas le temps d'aller jusqu'au cirque. Il y a des poignards dans la niche qu'on a déblayée.

Alex prit le couloir secret tandis qu'elle optait pour le cloître.

Si confus soit-il, le récit de Bachir leur avait donné une idée assez précise de l'endroit où se rendre.

Dans le noir, les sens aux aguets, Alex longeait la paroi étroite qui doublait les murs. Rien à voir avec un pointillé de couleur sur un plan, cette fois. Il adressa des remerciements silencieux à Nour et cueillit un poignard dont il serra la garde plus fort que nécessaire.

En longeant le passage par l'extérieur, on tombait sur la cellule de Magda, ainsi que Rim l'avait supposé.

La porte était entrebâillée. *Mauvais plan.*

La jeune fileuse poussa le battant et pénétra avec circonspection dans la pièce semblable à toutes les autres cellules. Un lit, une table, des étagères. Elle plissa les yeux de concentration. *Rien.*

Ferme les paupières et utilise tes sens.

Elle connaissait la rumeur du convent par cœur. Rien ne clochait, là non plus. Soudain, elle fronça le nez. Une odeur ténue mais désagréable flottait dans la cellule exiguë. Elle pista le fumet à l'aveugle, buta contre le mur qui rendit un son creux, rouvrit les yeux pour scruter la paroi. Elle en savait désormais assez sur l'esprit retors des sœurs pour deviner que le panneau dissimulait une pièce secrète. Du doigt, elle chercha l'indentation qui permettait de le faire coulisser.

— C'est fini.

L'épuisement durcissait les traits emperlés de sueur de la biotaniste.

Elle rinça ses bras poissés de sang jusqu'aux coudes, passa ses doigts dégoulinants sur ses yeux. Sa propre impuissance l'atterrait mais le couteau avait pénétré trop loin dans le petit corps pour qu'elle puisse sauver Chaïm.

Les yeux dans le vague, elle fixait sans vraiment les voir Bachir et Ibrahim qui sanglotaient, recroquevillés l'un contre l'autre, dévastés.

— Fais de beaux rêves, chaton.

Elle rabattit tendrement le drap.

Sissi ne se leva même pas quand Imogène frappa au montant de l'atelier, les bras encombrés d'une imposante caisse, mais l'intrusion mit Antho hors d'elle.

Contre toute vraisemblance, Ibrahim invita la chasseresse à entrer. Dans un contexte où elles étaient toutes soupçonnées d'appartenir à l'Ordre, la présence du héron avait de quoi intriguer. Soupirant de lassitude, la jeune femme se plaça non loin de son compagnon, prête à tout.

La lame qui se posa sur sa trachée ne tremblait pas.

Chopé comme une abrutie de débutante. Mais bravo, Alex !

— Pour moi tu n'as aucune valeur, mais il semble que tu pousses certaines d'entre nous à la faute. Donc c'est très simple : si je ne sors pas d'ici vivante, je n'aurai AUCUN scrupule à te tuer, compris ?

Alex lâcha son couteau. Jamais il n'aurait pensé compter leur prof d'arpentage dans les rangs de l'Ordre, mais à bien y réfléchir, c'était logique. *De là à poignarder un enfant dans le dos... En même temps, ce sont les mêmes qui mutilent leurs propres sœurs par souci de discréditer les nornes*… Quand il se demanda si la belladone ne lui avait pas durablement ratatiné la cervelle, un fantôme d'aboiement lui fit rentrer la tête dans les épaules, ce qu'Ariane interpréta comme une saine réaction de terreur…

— Direction la sortie, ordonna-t-elle.

La porte du bureau de Tidiane n'aurait jamais autant servi.

Dans le réduit, Rim perdit un temps précieux à détailler le système de cloches, dérangea les bestioles inertes parquées dans leurs cases tout en se vautrant dans la colère d'avoir été espionnée. *Mais qu'est-ce qu'il fabrique ?* Elle empocha tous les messages. *Il aurait déjà dû me rejoindre.*

Alex et elle étaient partis du principe que la sœur avait fui après avoir poignardé Chaïm. *Mais si je l'ai effrayée en rentrant… elle lui a foncé dessus. Merde !*

Rim se traita de tous les noms et chercha une arme des yeux mais il n'y avait rien dans l'espace minuscule. Il lui fallut dix secondes de plus pour trouver la seconde paroi qui coulissa sans bruit sur l'obscurité éclaboussée de spores fluorescentes. *Go!*

Propulsée par l'adrénaline, elle s'élança dans le conduit apparemment désert et attrapa sans ralentir la dernière dague de la niche. À l'angle, elle passa prudemment la tête : *Ariane!* La clarté grise prodiguée par la porte du bureau éclairait amplement la scène.

Un poignard sur la gorge d'Alex, la sœur utilisait ce dernier comme bouclier. *Aucune marge. Et ce cœur qui fait un boucan ! Réfléchis. Ariane gauchère = angle de tir.*

Guidée par ses heures de pratique avec les p'tits chats, Rim s'empara du couteau par la lame. *Pas trembler.* Et le projeta dans la carotide exposée. *Tuer.* Le métal pénétra la gorge sans bruit. Dans l'instant suspendu, Rim distingua l'impact dans la chair, sa stupeur et celle de sa victime, le cri horrifié d'Alex sous la morsure du poignard d'Ariane. Quand la sorcière arracha l'arme de sa jugulaire, un flot de sang accéléra le débit de son agonie et elle s'affaissa, entraînant son otage dans sa chute. Rim se précipita sur Alex qui compressait tant bien que mal sa blessure en regardant Ariane s'étouffer dans son sang.

— C'est fini.

— T'es couverte de sang !

— C'est le tien.

Elle sonda la profondeur de la coupure qui lui balafrait la gorge et déglutit.

— Elle n'a rien touché de vital mais c'est vachement profond. T'as eu chaud. À ton tour de te faire rafistoler sans anesthésie.

Elle aurait débité les pires âneries pour masquer son soulagement et étouffer la culpabilité d'avoir tué celle qui avait aiguisé son sens de l'observation jusqu'à lui permettre de l'assassiner. Comme Alex menaçait de tourner de l'œil, Rim le soutint jusqu'à l'atelier tout en veillant à ne pas relâcher la compresse de fortune arrachée aux vêtements de la morte.

— Dégagez !

Rim bouscula Imogène toujours plantée sur une patte dans l'encadrement de la porte.

— Nom de nom !

Anthoïna claqua dans ses mains.

— Ça devient un putain d'hôpital, ici ! Faites chauffer plus d'eau.

L'urgence empêcha la chasseresse d'exposer le motif de sa présence. D'après le sang qui imbibait le torse du blessé, la coupure devait faire peur à voir.

— Que s'est-il passé, Rim ? s'inquiéta Ibrahim qui l'aida à allonger Alex sur la table d'opération trop courte.

— Ariane. Je l'ai… Il faut… l'emporter. Auprès d'Iseult, confessa-t-elle d'une voix blanche.

— Je m'en charge, proposa-t-il.

— J'aimerais mieux que vous restiez, coupa Imogène.

Rim la dévisagea sans la voir puis posa un regard hanté sur l'atelier. Dans un coin, Bachir sanglotait. Elle fronça les sourcils. Soudain, derrière des tuyaux gargouillants, ses yeux accrochèrent un drap rougi converti en linceul. L'eau lui monta immédiatement aux yeux.

— Chaïm ? couina-t-elle.

Antho, harassée, enfilait une aiguille.

— Je n'ai pas réussi à le sauver, ma gazelle, avoua-t-elle, malheureuse. Je suis tellement désolée.

La main de la jeune fileuse tremblait de plus en plus fort sur le pansement compressif.

— Laisse-moi faire, proposa Imogène qui lâcha son chargement sur une paillasse.

Dès qu'Antho n'eut plus besoin de l'aide de la chasseresse, Ibrahim l'invita à s'asseoir. Docile, elle percha sa carcasse de héron sur un tabouret, les yeux fixés sur les doigts habiles qui recousaient la gorge d'Alex à points précis.

— Certaines n'écoutent jamais mieux qu'en s'occupant les mains, n'est-ce pas ? dit-il, souriant. Pourquoi êtes-vous ici ?

Tout ce remue-ménage avait refroidi la longue femme. Comme elle hésitait, il lui fourra une tasse d'infusion dans les paumes. Elle referma dessus des doigts rendus calleux par le travail puis, comme par magie se lança dans sa confession.

— Je suis pas courageuse. On m'a souvent traitée de lâche. C'est ainsi. J'ai pas dit non à l'Ordre. Je me suis jamais opposée aux meurtres des petits, à ces foutus pièges ni à l'empoisonnement de mes propres sœurs…

Ses phalanges blanchirent sur la tasse.

— … pas même à celui de ma compagne… Quoique je l'aie compris plus tard, murmura-t-elle. Je suis restée lisse, terne, discrète; plus à l'aise parmi les animaux qu'avec mes semblables. C'est ainsi.

Rim faillit poser l'une de ses éternelles questions, mais Ibrahim lui cloua le bec d'un regard dur.

Imogène rassembla ses forces dans une gorgée et reprit :

— Quand ma mère a su que j'avais rejoint l'Ordre, ç'a été fini.

Rim fronça les sourcils.

— Elle s'appelait Mandona, comme celle qui a établi le système de signaux, vous voyez ?

Toutes hochèrent la tête et Imogène agita la main.

— J'ai jamais été très portée sur les questions de mémoire, de transmission, tout ça.

Comme son aveu la bloquait sur un sourire triste, ils se forcèrent à attendre. Elle n'était pas de celles qu'on presse.

— Ma mère a passé la fin de sa vie à éplucher de la vieille paperasse. Des récits de voyages dont je voyais pas l'intérêt mais comme on se parlait plus... C'était un genre de pirate aventurière. Elle carburait à l'adrénaline, tandis que moi...

La quinquagénaire frotta son visage osseux et Sissi vint se coller contre ses cuisses pour la réconforter. Sous les yeux de l'assistance médusée, Imogène plongea les doigts dans la fourrure du caracal et poursuivit :

— Elle a jamais admis nos différences. Quand ma compagne est morte, j'étais anéantie. Ma mère a fait une tentative de rapprochement, elle a insinué que la mort d'Aynur était pas un accident. J'ai refusé de la croire. Je suppose que ça a fini de la dégoûter...

Imogène fit une pause et Rim visualisa la vieille femme au regard d'acier qui occupait toujours la même table du scriptorium, juste à l'aplomb de sa cachette. Ce ne pouvait être qu'elle. Elle l'avait vue lire, dessiner, compiler des manuscrits sans jamais chercher plus loin. La vieille sœur faisait partie du paysage.

— On s'est reparlé que sur son lit de mort. Elle m'a légué son véritable enfant... Celui pour lequel elle a pris tous les risques, la cause de notre brouille. Peut-être qu'il lui restait un petit espoir me concernant. Mandona était indépendante et rebelle, mais pas assez remuante pour qu'on la classe en ZI dès son prime saut...

Avant de la resservir, Ibrahim chercha dans le visage taillé à la serpe la confirmation que rien ne pouvait plus l'interrompre, puis il remplit sa tasse.

— Sauf qu'elle arpentait un passé tellement récent qu'il était dangereux pour sa vie.

Antho acheva le pansement du blessé tandis que la sœur prenait une grande inspiration.

— Son premier voyage a eu lieu ici même, juste avant le massacre des vaisseaux. Ce qui fait qu'elle a découvert certaines vérités qui se sont perdues depuis. Enfin… qu'*on* a opportunément « égarées ».

— Du coup, elle a décidé de mentir sur sa destination, commenta Rim au milieu du silence sidéré.

Imogène plongea les yeux au fond de sa tasse.

— Exact. J'étais trop petite pour qu'elle puisse filer en cachette. Elle nous a protégées et, quand je suis devenue assez grande pour qu'elle reparte, les sorciers étaient morts et la vérité si bien enterrée qu'y avait plus rien à en tirer.

— Du coup, elle a passé le reste de sa vie à croiser les sources du scriptorium…

— Rim ! Si tu laissais notre sœur continuer, gronda Antho.

— … Oui, poursuivit la chasseresse… Avec les infos clandestines de la Mère Lucane, comme on appelait la maman d'Enora. Elle arrêtait paaas de répéter : « À force de balayer sur vos traces, vous allez vous perdre. » Ça nous soûlait, la mini-apothicaire et moi !

Cette fois, la voix d'Imogène flancha pour de bon, mais elle ébouriffa sa courte tignasse et fit montre de ce courage dont elle se croyait dépourvue.

— J'ai pas voulu comprendre. Évidemment, je regrette !

Elle tira la caisse sur ses genoux.

— L'Ordre a tellement trafiqué l'histoire qu'il a fini par commettre des erreurs plus grosses que lui. Couche après couche, il les a accumulées au point de perdre des infos essentielles à sa propre survie. Les secrets trop bien planqués puis oubliés au profit d'une vérité unique auront eu sa peau.

— Qu'a fait Mandona, ensuite ?

— Rien ! Elle a continué à accumuler des preuves, des montagnes de notes sur les vaisseaux, les sorciers, l'origine du fléau.

Imogène tapota le bac.

— Elle m'a tout laissé. Il m'a fallu du temps et du courage avant de m'y plonger. Maintenant, j'ai compris pour Aynur, mais c'est trop tard.

Plus personne ne s'agitait. Alex en aurait presque oublié sa douleur. Rim et même Anthoïna s'étaient assises aux côtés d'Ibrahim, abasourdies.

— Mandona a fini par poser une hypothèse.

L'auditoire se pencha tandis que la grande femme chaussait des lunettes et feuilletait un document à la recherche d'une page précise.

— Ah, voilà ! « Le fléau aurait été dégagé par la fonte des glaces. Aucun sorcier, personne ne l'a "ramené", contrairement à ce que l'on colporte. »

Son index glissa un peu plus bas sur la page.

— « Cette maladie se serait libérée à une période encore mal identifiée... » Blablabla... Ah ! « Celles qui ont survécu le doivent à une altération majeure de leur génome. C'est cette même mutation qui leur a ensuite permis d'arpenter. Puisque c'est le fléau qui détermine la capacité à filer, personne n'a pu le ramener ! » Mes sœurs ont veillé à ce que cette absurdité ne soit jamais relevée ni exprimée à voix haute, conclut-elle.

Son mouvement de colère renversa la tasse vide qui se fracassa au sol.

— Merde ! Désolée. Pousse-toi, Sissi. Tu vas te couper.

Elle s'accroupit pour ramasser les morceaux.

— Et comme l'Ordre a soigneusement caché la vérité, les légendes les plus loufoques se sont multipliées. Celle de la meute mécanique n'est qu'un exemple.

Elle s'essuya les mains sur les cuisses et chercha un autre passage.

— Tenez, c'est ici : « C'est le propre de tout système autoritaire. À force de secrets, les informations se perdent. Le pouvoir s'appauvrit de l'intérieur, puis s'effondre sur lui-même. Personne ne tient sans fondations, sans passé, sans histoire. » Ma mère répétait volontiers que nous ne sommes que « celles qui marchent sur le ventre de la Terre ». Selon elle, la planète se défend, et le fléau serait une réponse immunitaire à l'épuisement des ressources. Bref, en éradiquant une grosse partie de l'humanité qui la parasite, la Terre se donne une chance de se régénérer.

Délestée de son fardeau, Imogène retourna à son mutisme. Alex brûlait de l'interroger sur la naissance des sorciers, mais il se retint. Elle allait forcément y venir. De toute façon, parler lui faisait trop mal.

La chasseresse frottait ses paumes calleuses comme si les consonances abrasives pouvaient l'aider à reprendre.

— L'origine des sorciers est plus obscure et les sources sont maigres. Ma mère se base sur ce qu'elle a observé au cours de ses rares sauts clandestins.

Alex serra la main de Rim avec tant de violence que ses articulations craquèrent. Imogène piocha un autre carnet truffé de marque-pages, rajusta ses bésicles et reprit :

— « Les sorciers seraient les fils de fileuses fécondées dans le passé. J'ignore s'il faut qu'ils soient d'un père d'antan ou si le seul fait d'avoir été conçu là-bas suffit. »

— Si elle a vu juste, cela signifierait que les sorciers auraient pu engendrer des lignées de fils immunisés..., murmura Ibrahim.

— Pourtant, il a bien fallu un premier « accident », intervint Antho, qui s'interrogeait déjà sur l'identité de son père.

— Je n'y avais pas songé.

— En tout cas, coassa Alex, Meriem m'a dit que ma mère avait quitté le convent peu après un voyage dont elle était vraisemblablement revenue enceinte.

— Tidiane sait-elle tout cela ?

— J'en doute.

Imogène lorgna les tessons de tasse et reprit ses caresses dans le cou de Syahgosh.

— C'est mon don pour comprendre les animaux qui m'a valu une place dans le clan des chasseresses et puis... je me suis laissé embrigader... par amour... Malgré leurs maudits pièges. J'ai jamais refusé quoi que ce soit à Aynur. Je peux rien réparer, mais j'espère payer ma dette en vous donnant le nom de mes complices.

Elle se leva.

— Je demande juste une fin rapide.

— Pas de peine de mort ! s'exclamèrent Antho et Ibrahim.

— Dans ce cas, je me débrouillerai, murmura-t-elle si bas que personne n'entendit.

Alex avait menacé Rim de se débrouiller sans son aide si bien qu'elle avait cédé.

La Meriem qui leur ouvrit était hâve de fatigue et, comme elle ne les laissait pas entrer, Rim résuma les découvertes de Mandona sur le pas de la porte. Enfin, Alex tendit une lettre à la norne qui fronça les sourcils en reconnaissant le sceau de Nour.

— Je lui ai juré de te la donner. Il m'a dit qu'il en glisserait un double dans le pont si tu déchirais celle-ci.

Pour la seconde fois de la journée, Meriem fondit en larmes. *Toutes ces émotions lui retournaient l'estomac. Mais qu'est-ce qui lui arrivait ?*

Alex se creusait les méninges en quête de quelque chose qui puisse la réconforter.

— Avec Rim, on a lu une histoire qui ressemble à la vôtre[8]. Les deux héros sont séparés chacun dans un monde. C'est vraiment atroce.

Meriem sanglotait. Rim lui donna un léger coup de coude mais il poursuivit :

— Une fois par an à date fixe, ils se donnent rendez-vous au même endroit. J'ai soufflé l'idée à Nour. Il a semblé un peu moins triste. Il m'a dit qu'il t'écrirait. Il espère que tu relèveras ton courrier dans le pont.

— Je lui ai demandé de ne pas m'attendre…, chevrota Meriem.

Elle s'essuya le nez sur sa manche.

— Il le sait, mais je pense que l'idée lui a mis un peu de baume au cœur.

---

8 – *Le Miroir d'ambre*, Phillip Pullman.

Pendant une fragile seconde, Alex se demanda s'il leur était possible de se voir à condition d'ouvrir la cache exactement au même moment dans les deux époques, mais ce voyage ne lui appartenait pas.

En douceur, Meriem referma la porte sur son chagrin.

ÉPILOGUE

La chemise de Meriem ondula sous le coup de pied.

— Tu es superbe !

La guerrière interrompit son enchaînement et posa une main sur son ventre galbé.

— Vous avez réussi ?

— Bzzzzzzz…, fanfaronna Ulysse.

Il ne se demandait plus à qui ressemblerait le bébé. Il l'aimait déjà, convaincu que la paternité devait davantage au mimétisme qu'à la génétique, et si ça pouvait lui donner une chance supplémentaire contre le fléau…

Il se tourna vers les croquis vieillis épinglés aux murs. La roue à aubes, le fleuve, l'orage, les oiseaux, les barques… Nour les avait tous mis dans le pont à l'exception d'un portrait de celle qui lui échappait. Grâce à la protection du portefeuille de cuir dans lequel il les avait glissés, les dessins d'Ulysse gardaient davantage de séquelles de l'ondée que du passage des siècles.

Sa fière madone le chatouilla.

— Tout le monde nous attend. On va être en retard, monsieur Ponctuel.

— Que de mystères pour une bête année de plus ! marmonna Antho mi-fâchée, mi-inquiète.

Elle avait mis tant de soin à falsifier son âge qu'elle n'était pas certaine d'apprécier le revirement.

— Il est l'heure de remettre un peu d'art dans tout ce pragmatisme, protesta Ibrahim. Et puis, qui sait si ton cadeau ne permettra pas d'inverser le cours du temps ?

Sur ces énigmatiques paroles, il la planta là, son bandeau sur les yeux.

Anthoïna attendit, l'oreille tendue. Elle percevait nettement le cliquetis des araignées mécaniques et les froissements caractéristiques d'une assemblée fébrile ou excitée.

— Bon anniversaire, murmura-t-il, de retour contre son oreille. Qu'au moins l'un de tes trois vœux soit exaucé aujourd'hui.

Quand il ôta le bandeau, la jeune femme n'en crut pas ses yeux. Pour avoir vu des abeilles au Moyen Âge, elle reconnut aussitôt la ruche, fit trois pas, perçut les bourdonnements qui s'en élevaient. Le regard noyé d'une indicible émotion, elle comprit ce qu'il avait voulu dire en parlant d'inverser le cours du temps.

— Qui les a transportées ?

— Ulysse et moi, répondit Rim. On a mis du temps à trouver un essaim près de Calais. Et puis il a fallu faire plusieurs voyages… Mais c'est un cadeau commun. L'idée vient d'Ibrahim, Enora a fourni la matière première et la ruche a été confectionnée par Meriem, Imogène et les p'tits chats.

— Merci, merci, merci, répétait Anthoïna en boucle.

— Et maintenant, on tient le bon bout pour négocier avec les autres cités, s'enthousiasma Alex.

— Comment ça ?

— Pas d'égalité, pas d'abeilles !

En moins d'une heure, la rumeur du retour des abeilles circulait sur la place du marché. Certaines affirmaient même que l'une d'elles s'était posée sur la statue toute neuve d'Adrien et Maud. On criait autant à la magie qu'à la sorcellerie, et il faudrait encore un moment avant que ne s'estompent les vieilles superstitions mais Ulysse y travaillait, contant leurs aventures à tout vent.

À sa première goulée d'air, le froid lui piqua les narines. Accroupie dans l'herbe craquante, Olympe s'ébroua, éblouie par les arbres sur lesquels des paillettes de givre flamboyaient au soleil.

De toute beauté mais t'as intérêt à te bouger si tu ne veux pas mourir de froid.

Plusieurs semaines enfermée dans l'attente d'un procès lui avaient donné le temps de réfléchir, et confisquer sa tenue magique n'était pas assez dissuasif pour l'empêcher de sauter. Dans son cas, la question était plutôt : en dépit de ce qu'on m'a affirmé, en suis-je capable et quel avenir je *choisis* ?

Tidiane avait opté pour la même porte de sortie d'Iseult. Quant à Magda, elle avait pris un cheval et disparu à la première négligence. Miezi s'était aussitôt lancée à ses trousses, mais le sort qu'elle réservait à la poseuse de pièges ne la concernait plus. À l'inverse, Belladone allait lui manquer.

La jeune femme flaira l'air, se frotta les épaules sur lesquelles s'éparpillait sa queue-de-cheval défaite et commença à marcher.

Quitte à prendre un nouveau départ, autant ne pas clamser tout de suite.

Quelque chose claqua dans le taillis devant elle. Fouettée à l'adrénaline, elle s'accroupit au moment où émergeaient un, puis deux imposants bestiaux. À vue de nez, ces croisements malheureux de cheval et de chameau pesaient une demi-tonne. Trop occupés à se servir de leurs impressionnantes couronnes de bois pour se battre, ils l'ignorèrent... *Sans doute des mâles, donc ce serait le printemps*. Soulagée mais transie, Olympe les contourna sur la pointe des pieds et se mit à courir dans l'espoir de ne pas perdre tous ses doigts de pieds.

Elle avait retourné la question dans tous les sens. *Compliqué de partir quand on ignore la destination.*

Et puis, elle s'était mise à rêver des loups. Elle courait avec eux.

De plus en plus souvent.

Puis toutes les nuits.

Au point que les voir lui était devenu vital.

Ils lui faisaient une place dans leur meute.

C'étaient eux qui l'avaient décidée à faire le grand saut.

Elle avait écrit un truc dans ce goût-là sur le mur de sa cellule.

Comprenne qui veut.

Ses dents claquaient si fort qu'elle redoutait de les casser. Elle jeta un regard catastrophé à ses ongles bleuis. *Comment trouver refuge ou âme qui vive parmi tant d'arbres ?*

Puisant dans sa rage de vivre, Olympe s'acharna à mettre un pied devant l'autre, toujours tout droit.

Ses forces l'abandonnaient quand, dans une clairière, elle se trouva face à une femme de son âge dont le teint cuivré et le visage rond lui rappelaient étrangement Circé.

Nattes, raie au milieu et poignard au côté, elle arborait cet air farouche qu'Olympe aimait tant.

Du sol où elle s'était effondrée, la voyageuse avait une vue imprenable sur les chaussures de peau et les franges de son vêtement.

La jeune femme s'avança sans un bruit et s'accroupit à sa hauteur pour poser un châle sur ses épaules.

Quelque part au milieu de cette nature sauvage, un long cri retentit. Puis un autre. Et encore un.

Ses lèvres bleues de froid s'étirèrent sur un sourire.

Elle les avait trouvés.

Ma chère Meriem,

Cette lettre est la dernière.

Toutes ces années à retourner notre histoire aussi invraisemblable que cruelle… J'ai décidé de faire courir une légende sur ton portrait afin qu'à ton image, il traverse les siècles et que personne, jamais, ne le détruise.

Au crépuscule de ma vie, mon conte de la Dame Écarlate est bien vivace. Partout dans la ville, on raconte que ton portrait protège la coupole du palais et que, tant qu'il sera préservé des ravages du temps et des hommes, la citadelle – ton convent – tiendra debout. La superstition est bien ancrée, désormais.

Ma descendance entretiendra la croyance liée à cette histoire, j'en fais le serment.

Le temps fera le reste.

À jamais.
Nour

Rim tournoya sur elle-même, le nez au ciel, bras en croix, un indéfectible sourire accroché aux lèvres.

— Enfin !

Il leur avait fallu presque six mois avant de pouvoir partir mais enfin, la Cité Ocre était pacifiée, les mi-cuites bannies, la caravane prête. Alex et elle avaient recruté une équipe de choc qui attendait le départ avec impatience. Même Miezi avait accepté de mettre sa lame au service de leur projet fou.

— Bon voyage, ma gazelle !

Rim dévora son parrain des yeux.

— Merci !

— Et sois prudente !

— Tu sais bien qu'au pire, je peux filer.

Pour couper court aux inquiétudes de son frère, Antho s'écria :

— J'ai hâte de voir ce que vous nous rapporterez du réservoir d'Adrien !

— Il reste forcément quelque chose de ces milliards de graines, affirma Rim.

— Si on ne trouve rien, on ira chercher les semences au passé, conclut Alex avec philosophie.

— Jusqu'à quand ? demanda Ibrahim, sombrement.

Enora attrapa la main potelée du bébé qui tentait d'arracher le scarabée à son oreille.

— Arrête, Chaïm, ça fait mal !

Rim et Alex enfourchèrent leurs chameaux et prirent la tête de la colonne.

— En avant ! crièrent-ils d'une seule voix.

Une forêt de bras se leva pour leur faire des adieux dignes de l'espoir qu'ils portaient.

— Ulysse ?

Alarmé par le ton, l'intéressé se tourna vers le visage crispé de Meriem, baissa les yeux vers son ventre, jusqu'à la flaque qui s'élargissait sur son pantalon.

— Nadir, Bachir ? héla Enora.

Ils accoururent et elle leur confia Chaïm.

— Vous pouvez l'emmener à la nurserie avant d'aller en cours, s'il vous plaît ?

Ulysse en froissa sa moustache.

— Nom d'une pipe ! C'est l'heure…

Et la caravane s'ébranla vers le nord.

REMERCIEMENTS

10000000 de fois MERCI !

Merci de m'avoir apporté votre soutien, votre enthousiasme ~~démesuré~~, des alpha-bêta-re-re-re-relectures pointilleuses, critiques et bienveillantes. #TeamMaisonMocheForever !

Merci pour les bons plans « science », l'expertise en pitch, en grammaire, en médecine ; les encouragements en bière, en petits messages, en croquettes pour humains, en sushis, scarabée, en temps de cerveau disponible, en hébergement parisien ou montois, en fous rires, covoit', Post-it et tuyaux pros ; en expressions sexistes, en encouragements et en bonne humeur… à vélo comme à dos de licorne.

Vous êtes également nombreux·ses à m'avoir prêté noms et prénoms (vous n'avez plus qu'à lire pour vous retrouver)…

Merci donc, en lettres de feu et sur 40 centimètres de haut comme promis. Vous vous reconnaîtrez (y a intérêt !). Quant à moi, je range tout le monde par ordre alphabétique. Comme ça, pas de jaloux·ses (et j'ai l'air moins bordélique) <3 : Éléonore Affinito, Bénédicte, Bijou, Hélène Boisaubert, Chalotte Bona, Alice Bonte, Brig' et Serge Bourgeois-Vandenput, Chris et Oli Bruneel-Henry, Marine Carteron, Cassis, Maryse Couléard, Crazy, Patrick Dechesne, Claire Despland, Frédéric Eeckman, Agathe Flore, Nathalie Gazengel, Grady, Mélanie Guyard, Hella d'Hayer, Jihane Homman-Ludiye, Louisia Kasal, Katia Lanero-Zamora, Michel et Françoise Léauté, Anne et Phil Lemoine-Thomas, Nathalie Luckx, Véronique Oestges, Douchka Van Olphen, Pidoir, Delphine Pigozzi, Sophie Portalière, Anne-Isa Riano, Céline Van Rompaye, Ryme, Seb G., Taki, Éric Uyttebrouck, Tach et Angelo Vander Stucken-Buttafuoco et… Zariel pour cette couverture de dingue.

Une mention très spéciale à ma famille : mes parents pour les kilos d'histoires, de chansons (et tout le reste), Clem et Léo, Hervé, Nico et Killen.

Ma reconnaissance éternelle à Cocyclics et ses grenouilles multicolores ; au dictionnaire des synonymes du Crisco et à Wikipédia (si, si).

Aux Imaginales 2020, bien sûr, dont le *speed dating* « confiné » avec ActuSF a transformé ce rêve en réalité (toi qui as lu jusqu'ici, fonce !).

À Gaëlle Giroulet qui, à coups de licornes, de nipnips, d'humour et de sparadraps, m'a poussée à tirer le meilleur de cette histoire (par la porte ou par la fenêtre).

Enfin…

À nos quatre nains qui alimentent le tas d'anecdotes tendres ou hilarantes dans lequel je puise sans vergogne et qui retrouvent, parfois, leurs Playmobil customisés au vernis à ongles.

À Didier encore… toujours : pour nos délires, tes lectures patientes et bienveillantes, ton infaillible et inénarrable soutien. Merci de me supporter quand je doute, que j'oscille entre deux mondes et que mon moral se complaît au fond de mes chaussettes… ou pire, lorsque le mode licorne sous acide est activé. Merci, mon coeur.

PAGE DE RECOMMANDATIONS ET DE RÉCLAME

La Région
Auvergne-Rhône-Alpes

Achevé d'imprimer en Février 2021
par CPI – Imprimé en France

Dépôt légal : Mars 2021
N° d'impression : 161319